核仪器设计与

李景修　著

北京航空航天大学出版社

内 容 简 介

本书是作者多年从事核仪器设计、生产和应用的实践总结。书中除对核辐射现象进行一般论述之外，还介绍了活度计、核子测沙仪、核子皮带秤、γ射线料位计、源激发煤灰测量、瞬发γ射线分析等的原理及设计方法；同时介绍了误差及数据处理、辐射防护与屏蔽计算、中子罐设计以及X-CT原理、测量与求解方法。附录中提供了单片机线路图及317个放射性核素参数表等。

本书可作为核物理和核工程专业本科生和研究生的教材，也可作为核物理实验及核工程设计人员的参考书。

图书在版编目(CIP)数据

核仪器设计与应用 / 李景修著. — 北京 ：北京航空航天大学出版社，2021.11

ISBN 978-7-5124-3630-5

Ⅰ. ①核… Ⅱ. ①李… Ⅲ. ①原子能工业—仪器 Ⅳ. ①TH89

中国版本图书馆CIP数据核字(2021)第219431号

核仪器设计与应用

李景修 著

策划编辑 龚 雪 责任编辑 孙兴芳

*

北京航空航天大学出版社出版发行

北京市海淀区学院路37号(邮编100191) http://www.buaapress.com.cn

发行部电话：(010)82317024 传真：(010)82328026

读者信箱：goodtextbook@126.com 邮购电话：(010)82316936

北京九州迅驰传媒文化有限公司印装 各地书店经销

*

开本：787×1 092 1/16 印张：16.25 字数：416千字

2022年1月第1版 2022年1月第1次印刷 印数：1 000册

ISBN 978-7-5124-3630-5 定价：59.00元

序　言

自从1895年伦琴发现X射线以来，核技术应用就逐渐发展起来了。目前，世界上有150多个国家正在开展核技术应用研究，并且核技术应用在发达国家已形成庞大的产业链。例如，2009年，美国同位素与辐射技术产值已达到6 000亿美元，约占当年GDP的3%，日本、瑞典等核技术应用产值也占到GDP的1.7%～3.7%。非动力核技术应用在发达国家已成为国民经济的重要支柱产业。2004年，《国家发展改革委办公厅关于实施民用非动力核技术高技术产业化专项的公告》里提出，要在5年左右的时间里使我国核技术应用产业产值达到1 000亿元的产业规模，并保持年均15%的增长速度。我国核技术应用年产值在2010年已达到1 000亿元，占当年GDP的0.3%，到2015年相关产值已达3 000亿元，占当年GDP的0.4%。与美国、日本、欧洲等发达国家和地区相比，中国核技术应用产业仍有非常大的发展空间，未来预计可达万亿级别的市场。

核仪器仪表已经应用到许多领域。在医学中的主要应用有三方面：肿瘤的放射治疗、医药研究和核医学成像。在癌症治疗中约有70%需要放疗，有40%经放疗后得到根治。目前，放疗的主要发展方向是开发新的辐射设备，如用质子或重离子放疗，与其他放疗相比，其具有对病灶打击精度高、力度大、对正常组织损伤小的优点，有望成为未来的研发方向。

在医学成像方面，核医药和核显像设备相结合已成为显像诊断、治疗和血液学研究的重要手段。一般医院都配备CT、SPECT或PET－CT（正电子断层扫描）等设备，而PET－CT自2001年开始用于临床，目前许多医院都在使用。利用微型回旋加速器在医院直接生产^{18}F、^{11}C、^{13}N、^{15}O等短寿命的β^+放射性核素，制成显影剂如^{18}F－FDG等，通过静脉注射到患者体内。因为恶性肿瘤组织代谢旺盛，摄取的^{18}F－FDG量大，故^{18}F被富集在恶性肿瘤内。^{18}F发射的正电子能量为634 keV，半衰期为110 min，在肿瘤内β^+很快就俘获1个电子，湮灭成两个511 keV的γ射线，相背成直线飞出，被PET－CT两端的LSO晶体（掺铈硅酸镥）闪烁探测器记录。根据两个γ射线飞行的时间差，可精确定位γ射线发出的位置，确定恶性肿瘤的范围，为外科手术定位病灶提供依据。目前，PET－CT在治疗癌症、癫痫、脑血栓、脑溢血以及冠心病和心肌缺血等疾病时已成为重要的诊断手段。

核技术在元素分析领域也有着广泛应用，X荧光分析、中子活化分析、瞬发γ射线分析技术已广泛应用到环境保护、材料科学、考古等许多领域。尤其在原材料成分分析领域，瞬发γ射线分析技术能够在线提供原材料成分含量，使生产过程得到即时调控。

在其他学科领域，核仪器也有着很大的优势。例如，李景修教授领导的团队与黄河水利委员会水文局测验处合作，研发成功的“核子测沙仪”实现了无人值守在线测沙，省去了过去需要水文站野外采样、室内处理的工作。测沙下限达到了0.2 kg/m^3，上限大于1 500 kg/m^3，基本上能够满足我国河流泥沙测量的需要。

对于他们研发的放射性活度计，2003年国防科学技术工业委员会放射性计量一级站给出的鉴定结论是，“HD－175型放射性活度计属于4πγ高气压电离室类型。由于电离室井壁制作工艺和一些难题已得到解决，使电离室的γ射线低能探测效率和稳定性大大提高。HD－175型放射性活度计的主要性能指标均已达到国外同类产品的水平。”这说明我国放射性活度计产品的质量达到国际水平，之后国内销售的进口同类产品价格降了下来。

本书是李景修教授50多年从事核技术工作的总结，全面介绍了核仪器设计应用等方面的知识。从书中介绍的几种核仪器可以看出，他在核仪器设计应用方面积累了丰富的实践经验，这些经验和书中给出的一些在用的设计图、电路图等，都是从事核仪器设计、生产、应用和核物理专业的师生所需要的，这是一本很好的参考教材。

2019.10.10

前 言

核辐射探测器是核仪器仪表的基础，与核医疗设备、放射性药物及辐照加工共同构成了非动力核技术应用高新技术产业，在国民经济中发挥着重要的作用。

生产过程中需要获取很多的物理量信息，以确保正常生产。取得信息的手段靠探测器，而核辐射探测器是探测器家族的一个分支，它包括气体探测器、闪烁探测器和半导体探测器。半导体探测器主要指Si(Li)、Ge(Li)和高纯锗等新型探测器，由于这些探测器必须在液氮温度下工作，应用范围受到限制。工业上在线测量中常用的是气体探测器和闪烁探测器。

核辐射探测器有着独到的优点：可以非接触地探测物质的内部信息，可以非破坏性地对物质成分进行检测和分析，可以在强酸、强碱、高温等环境下工作，具有很强的抗恶劣环境能力。所以，核辐射探测器能够应用在其他类型探测器无法应用的环境中，解决生产中的测控问题。

本书是作者50多年从事核科学研究、核仪器仪表设计、生产和应用的总结，并做了核技术知识的全面增补。书中介绍的核仪器大多是经过多年研发并形成产品的仪器，对仪器的基本原理、工艺结构、实验标定、数据处理、误差分析以及应用经验都做了详尽介绍，并给出了机械设计图和探测器输出信号电路图，供读者借鉴。

全书共分13章。其中，第1章介绍射线发现史。射线发现的过程是人们对物质世界认识深化的过程，每一个发现都是一个曲折动人的故事，这里对一些科学家的生平、贡献与评价略作介绍。第2章重点介绍放射性基础知识：辐射类型、核衰变方式、递衰理论、放射性活度衰减规律以及射线与物质的作用等。第3章主要探讨气体探测器：着重介绍气体电离、带电粒子在气体中的运动规律及气体探测器的基本理论；并对3种常用的气体探测器——电离室、正比计数管和盖革计数管作了全面介绍。第4章介绍闪烁探测器的两大部分：闪烁体和光电倍增管。重点是闪烁探测器输出电路及示波器波形图、光电倍增管的分压器和输出信号的特点与设计计算方法。第5章对井型充气电离室活度计的机械设计、结构特点、电流与活度的关系以及灵敏度曲线等研究成果进行一一介绍。单片机是核仪器的重要配套部件，结合活度计的应用，详细介绍了单片机原理、芯片功能、对探测器信号的处理，并提供了一种在用的8051兼容机电路图。第6章中的核子测沙仪是填补了在线测沙空白的新型核仪器。本章详细介绍了黄河泥沙的概况、特性及测沙现状，对含沙量的理论计算式进行了推导，对测沙探测器的结构、温度校正、含沙量的率定方法，以及在黄河上的应用概况进行了介绍。第7～10章分别对核子皮带秤、γ射线料位计、源激发煤灰测量的各种方法、瞬发γ射线分析技术以及煤中元素的(n,γ)反应资料进行了介绍。第11章介绍医用放射性核素,放射性废水和固体废物排放限值的计算方法和有关标准,并介绍废水活度浓度及固体废物比活度的测量方法。第12章主要介绍误差理论和数据处理方法,核衰变中的分布函数及其应用。第13章介绍辐射防护方面的基本知识。重点是各种辐射量的基本概念,γ、β和中子点源的屏蔽和剂量估算方法及中子剂量率间的换算方法。本章详细介绍了中子源罐的屏蔽剂量计算和设计实例。通过一简单设计让读者了解X-CT的理论基础、测量和方程组建立的过程及线减弱系数的求解方法。在附录1中给出电磁单位换算表,并介绍国际单位制及单位换算的基本方法;附录2列出常见的317个放射性核素的基本参数;附录3给出单片机原理图;附录4～6给出有关章节中的计算公式参数表,以便从事核仪器设计和应用的科技人员直接查阅和使用。

全书经中国科学院高能物理研究所柴之芳院士审阅,并提出了许多宝贵意见;姜金岭教授在活度计设计阶段提供了一些资料和设计建议;邵涵如教授对电离室设计参加了论证,并提出了若干宝贵意见,在此一并表示由衷的感谢!

本书尽管做了多次修改,鉴于作者水平所限,疏误与不足之处在所难免,恳请读者批评指正。

作　者

2021年10月1日

目　　录

第1章　射线的发现

伴随着欧洲工业革命，自然科学也发展起来了，英、德、法等国在世界顶尖实验室里聚集了一批优秀的科学家，进行了多方面的实验研究。通过对实验结果的交流和相互启发，他们对物质世界的认识不断深化。自1895年伦琴发现X射线至核裂变被确认，经历了43年。这期间，电子、质子、中子、放射性等发现接踵而至。每一个发现都有一段动人的故事。这里将进行简单介绍，供读者分享。

1.1　本原的探索

世界上的事物和现象极其繁多，数不胜数，其促使人们观察、探索这个物质世界。由于古代知识的局限性，人们对物质世界的认识有各种解释。古希腊大哲学家亚里士多德认为：客观存在的物质世界的一切存在物都由本原构成，一切存在物最初都从本原中产生，最后又复归为本原。在希腊文里“本原”的原义是开始，这里指一切事物存在的基础与来源。那么物质世界的本原是什么呢？

在古希腊及欧洲哲学史中本原可以说是第一个哲学概念，对此，人们一直存在争论，争论的焦点就是精神与物质谁是本原，也就是说，谁最先存在，谁为主宰。唯心主义认为，世界上的一切都是神所创造的，体现了神的智慧与目的，所以意识决定存在，精神决定物质；唯物主义否认神的存在，认为世界万物本来就有，永恒存在，人类的思维、精神、意识是由物质产生的，所以存在决定意识。这些哲学观点的争论引起人们探索自然和真理的兴趣，从物质的成分出发来探索物质的本原。

中国古代的思想家建立了五行说，以木、火、土、金、水为物质的本原，试图用日常生活中习见的五种物质来说明世界万物的起源和多样性的统一。古希腊哲学家泰利斯认为，万物产生于水，并经过各种变化之后又复归于水。朴素唯物论者依据直观经验和比较粗浅的自然知识总结出物质的本原，但缺乏一定的科学论证和严密的逻辑体系，带有直观性和一些猜测成分。随着人们实践范围的扩大和理论思维能力的提高，朴素唯物论逐步摆脱了把某种具体物质形态作为世界本原的局限性，思索从物质的可分性去追求物质的本原。人们对物质的可分性有两种看法：一种认为物质无限可分；另一种认为物质存在不能再分的本原。

我国古代《庄子·杂篇·天下第三十三》里记载：“一尺之捶，日取其半，万世不竭”。这里就指出物质是无限可分的。古希腊哲学家、原子唯物论的思想先驱阿那克萨戈拉认为，种子是万物的本原，它是组成具有相同性质事物的微小物质单元，所有种子都是永恒存在的，没有产生，也不会消灭，各自独立，不能相互产生和转化，在数量上是无限的，在种类上也是无限的。

德谟克利特发展了种子学说，提出万物皆由大量原子组成，原子是构成万物的不可再分的物质实体，每个原子都是绝对充实的，没有空隙，是不可入的，在时间上是永恒的，在数量上是无限的，并处于永恒的运动中。

到了17世纪，由于科学技术的发展，各种发明发现大量涌现，从而加深了人们对客观世界的认识。人们不局限于用头脑思考各种问题，而且总结科学实践，并力求用实验来验证各种关于物质本原的假说。

1661年，英国化学家罗伯特·波义耳指出："组成复杂物体的最简单物质，或在分解复杂物体时所能得到的最简单物质，就是元素"。元素是用一般化学方法不能再进行分解的最简单的物质。一定的化学元素有一定的性质。自然界中各种物体不论是动物、植物和矿物，还是气体、液体和固体都是由各种元素构成的，例如金和银，氢和氧都是元素。

1808年以后，英国化学家约翰·道尔顿在研究总结了化学变化的许多重要规律的基础上，与意大利化学家阿莫迪欧·阿伏伽德罗提出了"原子分子学说"。

道尔顿认为各种元素、单质都是由原子微粒组成的。同种元素的原子都是相同的，反之则不同。他又设想，在物质起变化时，一种原子可和其他原子相结合。例如，木材燃烧时，一个碳原子和两个氧原子结合形成二氧化碳。当时把这种不同原子的结合物称为"复合原子"。阿伏伽德罗把这种"复合原子"称作"分子"，又确认原子是组成元素的最小颗粒，当不同元素的原子相互化合成化合物时就形成了分子。例如，氧气和氢气是由许多氧分子和氢分子组成的，而氧分子和氢分子又分别是由氧原子和氢原子组成的，两个氢原子和一个氧原子结合又形成了水分子。

1869年，俄国科学家门捷列夫发现了元素周期表，这时人们已经知道了63种元素。有关原子、元素和分子的概念和学说已被人们普遍接受[1-3]。

从以上的认识过程可以看出，随着科学技术的进步，人们的认识从最初的想象、假设，到对科学实验的总结，一步一步深化。原子分子学说随着发现的元素越来越多，人们对原子分子的认识也越来越深入，越来越清晰。这就为认识比原子更小、更深一层的粒子提供了思想准备，为后来各种射线的发现奠定了思想基础。

1.2 铀的发现

人类最早使用铀的天然氧化物可追溯到公元79年以前，那时人们使用氧化铀为陶瓷上色。1912年，在古罗马别墅中考古发现了含1%氧化铀的黄色玻璃。从欧洲中世纪晚期开始，波希米亚约阿希姆斯塔尔(今捷克亚希莫夫)的居民就使用哈布斯堡银矿中提取的沥青铀矿来制造玻璃。马丁·克拉普罗特(M. H. Klaproth)是德国一位著名的矿物样品收藏家，又是化学家。他从波希米亚约阿希姆斯塔尔银矿得到一块沥青铀矿石。1789年，他在位于柏林的实验室中，把沥青铀矿溶解在硝酸中，再用氢氧化钠中和，成功沉淀出一种黄色化合物。然后他用炭进行加热，得到黑色的粉末，他称它为"新奇的半金属"，并于1789年9月24日向普鲁士皇家科学院报告了这个新发现。他认为这是一种新发现的元素，并命名为铀。他是以威廉·赫歇尔在8年前发现的天王星(Uranium)来命名铀的。其实这种黑色的粉末是铀的氧化物[4]。

又经过了52年，直到1841年巴黎中央工艺学校的分析化学教授佩利戈特(E. M. Peligot)把四氯化铀和钾一同加热，首次分离出金属铀。

铀是一种天然放射性元素，它的半衰期很长，并且有一个衰变链，有多个衰变子体，并伴随有多组α、β、γ射线。但是，人们很长时间都不知道这些，也不知道这种金属的重要性和它的真正价值。那时人们只知道用铀为陶瓷和玻璃着色。直到19世纪末，资本主义大工业发展起来，电气、冶金和化工都有了很大的发展，新钢种、瓷釉及荧光玻璃的制造都需要一定量铀的化合物，促进了铀矿的开采规模，人们才开始更多地关注 100 多年前发现的铀。直到 1939 年，哈恩和斯特拉斯曼发现了铀的核裂变之后，人们才真正认识到铀的燃料价值，并受到全世界的重视。

1.3　X 射线的发现

1895 年物理学已经有了相当的发展，它的几个主要学科：牛顿力学、热力学、分子运动论、电磁学和光学，都已建立起完整的理论，在应用上也取得了巨大的成果。随着科学实验要求的发展，实验仪器和实验技术也有了很大的进步。

1838 年，法拉第(M. Faraday)制成了由两根黄铜棒作为电极的低压放电管——法拉第管，其真空度只有 7/1 000 个大气压(709 Pa)；1851 年，巴黎电学机械厂技师鲁姆科夫(H. D. Ruhmkorff)发明了能把 6 V 直流电压升到几千伏的感应线圈；1857 年，德国波恩的仪器技工盖斯勒(H. Geissler)发明了水银真空泵，他在一根玻璃管的两端装上白金丝作电极，然后用水银真空泵抽成真空度达到 1/10 000 个大气压(10 Pa)的真空，又装入鲁姆科夫感应线圈，制成了盖斯勒管。1869 年，希托夫(J. W. Hittorf)制成了真空度达到 1/100 000 个大气压(1 Pa)的希托夫管。这些新技术为 X 射线等的发现打下了良好的技术基础。

1838 年，法拉第发现：在真空管中当气体变稀薄放电时，真空管中出现了一道暗环，其把紫色的阴极辉光和粉红色的阳极辉光隔开。后来人们把这个暗环称为法拉第暗区。

1858 年，德国物理学家普吕克(J. Plucker)在用盖斯勒管研究气体放电时，发现除了低气压辉光放电之外，在阴极对着的玻璃管壁上也发出绿色的荧光。当磁铁在管外晃动时，荧光也随之晃动。

1876 年，德国物理学家哥尔德斯坦(E. Goldstein)把这种由阴极发出的射线称为“阴极射线”。19 世纪末，阴极射线研究是当时物理学的热门课题，许多物理实验室都致力于这方面的研究。

1893 年，勒纳德(P. Lenard)做了一个著名的实验，他在阴极射线管的玻璃上开了一个小窗，小窗的位置正对着阴极，再用铝箔封住，然后抽真空。勒纳德发现在铝箔外侧产生了辉光，他认为这是阴极射线穿透铝窗造成的。接着他又用一种荧光物质氰亚铂酸钡涂在玻璃板上，从而创造出能够探测阴极射线的荧光板。当把荧光板移近铝窗时，荧光板就会在黑夜中发出亮光。

1895 年 11 月间，伦琴(W. K. Rontgen)将带有断路器的火花感应线圈加在勒纳德设计的真空管上，然后加一个涂上氰亚铂酸钡的纸板作为荧光屏，来研究勒纳德的上述实验。当荧光屏移近真空管的薄铝窗时，荧光屏上有荧光产生。他猜想阴极射线穿透了薄铝窗和几厘米厚的空气。此时，他觉得玻璃管内的亮光影响了自己对荧光板的观察，为了实验的准确性，于是用硬纸板把真空管包起来。当再次把荧光板靠近真空管的铝窗时，荧光板上仍会发出微弱的亮光；当远离铝窗时，荧光板上的亮光就消失了。当时伦琴认为：当距离拉远时，透出的阴极射线被空气粒子碰飞了，达不到荧光屏，所以才没有亮光。他又想：如果真是这样，那么使用没有铝窗的厚玻璃管挡住阴极射线，使之透不出来，荧光屏上应该就不会再有荧光了。

1895 年 11 月 8 日下午的晚些时候，伦琴为了证实自己的想法，他换了一支没有铝窗的西托夫-克鲁克斯管，并用硬纸板把该管包起来，再把房间弄暗，同时检查纸板是不是漏光。当确定纸板不透光后，接上高压，他发现在试验管远处有微弱浅绿色的闪光，切断电源闪光就消失了。为了确定他的发现，他试着重复上面的操作，每次都能看到同样的闪光。他擦燃一根火柴，发现闪光是从 1 m 外工作台上放着的氰亚铂酸钡荧光屏上发出的。当把荧光屏移远到 2 m 左右时，荧光屏上仍有闪光。他想：阴极射线是不可能穿出玻璃管壁的，这闪光是从哪里来的呢？伦琴又用 10 张黑纸包着阴极射线管或用铝箔把阴极射线管和荧光屏隔开，防止管内的光透出，但荧光屏上仍有闪光；当用厚铅板挡在阴极射线管前时，闪光突然消失了，拿开铅板，又重新出现闪光。他意识到这是一种性质不明的新射线，他称之为“X 射线”。

为了仔细研究这一新发现，伦琴把床搬进了实验室，整整 7 个星期，他埋首在实验室研究这种新射线及其特性。为了排除视觉错误，他利用照相感光板把在荧光屏上看到的现象拍下来。圣诞节前夕，他的夫人贝尔塔来到实验室，他把她的手放到照相底板上用“X 射线”照了一张照片，照片呈现出手的骨骼和她戴的戒指，这是人类史上第一张 X 射线照片。

1895 年 12 月 28 日，他给维尔茨堡物理学医学学会递交了一份通讯，题目是《一种新的射线，初步报告》；1896 年 1 月 5 日，奥地利一家报纸报道了伦琴的发现。

一个月内许多国家都竞相开展类似实验。一股热潮席卷欧美，盛况空前。X 射线迅速被医学界广泛利用，成为透视人体、检查伤病的有力工具，后来又发展到金属探伤。

现在我们知道，X 射线有两种：连续能量和线状能量。其中，第一种是电子受到对阴极玻璃原子核库仑场的滞动作用，电子的部分动能转变成电磁辐射，即轫致辐射，其能量呈现为连续光谱分布。伦琴观察到的就是玻璃上的轫致辐射。第二种是电子与原子碰撞时，把一部分能量传给原子内壳层电子，使电子飞出。受激原子壳层出现空位，当外层电子填补空位时，补位电子将多余的能量以特征 X 射线的形式放出。其 X 射线是单能的，呈线状光谱。1905 年和 1909 年，巴克拉发现 X 射线具有偏振，但当时对这种光是电磁波还是微粒辐射有很大的争议，直到 1913 年才被威廉·亨利·布拉格确认为特征 X 射线。

X 射线的发现对自然科学的发展有着极为重要的意义，它像一根导火索，引起了一连串的反应。它像一声春雷，震动了整个科学界，引起了一系列重大发现，把人们的注意力引向更深入、更广阔的天地，使许多科学家投身于 X 射线和阴极射线的研究。这导致了放射性，α、β、γ 射线，正负电子，以及中子等一系列重大发现，为原子科学的发展奠定了基础，从而揭开了现代物理学革命的序幕。

1901 年，为了表彰伦琴发现 X 射线，首届诺贝尔物理学奖就授予了他。

伦琴淡泊名利，待人诚恳，作风严谨，坚持不懈，把毕生的精力都贡献给了科学研究事业。伦琴，1845 年 3 月 27 日生于德国莱茵省的雷内普，他是纺织商人的独生子，童年大部分时间都是在母亲的故乡荷兰渡过的。伦琴晚年生活十分困苦，但他仍然把 5 万元诺贝尔奖奖金全部捐给了维尔茨堡大学。1919 年，伦琴的夫人安娜·贝尔塔去世，1923 年 2 月 10 日，伦琴因肠癌在慕尼黑与世长辞，享年 78 岁[5-6]，他们没有子女。

1.4 放射性的发现

法国著名数学物理学家彭加勒(J. H. Poincar)收到伦琴的通讯后，在 1896 年 1 月 20 日法国科学院的例会上，向与会者报告了 X 射线的发现，并展示了伦琴的通讯和 X 射线照片。当时贝可勒尔(A. H. Becquerel)问彭加勒：这种射线是怎样产生的？彭加勒回答说：似乎是从真空管阴极对面发荧光的地方产生的，可能跟荧光属于同一机理。彭加勒还建议贝可勒尔试试荧光会不会伴随有X射线。

注：有一种钟表上使用的物质，白天在阳光照射后在黑夜里会发出微弱的亮光。在物理学上，这种经过太阳紫外线照射后发出的可见辐射称为荧光。

贝可勒尔在与彭加勒讨论后，第二天就决定研究X射线与天然荧光之间是否存在联系。他过去就知道太阳光不能穿透黑纸，也不会使黑纸包着的照相底片感光。于是他设计了一个实验：从他父亲那里选了一种荧光物质铀盐(硫酸钾铀)，把铀盐放到用黑纸包着的照相底片上，让它们一同受太阳光的照射。他想：如果照相底片感光了，就可以证明太阳光照射铀盐后激发出的荧光中含有X射线。实验结果是底片真的感光了。因此，他认为荧光中真的含有X射线。为了证实是X射线在起作用，他特意在铀盐和黑纸包裹的底片间夹了一层玻璃，消除化学作用或热效应的影响，然后再放到太阳下晒，底片上仍然出现了黑影。于是，贝可勒尔肯定了彭加勒的假定，在法国科学院的例会上报告了这一实验结果。

他想让这种现象中的“X射线”穿过铝箔和铜箔，以便进一步证明X射线的存在。可是之后连续几天阴天，没有太阳，使得实验无法进行。他只好把那块已经准备好的硫酸钾铀和用黑纸包裹着的底片一同放进暗橱，无意中还将一把钥匙搁在了上面。

又过了几天，1896年3月1日，当他取出一张底片冲洗后发现：底片已经被强烈地感光，上面还出现了硫酸钾铀黑黑的痕迹，并留下了钥匙的影子。这些照相底片没有离开过暗橱，也没有任何外来光线，硫酸钾铀未受光线照射，是什么东西使底片感光了呢？暗橱里除了照相底片之外，只有硫酸钾铀，所以导致感光的只有硫酸钾铀。贝可勒尔面对这一突如其来的现象很快就意识到，必须放弃原来的假设。这种射线跟荧光没有直接的关系，它和荧光不一样，不需要外来光源激发。

硫酸钾铀($K_2UO_2(SO_4)_2$)是一种每个分子都含有一个铀原子的化合物。贝可勒尔分析，硫酸钾铀中的硫、氧、钾原子都是稳定的，只可能是铀原子使底片感光。

1896年5月，贝可勒尔又发现：纯铀金属板也有感光能力，而且比铀的化合物感光强好多倍。于是，他认识到铀原子会悄悄地放出一种人们用肉眼看不见的神秘射线，正是这种射线，使照相底片感光。他终于证实这是铀元素自身发出的一种射线，他把这种射线称为铀辐射，从而确认了天然放射性的发现[7]。

1896年5月18日，贝可勒尔在给法国科学院的报告里说：铀辐射乃是原子自身的一种作用，只要有铀元素存在，就不断有这种辐射产生。通过进一步的实验和观察，贝可勒尔还发现，这种神秘的射线，其辐射似乎没有穷尽，无需任何外界作用就能永久地放射，而且强度不见衰减。这种看不见的射线与一般光线不同，它能透过黑纸使照相底片感光；铀辐射不同于X射线，两者虽然都有很强的穿透力，但产生的机理不同。铀辐射不需要阴极射线管，却能从铀和铀盐中自动放出。

由于发现了放射性，贝可勒尔和居里夫人共同获得了1903年诺贝尔物理学奖。

据法国贝可勒尔纪念馆介绍，贝可勒尔生于1852年12月15日。他的祖父是巴黎自然历史博物馆的教授和电化学的奠基者之一，父亲以其荧光和科学摄影术方面的著作而闻名，贝可勒尔的儿子后来也成了著名的物理学家。贝可勒尔自幼刻苦好学，家境虽然优裕，但是生活却很俭朴，有一种永不衰竭的进取精神。1872年他进入法国工业大学，继而又转入桥梁建筑学院。1888 年贝可勒尔获得科学博士学位，1895 年被任命为巴黎综合工艺学校的教授。贝可勒尔是法国科学院院士，擅长荧光和磷光的研究。他因为长期接触铀，损害了健康，于 1908 年 8 月 25 日与世长辞，享年 56 岁。

1.5 钋和镭的发现

贝可勒尔发现铀辐射使玛丽·居里产生了极大兴趣。这些射线的能量来自什么地方？这种射线的性质又是什么？她决心揭开这些秘密。她对所掌握的化学元素和化合物进行了全面的测量，发现钍也能发出看不见的射线。她想，这可能是铀、钍等元素的共同特性。她把这种现象称为“放射性”，把有这种性质的元素叫作“放射性元素”。她从所掌握的矿物中找出了带有放射性的矿物，并精确地测量了放射性强度。她发现一种沥青铀矿的放射性强度比预计的大得多，这说明此矿物中含有一种人们未知的新放射性元素。由于这种矿物早已被许多化学家精确地分析过，因此这种元素的含量一定很少。她的丈夫皮埃尔·居里也意识到妻子发现的重要性，于是和她一起研究这种新元素。

1898 年 7 月，经过几个月的努力，他们从矿石中分离出了一种同铋混合在一起的物质，它的放射性比铀强 400 倍。玛丽·居里为纪念她的祖国波兰，为这种新元素取名钋（Polonium）。

1898 年 12 月，居里夫妇经过不断努力，终于又得到少量的不很纯净的白色粉末。这种白色粉末在黑暗中闪烁着蓝光，居里夫妇把它命名为镭（Radium）。1898 年 12 月 26 日，玛丽·居里在提交给法国科学院的报告中宣布他们又发现一个比铀的放射性要强百万倍的新元素镭。钋和镭的发现，动摇了科学家们历来都认为各种元素不可改变的观念。一些保守科学家对镭的存在提出异议；一些物理学家也保持谨慎的态度，不愿表示意见；一些化学家则明确地表示，测出相对原子质量，分离出镭，我们才相信它的存在。

要从铀矿中提炼出纯镭或钋，并把它们的相对原子质量测出来，这对于居里夫妇当时的实验条件和经费状况，比从铀矿中发现钋和镭要难得多。但玛丽·居里意志坚定，不惧困难，从 1898 年开始，四处奔波争取帮助和支援。奥地利政府先馈赠 1 t 提炼铀盐后的矿物残渣，并许诺如大量需要将以优惠条件供应。这种矿物残渣中含镭很少，一吨原料里最多也只含有零点几克。他们在巴黎市理化学校内找到一间破棚子，略加修整作为“实验室”。在这样简陋的条件下，开始了化学工艺操作：每次把 20 多千克的矿渣放入冶炼锅里加热熔化，连续几个小时用铁棍不断搅动，再经过溶解、蒸发、分离和提纯。玛丽·居里后来回忆说：“我经常就在小铁炉上做点饭吃，有时候一整天在院子里搅拌煮沸的溶液，使用的搅拌棍跟我个子一样高。到了晚上，我累得连站也站不住了。”崇高的理想给两位科学家增添了无穷的力量。她说：“尽管工作条件很艰苦，但是我们都觉得幸福。”在 3 年 9 个月的时间里，她们处理了 8 t 铀矿残渣，终于得到了回报。有一天，她回到家中躺下后仍不放心提炼出的镭，难以入眠，索性起来拉着丈夫返回实验室一看究竟。在黑暗中他们惊奇地发现，提炼出的 0.12 g 纯净的氯化镭（$RaCl_2$，3.3 GBq）发出了闪烁的蓝光。激动的心情溢于言表，她紧紧地握着皮埃尔的手，“我们终于成功了”[7]！

稍后，他们测得镭的相对原子质量是 225（实际是 226），用事实证实了镭的存在。镭是天然的放射性物质，它的形体是有光泽、像细盐一样的白色结晶，镭具有略带蓝色的荧光。在光谱分析中,它与任何已知的元素的谱线都不同。居里夫妇向世界公布了提炼方法,使镭的生产量剧增。镭是高比活度的放射性元素,成为各实验室研究放射性强有力的工具。人们利用镭源促成了后来一系列重大发现,为人类探索原子世界的奥秘做出了巨大贡献。

居里夫妇发现的钋(^{210}Po)与镭(^{226}Ra),后来被弄清楚是天然放射性衰变系^{238}U的衰变产物。地球上天然放射性核素共有3个放射系:铀系、锕系和钍系,其始祖依次是^{238}U、^{235}U和^{232}Th。它们各自经过若干代的α或β衰变,最后分别衰变到稳定同位素^{206}Pb、^{207}Pb和^{208}Pb。后来人们还发现了地球上不属于放射系的天然放射性元素,如^{40}K、^{87}Rb、^{147}Sm等;还有宇宙线及宇宙线生成的放射性元素,如^{3}H、^{7}Be、^{14}C、^{22}Na、^{32}P等。这些构成了地球上的天然放射性核素。

因在分离金属镭和研究它的性质上所做的杰出贡献,玛丽·居里又一次获得1911年诺贝尔化学奖,她是历史上第一位两次获得诺贝尔奖的伟大科学家。

玛丽·居里,1867年11月7日生于波兰王国华沙市一个中学教师的家庭。她用当教师的积蓄去巴黎求学,1891年11月进入巴黎索尔本大学理学院物理系。1895年7月26日,玛丽与皮埃尔·居里结婚。她有百折不挠的毅力,有勇于在科学道路上艰苦奋斗的精神。她在1906年居里先生因车祸不幸逝世后,仍忍着巨大悲痛,继续着她的事业。

由于镭具有治疗癌的作用,身价大增。但居里夫人没有申请专利,毫无保留地公布了镭的提纯方法。她说,“没有一个人应该因为镭致富,它是属于全人类的”。爱因斯坦说她是“唯一未受盛名腐化的人”。1934年7月3日因恶性白血病,玛丽·斯克罗多夫斯基·居里(波兰语:Marie Skłodowska-Curie)与世长辞,享年67岁。

1.6 电子和正电子的发现

1858年,普吕克发现了“阴极射线”。它是由什么组成的呢?一直众说纷纭,并引起了一场英、法、德科学家的大争论。一些德国物理学家认为,阴极射线是以太的特殊振动;一些英国和法国物理学家则认为,阴极射线是带负电的粒子流。两方争论不下。由于当时普遍认为原子不可再分,无法解释勒纳德在1893年将“阴极射线”引出管外的现象,致使争论至伦琴在1895年发现X射线时还未结束。

随着电气照明的应用和真空技术的提高,特别是盖斯勒制造出真空度很好的低压放电管后,人们对阴极射线的研究也上了一个新台阶。

早在1833年英国科学家法拉第在研究电解实验结果时就归纳出:在电解过程中,阴极上所析出的物质的质量与所通过的电流和通电时间成正比;在多个溶液中所析出的物质的质量与它的化学当量成正比。这就是法拉第电解定律。

1881年,亥姆霍兹在伦敦发表“法拉第讲演”时认为,电荷如原子,称为“电原子”,然后引入法拉第电解定律,利用该定律测量离子的荷质比就方便多了。人们特别感兴趣的是法拉第常数F(F等于电子电荷与阿伏伽德罗常数之积,它代表每摩尔电子所携带的电荷),因为它表示用多少电荷量能析出1 g当量的元素,对一价氢离子,F正好是它的荷质比。因此测定出阴极射线的荷质比,如果它等于F,就可以确定阴极射线与带正电的粒子流一样是带负电的粒子流(目前标准值$F=96\ 485.332\ 1$ C/mol)。

英籍德国物理学家苏斯特在1890年最先用磁场偏转阴极射线的方法测得电子的荷质比

是氢离子的500倍，虽然不太精确，但指明了方向。

1891年，英国物理学家斯通尼把这种阴极射线称为电子。为了测定荷质比，约瑟夫·约翰·汤姆逊(J. J. Thomson)设计了一系列实验。最后采用电场和磁场平衡的方法进行测定。他设计的装置左边是一个阴极射线管；同时电子束由阳极的小孔穿出，向右运动，进入玻璃管；他在玻璃管中装有一对金属板，接上电池，产生静电场；又在玻璃管外装有一对线圈，用来产生静磁场。静电场和静磁场覆盖同样的距离。再在玻璃管内壁涂荧光材料，最后在玻璃管末端装上静电计。当阴极射线通过时，电场使它向下偏转，而磁场使它向上偏转，调节电场和磁场的大小，使两个偏转力相等。这样就可以保证从阳极孔射出的阴极射线在通过金属板时不偏转。根据电场、磁场强度、电子束偏转距离和偏转角度等参数，可以计算出质荷比。

当将测量的质荷比值与电解氢离子的质荷比值进行比较时，发现小了很多。电子的质荷比是氢离子质荷比的0.1%～0.15%。汤姆逊认识到电子质荷比小的原因不在于它所带的电量大，而在于它的质量小。他用不同的金属材料做阴极，所测得的质荷比相差甚微。他由此判断，不论什么样的阴极材料所发射的带电粒子均与材料的元素性质无关，它们很可能是组成各类元素原子的一种更深层次的粒子。

1897年4月30日，汤姆逊在英国伦敦皇家学院的“星期五晚会”上，以《阴极射线》为题作了研究报告，宣布他测定了阴极射线的质荷比，并做出重要结论：阴极射线是由比氢原子小得多的带电粒子组成的。

后来汤姆逊又做了大量实验。他在1906年出版的《气体导电》中，专题讨论和回顾了这些工作。他以大量实验事实和数据证明，不论是阴极射线、β射线还是光电流，都是由电子组成的；不论是由于强电场或正离子轰击、紫外光的照射、炽热金属或氧化物中原子的热运动，还是由于放射性物质的自发过程，都会发射出同样的带电粒子(电子)。可见，电子是比原子更基本的物质组成单元，或者说，电子是原子的组成部分[8]。

汤姆逊由于电子的发现和在气体导电方面的理论及实验研究，荣获1906年诺贝尔物理学奖。

直到1909年，美国物理学家密立根(R. A. Millikan)做了一个著名的油滴实验，准确地测量出了电子的带电量，人们才真正对电子有了全面的认识。实际上，质子质量是电子质量的1 836倍。

汤姆逊发现电子是物理学史上具有划时代意义的重大事件。原先认为原子是不可分的观念被彻底打破。人们自然会问：电子在原子中如何存在？原子的结构是怎样的？这些问题后来都由卢瑟福(E. Rutherford)的研究作了回答。

汤拇逊，1856年12月18日出生于英格兰的曼彻斯特，苏格兰人，父亲是一个专印大学课本的商人。由于他的刻苦钻研，学业提高很快，21岁时被保送到剑桥大学三一学院深造。1884年在瑞利的推荐下，他成为卡文迪许物理教授与实验室主任。1890年，他与露丝·佩杰特结婚。汤姆逊担任卡文迪许物理教授及实验室主任34年，桃李满天下。1940年8月30日，约瑟夫·约翰·汤姆逊辞世，享年84岁。

与电子相比，正电子发现要晚得多。我国著名核物理学家赵忠尧在1930年就观察到了正电子现象。那时赵先生正在美国加州理工学院做研究生，师从密立根教授。1929年，他使用能量为2.61 MeV铊(^{208}Tl)的γ射线穿过铅吸收体，用静电计记录透射的γ射线。他发现，当硬γ射线通过铅时，铅对γ射线的吸收值比克莱茵-仁科公式的计算值约大40%，存在着“反常吸收”现象。他的《硬γ射线的吸收系数测量》论文发表在1930年5月的美国杂志《国家科学院院刊》上。

他为了研究反常吸收机制，采用高气压电离室和真空静电计测量电离电流。由于硬γ射线穿过铅后康普顿散射主要集中在向前的方向上，形成很强的康普顿散射本底。为了减少散射本底的干扰，他把测量选在避开向前的方向上，结果得到了额外散射射线，他称之为“特殊辐射”。他发现：特殊辐射的强度是各向同性的，能量约为0.5 MeV。他把实验结果写成《硬γ射线的散射》论文，发表在1930年10月的美国《物理评论》上。

赵忠尧观察到的特殊辐射，实际上是正负电子对的湮灭辐射。硬γ射线在铅原子核电场的作用下，转换成了正负电子对，正电子在飞行过程中，损失动能，当速度接近零时，在物质中俘获一个负电子，成为正负电子对，然后湮灭成两个能量各为0.511 MeV的γ射线，相背飞出。正负电子对湮灭现象是赵忠尧首先观察到的，同时他测出了正负电子湮灭后两个光子的能量以及湮灭光子各向同性的分布。正负电子对湮灭是硬γ射线通过重元素出现“反常吸收”现象的原因。

两年后安德逊(C. D. Anderson)在宇宙线的云雾室照片中发现了正电子径迹，并在1936年获得了诺贝尔物理学奖。安德逊在1983年的一篇回忆文章中写道：赵忠尧关于硬γ射线“反常吸收”现象引起了他的极大兴趣，他受到实验结果的启发，分析了赵忠尧用验电器实验不可能得到更详尽的资料，不可能对反常效应做出详尽解释。于是，他设计采用置于磁场中的云室重复赵忠尧的实验，结果发现了正电子。

1989年，杨振宁先生和李炳安先生撰文回顾了1930年前后这段发现史，展现了赵忠尧先生对正电子发现过程的重要意义和巨大贡献。他们指出：1930年早期，赵忠尧、安德逊的发现有助于转变物理学家们对量子电动力学的看法。别人同期所做的几项工作无法与赵先生的工作相提并论[9]。

赵忠尧于1902年6月27日出生于浙江诸暨，父亲是私塾教师，自学中医，以治伤寒病在乡村小有名气。1925年赵忠尧毕业于南京东南大学化学系；1927年赴美国加利福尼亚州理工学院作密立根教授的研究生；1930年获哲学博士学位，并赴德国哈罗大学进行科学研究；1931年秋末，在回国时到了英国剑桥大学卡文迪许实验室，见到了原子核物理大师卢瑟福；回国后曾任清华大学等学校的物理系教授。1933年他与T. T. Kung写的《硬γ射线与原子核的相互作用》发表在英国杂志《自然》上，卢瑟福的按语是：他们的实验为正负电子湮灭现象提供了颇具价值的又一证据，无疑这种解释比核衰变要好。

1946年，赵忠尧作为科学家代表去美国参观太平洋比基尼岛的原子弹试验，后逗留在美国。赵先生在自传《我的回忆》中回顾了这段经历：他为了能在回国时带回静电加速器，先后在麻省理工学院电机系静电加速器实验室、卡内基地磁研究所、加州理工学院核反应实验室等处学习加速器技术，利用他带去的采购经费和节省的生活费作为购置和加工加速器零部件的费用。

1950年8月启程回国前，他把花了几年心血定制的加速器部件与核物理实验器材装了30多箱，在受到美国联邦调查局的种种阻挠后，最终还是装上了船，直到1951年1月他才抵达北京。1951年，赵忠尧开始到中国科学院原子能研究所的前身——近代物理所工作。1953年近代物理所从城里搬到中关村。1955年他从美国带回的部件和器材在中关村装配成我国第一台700 keV的质子静电加速器，1958年又研制成功2.5 MeV的高气压型质子静电加速器，利用这台加速器培养出了叶铭汉院士等一批核物理和加速器方面的专家。正是赵先生等老一代核科学家在原子能事业上的贡献，为我国原子能事业奠定了基础。

赵忠尧在中国科学院原子能研究所及1973年在原子能所一部基础上成立的高能物理研究所任第一研究室主任、副所长。他是全国人大第三至七届常务委员会委员。赵忠尧先生1998年5月28日与世长辞，享年96岁。

1.7 原子的核模型

放射性被发现后，英国物理学家卢瑟福立即转向对放射线的研究。他把铀装在铅罐里，在罐上开一小孔，让铀射线只能由小孔射出来，成为一小束。1898年，卢瑟福发现铀和铀的化合物所发出的射线有两种类型：一种极易被吸收，他称之为α射线；另一种有较强的穿透能力，他称之为β射线。后来法国化学家维拉尔又发现了具有更强穿透本领的第三种射线——γ射线。

汤姆逊发现了电子，贝可勒尔发现了放射性，现在卢瑟福和维拉尔又发现了铀的放射性是由3种射线组成的，原先认为原子是不可分的观念被彻底打破了。此时，人们认识到原子具有复杂的结构。原子的结构到底是什么样的呢？以前就有过各种原子模型。

1803年，英国科学家约翰·道尔顿(J. Dalton)在继承古希腊朴素原子论和牛顿微粒说的基础上提出了世界上第一个原子模型：原子是一个坚硬的实心小球。

1904年，汤姆逊提出，原子是一个半径大约为10^{-10} m的球体，正电荷均匀地分布于整个球体上，电子则稀疏地嵌在球体中，这是一个类似葡萄干面包的原子模型。

1904年，日本物理学家长冈半太郎(Nagaoka Hantaro)认为正负电不能相互渗透。他提出：一个大质量的带正电的球，外围有一圈等间隔分布的电子以同样的角速度做圆周运动的模型，称为"土星模型"。

1909年，卢瑟福、盖革(H. W. Gerger)和马斯登(S. E. Marsden)做了著名的α粒子散射实验。让一小束α粒子平行地穿过极薄的金箔，他们发现穿过金箔的α粒子的大多数散射角都很小，大约有1/8 000个散射角大于90°，极个别的散射角等于180°。

由于α粒子是失去两个电子的氦原子，它的质量要比电子大几千倍。如果原子是实心带电球，质量微小的电子均匀地分布于带正电的物质中，按照带电粒子的散射理论，当这样一颗重型炮弹轰击原子时，小小的电子是抵挡不住的；即使金箔中金原子带正电的物质均匀地分布在整个原子体积中，也不可能抵挡住α粒子的轰击。也就是说，α粒子将很容易地穿过金箔，即使受到一点阻挡，也仅仅是α粒子穿过金箔后稍微改变一下前进的方向。尽管多次散射可以得到大角度散射，但计算结果表明，多次散射的概率极其微小，和上述8 000个α粒子就有一个反射回来的观察结果相差甚远。所以，汤姆逊的葡萄干面包的原子模型无法解释大角度散射。

卢瑟福经过仔细的计算和比较后发现，只有假设正电荷都集中在一个很小的区域内，形成一个内核时，α粒子穿过单个原子才有可能发生大角度散射。在这个假设的基础上，卢瑟福进一步计算了α散射时的一些规律，并且做了一些推论，这些推论很快就被盖革和马斯登的一系列漂亮的实验所证实。

1911年，卢瑟福发表了题为《物质的α和β粒子的散射和原子结构》的论文，他在α粒子散射实验结论的基础上，提出了原子的核模型和原子核的概念。

卢瑟福提出的原子模型像一个太阳系，带正电的原子核像太阳，带负电的电子像绕着太阳转的行星。在这个“太阳系”里，支配它们之间的作用力是电磁相互作用力。他解释说，原子中带正电的物质集中在一个很小的核心上，而且原子质量的绝大部分也都集中在这个很小的核心上。当α粒子正对着原子核心射过来时，就有可能被反弹回去。这就圆满地解释了α粒子的大角度散射现象。

卢瑟福具有非凡的洞察力，因而常常能够抓住事物的本质，做出科学的预见。同时，他又有十分严谨的科学态度，从实验事实出发得出结论。卢瑟福的理论开拓了研究原子结构的新途径，为原子科学的发展立下了不朽的功勋。然而，在当时很长的一段时间内，卢瑟福的理论却遭到了物理学家们的冷遇。因为卢瑟福原子的核模型无法克服原子结构的稳定性问题，所以无法解释电子怎样稳定地待在原子核外。因为按照经典电磁理论：电子围绕原子核运动，会发生辐射，损失能量，轨道半径会越来越小，最后被原子核吞并。直到1914年，丹麦物理学家尼尔斯·波尔(N. Bohr)提出量子不连续性的原子结构模型，原子结构的稳定性问题才得到解决。实际上，稳定性问题是经典电磁理论，并不适用于原子尺度的问题。在原子尺度上，经典电磁力学应该让位于量子电动力学。

1903年，卢瑟福和索迪(F. Soddy)提出了放射性衰变理论。卢瑟福的另一大贡献就是首先提出了放射性半衰期的概念，证实放射性涉及从一个元素到另一个元素的嬗变。因为他“对元素蜕变以及放射化学的研究”，因此荣获了1908年诺贝尔化学奖[10-11]。

卢瑟福关于放射性的研究确立了放射性是发自原子内部的变化。放射性能使一种原子改变成为另一种原子，而这是一般物理和化学变化所达不到的。这一发现彻底打破了原子不会变化的传统观念，使人们对物质结构的研究进入到原子内部这一新的层次，开辟了一个新的科学领域——原子物理学。对此，卢瑟福做了开创性的工作。

卢瑟福，1871年8月30日生于新西兰纳尔逊的一个手工业工人家庭，并在新西兰长大。从小家境贫寒，艰苦求学的经历培养了他百折不挠，勇往直前的精神。1895年他在新西兰大学毕业后，获得英国剑桥大学的奖学金，进入卡文迪许实验室，成为汤姆逊的研究生。1898年，在汤姆逊的推荐下，他担任加拿大麦吉尔大学的物理教授，并在那儿待了9年。1907年，卢瑟福返回英国，出任曼彻斯特大学物理系主任；1919年接替退休的汤姆逊，担任卡文迪许实验室主任。卢瑟福还是一位杰出的学科带头人，被誉为“从来没有树立过一个敌人，也从来没有失去过一位朋友”的人。在他的助手和学生中，先后荣获诺贝尔奖的竟多达12人。卢瑟福1925年当选为英国皇家学会会长，1931年受封为纳尔逊男爵，1937年10月19日因病在剑桥逝世，享年66岁。

1.8 质子的发现

1914年，卢瑟福用阴极射线轰击氢，打掉氢原子的电子，使之变成带正电的阳离子，它实际上就是氢的原子核。卢瑟福推测，它就是人们从前所发现的与阴极射线相对应的阳极射线。它的电荷量为一个单位，质量也为一个单位，卢瑟福将之命名为“质子”。

如果原子有核，那么原子核是由什么构成的呢？由于原子表现出电中性，所以原子核一定是带正电的，其带电量与核外电子所带负电量相等。

1919年，卢瑟福制作了α粒子轰击氮的实验装置：一个可以抽真空的容器，在里面放置一个装入放射性物质的铅罐,铅罐上开一小口让 α 粒子射出,投射到铝箔上,在铝箔的后面放一荧光屏。当容器抽成真空后,选取的铝箔的厚度刚好将 α 粒子吸收,而又不穿透铝箔。当给容器通氮气时,卢瑟福从荧光屏上观察到了闪光;把氮气换成氧气或二氧化碳后,则观察不到闪光。卢瑟福认为:一定是 α 粒子轰击氮核后产生了新粒子,闪光是新粒子透过铝箔引起的。

卢瑟福把这种粒子引进电场和磁场中,根据它在电场和磁场中的偏转,测出了它的质量和电量,从而确定它就是氢原子核,即质子[5,11]。

这个质子是 α 粒子直接从氮核中打出来的,还是 α 粒子打进氮核后形成了复合核,然后再衰变放出来的呢?为了弄清这个问题,英国物理学家布拉凯特(P. M. S. Blaskett)又在充氮的云室里做了这个实验。如果质子是 α 粒子直接从氮核中打出来的,那么在云室里就会看到 4 条径迹:入射的 α 粒子、碰撞后散射的 α 粒子、质子及反冲核的径迹;如果粒子打进氮核后形成一个复核,复核立即发生衰变放出一个质子,那么在云室里就能看到 3 条径迹:入射的 α 粒子、质子及反冲核的径迹。布拉凯特拍摄了 20 000 多张云室照片,终于从 40 多万条"粒子径迹的照片中,发现有 8 条分叉径迹"。分叉的情况表明,第二种设想是正确的。由质量数守恒和电荷数守恒可知,产生的新核是 ^{17}O。在云室的照片中,分叉后细长的径迹是质子,短而粗的径迹是反冲氧核。

这是人类第一次真正将一种元素变成另一种元素,几千年来炼金术士的梦想第一次成为现实。后来,人们用同样的方法使氟、钠、铝等核发生了类似的转变,并且都产生了质子。由于一些不同的核里都能轰击出质子,所以质子是原子核的组成部分。

1.9 中子的发现

发现了电子和质子后,人们开始猜测原子核由电子和质子组成,因为 α 粒子和 β 粒子都是从原子核里放射出来的。1913 年,英国物理学家莫塞莱(H. G. Moseley)在研究标识 X 射线的波长时发现:元素的核电荷数反映了核内带正电的质子的数目。

卢瑟福意识到,原子核所带正电荷数与原子质子数相等,但相对原子质量却比质子数大,这说明,如果原子只由质子和电子组成,电子质量又可以忽略不计,那么显然原子核的质量除质子之外,应该还有不带电的其他粒子。那么这种不带电的粒子是什么呢?

1920 年,卢瑟福在皇家贝克里安的演讲中指出:"电子与氢核可能有更加紧密的结合,这种原子的存在几乎是必需的。"他认为像两个质子和四个电子能够紧紧地束缚成一个 α 粒子一样,这种不带电的粒子可能是一个质子和一个电子的紧密结合物。

卢瑟福的学生查德维克(J. Chadwick)从 1921 年开始,就在卡文迪许实验室寻找这种不带电粒子,其中也走了一些弯路。他设计了一种使质子加速的方法,用于提高质子的动能,想让质子撞击原子核来发现这种不带电的粒子。

1928 年,德国物理学家波特(W. Bothe)及其学生贝克尔(H. Becker)也开始了这方面的研究。1930 年,他们发现:当用 α 粒子轰击铍时,它能发射出穿透力极强的射线,而且该射线呈电中性。但他们误认为这种铍射线是一种特殊的 γ 射线,继而又观察到锂和硼等轻元素也有这种射线。他们用盖革计数器及不同厚度的吸收体测量了这种射线的减弱系数,发现它穿透 5 cm 厚的铅板时只减弱一半,而贯穿本领最强的 ^{208}Tl 的 γ 射线,衰减一半才需要 1.5 cm 厚的铅板,由此推断出这种 γ 射线的能量应大于 5 MeV,比入射的 α 粒子的能量还要大。由此认定这个能量应来自核蜕变。这项研究持续了几年。

1931年，约里奥·居里夫妇从镭中提取了很强的钋(^{210}Po)α粒子源，用于验证铍射线的实验。他们利用薄窗电离室对铍射线进行研究，因为电离室收集的电量与射线量成正比，所以在薄窗前可以放置不同材料的吸收体，当放置石蜡板时，电离室的电流剧增。改用威尔逊云室测量，发现电流来自反冲核，反冲核是质子，其射程达到26 cm。

1932年，约里奥·居里夫妇报告了这项重大的观察结果，这种铍射线的能量大大超过了天然放射性物质发射的γ射线的能量。约里奥·居里夫妇认为这种γ射线与质子发生了康普顿碰撞，从而散射出了质子。但是，这时打出的质子能量高达5.7 MeV，按照康普顿散射公式计算，入射的γ射线能量至少应为50 MeV，这在理论上是解释不通的。

当查德威克读到约里奥·居里在《法国科学院通报》上的文章后，意识到这种新射线很可能就是他多年来苦苦寻找的中性粒子。他立即告诉了卢瑟福。卢瑟福表示不相信，建议尽快做实验进行检验。这时查德威克已制备好了钋源，于是立即对这一项目进行实验。首先考察核反冲现象的普遍性：他把各种轻元素和气体一一进行实验，结果证明毫无例外地都会发生核反冲现象。

再检验碰撞的能量关系：查德威克用石蜡做吸收实验，在石蜡板和电离室之间放置不同厚度的铝片，作吸收曲线，由此测出石蜡放出的质子具有5.7 MeV的能量。如果铍辐射是由γ光子组成的，那么根据能量守恒定律和动量守恒定律，用康普顿散射公式计算γ光子的能量应为55 MeV。用同样的铍辐射轰击氮，从云室中氮的反冲核留下的径迹估计氮核能量约为1.2 MeV，计算得到的γ光子能量应为90 MeV。这就表明：如果用γ光子的碰撞来解释反冲核，那么当被碰撞原子的质量增加时，必须假设这一量子的能量越来越大。

1932年2月17日，查德威克在《自然》杂志上发表了他的实验结果，题目为《中子可能存在》。他在文章中写道："显然，在这些碰撞过程中，我们要么放弃能量与动量守恒，要么采用另一个关于辐射本性的假设。如果我们假设这一辐射不是量子辐射(即γ光子)，而是质量与质子几乎相等的粒子，那么所有这些与碰撞有关的困难都会消除。"于是，查德威克定名这种中性粒子为"中子"。

查德威克继续用云室测量了中子质量。将氮充入云室，确定中子不带电荷。利用能量守恒定律和动量守恒定律，可以计算出弹性碰撞反冲核的速度：氮原子反冲速度为4.7×10^{8} cm/s，石蜡反冲质子速度为3.3×10^{9} cm/s。利用这两种反冲核的速度，可以粗略地求得中子的质量是质子的1.15倍，质量非常接近质子。查德威克进一步根据质谱仪测得的数据，推算出了中子的精确质量为质子的1.006 7倍(实际是1.001 378倍)。

1932年5月，查德威克在英国《皇家学会学报》上以《中子的存在》为题写成了论文，详细报告了上述实验结果及理论分析，以无可辩驳的事实证实了中子的存在[5,12]。

查德威克成功地发现中子由几方面条件促成：卢瑟福的中子假说使他有了充分的思想准备；长期的实验探索使他掌握了多方面的实验技术以及积累了丰富的实际经验。

我们现在清楚地知道，中子是原子核中的核子，在自由状态下呈不稳定状态，会发生衰变，半衰期为613.9 s，衰变成质子、电子和反电子中微子。中子并不是质子和电子的紧密结合物，而是有着更深层次的复杂结构。

1932年发现中子，这在原子物理学的发展中又是一件划时代的大事。中子的发现引起了一系列成果：第一，为核模型理论提供了重要依据，苏联物理学家伊凡宁科(D. Ivanenko)据此首先提出了原子核是由质子和中子组成的理论;第二,激发了一系列新课题的研究,引起一连串的新发现;第三,找到了核能实际应用的途径。用中子作为炮弹轰击原子核,有比 α 粒子大得多的威力。可以说,中子的发现打开了原子核的大门。

查德威克因发现中子的杰出贡献,获得 1935 年诺贝尔物理学奖。

查德威克,1891 年 10 月 20 日出生在英国曼彻斯特一个劳工阶级家庭。中学时代并未显现过人的天赋。他沉默寡言,成绩平平,但他做事一丝不苟、力求弄懂,不求虚荣、实事求是。1911 年他毕业于曼彻斯特维多利亚大学,后到剑桥大学卡文迪许实验室,在卢瑟福教授的指导下从事原子核物理学的实验研究。1943—1946 年,查德威克在美国工作,是英国参加美国制造原子弹曼哈顿计划的负责人。1948 年起任剑桥大学戈维尔和凯尔斯学院院长。1974 年 7 月 24 日,詹姆斯 · 查德威克(James Chadwick)逝世,享年 83 岁。

1.10 人工放射性的发现

约里奥 · 居里夫妇考虑:卢瑟福用 α 粒子轰击氮产生了质子,而用 α 粒子轰击铍却放出了中子,为什么那些放出质子的元素不会同时放出中子呢?这里面有没有遗漏呢?于是,他们使用世界上最强的放射源——钋源,用薄窗电离室作探测器,同时改进了实验方法,仔细检验卢瑟福的实验。

当约里奥 · 居里夫妇用 α 粒子轰击铝时,他们发现不仅放射出中子,还会放射出正电子。当在钋源与铝片之间插入铅板后,由于铅板挡住了 α 粒子而使其达不到铝板,因此应该不会再放出中子。但奇怪的是,仍有正电子发射,而且发射的正电子随着时间的推移不断减少,持续约 30 min 后正电子才消失。

1933 年 10 月,约里奥 · 居里夫妇在第七届索尔威会议上报告了他们的实验结果,但引起了很大争议,许多人认为他们的实验不可靠。

他们没有灰心,而是继续做实验。他们设想:α 粒子轰击铝放出中子后应该变成磷的同位素,而磷的同位素是放射性的,它再放出正电子变成稳定的硅的同位素。按照这个思路,他们提取出磷,如果磷有正电子,就可以证明上述反应。他们把经 α 粒子轰击的铝片迅速放入盐酸里,因为磷与盐酸反应会生成磷化氢气体。经检验,冒出的磷化氢气体里果然有正电子存在。他们用 α 粒子轰击硼和镁,同样产生了中子和正电子。

1934 年 1 月 19 日,约里奥 · 居里夫妇给《自然》杂志写了一封信:“我们最近的一些实验已显示出一个很引人注目的事实。当一铝箔在钋制品上被辐照时,即使将该放射性制品拿走,正电子的发射也不会立即停止。铝箔保持放射性,辐射发射像一般放射性元素那样以指数规律衰减。”这封信证明了人工放射线的存在。

1934 年 11 月 15 日,约里奥 · 居里夫妇在法国科学院的会议上,详细地介绍了他们的实验,这一次再也没有人怀疑人工可以产生放射性同位素了。

约里奥 · 居里夫妇用 α 粒子轰击 ^{27}Al 的实验,实际的反应是:α 和 ^{27}Al 生成复合核 ^{31}P,处于激发态的 ^{31}P 瞬间放出中子,退激到 ^{30}P,^{30}P 是放射性核素,半衰期为 2.498 min,经百分之百 β^+ 衰变后变成稳定核素 ^{30}Si。所以,约里奥 · 居里夫妇先观察到中子和正电子,去掉放射源后,中子没有了,但正电子仍然由 ^{30}P 放出,经过 30 min(12 个半衰期)才衰变完。约里奥 · 居里夫妇获得了 1935 年诺贝尔化学奖[13]。

人工放射性发现意义重大。如今放射性同位素生产已成为独立产业，并得到了广泛的应用。1995年，美国放射性同位素与放射性材料的非动力应用对美国经济的贡献达到3 310亿美元，占美国GDP的4.7%，并提供了395万个就业岗位。

现在人工放射性同位素绝大部分由反应堆生产，其次是加速器。反应堆生产放射性同位素主要是通过分离重核裂变产物，其次是利用反应堆进行中子活化生产；加速器主要通过加速质子、氘、氦核等轰击不同元素的原子核生产。

伊伦·居里是玛丽·居里的长女，1897年9月12日生于巴黎，她在索尔本大学学习时，就主动担任母亲实验室的助手。她希望毕业以后继承母亲的事业，也致力于放射性方面的研究。1918年，伊伦被任命为实验室的“委任助手”；1946年，伊伦就任镭研究所主任，在1946年到1950年期间，任法国原子能委员会的理事，1947年被苏联科学院选为通讯院士；伊伦夫妻俩还于1948年领导建立了法国第一个核反应堆。

弗莱德里克·约里奥，1900年3月19日生于巴黎，1923年毕业于巴黎市物理及化学学院，1925年成为居里夫人在放射性协会的助手，1937年任法兰西学院教授，1956年任镭研究所和巴黎大学奥尔赛研究所所长。

1926年10月4日，伊伦·居里与弗莱德里克·约里奥结婚，婚后约里奥改名约里奥·居里，从此人们称他们为约里奥·居里夫妇。约里奥·居里夫妇是钱三强博士的导师，对中国人民十分友好。

伊伦·约里奥·居里(Irène Joliot-Curie)因患急性白血病，于1956年3月17日不幸世逝，享年59岁。弗莱德里克·约里奥·居里(Frédéric Joliot-Curie)于1958年8月14日去世，享年58岁。

1.11 重核裂变的发现

我们知道，铀蕴藏着巨大的能量，1个^{235}U核裂变放出的能量大约是200.55 MeV，这样算下来1 g ^{235}U完全裂变产生的能量大约等于2.81 t标准煤完全燃烧释放的能量。所以，重核裂变的发现对人类具有划时代的意义。在20世纪30年代，从发现裂变现象到确认裂变反应，我们走了很多弯路，花费了当时顶级科学家四年半的时间。教训是深刻的[14-15]。

现在我们知道，自然界的铀(^{235}U和^{238}U)等重核都有α衰变与自发裂变，但自发裂变概率非常低。对于热中子诱发裂变截面有高有低，例如，^{238}U热中子裂变截面只有2.7b，而^{235}U则是582.2b[16]。^{235}U的裂变碎片有80多种核素，绝大多数都是不稳定核素，具有β放射性。裂变产物(裂变碎片加衰变产物)约有300多种核素。

那时乔治·伽莫夫(G. Gamow)建立了α衰变的量子理论。我们知道，在核内α粒子被核力吸引，在核外受库仑力排斥，这样就在核表面构成了一个环形势垒。当时人们计算表明势垒高度远大于α粒子动能。按经典力学，α粒子无法越过势垒跑出核外；但伽莫夫根据量子力学的波动理论提出α粒子可以有一定概率通过隧道跑出核外。根据伽莫夫α粒子穿过隧道概率计算式可知，衰变粒子所带电荷越多和质量越大，穿过概率就越低。根据伽莫夫理论，中子打入铀原子核后，比α粒子更大的元素不可能穿越势垒。铀原子核只可能有3种核反应：俘获中子后成不稳定元素；放射α或质子后成不稳定元素；不稳定元素再经β衰变为原子序数更高的元素。这是当时人们普遍接受的理论。这一理论倾向于否定核裂变。

当时92号铀是周期表最后一位元素。那时人们错误地设想用中子轰击铀，再经过β衰变来制取93号超铀元素。

中子发现后，1934年3月，意大利罗马大学费米(Enrico Fermi)领导的小组将氡气与铍粉装在玻璃瓶中，制成了中子源，其中子发射率约为10^7 n/s，并在瓶子附近放置被照射的单元素或化合物材料，然后把照射过的材料放到盖革计数管上测量β射线。他们从氢开始，按元素周期表依次轰击，结果发现，从氟、铝开始就出现了感生放射性元素。他们共照射了68种材料，有47种元素具有β放射性。

1934年5月，当费米小组用中子轰击铀时，被照射过的材料用盖革计数管测量出至少有5种半衰期的元素。其中，用放射化学分析方法分离出半衰期分别为13 min和90 min的两种元素。这些元素不属于铀衰变链中的核素，它们实际上是^{101}Tc和^{139}Ba，但他们错误地将其认为是93号超铀元素衰变的产物。

1934年10月，费米小组用中子照射银，发现用石蜡包围放射源或把源放到水中，银的放射性增加了上百倍。费米意识到中子与氢核碰撞使中子速度减慢了，慢速中子更容易被原子核俘获。

居里实验室和德国柏林大学威廉皇家化学研究所是当时世界上放射化学顶尖研究机构。那时居里实验室的约里奥·居里夫妇及威廉皇家化学研究所的奥托·哈恩(O. Hahn)和莉泽·迈特纳(L. Meitner)都在重复费米的实验，证实了绝大部分实验结果。他们还发现即使停止中子照射，放射性仍不断产生，比费米最初预料的要复杂得多。

猜到正确答案的是德国女化学家伊达·诺达克(Ida. Noddack)。1934年9月，她在《应用化学》杂志上指出：费米等人采用“排除其他可能性的方法”来证明第93号元素的存在是“绝非成功的”；“人们可以同样假设：在用中子产生核蜕变的时候，会出现某些先前未曾观察到的全新的核反应。过去人们发现的嬗变只是通过发射电子、质子或氦核时发生的，因而重元素仅仅稍微改变其质量就会形成邻近元素。当重核受到中子轰击时，人们可以设想核被裂成若干大的碎片，它们当然是已知元素的同位素而非受照射元素的邻近元素[14]。”无疑诺达克的想法是正确的。可惜的是，她没有对她的想法做实验验证，错过了发现重核裂变反应的机会。

那时没有人认为诺达克的想法是正确的。当有人问哈恩时，他回答：他不想把诺达克夫人拿出去当笑柄，因为他觉得她关于铀分裂成几大碎片的假设是谬论。事实上，费米小组也拒绝了诺达克的批评，但没有公开回应。

1935年，约里奥·居里夫妇也开始了中子的照射研究工作，确认钍与铀一样有复杂的现象。1937—1938年，伊伦·居里与萨维奇(P. Savitch)合作，采用薄膜吸附技术对经过中子轰击的产物进行分离，结果发现一种半衰期为3.5 h的新放射性元素，其化学性质很像镧。可惜他们没有进行更进一步地深入研究。

1935—1938年，哈恩与迈特那合作，后来斯特拉斯曼(F. Strassmann)也加入了进来，进行这方面的研究。他们重复居里与萨维奇的实验，证实了半衰期为3.5 h、具有镧的化学性质的放射性元素的确存在，并使观察到的放射性数目增加到16种。1938年12月，在他们发表在《自然科学》上的文章里写道：“作为化学家，因为有了刚才描述过的实验结果，我们就应该改变原来的设想，引入Ba、La、Ce的符号替代Ra、Ac、Th。作为‘原子核化学家’，工作又很接近于物理学领域，我们也不能把自己带到这样一个偏激的地步，推翻原子核物理学先前所有的实验[14-15]。”可见，当时他们已经用化学方法确认了这些元素就是裂变碎片，但又不敢否定传统观念的矛盾心情。

哈恩在文章发表前寄给了合作者迈特纳。迈特纳立刻想到:会不会是铀破裂了。迈特纳和她的外甥费里希(O. R. Frisch)经过仔细研究,确认铀核在中子的作用下分裂成两部分的反应,并首次使用“裂变”一词。这些观点发表在《自然》杂志上。

哈恩了解了迈特纳和费里希的看法后,于1939年2月在德国《自然科学》杂志发表的文章中,一反过去对实验的疑惑,根据核裂变确定他们发现的是钡、镧、铈等元素。

1944年,哈恩独自一人获得了诺贝尔化学奖。人们惊奇地发现,与哈恩一起做裂变实验的斯特拉斯曼却没有与之分享,更不用说对裂变做出巨大贡献的迈特纳和费里希了。

人们终于承认了裂变反应,并激起了研究热潮。核裂变主要分裂成两块,但也会分裂成多块。我国著名的核物理学家钱三强、何泽慧夫妇在1946年发现了三裂变和四裂变。

1937年,钱三强到法国巴黎大学居里实验室做研究生,师从伊伦·居里教授。1940年以“α粒子同质子的碰撞”为题通过了博士学位的答辩。由于钱先生早就熟悉照相底片技术,所以伊伦·居里在1945年派他到英国乔布斯托大学学习核乳胶技术。核乳胶是一种很厚的照相底片,核裂变碎片的径迹能够在核乳胶底片内部显影出来,在显微镜下可以观察到。

1946年7月,钱三强在参加英国剑桥举行的国际基本粒子与低温会议期间,看到两位英国青年科学家出示的一组用核乳胶研究裂变现象的照片,其中一张记录到一个三叉形状的径迹。当时被简单地解释成裂变的两个碎片伴以一个α粒子,而没有做进一步的探讨。这张照片引起了钱三强的很大兴趣。回到巴黎后,他立即带领两位研究生着手用核乳胶进行实验。稍后何泽慧也参加了进来。他们用慢中子轰击铀,用核乳胶记录裂变碎片,并在显微镜下观察裂变碎片的径迹。钱三强、何泽慧、沙士戴勒(R. Chastel)和微聂隆(L. Vigneron)合作,观察了大量裂变径迹。他们发现有一裂变碎片径迹从一点出发分出三条径迹,铀核分裂成三块;后来又发现了铀核分裂成四块。对此钱先生做了深入的理论分析,还预言第三块碎片可能有质量谱。直到20世纪60年代,质量谱的预言才得到证实。铀核三分裂和四分裂是稀少事件,大约300个裂变中才有1个三分裂,上万个裂变中才有1个四分裂。1946年12月9日,钱三强在法国科学院《通报》上公布了初步研究结果。约里奥·居里教授评价说:这是第二次世界大战后,他的实验室的第一个重要工作。钱三强关于铀核三分裂机制的解释已为各国物理学界所接受,这进一步丰富了人们对裂变现象的了解和认识[17-19]。

发现“铀核裂变”是具有划时代意义的重大事件。反应堆、核电站、核武器相继产生,从此,世界进入了原子能时代。

钱三强,1913年10月16日生于浙江绍兴,原籍浙江湖州。1932年毕业于北京大学预科;1936年毕业于清华大学;1937年9月,到巴黎大学镭学研究所居里实验室做伊伦·居里的研究生;1940年获得法国国家博士学位。

钱三强1948年回国,历任清华大学物理系教授、中国科学院原子能研究所所长、核工业部副部长、中国科学院副院长等职。钱三强是中国“两弹一星”元勋,是中国原子能科学事业的创始人和奠基人。他把毕生献给了我国原子能事业。1992年6月28日,钱三强在北京病逝,享年79岁。

何泽慧,1914年3月5日生于江苏苏州,祖籍山西灵石。1936年毕业于清华大学;1940年获得德国柏林高等工业大学工程博士学位,后进入柏林西门子工厂弱电流实验室参加磁性材料的研究工作;1943年,她到海德堡威廉皇家学院核物理研究所,在玻特教授指导下从事原子核物理研究。

1946年春天，何泽慧从德国到法国巴黎，与钱三强结婚，并共同在约里奥·居里夫妇领导的法兰西学院原子核化学实验室和居里实验室工作。

1948年夏，何泽慧同钱三强一起回到北京，立即投入到中国科学院原子能研究所的组建工作中。原子能研究所成立后任第二研究室主任、副所长；1973年高能物理研究所成立后，担任副所长。她积极推动宇宙线超高能物理和高能天体物理的研究工作。何泽慧是中国人民政治协商会议第五、六、七届全国委员会委员。

2011年6月20日7时39分，何泽慧院士在北京协和医院逝世，享年97岁。

1.12 结束语

最初，人类从探索组成物质的最小微粒寻找本原，结果发现了电子、质子和中子，确认了原子的核结构；进一步探索又发现质子和中子也有结构，是由更小的夸克组成，并发现了很多新粒子。粒子物理学家根据作用力的不同，把电子、质子和中子及大量新粒子分成强子、轻子和传播子三大类，并认识到强子是有结构的，它们都是由夸克构成的。例如质子是由两个上夸克和一个下夸克通过胶子在强相互作用下构成的。如果原子的尺度是 10^{-8} cm，原子核是 10^{-13} cm，那么夸克的尺度要小于 10^{-16} cm。所以从原子、原子核再到夸克，其内部是十分空旷的，它们之间通过不同类型的引力与运动联系在一起。

这也解释了宇宙中的中子星为什么密度那么大，原来物质内部存在着非常大的可压缩空隙，质量足够大的恒星在坍缩时内核引力将原子核外电子压入原子核内，使质子变成中子，原子成为中子核。这时整个星球全由中子构成，星球的体积大大缩小，密度却变得非常巨大，成为中子星。

在过去100多年里，物理学家已经发现了61种基本粒子。这些基本粒子又是由什么构成的呢？目前弦理论家们认为：比基本粒子更小的微粒是一些质地相同的“能量线段”，称为“弦”，各种基本粒子都是弦的不同振动和运动形成的。弦是否真实存在有待于实验的检验和证明。其实本原只是相对的，人类的探索才是无穷无尽的。

参考文献

[1] 远德玉，王建吉，赵研. 自然科学发展简史[M]. 北京：中央广播电视大学出版社，2004.
[2] 卢晓江. 自然科学史十二讲[M]. 北京：中国轻工业出版社，2007.
[3] 孙毅霖. 自然哲学与科学技术概论[M]. 上海：上海交通大学出版社，2009.
[4] 高丽. 1789年发现铀以来铀的利用和开发[J]. 国外核新闻，1989(8)：18-19.
[5] 郭奕玲，沈慧君. 物理学史[M]. 北京：清华大学出版社，2005.
[6] 杨庆，周荣生. 威廉·康德拉·伦琴——卓尔不凡的实验物理学大师[J]. 自然辩证法通讯，2001，136(6)：66-78.
[7] 艾芙·居里. 居里夫人传[M]. 尹萍，译. 北京：商务印书馆，2009.
[8] 宋德生. 从阴极射线的争议到电子的发现[J]. 物理，1987，16(5)：311-316.
[9] 李炳安，杨振宁. 赵忠尧与电子对产生和电子湮灭[J]. 自然杂志，1991，13(5)：275-279.

[10] 阎康年. 卢瑟福与现代科学的发展[M]. 北京:科学技术文献出版社,1987.
[11] 王较过. 卢瑟福对发现质子的贡献[J]. 咸阳师范专科学校学报,2001,16(1):65-68.
[12] 戴宏毅,王尚武. 中子的发现[J]. 物理,1998(8):500-503.
[13] 刘斌,刘元方. 约里奥·居里夫妇与人工放射性——纪念人工放射性发现60周年[J]. 大学化学,1995,10(3): 62-64.
[14] 何泽慧,顾以藩. 原子核裂变的发现:历史教训——纪念原子核裂变现象发现60周年[J]. 物理,1999,28(1):6-13.
[15] Segré E G. 核裂变的发现[J]. 周嘉,译. 世界科学,1991(9):52-55.
[16] Erdtmann G. Neutron activation tables[M]. NewYork:Verlag Chemie,1976.
[17] 钱三强. 我对五十年前裂变现象发现前后的一些回忆[J]. 大自然探索,1988(4):1-6.
[18] 钱三强. 纪念核裂变现象发现五十周年[J]. 物理,1989,18(6):321-323.
[19] 怀英. 钱三强与铀核三分裂现象[J]. 现代物理知识,1992(6):4-6.

第 2 章　放射性

质子数相同、具有相同的化学性质、占据周期表一个位置的一类原子统称为元素；在周期表同一位置上，质子数相同、质量数(即核子数)不同的元素之间互称同位素；一般在谈论原子核性质、衰变方式、能量等方面时，对不同质量数的元素常称为核素。例如同质异能态元素，即使占据周期表同一位置也不属于同位素，而归在核素里。有时元素核素也不那么认真区分。

目前发现的元素有 118 种。质子数最少的是第 1 号元素$^{1}_{1}$H，质子数最多的是第 118 号元素$^{294}_{118}$Og，它是人工合成的。所有元素都有放射性同位素，但只有第 1～83 号元素才有稳定同位素，大于第 83 号铋的元素都没有发现稳定同位素。大多数天然元素都是由多种不同丰度的同位素混合而成的。

核素又分为稳定核素和放射性核素两类。由元素周期表统计的稳定核素有 274 种(包括半衰期$>10^{15}$ a 的核素)[1-3]。量子力学隧道效应理论告诉我们，任何核素中的核子均有穿透势垒的概率，有的粒子穿透势垒的概率非常低，半衰期非常长。所以稳定与不稳定是相对的，界限划分也是相对的。

放射性核素包括天然生成的和人工产生的两大类。天然放射性核素包括：三个天然放射性衰变系：铀系、锕系和钍系，分别从^{238}U、^{235}U、^{232}Th 开始一直衰变到铅的稳定同位素^{206}Pb、^{207}Pb、^{208}Pb。三个天然放射性衰变系共有放射性核素 43 种。另外，还找到了微量的^{244}Pu，也可能是地球上原始就有的，也有人认为^{244}Pu 和^{60}Fe 是超新星爆炸过程的产物，散落到了地球上；还有可能是由单一生成机制产生的天然放射性核素 16 种(^{40}K、^{50}V、^{87}Rb、^{115}In、^{123}Te、^{138}La、^{142}Ce、^{144}Nd、^{147}Sm、^{148}Sm、^{152}Gd、^{174}Hf、^{176}Lu、^{180}Ta、^{187}Re、^{190}Pt)，它们都具有超长的寿命；另外，宇宙射线产生的放射性核素约有 22 种(^{3}H、^{7}Be、^{10}Be、^{14}C、^{18}F、^{22}Na、^{24}Na、^{26}Al、^{28}Mg、^{31}Si、^{32}Si、^{32}P、^{33}P、^{34m}Cl、^{36}Cl、^{38}Cl、^{39}Cl、^{35}S、^{38}S、^{37}Ar、^{39}Ar、^{81}Kr)。所以，天然放射性核素总计大约是 82 种[1-4]。实际上，天然放射性核素不止这些，因为自然界也会发生核反应和重核自发裂变，其裂变碎片大部分是放射性核素，它们又会衰变出放射性核素。只是核反应和重核自发裂变发生的概率极低，裂变产物(裂变碎片加衰变产物)含量极少，未计算在内。

大量的放射性核素是人造核素。AME2016 和 NuDat2.8 原子质量表列出的核素是 3 435 种[1-2]。扣除稳定核素，放射性核素是 3 161 种。今后还会发现一些寿命非常短的放射性核素。理论上推算放射性核素大约有 8 000 多种，文献涉及的放射性核素也就 300 多种(参见附表 2.1)，而真正具有应用价值的更少。

原子核的稳定性与原子核内的质量数 A 有关。A 太大的核不稳定。现在自然界中存在的最重的不稳定核素是^{232}Th、^{235}U、^{238}U 和少量的^{244}Pu。原子核的稳定性与核的中子数 N 和质子数 Z 的比值有关。对于 $A<40$ 的核，当 N 和 Z 大致相等时，原子核稳定；对于 $A>40$ 的核，当 $N/Z>1$ 时，原子核才稳定。如^{208}Pb 这样的重核，当 $N/Z\approx1.5$ 时，原子核还可以是稳定的。在稳定的核素中，质子数和中子数都是偶数的原子核(偶偶核)最多，表明原子核中的中子和质子有各自成对的倾向；当原子核中的中子数或质子数分别为 2、8、20、28、50、82、126 等幻数时，原子核显示出较大的稳定性。

由于原子核内部的核子有相对运动、振动和转动，核子的能量与角动量都是分立的，所以原子核与原子一样有很多能态，形成很多各自独立的能级，而能级及其分布是极为复杂的。但是，不稳定原子核总是向着稳定原子核的方向变化。因此，处在激发态的原子核总是向更低能态转变，而且有多种转变方式相互竞争，构成了放射性衰变方式的多样性。

放射性衰变方式多种多样，有些复合核甚至能衰变出质子、中子及其他核子，但半衰期极短。以下介绍的都是半衰期稍长的放射性核素，介绍的重点是衰变类型、辐射特点以及衰变纲图等相关知识。这些核素的资料均摘自 NNDC 网站[3]。

2.1　放射性衰变

2.1.1　β 衰变

β 衰变发生在富中子的原子核中。处在高能态的原子核，趋向于降低活跃的中子数，所以放出 β 并带走核的激发能，使原子核成为稳定核。β 衰变是放射性衰变中最多的一种衰变方式，元素周期表上的全部元素几乎都有 β 衰变的同位素。β 粒子的最大能量一般只有几 MeV，半衰期一般在 10 s～10 a 范围内。弱相互作用使得一个中子转变成一个质子、一个电子和一个反电子中微子。原子核的 β 衰变式为

$$ {}_{Z}^{A}X_{N} \rightarrow {}_{Z+1}^{A}Y_{N-1} + {}_{-1}^{0}e + \bar{\nu}_{e} + Q_{\beta} \tag{2.1}$$

衰变能 Q_β 为

$$Q_{\beta} = T_{\beta} + T_{\bar{\nu}} + T_{Y} = [m_{X} - (m_{Y} + m_{e})] \cdot c^{2} \tag{2.2}$$

式中：T_β、$T_{\bar{\nu}}$ 和 T_Y 分别为电子、反电子中微子和反冲子核的动能；反电子中微子 $\bar{\nu}_e$ 是质量与电荷均为零、自旋为 1/2 的中性粒子；$T_{\bar{\nu}}$ 是反电子中微子的总能量。由于反电子中微子带走部分能量，使得 β 射线的能量 T_β 在 0～Q_β 之间变化，并具有谱分布。m_X、m_Y 和 m_e 分别是母核 X、子核 Y 和电子 e 的静止质量。由于 m_X 比原子的静止质量 M_X 少 Z 个壳层电子及它们的结合能，而 m_Y 比 M_Y 少 $Z+1$ 个壳层电子及它们的结合能，当忽略它们的结合能时，也可以用原子静止质量表示 Q_β：

$$Q_{\beta} = (M_{X} - M_{Y}) \cdot c^{2} \tag{2.3}$$

衰变纲图(decay scheme)是用图的形式表示放射性核素衰变特征和参数的示意图。其特点是基本参数比较齐全，形象又直观。例如，图 2.1 所示为 ^{137}Cs 的衰变纲图。

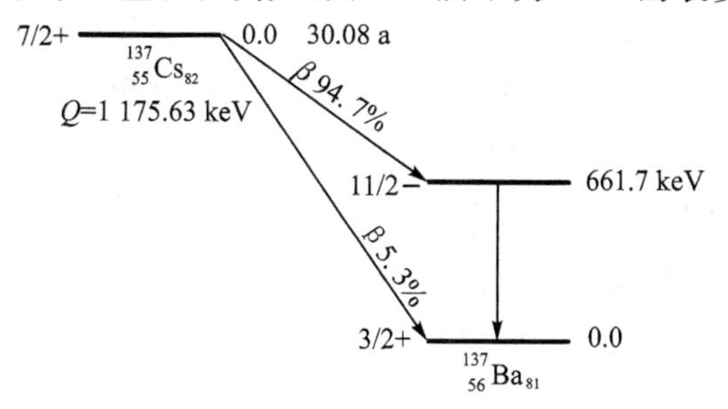

图 2.1　^{137}Cs 衰变纲图

^{137}Cs的β衰变主要有两组：有5.3％的概率衰变到^{137}Ba的基态；有94.7％的概率衰变到^{137}Ba的661.657 keV激发态。该激发态再经9.6％的内转换和85.1％的γ射线发射方式跃迁到基态。

^{14}C也是纯β衰变，直接衰变到^{14}N的基态，半衰期为5 700 a，$E_{\beta\max}$=156.475 keV。有报道称将^{14}C吸附于碳化硅空隙中研制成核电池，寿命可达上百年。

另外，^{32}P也是纯β衰变，直接衰变到^{32}S的基态上，半衰期为14.268 d。^{32}P既无γ射线也无X射线，只有β射线，最大能量为1 710.66 keV。

一般子核能级会有很多条，但在衰变纲图中只标出γ射线发射强度较大者；由于存在γ射线内转换，所以还会发射内转换电子、俄歇电子和X射线。铯、碳、磷衰变过程的详细参数已列在表2.1中。

表2.1 铯、碳、磷衰变过程射线参数表

母　核	半衰期	衰变方式	E_e/keV	强度/％	E_γ/keV	强度/％
$^{137}_{55}Cs$	30.08 a	β	$E_{\beta\max}$ 513.97	94.70	XR 14.47	0.91
			$E_{\beta\max}$ 334.65	5.8E−4	XR $K_{\alpha2}$ 31.817	1.99
			$E_{\beta\max}$ 1 175.63	5.30	XR $K_{\alpha1}$ 32.194	3.64
			AU L 3.67	7.40	XR K_β 336.304	0.348
			AU K 36.4	0.78	XR $K_{\beta1}$ 36.378	0.672
			CE K 624.22	7.79	XR $K_{\beta2}$ 37.255	0.213
			CE L 655.67	1.402	其他XR	<0.1
			CE M 660.36	0.300	283.5	5.8E−4
			其他CE	<0.1	661.657	85.1
$^{14}_{6}C$	5 700 a	β	$E_{\beta\max}$ 156.475	100	无	无
$^{32}_{15}P$	14.268 d	β	$E_{\beta\max}$ 1 710.66	100	无	无

注：表中CE K是K层内转换电子能量；AU K是K层俄歇电子能量；XR K是K层X射线能量。

2.1.2 β^+衰变

β^+衰变绝大多数都是发生在缺中子的原子核中。处在高能态的原子核，趋于增加中子数，所以放出β^+并带走多余的能量，使原子核成为稳定核。

在β^+衰变过程中，一个质子吸收一个电子变成一个中子，放出一个正电子和一个电子中微子ν_e。其实质是高激发态的原子核在核场中激发出正负电子对，负电子被高能态的质子俘获，转化为中子，中子与质子以核能键形式结合，降低了原子核的能量。生成的正电子和电子中微子带走多余的能量，使原子核趋于稳定。原子核能够自激产生电子对的条件是核激发能必须大于1.022 MeV，低于这个能量的核不能自激产生电子对，其衰变只能以电子俘获的形式降低原子核中的质子数增加中子数，使核降低能量达到结构稳定。

在β^+衰变能够发生的情况下，通常也会有电子俘获与之竞争。β^+衰变式为

$$^A_ZX_N \rightarrow {}^A_{Z-1}Y_{N+1} + {}^0_1e^+ + \nu_e + Q_{\beta^+} \tag{2.4}$$

衰变能Q_{β^+}为

$$Q_{\beta^+} = T_{\beta^+} + T_\nu + T_Y = [m_X - (m_Y + m_e)]\cdot c^2 \tag{2.5}$$

式中：T_{β^+}、T_ν 和 T_Y 分别为正电子、电子中微子和反冲子核的动能；m_X、m_Y 和 m_e 分别为母核 X、子核 Y 和正电子的静止质量。由于 m_X 比原子的静止质量 M_X 少 Z 个壳层电子及它们的结合能，而 m_Y 比 M_Y 少 $Z-1$ 个壳层电子及它们的结合能，当忽略它们的结合能时，也可用原子的静止质量来表示 Q_{β^+}：

$$Q_{\beta^+}=(M_X-M_Y-2m_e)\cdot c^2 \tag{2.6}$$

以铜为例，其衰变纲图如图2.2所示。

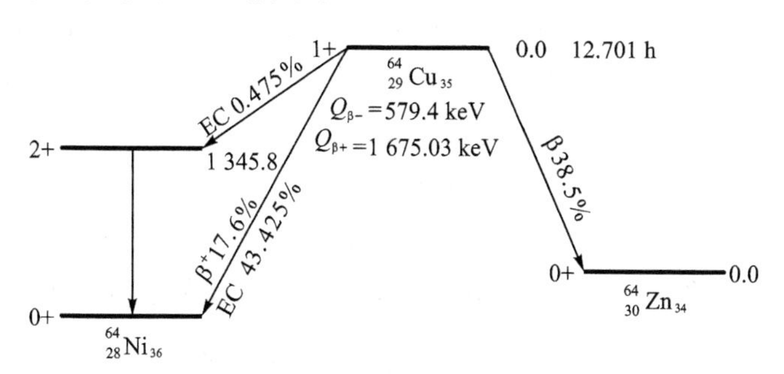

图2.2　铜衰变纲图

从图2.2中可以看出，^{64}Cu衰变方式比较特殊，核的退激有多种方式竞争，所以^{64}Cu有β^-、β^+及轨道电子俘获三种衰变方式。衰变出的β^+有湮灭γ射线和^{64}Ni激发态跃迁的γ射线。而湮灭过程捕获电子后，又会发生外层电子补位，并发射X射线和俄歇电子；β^-直接跃迁到^{64}Ni的基态，没有γ射线。两个0.511 MeV的γ射线是由$\beta^\pm$电子静质量湮灭产生的，因此γ射线的强度是β^+强度的两倍。

钠是纯β^+衰变。钠和铜的衰变过程产生的射线列在表2.2中。

表2.2　钠和铜衰变过程射线表

母　核	半衰期	衰变方式	E_e/keV	强度/%	E_γ/keV	强度/%
$^{22}_{11}$Na$_{11}$	2.601 8 a	β^+	$E_{\beta\,max}$ 545.67	90.326	XR $K_{\alpha2}$ 0.84	0.053
			$E_{\beta\,max}$ 1 820.20	0.056	XR $K_{\alpha1}$ 0.849	0.107
			AU 0.82	8.74	511.0	180.76
					1 274.537	99.940
$^{64}_{29}$Cu$_{35}$	12.701 h	β^+	$E_{\beta^+\,max}$ 653.03	17.60	XR 1　0.85	0.489
			AU L 0.84	57.7	XR $K_{\alpha2}$ 7.461	4.74
			AU K 6.54	22.51	XR $K_{\alpha1}$ 7.478	9.3
					XR $K_{\beta1}$ 8.265	1.12
					XR $K_{\beta3}$ 8.265	0.58
					511.0	35.2
					1 345.77	0.475
		β^-	$E_{\beta\,max}$ 579.4	38.5	无	无

2.1.3　电子俘获

在β^+衰变过程中，当衰变能 Q_{CE}<1.022 MeV时，不能自激产生电子对，只能以俘获原子

轨道电子的方式退激,我们称之为轨道电子俘获(EC 或 ε)。EC 是指原子核把轨道电子拉入核内,使一个质子转变成一个中子,并放出一个电子中微子 ν_e。EC 衰变式为

$$ {}_{Z}^{A}X_{N} + {}_{-1}^{0}e \rightarrow {}_{Z-1}^{A}Y_{N+1} + \nu_e + Q_{\mathrm{EC}} \tag{2.7} $$

$$ Q_{\mathrm{EC}} = T_{\nu} + T_{Y} = (m_X + m_e - m_Y) \cdot c^2 - W_i \tag{2.8} $$

式中:T_ν 和 T_Y 分别为电子中微子和反冲子核的动能。由于电子中微子质量为零,动量也为零,致使 $T_Y=0$。Q_{CE} 全部由电子中微子带走;m_X、m_Y 和 m_e 分别是母核 X、子核 Y 和电子的静止质量;W_i 为被俘获电子在第 i 壳层中的结合能。由于 m_X 比原子的静止质量 M_X 少 Z 个壳层电子及它们的结合能,而 m_Y 比 M_Y 少 $Z-1$ 个壳层电子及它们的结合能,当忽略壳层电子的结合能时,也可以用原子的静止质量表示 Q_{CE}:

$$ Q_{\mathrm{CE}} = (M_X - M_Y) \cdot c^2 \tag{2.9} $$

在纯 EC 衰变中有的衰变到子核基态,有的衰变到激发态上再发射 γ 射线退激。

图 2.3 所示为 ^{7}Be 的衰变纲图。^{7}Be 和 ^{51}Cr 衰变过程产生的射线列在表 2.3 中。

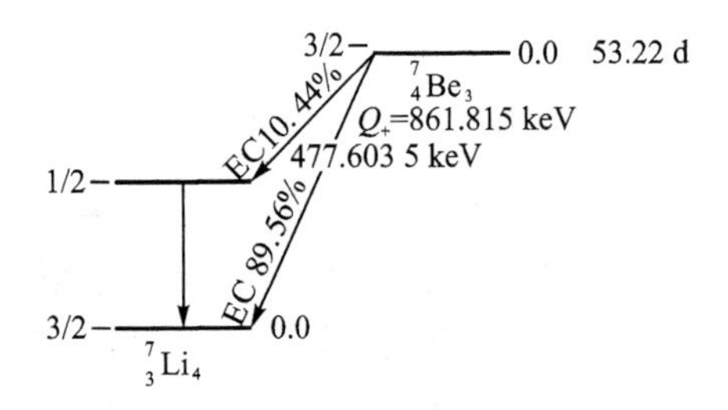

图 2.3 ^{7}Be 衰变纲图

表 2.3 ^{7}Be 和 ^{51}Cr 衰变过程射线表

母 核	半衰期/d	Q_{CE}/keV	衰变方式	E_e/keV	强度/%	E_γ/keV	强度/%
$_{4}^{7}Be_3$	53.22	861.815	EC	无	无	477.603 5	10.44
$_{24}^{51}Cr_{27}$	27.704	752.45	EC	AU L 0.47	146.1	0.51	0.34
				AU K 4.38	66.4	$K_{\alpha2}$ 4.945	6.5
				CE K 314.62	0.016 3	$K_{\alpha1}$ 4.952	12.9
				其他	<0.001	$K_{\beta1}$ 5.427	1.46
						$K_{\beta3}$ 5.427	0.75
						320.08	9.91

^{7}Be 为纯的 EC 衰变,有 89.56%的概率衰变到 ^{7}Li 的基态上,只有 10.44%的概率衰变到 477.603 5 keV 的激发态上,没有内转换。^{51}Cr 也是纯 EC 衰变,有 90.07%的概率衰变到 ^{51}V 的基态,有 9.93%的概率衰变到 320.1 keV 的激发态上。因内层电子被拉入核内,所以使得俄歇电子增多。

2.1.4 α 衰变

在天然核素中,质量数 $A<143$ 的核素没有 α 衰变;在 $143 \leqslant A \leqslant 209$ 之间,只有少数几个

核素具有 α 衰变。质量数最小的是^{144}Nd，丰度为 23.798%，α 衰变半衰期为 2.29×10^{15} a，强度为 100%；^{209}Bi 的丰度为 100%，α 衰变半衰期为 2.01×10^{19} a，强度为 100%。α 衰变核素都集中在 $A>209$ 的重核中。$A>209$ 的 α 衰变半衰期的范围一般是 10^{-7} s～10^{15} a。

因 α 粒子质量大，又带两个电荷，运动速度相对较慢，所以容易与其他原子相互作用而失去能量。α 粒子在空气中的射程只有几厘米。

由衰变产生的 α 粒子的动能在 4～9 MeV 范围内，一般为 5 MeV 左右；衰变产生的 α 粒子有强度不同的多组能量。这是由于 α 衰变不仅在母核基态至子核基态之间进行，也会在母核基态与子核激发态之间进行，少数情形也会在母核激发态至子核基态之间进行。

α 衰变式为

$$ {}_{Z}^{A}X_{N} \rightarrow {}_{Z-2}^{A-4}Y_{N-2} + {}_{2}^{4}\mathrm{He}_{2} + Q_{\alpha} \tag{2.10} $$

$$ Q_{\alpha} = T_{Y} + T_{\alpha} = (m_{X} - m_{Y} - m_{\alpha}) \cdot c^{2} \tag{2.11} $$

式中：T_{α} 和 T_{Y} 分别为 α 粒子和反冲子核 Y 的动能；m_{X}、m_{Y} 和 m_{α} 分别是母核 X、子核 Y 和 α 粒子的静止质量。由于 m_{X} 比原子的静止质量 M_{X} 少 Z 个壳层电子及它们的结合能，m_{Y} 比 M_{Y} 少 $Z-2$ 个壳层电子及它们的结合能，m_{α} 比氦原子静止质量 M_{α} 少 2 个壳层电子及它们的结合能。当忽略全部壳层电子的结合能时，也可以用原子的静止质量表示 Q_{α}：

$$ Q_{\alpha} = T_{Y} + T_{\alpha} = (M_{X} - M_{Y} - M_{\alpha}) \cdot c^{2} \tag{2.12} $$

其中，Q_{α} 来源于衰变前后整个系统的静止质量的减少。直接衰变到子核基态的，Q_{α} 能量变为 α 粒子的动能和反冲子核的动能；衰变到子核激发态上的，有一部分能量给予激发态。

α 粒子在母核中的库仑势垒一般高达 20 MeV 以上。α 粒子的动能比库仑势垒高度低很多，按照经典力学，由于库仑势垒的阻挡，α 粒子不可能跑到核外。但量子力学的隧道效应使得 α 粒子有一定的概率穿透势垒跑出核外。根据伽莫夫公式，α 粒子的能量越大，穿透势垒的概率就越大，半衰期就越短[4]。图 2.4 所示为镅同位素^{241}Am 的衰变纲图。

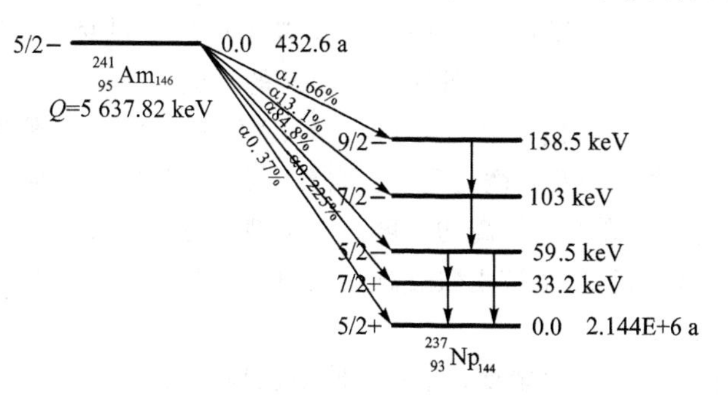

图 2.4 镅同位素^{241}Am 的衰变纲图

表 2.4 所列为^{241}Am 和^{237}Np 衰变产生的射线。^{241}Am 有多组 α，自发裂变强度为(4×10^{-10})%。由于子核激发态的 γ 射线能量较低，所以内转换电子和俄歇电子发生的概率较大，产生的 X 射线也较多。又由于^{237}Np 的半衰期很长，衰变率很低，其 γ 射线强度相对于^{241}Am 可以忽略，所以^{237}Np 后代的 γ 射线对^{241}Am 源没有影响。

表 2.4 ^{241}Am和^{237}Np衰变过程的射线参数表

母 核	半衰期/a	E_α/keV	强度/%	E_e/keV	强度/%	E_γ/keV	强度/%
$^{241}_{95}Am_{146}$	432.6	5 388	1.66	CE L 3.92	14	XR 1 13.9	37
		5 442.8	13.1	AU L 10.1	35	其他 XR	<0.01
		5 485.56	84.8	CE L 10.8	17.4	26.3	2.27
		5 511.5	0.225	CE M 20.6	3.6	33.196	0.126
		5 544.5	0.37	CE L 21.0	9.1	43.42	0.073
		其他	<0.1	CE M 27.5	4.4	59.540 9	35.9
				CE L 37.1	30.2	98.97	0.020 3
				CE M 37.7	2.4	102.98	0.019 5
				CE M 53.8	8.1	其他 γ	<0.01
				其他	<1		
$^{237}_{93}Np_{144}$	2.144E+6	4 640.0	6.43	CE K 5.10	1.67	XR 1 13.3	49.3
		4 665.0	3.478	CE L 8.27	33.0	XR $K_{\alpha2}$ 92.3	1.66
		4 766.5	9.3	AU L 9.68	51.8	XR $K_{\alpha1}$ 95.9	2.68
		4 771.4	23.2	CE M 24.0	8.33	其他 XR	<1
		4 788.0	47.64	CE K 30.6	2.53	8.22	9.0
		4 803.5	2.014	CE L 36.0	46.0	29.4	14.12
		4 816.8	2.43	CE M 51.7	12.7	86.5	12.4
		4 872.7	2.39	CE L 65.4	14.1	其他 γ	<1
		其他	<1	CE M 81.1	2.7		
				CE N 85.1	1.00		
				其他	<1		

2.1.5 裂 变

只有重核才会发生裂变。裂变分为两种：自发裂变和诱发裂变。自发裂变是在没有外来中子的情况下自然裂变；诱发裂变是由外来中子引起的裂变。

自然界中具有自发裂变的核素只有^{232}Th、^{235}U、^{238}U和^{244}Pu。其他裂变核素均为人工核素。具有自发裂变的核素也会发生诱发裂变。自然界裂变核素半衰期都非常长，裂变活度都非常小，而人工核素的自发裂变有较高的活度。自发裂变也会有α或其他衰变方式与之竞争。自发裂变也是一种放射性衰变，也按指数衰减，并有相对固定的半衰期。一般自发裂变半衰期都比α衰变半衰期长很多。

大部分核裂变都是中子诱发裂变，它是一种核反应。原子核吸收1个中子后会分裂成2个或更多个质量较小的原子核，同时放出2～3个中子。如果这些中子继续撞击原子核，就会触发另外的核裂变，只要裂变原子核足够多，就会发生链式反应，使裂变停止不下来，放出巨大能量。

裂变产生的原子核称为裂变碎片，裂变碎片及裂变碎片衰变产物统称为裂变产物。每次裂变的裂变碎片都是随机产生的，质量数的产额呈双峰谱分布。

表2.5所列为几种自发裂变核素。

表 2.5 自发裂变核素参数表

裂变核素	α衰变半衰期/a	α衰变强度/%	核裂变半衰期/a	裂变强度/%
$^{232}_{90}Th$	1.4E+10	≈100	>E+20	1.1E−9
$^{235}_{92}U$	7.04E+8	≈100	1.8E+17	7E−9
$^{238}_{92}U$	4.468E+9	≈100	8.04E+15	5.4E−5
$^{244}_{94}Pu$	8.11E+7	99.88	(2.5±0.8)E+10	0.12
$^{241}_{95}Am$	432.6	≈100	(2.3±0.8)E+14	4E−10
$^{252}_{98}Cf$	2.645	96.91	85	3.09

2.1.6 同质异能跃迁

不管是稳定核素还是不稳定核素都可能有同质异能态。同质异能态(或称同质异能素)的表示方法是在元素符号质量数后面加 m。同质异能跃迁(IT)与原子的荧光发射类似。有的 IT 寿命很长,达数年之久。大多数 IT 会通过发射 γ 射线退激,并有内转换与之竞争;对于不稳定核素的 IT,还会在同质异能态上直接发射 β 或 α 射线退激到子核基态或激发态,并与 IT 竞争。母核的同质异能态衰变与基态的衰变都有各自的半衰期。

图 2.5 所示为^{133m}Xe 同质异能态的衰变纲图。表 2.6 所列为^{133m}Xe 衰变中产生的射线。因为 IT 能级很低,发射的 γ 射线强度只有 10.12%,内转换占到 89.88%;又因为内转换电子产生在多个壳层,补位电子也来自多个壳层,每个壳层发射概率不同;再加上俄歇效应与 X 射线的竞争,使得内转换电子、俄歇电子及 X 射线的能量与强度多种多样,所以很是复杂。表 2.6 中只选择强度较大者。

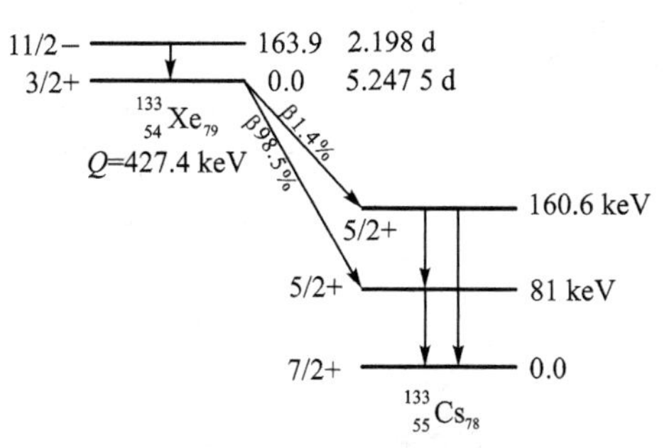

图 2.5 ^{133m}Xe 同质异能态的衰变纲图

表 2.6 ^{133m}Xe 衰变过程射线参数表

核素	半衰期/d	衰变方式	E_e/keV	强度/%	E_X/keV	强度/%
$^{133m}_{54}Xe_{79}$	2.198	IT(100%)	AU L 3.43	70.3	XR 1 4.11	7.5
			AU K 24.6	7.0	XR $K_{\alpha2}$ 29.46	15.9
			CE K 198.66	62.9	XR $K_{\alpha1}$ 29.78	29.3
			CE L 227.77	21.0	XR $K_{\beta3}$ 33.56	2.74
			CE M 232.08	4.7	XR $K_{\beta1}$ 33.62	5.30
			CE N 233.01	0.96	XR $K_{\beta2}$ 34.42	1.61
			CE O 233.20	0.107	233.221	10.12

续表 2.6

核　素	半衰期/d	衰变方式	E_e/keV	强度/%	E_X/keV	强度/%
$^{133}_{54}Xe_{79}$	5.247 5	β(100%)	$E_{\beta\,max}$ 43.6	0.008 7	XR 1　4.29	5.8
			$E_{\beta\,max}$ 266.8	1.4	XR $K_{\alpha2}$ 30.62	13.6
			$E_{\beta\,max}$ 346.4	98.5	XR $K_{\alpha1}$ 30.97	25.0
			AU L 3.55	50.1	XR $K_{\beta3}$ 34.92	2.36
			AU K 25.5	5.67	XR $K_{\beta1}$ 34.99	4.56
			CE K 45.013	52.8	XR $K_{\beta2}$ 35.82	1.41
			CE L 75.284	7.97	79.614 2	0.44
			CE M 79.781	1.65	80.997 9	36.9
			其他 CE	<1	其他 γ	<1

2.1.7　γ射线跃迁

当高激发态的原子核退激时，会发射γ射线，带走多余的能量，称为γ射线跃迁。这是多数原子核普遍的退激方式。一般激发态能级的寿命非常短，典型的是 10^{-12} s。伴随γ射线跃迁的还有内转换过程与之竞争，随着γ射线能量的增大，内转换强度会逐渐减小。以 ^{60}Co 为例，本来 ^{60}Co 还有 IT 跃迁，其能量为 58.58 keV，半衰期为 10.467 min，由于寿命很短，^{60}Co 生成后很快就退到基态，对钴源没有影响。^{60}Co 的特点是，只有两条高能高强度γ射线，其他γ射线都很弱。其衰变纲图如图 2.6 所示，其参数如表 2.7 所列。

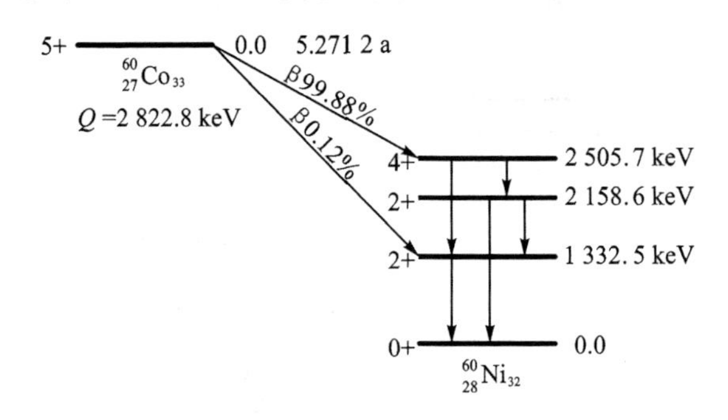

图 2.6　^{60}Co 衰变纲图

表 2.7　^{60}Co 衰变射线参数表

核　素	半衰期/α	衰变方式	E_e/keV	强度/%	E_γ/keV	强度/%
$^{60}_{27}Co_{33}$	5.271 2	β	$E_{\beta\,max}$ 317.05	99.88	XR $K_{\alpha2}$ 7.461	0.003 22
			$E_{\beta\,max}$ 1 490.29	0.12	XR $K_{\alpha1}$ 7.478	0.006 3
			AU L 0.84	0.038 9	其他 XR	<0.001
			AU K 6.54	0.015 28	347.14	0.007 5
			CE K 1 164.9	0.014 98	826.10	0.007 6
			CE K 1 324.2	0.011 37	1 173.228	99.85
			其他 CE	<0.01	1 332.492	99.982 6
					2 158.57	0.001 2
					其他 γ	<0.001

2.1.8 内转换

处在高激发态的原子核本应发射 γ 射线退激，但没有发射，而是通过把激发能传给原子的轨道电子退激，称为内转换(CE)，获得能量的电子称为内转换电子。内转换电子的能量为单能。内转换和轨道电子俘获(EC 或 ε)都发生在原子的内壳层，使内壳层出现空位。这时邻近壳层或支壳层的电子又会填充补位，将多余的能量以 X 射线的形式释放。补位电子又会有更外层的电子补位而发射 X 射线。这两种过程还会发射俄歇电子。

2.1.9 俄歇效应

当补位电子跃迁后，将多余能量以 X 射线的形式释放出来。有时也不发射 X 射线，如同内转换一样，把能量传给邻近壳层的电子退激，飞出的电子即俄歇电子，此过程称为俄歇效应(AU)。俄歇电子的空位又会有电子补位发射 X 射线。属于 L 层的俄歇电子记作 AU L，其他层也照此标记。俄歇电子越靠近外层，发生的概率就越大，X 射线能量都很低。

2.1.10 X 射线发射

β^+ 湮灭、轨道电子俘获(EC 或 ε)和 γ 射线内转换(CE)，这三种过程都会引起原子内壳层电子的变动，形成电子空位，从而产生 X 射线；而 β^- 衰变过程也会有壳层电子变动，但都是最外层电子的增减，所以不会有 X 射线发射。

X 射线产生的原因是核外电子的跃迁。当原子的内壳层电子出现空位后，外壳层电子由高电位跃迁到低电位补位，补位电子将多余的能量以特征 X 射线的形式释放。补位电子的空位又会有更外层电子补位，这样就会产生不同能量的一系列 X 射线。

核外电子的分布呈壳层结构，每一层又分出亚层，每个亚层又分出电子运行轨道。各层间距离核越远越小，无限远时为 0。核外电子的分布与状态由 n、ℓ、m_ℓ、m_s 四个量子数描述。

主量子数 n 决定层和能级，取值 $n=1,2,3,4,5,6,7$，或用 K、L、M、N、O、P、Q 表示。依次称为第一层、第二层、……、第 n 层。第 n 层有 $2n-1$ 个能级。K 层只有一个 K 能级，是最低能级；L 层有 3 个能级，由低到高依次称 $L_Ⅰ$、$L_Ⅱ$、$L_Ⅲ$ 能级；M 层有 5 个能级，依次称 $M_Ⅰ$、$M_Ⅱ$、$M_Ⅲ$、$M_Ⅳ$、$M_Ⅴ$ 能级；接着是 N、O 等层也照此法命名。每层最多有 $2n^2$ 个电子。例如 $n=2$，L 层最多填 8 个电子，不一定全填满，填至等于原子序数为止。

角量子数 ℓ 决定亚层与角动量大小，取值 $\ell=0,1,2,\cdots,n-\ell$，或用 s、p、d、f、g 表示。每一个 ℓ 值表示 1 个亚层，第 n 层上有 n 个亚层。例如 $n=1$，$\ell=0$，为第一层，也是 s 亚层；$n=2$，$\ell=0,1$，第二层有 s、p 两个亚层。每个亚层最多填充 $2(2\ell+1)$ 个电子。

磁量子数 m_ℓ 决定电子轨道的形状与轨道数量(即角动量的空间取向)。磁量子数取值 $m_\ell=0,\pm1,\pm2,\cdots,\pm\ell$。每个 m_ℓ 值为一条轨道，每条轨道上最多只能填 2 个电子。在 ℓ 亚层上共有 $2\ell+1$ 条轨道。例如 $\ell=0$，$m_\ell=0$，只有一条轨道；$\ell=1$，$m_\ell=0,\pm1$，有三条轨道。在同一亚层上：$m_\ell=0$ 的轨道为圆形，为一个能级；$m_\ell\neq0$ 的多条轨道均为椭圆形，其长半轴都相同，但短半轴和离心率不同，多个椭圆为一个能级，电子能量相同。

自旋量子数决定电子的自旋角动量的空间取向。取 $m_s=\pm1/2$。根据泡利不相容原理，每条轨道上最多只能容纳 2 个电子，其自旋方向相反，这 2 个电子的能级只在磁场中才显现出差异，出现能级的精细结构。

以氟为例：氟电子排布式为 $1s^2 2s^2 2p^5$。小写字母为亚层，前面数字表示层。氟有 K、L 两个层：$n=1, \ell=0, m_\ell=0$，为 K 层也是 s 亚层，占 1 条圆形轨道，只有一个 K 能级，右上角的数字 2 表示电子数；L 层 $n=2$，有 s 和 p 两个亚层：s 亚层 $\ell=0, m_\ell=0$，占 1 条圆形轨道，为一个能级，有 2 个电子；p 亚层 $\ell=1, m_\ell=0, \pm1$：$m_\ell=0$ 是圆形轨道，为一个能级；$m_\ell=\pm1$ 是 2 条能量相同的椭圆轨道，为另一个能级。所以 p 亚层有 3 条轨道，2 个能级，可容纳 6 个电子。因氟的原子序数为 9，所以最外层有 1 条椭圆轨道上只填了 1 个电子。

核外电子能级间的跃迁由选择定则确定。跃迁产生的特征 X 射线起有专门的名称，跃迁到 K 层的 X 射线称为 K 系，跃迁到 L 层的称为 L 系，跃迁到 M 层的称为 M 系，等等；对于不同亚层之间的跃迁又细分为 α、β、γ，并带有下标表示。电子跃迁产生的特征 X 射线异常复杂。图 2.7 所示是根据一些资料挑选的有代表性的特征 X 射线[4-5]。图中横线表示电子轨道，由量子数 n、ℓ、j 描述。先将每条轨道上两电子各自的轨道角动量与自旋角动量耦合成电子的总角动量；再将两个电子的总角动量 jj 耦合成原子的总角动量。其中，j 是原子总角动量量子数，$j=\ell\pm1/2$。表 2.8 所列为几个元素的特征 X 射线的能量和强度。

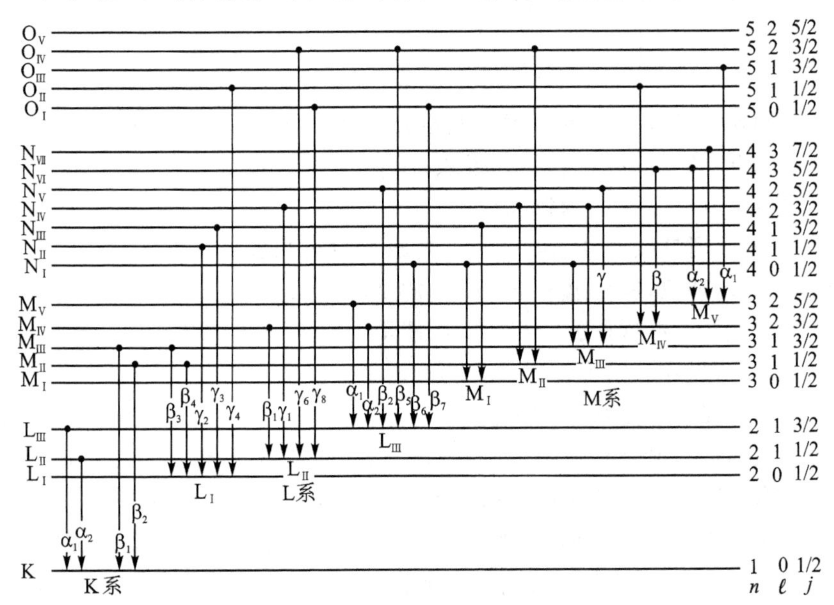

图 2.7 原子能级图和特征 X 射线

表 2.8 轻、中、重核的特征 X 射线的能量强度

元 素	K 系 X 射线能量(keV)及释放强度(以 $K_{\alpha1}$ 为 100)							L 系 X 射线能量(keV)				
	$K_{\alpha1}$	$K_{\alpha2}$	强 度	$K_{\beta1}$	强 度	$K_{\beta2}$	强 度	$L_{\alpha1}$	$L_{\alpha2}$	$L_{\beta1}$	$L_{\beta2}$	$L_{\gamma1}$
$_4$Be	0.116											
$_{11}$Na	1.08			1.067								
$_{31}$Ga	9.251	9.234	50	10.26	19	10.36	0.4	1.096		1.122		
$_{51}$Sb	26.36	26.11	51	29.72	27	30.39	5	3.605	3.595	3.843	4.100	4.347
$_{71}$Lu	54.06	52.96	54	61.28	32	62.95	8	7.654	7.604	8.708	9.048	10.14
$_{92}$U	98.43	94.65	56	111.3	38	114.6	14	13.61	13.44	17.22	16.42	20.16
$_{95}$Am	106.4	101.9	57	120.2	39	123.7	15	14.62	14.41	18.83	17.68	22.04

原子的能级分布是 L 与 K 能级间距最大，发射的 X 射线能量最高，强度最强。一般只有 $K_{\alpha1}$、$K_{\alpha2}$、$K_{\beta1}$、$K_{\beta2}$、$K_{\beta3}$ 的强度能达到 1% 以上。X 射线能量的大小：K 系的 $K_\beta > K_\alpha$；L 系的 $L_\gamma > L_\beta > L_\alpha$。以银为例，谱线相对强度 $K_{\alpha1}:K_{\alpha2}:K_{\beta1}:K_{\beta2}=100:51:25:5$；K 系与 L 系银的 X 射线产额之比 $\omega_K:\omega_L=0.816:0.063=100:7.72$。随着原子序数的增大 $K_{\alpha2}$、$K_{\beta1}$、$K_{\beta2}$ 的相对强度也增大，X 射线产额之比也增大。以 K 层为例，X 射线产额的定义为 $\omega_K=n_K/N_K$，其中 N_K 是 K 能级单位时间被激发的原子数，n_K 是单位时间产生的 KX 射线数。n_K 中既包括内壳层电子跃迁发射的 KX 射线，也包括俄歇电子跃迁产生的 KX 射线。ω_L 是 L 层的 X 射线产额。在利用特征 X 射线做成分分析时，选择的强度和能量越大，含量分析精度就越高。所以一般首选 K 系 X 射线，对于重核也有选 L 系的，其他系很少使用。

2.1.11　放射性单位

自 1896 年贝可勒尔发现放射性后，皮埃尔・居里夫妇又发现了钋和镭，建立了镭的国际标准，量度放射性已提到日程上来。1910 年 9 月，在比利时布鲁塞尔举行的国际放射学会议，为了寻求一个国际通用的放射性单位和镭的标准，组织了包括玛丽・居里在内的 10 人委员会。委员会建议：放射性单位为居里（Curie），其定义为：1 居里（Ci）的氡等于和 1 g 镭处于平衡的氡的数量。在 0 ℃和 760 mmHg（1 mmHg＝133.322 Pa）状态下，1 g 镭处于放射性平衡时，测量到的氡的体积是 0.66 mm^3，质量是 6.51 μg。显然此标准不是以衰变率为国际标准，而是以镭的质量为国际标准。

1912 年 3 月，10 人委员会批准，以居里夫人制作的含有 21.99 mg 无水氯化镭（$RaCl_2$）的镭管作为世界上镭的国际基准，其一直保存在巴黎国际度量衡局。这个委员会还制作出了几个副样标准送给各国。

铀系中镭（^{226}Ra）的半衰期是 1 620 a，氡（^{222}Rn）的半衰期是 3.823 5 d，大约经过 40 d 镭氡达到久期平衡状态。这时氡与镭的核数比恒定，镭或氡单位时间放射的 α 粒子数量与衰变率也相等。当时用计数器测得 1 g 镭每秒放射 3.7×10^{10} 个 α 粒子。

1930 年，国际镭标准委员会建议居里可作为其他放射 α 核素的量的单位。规定：和 1 g 镭每秒放出 3.7×10^{10} 个 α 粒子的量一样的放射性元素，即为 1 Ci。这样镭标准也同时成为镭以外放射 α 粒子的标准。

但这个标准存在两个问题：一是 1 g 镭实际的衰变率低于 3.7×10^{10} α/s；二是此标准只是对放射 α 粒子的元素作了规定，后来发现的 β 等放射性没有包括在内。

1950 年，国际放射性标准、单位与常数委员会确定："居里是放射性单位，它是任何放射性核素每秒发生 $3.700\,0\times10^{10}$ 次衰变的量"。从此居里脱离镭标准，成为一种以衰变率定量的新标准，可以应用于各种放射性核素。

1962 年，国际辐射单位与计量委员会（ICRU）建议，用活度（activity）表示放射性核素的衰变率，居里是它的单位[6]。

1975 年，第十五届国际计量大会通过决议，定义放射性活度为：在给定时刻，对于特定能态的一定量的放射性核素，在 dt 时间内发生自发核跃迁数的期望值除以 dt。这里所说的"特定能态"，在无特殊说明的情况下，一般指核素的基态；"期望值"是统计平均值的意思。放射性活度以符号 **A** 表示，单位为贝可（勒尔）（Bq），1 Bq＝1 次衰变/秒。某些国际组织将居里定为暂时并用单位，二者的换算系数为：1 Ci＝3.7×10^{10} Bq。核衰变是一个统计过程，无法预知它在什么时刻衰变，但可以测量它在某一瞬间发生衰变的概率。用活度更能确切地反映放射性核素衰变的基本特征。以下将介绍衰变理论[7-8]。

2.2 衰变理论

2.2.1 递次衰变

实验首先发现放射性核素呈指数变化，服从统计规律，在此基础上建立起放射性核素的衰变规律。若有 N_1 个放射性核素，衰变成 N_2 个另一核素，称为一代衰变；N_2 个核素继续衰变成 N_3 个另一核素，称为二代衰变；还可以继续衰变成多代。用 $N_1, N_2, N_3, \cdots, N_n$ 表示从第1代到第 n 代核的个数，以 $\lambda_1, \lambda_2, \lambda_3, \cdots, \lambda_n$ 代表各代的衰变常数。λ 的意义是单位时间内每个核的衰变概率。在以下的计算式中，都将母核刚刚分离出来的时刻设定为 $t=0$，此时只有母核 N_{01}，没有子核，即 $t=0$ 时刻所有子核为 $N_{02}=N_{03}=N_{04}=\cdots=N_{0n}=0$。

1. 一代衰变

若放射性核素 A 衰变成核素 B，B 为稳定核素，那么在只衰变 1 代的情况下，设在 t 时刻的 $\mathrm{d}t$ 时间内，A 的核个数的衰变速率为

$$-\frac{\mathrm{d}N_1}{\mathrm{d}t}=\lambda_1 N_1 \tag{2.13}$$

式(2.13)表示核素 A 的衰减速率，实际上也等于核素 B 的生成速率。根据 $t=0$ 时，$N_1=N_{01}$，解得第 1 代核个数按下式变化：

$$N_1=N_{01}\mathrm{e}^{-\lambda_1 t} \tag{2.14}$$

由此得出：放射性核素按指数规律衰减，这与实验结果相符。

2. 二代递衰

若核素 A 衰变成核素 B，核素 B 又衰变成核素 C，核素 C 为稳定核素，那么在递衰二代的情况下，设在 t 时刻的 $\mathrm{d}t$ 时间内，核素 B 的变化速率应等于核素 B 的生成速率减去核素 B 的衰变速率，表示为

$$\frac{\mathrm{d}N_2}{\mathrm{d}t}=\lambda_1 N_1-\lambda_2 N_2 \tag{2.15}$$

这是一个一阶线性方程。根据 $t=0$ 时，$N_2=N_{02}=0$，解得第 2 代递衰核个数按下式变化：

$$N_2=N_{01}\lambda_1\left(\frac{\mathrm{e}^{-\lambda_1 t}}{\lambda_2-\lambda_1}+\frac{\mathrm{e}^{-\lambda_2 t}}{\lambda_1-\lambda_2}\right) \tag{2.16}$$

3. 三代递衰

若核素 A 衰变成核素 B，核素 B 又衰变成核素 C，核素 C 又衰变成核素 D，核素 D 为稳定核素，那么在递衰三代的情况下，设在 t 时刻的 $\mathrm{d}t$ 时间内，核素 C 的变化速率应等于核素 C 的生成速率减去核素 C 的衰变速率，表示为

$$\frac{\mathrm{d}N_3}{\mathrm{d}t}=\lambda_2 N_2-\lambda_3 N_3 \tag{2.17}$$

按照初始条件，根据 $t=0$ 时，$N_{03}=0$，解得第 3 代递衰核个数按下式变化：

$$N_3 = N_{01}\lambda_1\lambda_2\left[\frac{e^{-\lambda_1 t}}{(\lambda_2-\lambda_1)(\lambda_3-\lambda_1)}+\frac{e^{-\lambda_2 t}}{(\lambda_1-\lambda_2)(\lambda_3-\lambda_2)}+\frac{e^{-\lambda_3 t}}{(\lambda_1-\lambda_3)(\lambda_2-\lambda_3)}\right] \tag{2.18}$$

4. n 代递衰

如果核素 A 衰变成核素 B，核素 B 衰变成核素 C，核素 C 继续衰变，直至衰变到第 n 代才为稳定核素，那么一个具有 n 代递衰链的衰变，在无分枝的情况下，设在 t 时刻的 $\mathrm{d}t$ 时间内，第 n 代核素的变化速率为

$$\frac{\mathrm{d}N_n}{\mathrm{d}t}=\lambda_{n-1}N_{n-1}-\lambda_n N_n \tag{2.19}$$

根据 $t=0$ 时，$N_{0n}=0$，解得第 n 代核个数按下式变化：

$$N_n = N_{01}\lambda_1\lambda_2\cdots\lambda_{n-1}\left[\frac{e^{-\lambda_1 t}}{(\lambda_2-\lambda_1)(\lambda_3-\lambda_1)\cdots(\lambda_n-\lambda_1)}+\frac{e^{-\lambda_2 t}}{(\lambda_1-\lambda_2)(\lambda_3-\lambda_2)\cdots(\lambda_n-\lambda_2)}+\cdots+\frac{e^{-\lambda_n t}}{(\lambda_1-\lambda_n)(\lambda_2-\lambda_n)\cdots(\lambda_{n-1}-\lambda_n)}\right] \tag{2.20}$$

2.2.2 半衰期

在特定能态放射性衰变过程中，全部核数衰变到原来的一半所经历的时间，称为半衰期，用 T 表示。放射性全部核数存活时间的平均值称为平均寿命，用 τ 表示。它们与放射性衰变常数 λ 之间的关系为

$$\tau=\frac{1}{\lambda} \tag{2.21}$$

$$T=\frac{\ln 2}{\lambda}=\tau\ln 2 \tag{2.22}$$

2.3 放射性活度

2.3.1 活度衰变规律

设 N 为 t 时刻特定能态的一定量的放射性核数，单位时间内每一个核的衰变概率为 λ，根据活度的定义，A 可以表示为

$$A=-\frac{\mathrm{d}N}{\mathrm{d}t}=\lambda N \tag{2.23}$$

式中：N 的导数项表示单位时间的衰变率，负号表示变化方向是在减少；λN 表示 N 个核素在 t 时刻的衰变率。原子核的衰变率是随时间变化的。若令 $t=0$ 时刻的活度为 $A_0=\lambda N_0$，解出式(2.23)，则 t 时刻的活度为

$$A=A_0 e^{-\lambda t} \tag{2.24}$$

2.3.2 递衰核素活度

从放射性衰变方式可以看出，特定能态都有自己的半衰期，或衰变常数。根据放射性活度

的定义和衰变理论，在无分枝的情况下，可以导出递衰各代核素的活度。以下计算都设定：$A_1, A_2, A_3, \cdots, A_n$，表示从第1到第$n$各代的活度；并将母核刚刚分离出来的时刻设定为$t=0$，这时母核活度$A_1=A_{01}$，后代$A_{02}=A_{03}=A_{04}=\cdots=A_{0n}=0$。因为在母核刚分离出来的时刻只有母核，没有后代，所以就自然只有母核有活度。

1. 一代衰变活度

如果只有一代衰变，那么t时刻的活度应该等于t时刻放射性核数乘以衰变概率λ_1。故将式(2.14)两边各乘以λ_1，得到第1代核素t时刻活度的计算式：

$$A_1 = A_{01} e^{-\lambda_1 t} \tag{2.25}$$

2. 二代递衰活度

同样，将式(2.16)两边乘以λ_2，得到第2代核素t时刻活度的计算式：

$$A_2 = A_{01}\lambda_2\left(\frac{e^{-\lambda_1 t}}{\lambda_2-\lambda_1}+\frac{e^{-\lambda_2 t}}{\lambda_1-\lambda_2}\right) \tag{2.26}$$

3. 三代递衰活度

同样，将式(2.18)两边乘以λ_3，得到第3代核素t时刻的活度计算式：

$$A_3 = A_{01}\lambda_2\lambda_3\left[\frac{e^{-\lambda_1 t}}{(\lambda_2-\lambda_1)(\lambda_3-\lambda_1)}+\frac{e^{-\lambda_2 t}}{(\lambda_1-\lambda_2)(\lambda_3-\lambda_2)}+\frac{e^{-\lambda_3 t}}{(\lambda_1-\lambda_3)(\lambda_2-\lambda_3)}\right] \tag{2.27}$$

4. n代递衰活度

同样，将式(2.20)两边乘以λ_n，得到第n代核素t时刻活度的计算式：

$$A_n = A_{01}\lambda_2\lambda_3\lambda_4\cdots\lambda_n\left[\frac{e^{-\lambda_1 t}}{(\lambda_2-\lambda_1)(\lambda_3-\lambda_1)\cdots(\lambda_n-\lambda_1)}+\frac{e^{-\lambda_2 t}}{(\lambda_1-\lambda_2)(\lambda_3-\lambda_2)\cdots(\lambda_n-\lambda_2)}+\frac{e^{-\lambda_3 t}}{(\lambda_1-\lambda_3)(\lambda_2-\lambda_3)(\lambda_4-\lambda_3)\cdots(\lambda_n-\lambda_3)}+\cdots+\frac{e^{-\lambda_n t}}{(\lambda_1-\lambda_n)(\lambda_2-\lambda_n)\cdots(\lambda_{n-1}-\lambda_n)}\right] \tag{2.28}$$

初始时刻只有第1代母核有活度，所有后代活度均为零；随着衰变母核活度开始逐渐减小，后代活度开始逐渐增大。

2.3.3 活度的平衡

在二代递衰核素中，母核和子核的活度分别按式(2.25)和式(2.26)变化。在一些特定条件下，母子核活度随时间的变化将出现一些新的特点，下面将分别讨论。

1. 无平衡活度

在母核半衰期比子核短($T_1<T_2, \lambda_1>\lambda_2$)的情况下，任何时间的活度都不会平衡。当母核出生时子核活度为零，在母核活度随时间逐渐减小的情况下，子核活度逐渐增大。子核活度达到极大值后，母子核活度都会逐渐减小，但母核递减快，子核递减慢。当母核活度为零时，子核活度并不为零，仍然存在，且继续按指数变化。

子核活度极大值出现的时刻为

$$t_c = \frac{T_1 T_2}{(T_2-T_1)\ln 2}\cdot\ln\frac{T_2}{T_1} \tag{2.29}$$

当 $t \geqslant 10T_1$，$A/A_{01} \geqslant 0.1\%$时，可以认为母核活度已衰变为零，就只剩子核活度。这时子核活度的衰变式为

$$A_2 = \frac{T_1}{T_2 - T_1} \cdot A_{01} e^{-\lambda_2 t} \tag{2.30}$$

2. 过渡平衡活度

当 $T_1 > T_2 (\lambda_1 < \lambda_2)$时，母核半衰期比子核半衰期长，且子核出生时的活度为零，当 $t \geqslant 10T_2$ 时，即达到过渡平衡，这时母核与子核的活度由下式确定：

$$A_2 = \frac{T_1}{T_1 - T_2} A_{10} e^{-\lambda_1 t} \tag{2.31}$$

当处在过渡平衡后，子核与母核活度之比为一定值，即

$$\frac{A_2}{A_1} = \frac{T_1}{T_1 - T_2} \tag{2.32}$$

在过渡平衡下，母子核活度一起按母核半衰期衰变，且子核活度大于母核活度。

3. 久期平衡活度

在母核半衰期比子核半衰期长很多的情况下，即 $T_1 \gg T_2 (\lambda_1 \ll \lambda_2)$，一般要求 $T_1 \geqslant 1\,000 T_2 (\lambda_1 \leqslant 1\,000 \lambda_2)$，当 $t \geqslant 10T_2$ 时，即达到久期平衡，其活度为

$$A_2 = A_1 = A_{01} \tag{2.33}$$

久期平衡后母核与子核的活度基本上是恒定的，变化非常缓慢，可认为不再随时间变化。母核衰变一次，子核也衰变一次，母核与子核的活度是相同的，而且等于子核出生时母核的活度。对于任何时刻，子核数与子核出生时母核数之比都等于子核半衰期与母核半衰期之比$(N_2(t)/N_1(0) = T_2/T_1)$。以$^{226}Ra$衰变为$^{222}Rn$为例，镭的半衰期为 1 620 a，氡的半衰期是 3.823 5 d，约经过 40 d 达到久期平衡，这时 $N_2(t)/N_1(0) = 6.461\,973 \times 10^{-6}$，氡和镭的重量比等于 $6.347\,602 \times 10^{-6}$，镭的比活度为 36 128.6 Bq/μg。

2.3.4 活度的测量

放射性核素的活度不能直接测量，只能通过测量核素发射的射线，再根据射线与活度的关系推导出活度，推导的方法将在第 5 章详细介绍。

对于递衰核素活度的测量要复杂得多，因为母核和子核都会发射射线，都会对测量有贡献。如果不做化学分离，就要分析各代核素射线对测量的贡献。如对^{99}Mo、^{99m}Tc、^{99}Tc 的二代衰变活度的测量，从^{99}Mo 核出生起，^{99}Mo 和^{99m}Tc 的核数之比就是变化的。所以测量^{99m}Tc 的活度时，在初始阶段^{99}Mo 的 γ 射线对测量的贡献比较大，随着时间的增加其贡献会逐渐减小，直到过渡平衡后^{99}Mo 的贡献才趋于稳定。

2.4 γ 射线与物质的作用

2.4.1 γ 射线的三种效应

气体探测器以探测 γ 射线为主，了解 γ 射线与物质的相互作用，对于探测器的设计很重要。这里主要介绍 γ 射线与物质的相互作用理论[7]。

γ 射线与物质的相互作用主要是与物质中四种带电体的作用:原子中的电子、单个自由电子、电子或核子的库仑场以及单个核子或整个原子核。这四种相互作用导致三种效应:弹性散射、非弹性散射、光子的完全被吸收。从理论上讲,γ 射线吸收和散射有 12 种过程[8],但核素发射的 γ 射线基本上集中在 10 keV～10 MeV 的能量范围内。在此范围内只有光电效应、康普顿效应和电子偶效应在起作用。以铅为例:大体上在<0.5 MeV 的能区光电效应占主导;在 0.5～5 MeV 的能区康普顿效应占主导;在>5 MeV 的能区电子偶占主导。三种效应的主导范围与物质的原子序数有关,随着物质原子序数的逐渐降低,康普顿效应主导范围也向低能和高能两个方向逐渐扩展。至铝变为,在<0.05 MeV 的能区光电效应占主导,在 0.05～15 MeV 的能区康普顿效应占主导,在>15 MeV 的能区电子偶占主导。

2.4.2 光电效应

能量为 E_γ 的 γ 射线与分子或原子的内壳层束缚电子发生作用时,把能量传递给束缚电子,使电子飞出,γ 射线消失。这一过程称为"光电效应",得到 γ 射线能量的电子称为光电子。E_γ 的一部分用于克服电子在 i 壳层的结合能 W_i,其余部分变为光电子的动能。随后结合能 W_i 又以特征 X 射线或俄歇电子的形式放出。最终 E_γ 都转化成物质的热能。

光电子得到的动能 E_e 为

$$E_e = E_\gamma - W_i \tag{2.34}$$

在非相对论($W_i \leqslant E_\gamma \ll m_0c^2$)情况下,k 壳层电子的光电效应截面 σ_k 为

$$\sigma_k = \sqrt{32}\alpha^4\sigma_{th}Z^5\left(\frac{m_0c^2}{E_\gamma}\right)^{3.5} \tag{2.35}$$

式中:α 为精细结构常数,$\alpha \approx 1/137$;σ_{th} 为汤姆森散射截面;Z 为吸收体的原子序数;m_0 为电子的静止质量。

在 $E_\gamma<100$ keV 时,光电效应截面显示出特征性锯齿状结构,这种尖锐突变称为吸收限,突变在 E_γ 等于结合能时出现,然后又随 E_γ 的增大而降低。在此能量范围为 $\sigma_k \propto Z^4/E_\gamma^3$。

在相对论($E_\gamma \gg m_0c^2$)情况下,k 壳层电子的光电效应截面 σ_k 为

$$\sigma_k = 1.5\alpha^4\sigma_{th}Z^5 \cdot \frac{m_0c^2}{E_\gamma} \tag{2.36}$$

式中:σ_k 为强烈地依赖物质的原子序数;$\sigma_{th}=1.25\sigma_k$ 为光电效应总截面。

E_γ 愈低,光电效应愈强烈。由于光电效应是 γ 射线与整个原子的相互作用,所以主要发生在原子结合最紧密的 k 层上,k 层占到 80%,其他各层只占 20%。

令 φ 为 γ 射线入射方向与光电子发射方向之间的夹角,在不同散射角 φ 方向上发射光电子的概率是不同的。发射光电子概率最大的角度与 E_γ 有关。当 E_γ 很低时,发射光电子概率最大的角度是在接近 $\varphi=90°$的方向上;随着 E_γ 的增大,发射概率最大的发射角 φ 会逐渐减小,当 E_γ 很高时,发射光电子概率最大的角度 φ 趋向 0°;但在 0°和 180°两个方向上,任何 E_γ 都不会有光电子发射。

2.4.3 康普顿效应

当 $E_\gamma \ll m_0c^2$ 时,会发生汤姆森散射,即与原子核外层电子碰撞,只改变 γ 射线的方向,不改变能量的弹性散射。随着 γ 射线能量的增大,将发生非弹性散射,即康普顿散射。康普顿散

射也称康普顿效应，是γ射线与自由电子或核外层束缚不太紧密电子的非弹性碰撞。在碰撞时γ射线把一部分能量传给电子，变为反冲电子的动能和结合能，损失了部分能量的散射γ射线偏离原来的飞行方向。康普顿效应除轻核之外，一般没有X射线产生。

γ射线与电子的汤姆森散射截面σ_{th}为

$$\sigma_{th}=\frac{8\pi}{3}\left(\frac{\alpha\hbar}{m_0c}\right)^2=\frac{8}{3}\pi r_e^2=6.652\,46\times10^{-25}(\text{cm}^2) \tag{2.37}$$

式中：$\hbar=h/2\pi$，其中h为普朗克常数，$\hbar$称为约化普朗克常数；r_e为经典电子半径；c为光速。

汤姆森散射强度角分布为$I(\theta)\propto(1+\cos^2\theta)$，其中$\theta$为入射光子与散射光子之间的夹角。散射强度在$\theta$为0°和180°的方向上最强。当$E_\gamma\ll m_0c^2$时，随着$E_\gamma$的减小，康普顿散射截面$\sigma_c\alpha Z/E_\gamma$，随着$E_\gamma$的减小，趋向于$Z\sigma_{th}$；当$E_\gamma\gg m_0c^2$时，康普顿散射截面$\sigma_c$为

$$\sigma_c=\pi r_0^2Z\cdot\frac{m_0c^2}{E_\gamma}\left(\ln\frac{2E_\gamma}{m_0c^2}+\frac{1}{2}\right) \tag{2.38}$$

由上式可知σ_c与Z成正比，随E_γ的增大而略微变小。就γ射线散射强度而言，随散射角θ的不同而变化。当能量很低时，同一入射能量的散射强度，在$\theta=0°$和$\theta=180°$两个方向上的立体角微分截面最大，在$\theta=90°$方向上最小；随着E_γ的增大，$\theta=0°$的散射微分截面越来越比$\theta=180°$的散射微分截面大。所以，高能γ射线散射光子的强度主要集中在$\theta=0°$的方向上。

康普顿散射γ射线的能量为

$$E'_\gamma=\frac{E_\gamma}{1+\dfrac{E_\gamma}{m_0c^2}(1-\cos\theta)}=\frac{m_0c^2}{\dfrac{m_0c^2}{E_\gamma}+(1-\cos\theta)} \tag{2.39}$$

散射光子的能量E'_γ随角度θ的变化：在$\theta=0°$的方向上，$E'_\gamma=E_\gamma$，有最大值；随着角度θ的增大，E'_γ越来越小。在$\theta=90°$的方向上，$E'_\gamma=m_0c^2/(1+m_0c^2/E_\gamma)$；在$\theta=180°$的方向上，$E'_\gamma=m_0c^2/(2+m_0c^2/E_\gamma)$，有最小值。

随着入射γ射线能量E_γ的增大，E'_γ也随着增大。当$E_\gamma\gg m_0c^2$时，在$\theta=180°$的方向上，反散光子的能量$E'_\gamma\to250$ keV。

反冲电子的动能E_e为

$$E_e=E_\gamma-E'_\gamma=\frac{E_\gamma^2\cdot(1-\cos\theta)}{m_0c^2+E_\gamma\cdot(1-\cos\theta)} \tag{2.40}$$

γ射线入射方向与反冲电子飞出方向之间的夹角φ为

$$\cot\varphi=\left(1+\frac{E_\gamma}{m_0c^2}\right)\cdot\tan\frac{\theta}{2} \tag{2.41}$$

反冲电子的能量E_e在$\theta=0°$的方向上$E_e=0$，最小；随着θ的增大，E_e会越来越大；在$\theta=90°$的方向上，$E_e=E_\gamma/(1+m_0c^2/E_\gamma)$；在$\theta=180°$的方向上，$E_e=E_\gamma/(1+0.5m_0c^2/E_\gamma)$，有最大值。随着$E_\gamma$的增大，$E_e$也跟着增大。当$E_\gamma\gg m_0c^2$时，在$\theta=180°$的方向上，$E_e$趋向于$E_\gamma-250$ keV。

2.4.4 电子偶效应

当γ射线能量大于$2m_0c^2$(1.022 MeV)时，γ射线会在原子库仑场中转变成电子偶，即γ

射线转变为一个电子和一个正电子。γ射线能量的一部分转变成正负电子的静止质量，剩余部分转变成正负电子的动能：

$$E_\gamma = E_e^- + E_e^+ + 2m_0c^2 \tag{2.42}$$

式中：E_e^+ 和 E_e^- 分别为正负电子的动能。正负电子的动能不是平均分配的，而是随机分配的。

当 E_γ 与 $2m_0c^2$ 相差不太大的情况下，电子偶生成截面为

$$\sigma_e \propto Z^2(E_\gamma - 2m_0c^2) \tag{2.43}$$

当 $E_\gamma \gg 2m_0c^2$ 时，电子偶生成截面为

$$\sigma_e \propto Z^2 \ln E_\gamma \tag{2.44}$$

由上述公式可以看出，电子偶生成截面与吸收体原子序数 Z^2 成正比；当 E_γ 较低时，电子偶生成截面随 E_γ 呈线性增大；当 E_γ 很高时，电子偶生成截面随 E_γ 的增大变缓慢。

2.4.5 弹性散射和相干散射

在低于100 keV的能区，γ光子弹性散射和相干散射对某些领域的应用也许是重要的。相干散射又称瑞利散射，其也是一种弹性散射，是入射γ光子与原子束缚较紧密的电子发生碰撞，γ光子能量未变，只改变了方向。从γ光子的波动性看，当入射光波与散射光波的波长及相位相同时，具有相干条件。在某些方向上，入射光波与散射光波的振幅呈现叠加或相消现象，发生相干作用。所以，这种散射称为相干散射。由于弹性散射和相干散射并未改变γ光子的能量，所以不会产生电离，它们的碰撞截面对质量减弱系数没有贡献。弹性散射和相干散射的截面比光电效应的截面小很多。

2.4.6 康普顿本底谱峰

在成分分析中常采用能谱测量方法，通过全能峰面积计算元素含量。全能峰是入射γ射线能量 E_γ 完全被探测器晶体吸收后形成的。由于γ射线与探测器晶体及周围物质的作用，在能谱测量中常常观测到一些其他谱峰，其成因各不相同。

1. 康普顿本底

当康普顿散射光子逃离探测器后，只剩反冲电子留在晶体里，就形成了康普顿本底。越小的晶体康普顿本底计数越高。康普顿本底的能量从 $E_e=0$ 至 $E_e=E_\gamma/(1+0.5m_0c^2/E_\gamma)$ 都有。由于高能散射光子逃逸的概率大，使得康普顿本底越是能量低的部分计数越高。康普顿本底的最大能量 $E_{e\,\max}$ 称为康普顿边沿。它是 $\theta=180°$ 反散射光子逃离的结果。如用 NaI(Tl)晶体测量 ^{137}Cs 时，全能峰为 661.7 keV，康普顿边沿为 477.4 keV，与全能峰相差 184.3 keV。对于光电效应产生的X射线或康普顿多次散射的某些γ射线逃逸，都会使 $E_{e\,\max}$～E_γ 之间的连续谱计数提升，只是这些逃逸射线能量很低，逃逸概率很小，提升不大。

2. 反散射峰

反散射γ射线一般指 $\theta>90°$ 的康普顿散射γ射线。在所有的康普顿散射光子中散射角 $\theta=180°$ 的散射光子能量最低。在 E_γ 很低时，散射光子的强度最强。反散射峰就是 E_γ 与晶体周围物质发生了康普顿散射，具有 $E'_\gamma=E_\gamma-E_{e\,\max}$ 及其附近能量的反散射γ射线进入晶体形成的。反散射γ射线基本来自三方面：与晶面成锐角穿过晶体的γ射线与晶体外侧物质作

用;垂直晶面入射并穿过晶体的 γ 射线与光电管窗等物质作用;γ 射线与源壳顶部周围物质作用。

3. 湮灭 γ 射线逃逸峰

在高能 γ 射线测量中,常常观测到 511 keV 的 γ 射线峰及逃逸峰。如果有一个 511 keV 的 γ 射线逃离探测器,就会在康普顿本底上形成能量为 $E_\gamma-511$ keV 的单逃逸峰;如果两个 γ 射线都逃离晶体,就会在康普顿本底上形成能量为 $E_\gamma-1\,022$ keV 的双逃逸峰;如果 γ 射线与探测器周围物质发生电子偶湮灭,有一个 511 keV 的 γ 射线进入探测器,也会在康普顿本底上形成 511 keV 的 γ 射线峰。

4. X 射线峰

γ 射线源中常伴有内转换产生的 X 射线。例如用 NaI(Tl)测量^{137}Cs 源,常常观测到在康普顿本底上出现 32.2 keV 的 X 射线峰。这是因为 661.7 keV 的 γ 射线在^{137}Ba 核中有 9.6%发生了 γ 射线内转换。内转换电子被源壳或探测器窗吸收,填补空位的电子发射的 32.2 keV 的 X 射线进入了晶体。用薄晶体做能谱测量就可以得到很好的 X 射线峰。如果晶体周围用铅做屏蔽,则 γ 射线与铅发生光电效应,补位电子发射的 X 射线进入晶体,也会观测到 74 keV 铅的 K_αX 射线峰。

2.5 γ 射线束的衰减

2.5.1 γ 射线束减弱规律

单能窄束(平行束)γ 射线通过厚度为 d 的吸收体薄层时,若通过前 γ 射线数为 N_0,通过后为 N,则 γ 射线束的强度减弱规律为

$$N=N_0\mathrm{e}^{-\mu_\mathrm{m}\rho d} \tag{2.45}$$

式中:ρ 为吸收体的密度,μ_m 为吸收体的质量减弱系数,它是 γ 射线能量的函数。

在低能区,μ_m 随能量和物质种类的变化较大,在高能区相对变化较小。μ_m 是 γ 射线在物质中的宏观截面。与光电效应截面 σ_k、康普顿散射截面 σ_c、电子偶生成截面 σ_e 的关系是 $\mu_\mathrm{m}=(\sigma_\mathrm{k}+\sigma_\mathrm{c}+\sigma_e)N_\mathrm{A}/A_\mathrm{r}$,其中,$N_\mathrm{A}$ 为阿伏伽德罗常数,A_r 为相对原子质量。μ_m 中不包括相干和非相干散射截面的作用。在 $E_\gamma<100$ keV 能区,考虑 $A_\mathrm{r}\approx 2Z$,故有 $\mu_\mathrm{m}=kZ^3/E_\gamma^3$,其中 k 为常数。由于在 $E_\gamma=W_\mathrm{i}$ 时,存在 σ_k 阶跃增大的共振现象,致使 μ_m 出现反常吸收,出现吸收限,使得 μ_m 随 γ 射线能量的变化呈现锯齿样变化。

式(2.45)适应的范围是单能、窄束和薄层。其实质是:单能确保 μ_m 为常数,窄束确保 N 中没有斜射线偏移出去,薄层确保 N 中只有入射线没有散射 γ 射线加入。当散射 γ 射线加入后,N 会比式(2.45)增加额外值,因此要乘以大于 1 的积累因子。详细情况可参看 13.2.3 小节的相关内容。在强 γ 射线防护计算时需要考虑宽束问题。在吸收体厚度较大的 γ 射线应用中使用式(2.45)时,往往采用标定方法获取参数,直接按式(2.45)计算会带来系统误差。

2.5.2 质量减弱系数

对由 n 种元素组成的化合物或混合物,其质量减弱系数由下式给出:

$$\mu_\mathrm{m}=w_1\mu_\mathrm{m1}+w_2\mu_\mathrm{m2}+\cdots+w_n\mu_{\mathrm{m}n} \tag{2.46}$$

式中：μ_m 为化合物或混合物的质量减弱系数；μ_{mi} 为化合物或混合物中第 i 种元素或成分的质量减弱系数；w_i 为第 i 种元素或成分的重量与化合物或混合物总重量的比值。

质量减弱系数 μ_m 只与组成物质的原子性质和 γ 射线的能量有关，与密度和物理状态无关，所以物质颗粒大小、松散程度对 μ_m 没有影响。只有 γ 射线有能量损失的碰撞时，才对 μ_m 有贡献，因此弹性散射和相干散射对 μ_m 没有影响。单元素、化合物及混合物对任何 γ 射线能量 E_γ 下的质量减弱系数，均可在美国国家标准与技术研究院(NIST)网站上查到[9]。

2.6 电子与物质的作用

2.6.1 单能电子电离能量损失

电子通过物质时连续损失其能量，主要损失在原子和分子的激发与电离上，只有一小部分产生韧致辐射。对于快电子电离能量损失率，由 Bethe 公式给出：

$$\left(-\frac{\mathrm{d}E}{\mathrm{d}x}\right)_e=\frac{2\pi NZe^4}{m_0v^2}\cdot\left[\ln\frac{m_0v^2E}{2\gamma_0I_0^2}-\ln 2\cdot(2\sqrt{\gamma_0}-\gamma_0)+\gamma_0+\frac{1}{8}(1-\sqrt{\gamma_0})^2\right] \tag{2.47}$$

式中：E 为电子的动能；$\gamma_0=1-\beta^2$，其中 $\beta=v/c$，v 为电子速度，c 为光速；m_0 为电子静止质量；I_0 为吸收体原子的平均电离电位；Z 为吸收体的原子序数；N 为吸收体单位体积(1 cm^3)的原子个数，所以 NZ 为吸收体中的电子密度。

电离能量损失正比于吸收体的电子密度，吸收体的电子密度越大，电离能量损失就越大。因为高能电子入射产生的电离电子仍然是高能电子，所以高能电子直接产生的电离占总电离的 20%～30%，而次电离占 70%～80%。其实电子对原子各壳层电子都有可能产生电离，因此内壳层电子的电离还会伴有特征 X 射线产生。

2.6.2 单能电子韧致辐射能量损失

单能电子的韧致辐射能量损失由量子电动力学给出：

$$\left(-\frac{\mathrm{d}E}{\mathrm{d}x}\right)_{\mathrm{rad}}=\frac{4ENZ(Z+1)e^4}{137(m_0c^2)^2}\left(\ln\frac{2E}{m_0c^2}-\frac{1}{3}\right) \tag{2.48}$$

单能电子的韧致辐射能谱是一连续谱。设韧致辐射能量损失与电离能量损失相等时的电子能量为临界能量 E_C，当 $E<E_C$ 时电离能量损失占主导；当 $E>E_C$ 时韧致辐射能量损失占主导。在相对论能区 $E_C\approx800$ MeV/Z，E_C 一般都很高。例如，在铝中 $E_C=62$ MeV，在铁中 $E_C=31$ MeV，在铅中 $E_C=10$ MeV。

β 射线初始能量转化为韧致辐射的份额约为 $F=(ZE_{\beta\max}/30)\%$[10]。例如 ^{114}In 的 β 射线 $E_{\beta\max}=1.989$ MeV，在铁中 $F=0.08\%$。所以，一般物质中的 β 射线韧致辐射能量损失远远低于电离能量损失，只有在原子序数很大的吸收体中韧致辐射才是重要的。

2.6.3 β 射线平均能量

β 射线不是单能的，呈连续能谱分布，其能量从 $0\sim E_{\beta\max}$ 均有。由于谱的形状与跃迁类型有关，因此 β 射线的平均能量也与跃迁类型有关。一般平均能量大致是最大能量的 1/3，对于

容许跃迁，β 射线平均动能的经验公式为[11]

$$\bar{E}=0.33E_{\beta\max}\left(1-\frac{\sqrt{Z}}{50}\right)\cdot\left(1+\frac{\sqrt{E_{\beta\max}}}{4}\right) \tag{2.49}$$

式中：Z 为发射 β 射线核素的原子序数。

例如^{114}In 的 $E_{\beta\max}=1.989$ MeV，为容许跃迁，则 β 射线平均能量约为 0.763 5 MeV。

对于 β^+ 粒子，则有

$$\bar{E}=0.33E_{\beta\max}\left(1+\frac{\sqrt{E_{\beta\max}}}{4}\right) \tag{2.50}$$

2.6.4 电子韧致辐射强度

单能电子的韧致辐射能谱是一连续谱；β 射线的韧致辐射能谱是许多单能电子连续谱的叠加，是一个更复杂的连续谱。根据电子连续能量损失的近似理论模型，可以求得初始能量为几 MeV 的单能电子和 β 射线在吸收体中完全停止后，外韧致辐射的固有强度（或称固有能量产额）。这里的固有强度没有考虑吸收体的自吸收。在实际工作中，固有强度常用埃文斯（R. Evans）和怀亚德（S. Wyard）给出的的公式进行估算[11]。

由埃文斯公式可得单能电子能量 E_e 和 β 射线的 $E_{\beta\max}$ 韧致辐射的固有强度分别为

$$I(E_e,Z)=7\times10^{-4}ZE_e^2\ (\text{MeV/ 电子}) \tag{2.51}$$

$$I(E_{\beta\max},Z)=1.4\times10^{-4}ZE_{\beta\max}^2\ (\text{MeV/β 粒子}) \tag{2.52}$$

由怀亚德公式可得单能电子能量 E_e 和 β 射线的 $E_{\beta\max}$ 韧致辐射的固有强度分别为

$$I(E_e,Z)=5.77\times10^{-4}ZE_e^2\ (\text{MeV/ 电子}) \tag{2.53}$$

$$I(E_{\beta\max},Z)=1.23\times10^{-4}(Z+3)E_{\beta\,\mathrm{maxx}}^2\ (\text{MeV/β 粒子}) \tag{2.54}$$

固有强度 $I(E,Z)$ 的意义：具有能量为 E_e（MeV）的单能电子和具有 $E_{\beta\max}$（MeV）的 β 射线，在原子序数为 Z 的吸收体中完全停止后，该粒子损失在韧致辐射上的能量份额。对于不是最大能量的 β 粒子，应把公式中的 $E_{\beta\max}$ 改为该粒子的能量再进行计算。

在化合物或混合物吸收体中，Z 为有效原子序数。若化合物或混合物吸收体中第 i 种元素的原子序数及原子数份额分别为 Z_i 和 f_i，则有效原子序数为 $Z=\sum\limits_i f_iZ_i^2/\sum\limits_i f_iZ_i$[11]。

2.6.5 电子的射程

因电子质量很小，一个单能电子在穿过物质时发生多次散射，在入射方向上穿过的距离不是一个确定值，有一个分布范围。射程是指分布范围的最大值。实验发现，电子路程为射程的 1.2～4 倍。

1. 铝中的射程

β 射线最大能量的射程有很多经验公式，在铝中的平均射程近似为[11]

$$R_{\mathrm{Al}}=0.685E_{\beta\max}^{1.68},\quad E_{\beta\max}<0.2\text{MeV} \tag{2.55}$$

$$R_{\mathrm{Al}}=0.407E_{\beta\max}^{1.38},\quad 0.2\ \text{MeV}\leqslant E_{\beta\max}<0.8\ \text{MeV} \tag{2.56}$$

$$R_{\mathrm{Al}}=0.542\,E_{\beta\max}-0.133,\quad 0.8\ \text{MeV}\leqslant E_{\beta\max}<3\ \text{MeV} \tag{2.57}$$

式中：R_{Al} 为铝的质量厚度，单位为 g/cm^2；$E_{\beta\max}$ 的单位为 MeV。

2. 其他物质中的射程

β射线在质量数为 A 和原子序数为 Z 的其他吸收体的平均射程近似为

$$R = 0.482 R_{\mathrm{Al}} \cdot \frac{A}{Z} \tag{2.58}$$

式中：R_{Al}、R 均为质量厚度，单位为 g/cm^2。

3. 射程的一般估算式

β射线的一个简单的射程估算式为[10]

$$R = 0.5 E_{\beta\,\max} \tag{2.59}$$

式中：R 为质量厚度，单位为 g/cm^2。

以质量厚度为单位的射程几乎与吸收体原子序数无关。将射程换成厚度单位为

$$R = \frac{1}{2\rho} E_{\beta\,\max} \tag{2.60}$$

式中：ρ 为吸收体的密度，单位为 g/cm^3；R 为射程，单位为 cm。

4. 单能电子射程估算式[12]

$$R = 0.412 E^{1.265 - 0.0954 \ln E}, \quad 0.01\ \mathrm{MeV} < E < 0.25\ \mathrm{MeV} \tag{2.61}$$

$$R = 0.261 E^{1.44}, \quad 0.02\ \mathrm{MeV} < E < 20\ \mathrm{MeV} \tag{2.62}$$

式中：E 为单能电子能量，单位为 MeV；R 为电子的平均射程，单位为 g/cm^2。

2.7 β射线束减弱规律

当β射线束通过物质时，β谱中的低能部分先被吸收，吸收叠加结果的强度近似为指数衰减，吸收体质量吸收系数为 $\mu_{\beta m}$(cm^2/g)。在最大能量 $E_{\beta\,\max}$ 处在 0.5～6 MeV 范围内，β射线强度通过厚度 d 的物质衰减式如下：

$$I = I_0 e^{-\mu_{\beta m} \rho d} \tag{2.63}$$

对铝的质量吸收系数，有如下经验公式：

$$\mu_{\beta m} = \frac{17}{E_{\beta\,\max}^{1.14}}, \quad 0.15\ \mathrm{MeV} \leqslant E_{\beta\,\max} \leqslant 3.5\ \mathrm{MeV} \tag{2.64}$$

式中：$\mu_{\beta m}$ 的单位为 cm^2/g。

例如，对 $E_{\beta\,\max} = 3$ MeV 的射线，在铝中的射程约为 0.556 cm，质量吸收系数为 $\mu_{\beta m} = 4.8588\ cm^2/g$。穿过 0.3 cm 厚的铝后，β射线的强度还剩 2%。

参考文献

[1] 王猛，等. The AME2012 atomic mass evaluation（Ⅰ）（Ⅱ）[J]. Chinese Physics C，2012，36(12)：1287-2014.

[2] 王猛，等. The AME2016 atomic mass evaluation（Ⅰ）（Ⅱ）[J]. Chinese PhysicsC，2017，41(3)：139-704.

[3] NuDat2. 8. nuclear level properties[DB/OL]. [2021-01-08]. http://www.nndc.bnl.

gov/nudat2.

[4] McMaster W H, Del Grande N K, Mallett J H, et al. Compilation of X-ray Cross Sections [R]. Lawrence Livermore Lab., Report UCRL-50174, 1969.

[5] 饭田修一，等. 常用核辐射数据手册[M]. 强亦忠，译. 北京：原子能出版社，1990.

[6] 俞斯昶. 量和单位国家标准名词解释[M]. 北京：中国计量出版社，1990.

[7] 卢希庭. 原子核物理[M]. 北京：原子能出版社，1981.

[8] 克劳塞梅尔 G E. 应用 γ 射线能谱学[M]. 高物，伍实，译. 北京：原子能出版社，1977.

[9] XCOM . photon total attenuation coefficients[DB/OL]. [2021-01-08]. https://physics.nist.gov/.PhysRefData/Xcom/html/xcom1-t.html.

[10] 李德平，潘自强. 辐射防护手册(三分册)[M]. 北京：原子能出版社，1990.

[11] 李德平，潘自强. 辐射防护手册(一分册)[M]. 北京：原子能出版社，1987.

[12] 陈燕，等. 20 eV ～20 MeV 能量范围的电子射程-能量关系[J]. 中山大学学报，1990，29(1)：115-118.

第3章　气体探测器

带电粒子在气体中的电离过程与离子在气体中的运动是气体探测器的理论基础。气体探测器包括电离室、正比计数管、盖革计数管等，是最早使用的辐射探测器。深入了解气体电离过程及离子在气体中的运动规律，对气体探测器的设计具有重要的指导意义。

3.1　气体电离

3.1.1　原电离过程

入射粒子与原子或原子中的粒子发生对心碰撞，在假定被碰撞粒子是静止并忽略结合能的情况下，利用能量守恒和动量守恒可以得到被碰撞粒子获得的动能，即

$$T_2 = 4 \cdot \frac{m_1 m_2}{(m_1 + m_2)^2} \cdot T_1 \tag{3.1}$$

式中：T_1 和 T_2 分别为入射粒子和被碰撞粒子的动能；m_1 和 m_2 分别为它们的质量。

令 I_0 为气体分子或原子的电离电位，入射粒子能够产生电离的最小动能 $T_{1\,\min}$，为

$$T_{1\,\min} = \frac{(m_1 + m_2)^2}{4 \cdot m_1 m_2} \cdot I_0 \tag{3.2}$$

若入射粒子是重粒子，被电离的电子获得的动能为 $T_2 = 4(m_2/m_1)T_1$，入射粒子能够产生电离的最小动能 $T_{1\,\min} = (0.25m_1/m_2)I_0$。

如果入射粒子是电子，则被电离的电子获得的动能为 $T_2 = T_1$；如果把电子的结合能也考虑进去，则电子获得的动能为 $T_2 = T_1 - I_0$。入射电子能够产生电离的最小动能，即 $T_{1\,\min} = I_0$。

由此可见，重粒子入射产生电离消耗的能量比轻粒子要大很多，而电子入射产生电离的能量只要 $T_1 \geqslant I_0$ 即可。被电离的电子获得的动能在 $0 \leqslant T_2 \leqslant T_1 - I_0$ 范围内。所以，高能电子入射产生的电离电子仍然是高能电子。

综上所述，重粒子入射主要是粒子自身产生电离，而电子、γ射线和X射线入射产生的电离主要来自被电离的电子。

电离过程分为原电离和次电离。由入射粒子直接产生的电离或激发过程，称为原电离过程。每一原电离过程产生的离子对称为原电离，入射粒子称为原电离粒子。原电离过程产生的电子、离子及受激分子或原子还可继续产生电离，此电离称为次电离。

3.1.2　次电离过程

1. δ射线电离

在电离产生正负离子对的过程中，如果电离出的电子获得足够高的能量，就会使气体分子

再产生电离，即产生次电离。我们常常称次电离产生的电子为δ射线。

δ射线的能谱可以近似地通过卢瑟福散射公式推导出。在非相对论情况下，单位长度上产生的能量在 $W \sim W + dW$ 之间的δ射线数可用下式计算：

$$\frac{dn}{dx} = \frac{Z_{in}^2 e^4 NZ}{E_{in}} \cdot \frac{dW}{W^2}, \quad I_0 \ll W < \frac{4m_{in}m_e}{(m_{in}+m_e)^2}E_{in} \tag{3.3}$$

式中：e 为电子电荷；Z_{in} 为入射粒子电荷数；E_{in} 为入射粒子动能；W 为δ射线的动能；Z 为气体元素的原子序数；N 为气体单位体积中的原子数；NZ 为单位体积内的电子数。

由式(3.3)可以看出，单位长度上产生的δ射线数与入射粒子的能量成反比，高能入射粒子单位长度上产生的δ射线数比低能的少。随着入射粒子在气体中的能量损耗，单位长度上产生的δ射线数会增加；增大气压会增大气体的电子密度，单位长度上产生的δ射线数也会增加。

电子产生的δ射线的能量要比相同能量的重粒子高很多倍。一般高能电子直接产生的电离只占总电离的20%～30%，而δ射线产生的电离占70%～80%；高能γ射线的电离主要也是由δ射线产生的。

2. 光学跃迁电离

在电离过程中，当受激原子跃迁到基态时，会发射出紫外光子或X射线，如果紫外光子的能量大于或等于气体分子的电离电位，也会使气体产生电离；X射线还可以产生光电效应，使气体分子电离。

3. 俄歇电子电离

当受激原子或离子退激时，把能量传给附近层的电子，使电子飞出，此电子即是俄歇(AU)电子。俄歇电子也会使原子电离，同时伴有X射线发射。

4. 亚原子电离

在电离过程中原子被激发到激发态上，存活时间一般只有 10^{-7} s或更短。如果激发态是禁戒的，不能自发跃迁到基态，则寿命较长，可达毫秒级。我们称这种长寿命激发态为亚稳态。亚稳态原子在与同种原子碰撞回到基态时，也可以使分子解离成原子回到基态；亚稳态原子在与不同种类的原子碰撞时，若亚稳态能级高于基态原子电离电位，则碰撞结果会使基态原子电离，亚稳态退激，这种过程称为彭宁效应。由于惰性气体的亚稳态原子有较高的激发能级，所以在惰性气体中混合一些低电离电位的气体，彭宁效应会使电离截面增大，产生更多的离子对；彭宁效应还可以使放电管的点火电压降低。

5. 正离子电离

在电离过程中产生的正离子质量大，速度慢，产生的电离作用不大，一般可以忽略。

3.1.3 平均电离能

入射粒子产生的平均离子对总数 $\bar{n}$ 与入射粒子的能量 E_{in} 成正比：

$$\bar{n} = \frac{E_{in}}{\varepsilon_0} \tag{3.4}$$

式中：ε_0 为产生一对离子对平均所需的能量，称为平均电离能。ε_0 与气体和入射粒子的性质有关。一般规律是，重入射粒子的 ε_0 最大，其次是γ射线和X射线，β粒子最小。对于混合气体，ε_0 可由下式计算：

$$\varepsilon_0=\frac{Z_1P_1}{Z_1P_1+Z_2P_2}\varepsilon_{01}+\frac{Z_2P_2}{Z_1P_1+Z_2P_2}\varepsilon_{02} \tag{3.5}$$

式中：ε_{01}、P_1、Z_1，以及 ε_{02}、P_2、Z_2 分别为第一种气体和第二种气体的平均电离能、分气压及有效原子序数[1]。

γ 射线或 X 射线通过光电、康普顿和电子偶三种效应损失其能量，这些能量最终转化为离子对、热量和非电离辐射。由于产生离子对的能量与转化为热量和非电离辐射的能量之比几乎为常数，例如在空气中，产生离子对的能量约占 γ 射线总能量的 44%，因此对一种气体来说，在相当宽的 γ 射线能量范围内，可以认为 ε_0 为常数。γ 射线的能量在 1 keV～3 MeV 之间，ε_0 的变化为 10%～15%，在此能量范围外 ε_0 略有增加。实验发现，ε_0 对不同的入射粒子略有差别，与入射粒子的能量无关，对不同的气体略有不同。

气体的入射粒子平均电离能 ε_0、电离电位 I_0、激发电位及其他参数如表 3.1 所列[2]。其中，电离电位 I_0 是指处于基态的电子电离需要的最低能量；激发电位是指从第一激发态上电离需要的最低能量。

表 3.1 入射粒子平均电离能 ε_0、电离电位 I_0、激发电位及其他参数

气体名称	I_0/eV	激发电位/eV	α 射线 ε_0/eV	γ 射线、X 射线 ε_0/eV	β 射线 ε_0/eV	法诺因子 F
氢 H_2	15.6	11.5	36.2±0.2	36.6±0.3	36.3	0.34
氦 He	24.5	19.8	46.0±0.5	41.5±0.4	29.9+0.5	0.17
氖 Ne	21.6	16.5	35.7±2.6	36.2±0.4	28.6±0.8	0.17
氩 Ar	15.8	11.5	26.3±0.1	26.2±0.2	26.4±0.8	0.17
氪 Kr	14.0	9.9	24.0±2.5	24.3±0.3	24.2	
氙 Xe	12.1	8.3	22.8±0.9	21.9±0.3	22.0	
氮 N_2	15.5	6.1	36.39±0.04	34.6±0.3	36.6±0.5	0.28
氧 O_2	12.5	6	32.3±0.1	31.8±0.3	31.5±0.2	0.37
空气			34.98±0.05	33.73±0.15	34.0	
CO_2	14.4	10.0	34.1±0.1	32.9±0.3	34.9±0.5	0.32
甲烷 CH_4	14.5		29.1±0.1	27.3±0.3	27.3	0.26
乙炔 C_2H_2	11.6		27.3±0.7	25.7±0.4	25.9	0.27
乙烯 C_2H_4	12.2		28.03±0.05	26.3±0.3	26.2	
乙烷 C_2H_6	12.8		26.6	24.6±0.4	24.8	
丁烷 C_4H_{10}	10.8				23.0	
酒精 C_2H_5OH	10.7				32.6	
BF_3	17		35.6±0.3		35.3	
$Ar+CH_4$	13.0				26.0	
$Ar+C_2H_2$	11.4				20.3	0.17

产生离子对过程是粒子与个别气体分子或原子的碰撞过程，具有偶然性，$\bar{n}$ 和 ε_0 都是统计平均值。若每次碰撞都是独立的，则电离的涨落服从泊松分布，$\bar{n}$ 的标准偏差为

$$\sigma = \sqrt{\bar{n}} = \sqrt{\frac{E_{\text{in}}}{\varepsilon_0}} \tag{3.6}$$

实际上两次碰撞间并非完全独立，根据法诺法则，式(3.6)应增加一法诺因子 F：

$$\sigma = \sqrt{F \cdot \frac{E_{\text{in}}}{\varepsilon_0}}, \quad \frac{1}{2} > F > \frac{1}{3} \tag{3.7}$$

3.2　带电粒子在气体中的运动

3.2.1　带电粒子热运动

在无电场的情况下，电离产生的带电粒子在气体中如同气体分子或原子的热运动一样，做杂乱无章的运动，不断碰撞、扩散、复合、电荷转移、电子吸附，最后消失[2-4]。

1. 热运动能量

在无外电场的情况下，处于热平衡状态气体中的电子、正负离子和中性粒子热运动的平均速度 $\bar{v}$ 服从麦克斯威分布，平均动能都是相同的，正比于热力学温度 T：

$$\frac{1}{2}m_e\bar{v}_e^2 = \frac{1}{2}m\bar{v}^2 = \frac{3}{2}kT \tag{3.8}$$

式中：m_e、m 分别为电子和正负离子或中性粒子的质量；$\bar{v}_e$ 和 $\bar{v}$ 分别为电子和正负离子或中性粒子的热运动平均速度；T 为热力学温度；k 为玻耳兹曼常数。

从上式可以看出，温度越高，热运动速度越快；质量越大，速度越慢。所以，电子有很高的热运动速度。在标准状态下，气体中的电子、原子或分子的热运动动能都约为 0.035 eV，与气体性质无关。

2. 热运动速度

利用麦克斯韦速度分布函数，可以求出气体中的正负离子、电子及中性粒子热运动的最可几速度 v_{p}、平均速度 $\bar{v}$ 和方均根速度 v_{rms}：

$$v_{\text{p}} = \sqrt{\frac{2kT}{m}} \tag{3.9}$$

$$\bar{v} = \sqrt{\frac{8kT}{\pi m}} \tag{3.10}$$

$$v_{\text{rms}} = \sqrt{\frac{3kT}{m}} \tag{3.11}$$

式中：m 为正负离子、电子及中性粒子的质量。

以上 3 种速度的物理意义不同，用途各异。最可几速度 v_{p} 是麦克斯韦速度分布函数的极大速度，常用来讨论速度分布；平均速度 $\bar{v}$ 是大量分子速度的平均值，常用于计算分子运动的平均距离；方均根速度 v_{rms} 是大量分子速度平方的平均值的方根，常用于计算分子的平均动能。例如在气体标准状态下，氩原子的 3 种速度 v_{p}、$\bar{v}$、v_{rms} 分别为 3.37×10^4 cm/s、$3.80\times$

10^4 cm/s，4.13×10^4 cm/s；氙为 1.86×10^4 cm/s、2.10×10^4 cm/s 和 2.28×10^4 cm/s；电子为 0.910×10^7 cm/s、1.03×10^7 cm/s 和 1.11×10^7 cm/s。

3. 平均自由程

一个粒子与其他任何粒子连续发生两次碰撞所经过的距离称为自由程。处于热平衡状态下的离子或分子，做无规则运动，发生碰撞是偶然的，服从统计规律。在无外电场的情况下，离子的平均自由程 $\bar{\lambda}_{ion}$(m)可用下式表示：

$$\bar{\lambda}_{ion}=\frac{kT}{4\sqrt{2}\cdot\pi R^2 p}=\frac{1}{4\sqrt{2}\cdot\pi R^2 n_0} \tag{3.12}$$

式中：p 是气体的压强，单位为 Pa；R 为气体分子的半径，单位为 m，πR^2 为离子与气体分子的碰撞截面；n_0 为单位体积中的分子数($p=n_0kT$)。

由于离子多次碰撞走过的路程是由许多折线构成的，所以平均自由程的意义是：在一段时间里走过折线之和除以与分子碰撞的次数。

由于电子体积小，速度快，可以认为气体分子或原子相对于电子是静止的。在无外电场的情况下，电子的平均自由程为

$$\bar{\lambda}_e=\frac{kT}{\pi R^2 p} \tag{3.13}$$

在相同压强与温度下，电子与正负离子的平均自由程为

$$\bar{\lambda}_e=4\sqrt{2}\bar{\lambda}_{ion}=5.6\bar{\lambda}_{ion} \tag{3.14}$$

电子的平均自由程是离子的 5.6 倍。例如在气体标准状态下，Ar 离子和电子的平均自由程分别为 $\bar{\lambda}_{ion}=7.25\times10^{-6}$cm 和 $\bar{\lambda}_e=4.10\times10^{-5}$cm；Xe 离子和电子的平均自由程分别为 $\bar{\lambda}_{ion}=5.34\times10^{-6}$cm 和 $\bar{\lambda}_e=3.02\times10^{-5}$cm。几种气体分子的直径如表 3.2 所列。

表 3.2 气体分子直径

10^{-8}cm

He	2.6	H_2	2.89	CO	3.76	CO_2	3.3	C_3H_8	4.3
Ar	3.4	O_2	3.46	NO	3.17	CH_4	3.8	H_2O	2.7～3.2
Xe	3.96	N_2	3.64	SO_2	2.8	C_2H_4	3.9	C_2H_6O	4.7～5.1

3.2.2 带电粒子漂移

在气体中无外电场的情况下，正负带电粒子做热运动，即无序乱运动；加上外电场后，除仍做热运动之外，还增加了沿电场方向漂移的速度分量 u。整体效应是在电场中做乱的有向运动。带电粒子的漂移速度 u 是很重要的量，因为 u 与带电粒子形成的电离电流密度 j 成正比($j=\pm enu$，n 为带电粒子的密度)。在电场中，因气体分子是中性粒子，不受电场影响，热运动能量不变，所以仍然由式(3.8)确定。

1. 离子的漂移

因为离子热运动速度 v 在外电场作用下被加速，但碰撞后增加的能量又传给了气体分子，离子的平均动能变化不大，因此离子的漂移速度 u 远小于气体分子的热运动速度 v。令 m_{ion} 为离子的质量，E 为电场强度，λ_{ion} 为离子热运动自由程。若离子在两次碰撞之间的时间

为 $\tau=\lambda_{ion}/v$，两次碰撞 λ_{ion} 沿电场方向的分量为 ℓ，离子沿电场方向的加速度为 a，则 $\ell=0.5a\tau^2$。在 E 不太大的情况下，离子沿电场方向的漂移速度 u 为

$$u=\frac{\ell}{\tau}=\frac{1}{2}a\cdot\tau=\frac{1}{2}\cdot\frac{eE}{m_{ion}}\cdot\frac{\lambda_{ion}}{v}=\frac{eE\lambda_{ion}}{2m_{ion}v}$$

若经过 n 次碰撞，那么通过对 u 积分，可求得离子的平均漂移速度[4]：

$$\bar{u}=\frac{2}{\pi}\cdot\frac{eE\bar{\lambda}_{ion}}{m_{ion}\bar{v}} \tag{3.15}$$

式中：$\bar{v}$ 为离子的平均乱运动速度。由于自由程与气体压强成反比，$\bar{\lambda}_{ion}\propto 1/p$，令 $\bar{\lambda}_0=\bar{\lambda}_{ion}\cdot p$，代入上式，有

$$\bar{u}=\frac{2}{\pi}\cdot\frac{e\cdot\bar{\lambda}_0}{m_{ion}\cdot\bar{v}}\cdot\frac{E}{p}=\mu_{ion}\cdot\frac{E}{p} \tag{3.16}$$

式中：μ_{ion} 称为离子的迁移率，参考文献[5]给出了许多气体 μ_{ion} 较精确的值。当 $E/p\leqslant$ 3 000 V/(cm·atm)时，μ_{ion} 近似为常数；当 E/p 很高时，μ_{ion} 不再是与电场无关的的常数。因在低电场强度时，离子的 $\bar{\lambda}_{ion}$ 与电场的关系很弱，因而可以利用无电场时的 $\bar{v}$ 和 $\bar{\lambda}_{ion}$ 代入式(3.16)进行计算。在标准气体状态下，当 $E/p=3\ 000$ V/(cm·atm)时，可以计算出 Ar 离子的迁移率 $\mu_{ion}=2.929\ \mathrm{cm^2\cdot atm/(s\cdot V)}$，定向迁移速度 $\bar{u}=8\ 786$ cm/s。氩离子的 $\bar{u}$ 约为平均速度 $\bar{v}$ 的 23%。$\bar{u}$ 的实际值是式(3.16)计算值的 $\frac{1}{5}\sim\frac{1}{3}$。

2. 电子的漂移

电子从电场获得能量碰撞后又损失能量。因为电子质量 m_e 远小于气体分子质量 m，电子与气体分子每次碰撞能量损失很少，只有 $4E_em_e/m$，所以，电子在电场中的乱运动能量会不断增加，而气体分子的乱运动能量保持不变。

当电子能量增加到气体分子的电离电位时，在两次碰撞中电子从电场获得的能量又会失掉，即达到平衡状态，这时电子的漂移速度不再变化。电子的平均能量为

$$\bar{E}_e=\frac{1}{2}m_e\bar{v}_e^2=\frac{3}{2}\eta kT \tag{3.17}$$

式中：$\bar{E}_e$ 为电子的平均动能；$\bar{v}_e$ 是电子在电场中的乱运动平均速度(包括漂移速度和热运动速度)；k 为玻耳兹曼常数；η 称为电子温度。η 表示在外电场的作用下电子的乱运动能量比无电场时热运动能量增加的倍数。η 是场强的函数，与气体种类有关。

由于多原子分子电离电位较单原子低，因此在单原子分子气体中加入少量的多原子分子气体，就会降低混合气体的电离电位，使 $\bar{E}_e$ 较低时就能达到平衡状态，产生电离。一般气体 $\bar{E}_e$ 降低，平均自由行程 $\bar{\lambda}_e$ 也降低。但有几种结构上类似的气体具有冉绍尔(Carl Ramsuer)效应：在电子能量小于十几 eV 后，随着 $\bar{E}_e$ 的减小，碰撞截面也跟着减小，$\bar{\lambda}_e$ 反而增大，平均漂移速度 $\bar{u}_e$ 也跟着增大。例如，Ar 中混入 5%～10%的 CO_2 后，就会使 $\bar{u}_e$ 增大约一个量级，这样电离电流也增大约一个量级，这对探测器非常有利。

3. 离子的扩散

当辐射粒子入射到气体中时，在入射粒子运动径迹上形成高密度的正负离子对柱，与周围

气体形成离子的密度梯度，造成离子向低密度区扩散，形成扩散电流：

$$j = -eD \cdot \nabla n \tag{3.18}$$

式中：j 为离子的扩散电流；负号表示离子由高密度区流向低密度区；∇n 为离子的密度梯度；D 为离子的扩散系数，其中

$$D = \frac{1}{3}\bar{v} \cdot \bar{\lambda} \tag{3.19}$$

式中：$\bar{v}$ 为离子的乱运动平均速度；$\bar{\lambda}$ 为离子的平均自由程。由于电子的乱运动平均速度和平均自由程都比正离子大，所以电子的扩散电流远大于正离子的扩散电流。扩散系数与气体的性质、压强和温度有关。

4. 离子的复合

电离后正负离子相距很近时可能会复合成中性原子或分子。复合造成离子的损失。

复合的概率与正负离子的密度成正比。单位体积内离子损失率为

$$-\frac{dn^{\pm}}{dt} = \alpha \cdot n^{+} n^{-} \tag{3.20}$$

式中：n^{+}、n^{-}分别为正负离子的密度；α 为气体的复合系数。其中，α 与气体的性质、压强、温度及正负离子接近程度有关。正离子与负离子的复合系数要比正离子与电子的复合系数大2～3个量级。

5. 电荷转移效应

正离子与中性分子碰撞时，会吸收一个电子变成中性分子，而中性分子失掉一个电子，变成正离子，这就是电荷转移效应。这在混合气体中尤为明显。利用电荷转移效应在盖革计数管中掺入少量的多原子气体，就可以猝灭雪崩。

6. 电子的吸附

气体中的负电性气体本来是中性分子，却很容易把电子吸附成带负电的气体分子。最强的负电性气体是 O_2、F_2、Cl_2、Br_2、H_2O、SF_6 等。因此，在电离室中应尽量避免混入负电性气体。惰性气体最外层为封闭壳层，原子核电场被外壳层的电子完全封闭。所以，惰性气体都是非负电性气体，此外 H_2、N_2、CH_4 及一些多原子分子气体也是非负电性气体。

3.3 探测器理论

3.3.1 探测器简介

气体探测器伴随着放射性的发现和探索诞生，如今仍是工业领域应用最广的辐射探测器之一。工业中使用的气体探测器主要是电离室、正比计数管和盖革计数管，大多采用圆柱形结构。正比计数管和盖革计数管中心丝极的半径 a 很细，大都在 0.01～0.5 mm 之间。外筒电极半径 b 一般为 2.5～35 mm。长度 L 在 10～300 mm 之间，某些 BF_3 中子管甚至用到 1 000 mm。工作电压 V_0 差别很大，一般在 300～1 200 V 之间，某些 BF_3 中子管可用到 2 000 V。充气压大都在 0.01～0.03 MPa。多有商品供应。

工业用电离室须根据需要用途设计。例如，核子秤电离室，一般外筒和中心丝极都采用不

锈钢。丝极半径 a 为 5～10 mm，外筒半径 b 为 50～100 mm，长度 L 为 100～2 000 mm。充气压在 0.5～3 MPa 之间；对低能 γ、X 射线电离室的入射窗多采用铝板，也有用铍或薄膜窗的，窗厚选取与充气压有关。工作电压与电极间距有关：活度计一般为 100～200 V，采用电池组供电；核子秤大都在 500～1 000 V 之间，采用高压电路供电。

输出电路原理图如图 3.1 和图 3.2 所示。电路的分布电容 C_i 包括探测器自身的电容和引线等的分布电容，其值为 10～100 pF。采用正高压接法（见图 3.1），中心丝加正高压，需要加耐高压隔直电容 C_0；采用负高压接法（见图 3.2），外筒接负高压。负高压比正高压接法对放大器更安全些。两种接法都是丝极为正极，筒极为负极。所以丝极也称正极，筒极也称负极，两种接法都输出负脉冲。采用柱形结构的电离室的各种电参数的理论计算将在以下各节分别介绍[5-6]。

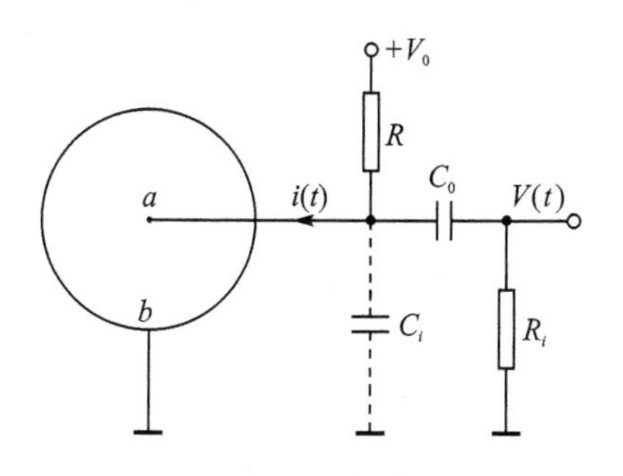

图 3.1　正高压输出原理

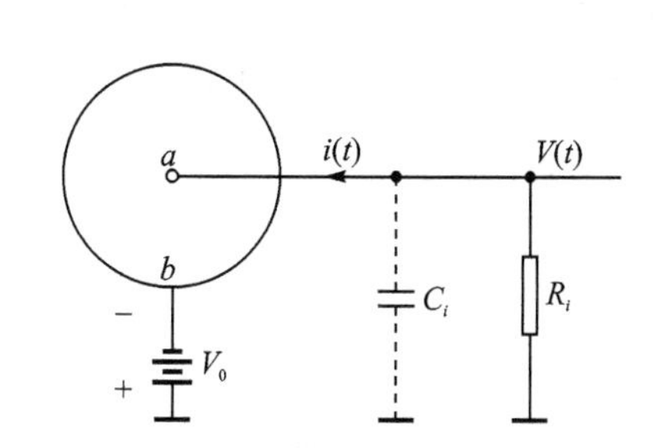

图 3.2　负高压输出原理

3.3.2　感应电荷

如果在气体内装入两平行板电极，则两电极间的电容 C(F) 为

$$C = \varepsilon_r \varepsilon_0 \cdot \frac{S}{d} \tag{3.21}$$

式中：S 为平行板面积，单位为 m^2；d 为电极间距，单位为 m；ε_r 为相对介电常数，为无量纲量，其中常温下气体的 $\varepsilon_r \approx 1$；ε_0 为真空介电常数，标准值为 $\varepsilon_0 = 8.854\ 2 \times 10^{-12}$ F/m。

在两电极板上加上电位差 V_0 的瞬间，就会给极间电容充电，驱使正极板的电子通过外电路流向负极板。在正极板内侧留下正电荷 Q，负极板内侧感应出负电荷 Q，并且有

$$Q = CV_0 \tag{3.22}$$

在充电过程中极板内部没有电流，只建立起电场，电场强度的方向由正极指向负极。当距离正极板 x 处出现一电荷 $+e$ 时，就会在正电极板上感应出电荷 $-q_1$，其大小为

$$-q_1 = -\frac{d-x}{d} \cdot e \tag{3.23}$$

在负极板上也会感应出电荷 $-q_2$，其大小为

$$-q_2 = -\frac{x}{d} \cdot e \tag{3.24}$$

当 $+e$ 沿着电场移向负极板时，x 在增加，q_1 在减少，q_2 在增加，总感应电荷保持不变，始终是 $-(q_1+q_2) = -e$。q_1 减少的电子在外电路流向了负极板，使负极板的电子增加。在 $+e$ 到达负极板的瞬间，正极板上的 $-q_1=0$；负极板上的 $-q_2=-e$，正好与气体中的电荷 $+e$ 中

和，外电路电子移动随即终止。从正电荷移动的过程可以看出，电极板内部$+e$在电场驱动下形成内部电流流向负极板，外部电流由负极板流向正极板，这与外加电源输出电流的方向是一致的。这就是电离电流形成的过程。同样，在极板间出现电子时，就会在两极板上感应出正电荷，当电子移向正极板时，也会在外电路形成电流，电流仍然是由负极板流向正极板。实际上，电荷移动是由电源驱动的。

外电路形成的电流I可由能量守恒得出。在电荷移动的过程中，电源提供的功率IV_0应该等于气体中正负电离电荷在电场里移动所消耗的功率，于是有

$$I=\frac{ne^{+}E\cdot u^{+}+ne^{-}E\cdot u^{-}}{V_0} \tag{3.25}$$

式中：n为离子对的密度；E为电场强度；u^{+}、u^{-}为正、负离子漂移速度；V_0为电源电压。因电离室输出电流I很小，所以电源功率也很小。两电极板内部正电荷和负电荷形成的电离电流都是由正极板流向负极板。对于圆柱形电离室，电离电流形成的过程也是如此。

3.3.3 电离电荷

当入射粒子在气体中产生的离子对为m时，在气体中产生的电荷$\pm Q$为

$$\pm Q=\pm me=\pm\frac{\xi(E)\cdot E}{\varepsilon_0}\cdot e \tag{3.26}$$

式中：$\pm Q$分别为正离子和电子电离电荷；E为入射粒子的能量，单位为eV；$\xi(E)$为E损失在气体中的份额；ε_0为表3.1中离子对所消耗的平均电离能，单位为eV。

离子对的漂移中形成电离电流的特点可归纳为以下几点：

① 每个入射粒子电离出的正负离子对在漂移过程中在外电路形成电流脉冲。

② 电流脉冲持续时间与外加电压V_0的大小有关，与两电极板的距离和形状有关，与气体的性质和压强有关。

③ 电子在电场中的漂移速度约为10^6 cm/s，离子的漂移速度约为10^3 cm/s。电流持续时间与离子对产生的位置有关。在气体标准状态下，设两极板间距为1 cm，电子最大收集时间在$0\sim10^{-6}$ s之间，离子的最大收集时间在$0\sim10^{-3}$ s之间。脉冲电流持续时间为10^{-3} s。

④ 因为离子对的正负电荷相等，收集时间越短，脉冲电流就越大；收集时间越长，脉冲电流就越小，所以电子形成的电流一般比离子约大1 000倍。

⑤ 外电路负载电阻上形成的电压脉冲上升沿一般在10^{-6} s量级，主要由电子形成；脉冲达到最大值的时间约为毫秒级。

⑥ 如果入射粒子在脉冲持续时间内连续入射，则在外电路会形成连续电流；如果在脉冲持续时间内没有入射粒子，则在外电路负载电阻上会形成一个个脉冲。若外电路有大的电容，且时间常数足够大，脉冲被平均，也会形成连续电流。

3.3.4 电场强度

我们知道，平行板电离室的电场强度各处是相同的，而圆柱形电离室的电场强度是不均匀的，越靠近中心丝极越强。圆柱形电离室电场强度分布为

$$E(r)=\frac{V_0}{\ln(b/a)}\cdot\frac{1}{r} \tag{3.27}$$

式中：V_0 为两极板电位差，单位为 V；a 为丝极半径，单位为 cm；b 为筒极内半径，单位为 cm；r 为电场强度处距丝极中心的半径，单位为 cm；$E(r)$ 为电场强度，单位为 V/cm。丝极越细，r 越靠近丝极，电场强度就越强。采用圆柱形结构，V_0 不用很高，在丝极附近就可得到很高的电场强度。

3.3.5　电　容

圆柱形电离室也是一个电容器，其电容计算式为

$$C=\varepsilon_r\varepsilon_0\cdot\frac{2\pi L}{\ln(b/a)} \tag{3.28}$$

式中：C 为电容，单位为 F；L 为圆筒的长度，单位为 m。

例如，$a=0.1$ mm，$b=10$ mm，$L=0.2$ m，则 $C=2.42$ pF。

3.3.6　收集时间

圆柱形电离室正离子的收集时间 T^+ 为[6]

$$T^+=\frac{p\cdot\ln(b/a)}{2\cdot V_0\cdot\mu^+}(b^2-r_0{}^2) \tag{3.29}$$

圆柱形电离室电子的收集时间 T^- 为

$$T^-=\frac{p\cdot\ln(b/a)}{2\cdot V_0\cdot\mu^-}(r_0^2-a^2) \tag{3.30}$$

式中：r_0 为离子对生成处的半径，单位为 m；p 为充气压强，单位为 Pa；μ^+、μ^- 分别为离子和电子的迁移率，单位为 $m^2\cdot Pa/(s\cdot V)$。在电场不太大的情况下，电子迁移率约为离子的 1 000 倍，离子和电子最大收集时间分别约为 1 ms 和 1 μs。随着充气压的增大，T^- 会延长。

3.3.7　脉冲电流

由于圆柱形电离室电荷载流子在非均匀电场中的运动，所以电流是时间 t 的函数。设每个射线产生的电荷由式(3.26)给出，正负离子形成的脉冲电流分别由下式计算：

正离子脉冲电流 $I^+(t)$：

$$I^+(t)=\frac{QV_0\mu^+}{p\cdot[\ln(b/a)]^2}\left[r_0^2+(b^2-r_0^2)\frac{t}{T^+}\right]^{-1},\quad 0<t<T^+ \tag{3.31}$$

电子脉冲电流 $I^-(t)$：

$$I^-(t)=\frac{QV_0\mu^-}{p\cdot[\ln(b/a)]^2}\left[r_0^2-(r_0^2-a^2)\frac{t}{T^-}\right]^{-1},\quad 0<t<T^- \tag{3.32}$$

总的脉冲电流为

$$I(t)=I^+(t)+I^-(t) \tag{3.33}$$

圆柱形电离室脉冲电流的变化分成两部分：由于电子漂移速度约为离子的 1 000 倍，所以电子电流比离子电流约大 1 000 倍，电流随着收集时间快速上升，到达 T^- 时形成一个电流尖峰；而正离子形成的电流很小，只构成脉冲的尾巴部分，而且拖得很长。

当外电路开路时，脉冲电流在 $t=T^+$ 时，转化成丝极和筒极板上的负电荷和正电荷；当外电路短路时，流过的电流形状和大小与探测器内的电流相同。

3.3.8 积分电压

圆柱形电离室输出电压的形状和大小取决于输出电路的负载电阻 R_i 和电容 C_i。输出电容 C_i 包括式(3.28)给出的电容和外电路的分布电容。由于电离室的电流被 R_iC_i 网络积分，在 $R_iC_i \gg T^+$ 的情况下，电流变量对时间 t 积分，就得到积分电压[6]。

正离子产生的积分电压 $V^+(t)$：

$$V^+(t)=\frac{Q}{C_i}\cdot\frac{1}{2\ln(b/a)}\left\{\ln\left[r_0^2+(b^2-r_0^2)\frac{t}{T^+}\right]-\ln r_0^2\right\},\quad 0<t<T^+ \tag{3.34}$$

电子产生的积分电压 $V^-(t)$：

$$V^-(t)=\frac{Q}{C_i}\cdot\frac{1}{2\ln(b/a)}\left\{\ln r_0^2-\ln\left[r_0^2-(r_0^2-a^2)\frac{t}{T^-}\right]\right\},\quad 0<t<T^- \tag{3.35}$$

当 $t=T^+$ 时，正离子由 r_0 到达 b 处，产生的电压达到最大：

$$V^+(T^+)=\frac{Q}{C_i}\cdot\frac{\ln(b/r_0)}{\ln(b/a)} \tag{3.36}$$

当 $t=T^-$ 时，电子由 r_0 到达 a 处，产生的电压达到最大：

$$V^-(T^-)=\frac{Q}{C_i}\cdot\frac{\ln(r_0/a)}{\ln(b/a)} \tag{3.37}$$

离子对产生的总电压 V 为正负离子产生的电压之和。正负离子运动快慢不同。开始时，随着电子电流的增大 $V(t)$ 迅速增大，上升沿很快，电子电荷很快被收集完；因正离子电流增长缓慢，$V(t)$ 还会略有上升，但升幅很小，故时间拖得很长。只有正离子电荷完全被收集，输出脉冲才达到最大电压，即 $V=Q/C_i$。

3.3.9 极间电压

从以上分析可以看出，圆柱形电离室输出脉冲电压正比于每个脉冲的收集电荷 Q，由式(3.26)可知，也就是正比于入射粒子的能量 E。电离室若采用脉冲输出工作方式，脉冲电压的高度正比于入射粒子的能量，脉冲频率正比于放射源的活度；若采用电流输出工作方式，电离室输出的平均电流等于单位时间脉冲电荷 Q 的叠加，所以平均电流既正比于入射粒子的能量，又正比于放射源的活度。

电极之间所加电压 V_0 的大小直接影响电荷 Q 的收集。当 V_0 由小逐渐增大时，电离室平均输出电流明显地呈现以下 5 个区域：

1. 电流起始区

当极间电压 V_0 由零开始逐渐增大时，正负离子的复合等损失会逐渐减少，输出电流随 V_0 的增大逐渐增大，当增大到接近完全收集时，增大开始趋缓。

2. 电流饱和区

正负离子基本上被完全收集，收集呈饱和状态。V_0 继续增大，输出电流只稍许增大，呈现电流变化略带倾斜的平台，称此平台为电离室坪区。电离室工作点应选在坪区中部。

3. 正比区

随着 V_0 继续增大，电子漂移速度继续增大，当电子从电场中获得的能量等于气体分子的电离电位后，电子与气体分子的碰撞出现非弹性碰撞，使气体电离，离子对开始增殖。随着 V_0 的增大，电离也随之增多，增加到一定量后，又出现一个坪区。这就是正比计数管工作的正比区。在正比区出现气体放大现象时，被放大了的输出脉冲高度仍然正比于入射粒子的能量。

4. 有限正比区

V_0 继续增大，气体分子除被电离之外还会被激发到激发态，跃迁后会发射紫外光子。紫外光子又会在阴极上打出光电子，这样就破坏了入射粒子能量与脉冲高度的正比关系。

5. 雪崩区

V_0 继续增大，紫外光子大量出现，电流急剧增大，即进入雪崩区。这时电流已经与初始离子对无关。盖革计数管就工作在这一区域。

3.4 电离室

自1895年发现X射线之后，电离室就开始用于射线的研究，1911年，赫斯将电离室吊在气球上发现了宇宙射线。1932年，查德维克利用电离室发现了中子。电离室几乎可以探测各种射线，包括α、β、γ、中子、裂变产物以及核反应产物等。由于电离室信号太小等原因，随着其他类型探测器的发展，现在人们很少再使用电离室研究入射粒子了。电离室更多的是应用在计量方面和工业测量领域。由于电离室有很多优点，如电流量程宽，电流大小与放射源的活度呈线性关系等，因此广泛用来制作放射性活度计、核子秤、测厚计及含沙量测量等仪器，并成功应用于核电站、医药、工业、矿业等许多部门。一般工业上使用的电离室采用如图3.3所示的双室结构，由中间筒极收集电子，中心丝和外筒接地。

3.4.1 *I/V* 转换电路

由于电离室本身对电离电流没有放大作用，输出电流只靠入射粒子产生的离子对。输出电流的大小取决于源的活度、电离室体积、气体性质、充气气压以及源与电离室的距离等因素。一般电流在μA～pA量级。对于小型电离室，电流更小，需要运用弱电流线性放大技术。弱电流放大器都选用静电计型运算放大器(简称运放)。静电计型运算放大器的特点是输入阻抗非常高，偏置电流、失调电流和失调电压都非常小。目前，最好的静电计型运放是ADI公司生产的ADA4530-1。

弱电流放大器需要很高的反馈电阻，并具有低的温度系数。目前，对于钌系金属玻璃釉电阻，国内的水平是阻值在100 MΩ～1 TΩ之间，温度系数为±(200～1 000)×10^{-6}/℃。对反馈电容则要求具有高的直流绝缘电阻，也就是电容的绝缘膜要厚。一般可选用聚苯乙烯薄膜电容。容值根据截止频率要求选择，对于高阻值反馈电阻，一般选择10 pF左右即可。对电路板也有极高的要求，常用的环氧玻纤布基覆铜板RF-4，由于绝缘电阻不够高，勉强可用于输出0.1～1 nA电流的电离室；对于更低电流的电离室，必须用更高绝缘电阻的印刷电路板。目前，最好的印刷电路板是碳氢化合物陶瓷覆铜板Rogers 4350B，其表面电阻达到5.7×10^{15} Ω，体电阻率为1.2×10^{16} Ω·cm。电离室输出电流既正比于射线能量，又正比于放射源的活度。充Xe比Ar好，对60 keV的γ射线，可使电流提高一个多量级。

由于电离室所充气体是很好的绝缘体，平时没有电流，只有当入射粒子进入电离室，产生了离子对后，才有电流流出。

一般资料只介绍电离室如图 3.1 和图 3.2 所示的脉冲输出电路。这里介绍一种电离室电流输出的 I/V 转换前置放大器电路，如图 3.3 所示，图 3.4 所示是其等效电路。

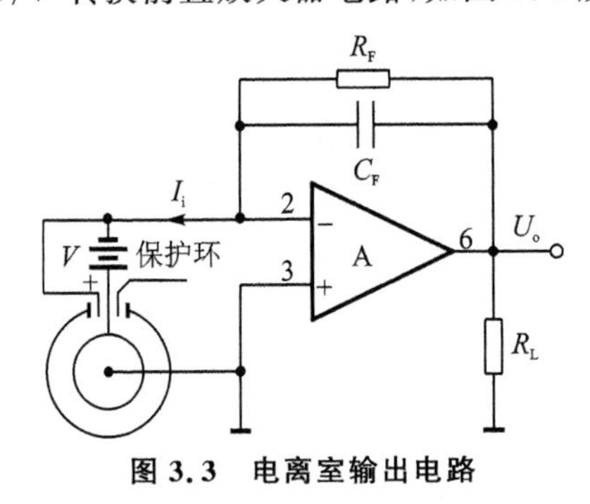

图 3.3 电离室输出电路

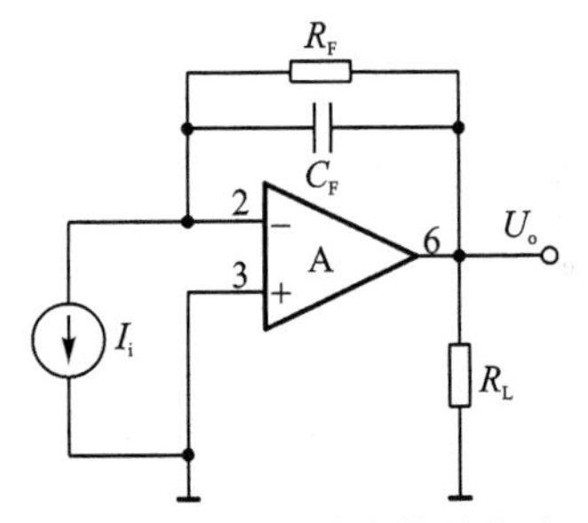

图 3.4 电离室输出等效电路

3.4.2 电源连接方式

电离室电源的连接方式一般资料都推荐如图 3.1 和图 3.2 所示的方式。对于电离室电流输出方式，我们推荐如图 3.3 所示的连接方式。电源正极与电离室中间筒电极连接，负极与运放 A 的反相输入端连接；电离室中心丝极和外筒与运放 A 的同相输入端相连，并且接地。由于运放的反向输入端为虚地，这相当于电源的负极具有地电位，也就是说，电源电压 V 加在了电离室筒电极与虚地之间。筒电极与地之间形成两个并联的电离室。又因为电离室所充气体是绝缘体，电源没有电流流动，一旦有射线进入电离室，产生正负离子对，正负离子在电场的作用下，就会向两极漂移，形成漂移电流 I_i。正负电荷在电场里漂移所消耗的功率是由电源输出功率 I_iV 提供的。

对于图 3.3 中的电离室与电压源可以用一个电流源和电阻的并联组合来等效置换。根据诺顿定理："一个端口网络可以等效为一个电流源与一个电阻的并联电路，其电流源的电流等于端口短路时的电流，电阻等于将电压源短路和电流源断路后端口计算出的电阻"。电离室的输出电流是 I_i，电阻是电压源置零后气体的绝缘电阻，可以认为无限大，所以电离室是一个具有无限大内阻的电流源。其等效电路如图 3.4 所示。无限大电阻接在虚地和实地之间，不起作用，在等效电路中没有画出。因为理想运放流入反相输入端的电流为零，所以电离室的输出电流 I_i 全部流入反馈电阻 R_F，在 R_F 上产生压降 I_iR_F。电阻 R_F 一端接虚地，另一端接输出端，故 R_F 上的压降等于 R_L 上的压降。输出电压为

$$U_o = -R_F I_i \tag{3.38}$$

所以，图 3.3 中的运算放大器是一个 I/V 转换器，它把电离室电离电流转换成输出电压。运算放大器的闭环增益 $G = -R_F$。从输入角度看，I/V 转换器是一个内阻为零的理想电流接收器，只要 R_F 足够大，利用 I/V 转换器就可以得到足够高的输出电压，满足测量需求。而且图 3.4 中电路的输出是一个理想的电压源，输出电阻为零。

这里规定电流流入运放为正方向。实际上，电离电流是从运放 A 的输出端经 R_F 流向电离室的，所以输出电压 U_o 是正值。I/V 转换器的其他特点将在以下几节介绍[7-8]。

3.4.3 输入电阻

运算放大器输入电阻 R_{IN} 也称差模输入电阻，它是运放在开环状态下，正负输入端差模电

压变化量与它引起的输入电流变化量之比。理想运算放大器的输入电阻 R_{IN} 为无限大,输入电流为0。一般静电计型运放输入电阻非常大,对电流电压转换电路影响很小,产生的误差可以忽略。例如ADA4530-1,$R_{IN}>100\ T\Omega$。

对于图3.4所示的等效电路,I/V 转换器的输入电阻为[8]

$$R_i=\frac{V_i}{I_i} \tag{3.39}$$

式中:V_i 为运放两输入端的差模电压;I_i 为电离室的输出电流。

对于理想的运算放大器,从虚地的角度看 $V_i=0$,因而输入电阻 $R_i=0$。这样电离室作为电流源,尽管有无限大内阻,但它接在虚地和地之间,对电路没有实质影响,所以 I/V 转换器是一个具有零内阻的理想的电流接收器。另外,电离室输出的电流被 I/V 电路全部接收。

3.4.4　输出电阻

根据戴维南定理:"一个端口网络可以等效为一个电压源与一个电阻的串联电路,其电压源的电压等于端口断路时的电压,电阻等于端口将电压源短路后计算出的电阻"。从式(3.38)可以看出,端口断路时的电源电压就是 U_o,端口将电压源短路后其电阻值为零,所以输出电阻 $R_o=0$。I/V 转换器电路从输出端看,是一个具有零内阻的电压源。

3.4.5　输入保护

一般来说,运算放大器输入端的输入电压有一定限制,只要不超过运放的供电电压,器件就是安全的。若输入电压超过供电电压,就有可能破坏器件,或者引起输入电流或偏置电压漂移,所以对输入电流要有限制。例如,ADA4530-1由于自身加入了电流保护,只要输入电流限制在10 mA以内就可以了;对于没有电流保护的运放,则应当在输入电流和反馈电阻连接点与运放的负输入端之间接一电阻 R,R 将瞬时(持续时间不超过1 s)电流限制在1 mA,对于连续电流则限制在0.1 mA。由于 R 处于反馈电路中,远小于运放的输入电阻,因此不会影响运放的直流增益,但 R 的热噪声会增加放大器输入噪声。

3.4.6　频率特性

在运放的输出端与负输入端之间并联一个小反馈电容 C_F,使得 I/V 转换器的增益如同低通滤波器,滤去高频信号。增益的高截止频率为

$$f_H=\frac{1}{2\pi R_F C_F} \tag{3.40}$$

因为直流耦合低截止频率 $f_L=0$,所以带宽 $f_n=f_H$。由于 R_F 很大,致使 f_n 很小。这样几乎可以滤去全部频率噪声,使信号更平滑,而低频和直流不受影响,使信噪比得到改善。

3.4.7　直流本底

对于 I/V 转换电路,输出电压本底可分为直流和交流两部分。实际测量过程中遇到的本底电压主要是直流部分,其来源主要是电离室漏电流、电路板漏电流、元器件噪声等[7-8]。大部分本底电流独立于电离室输出电流,不随输出电流变化,所以对电离室输出影响较小,而且可以扣除。但也有少量漏电流与电离电流相关联,难以分开。

1. 电离室漏电流

电离室输出电流是通过焊接在电离室外壳上带防护环的陶瓷绝缘子引线引出的。陶瓷的绝缘电阻由体电阻和表面电阻构成。我们使用的是95%氧化铝陶瓷绝缘子，一般体电阻率在$10^{14}\sim10^{15}\ \Omega\cdot cm$之间；干净的表面电阻也在$10^{14}\sim10^{15}\ \Omega$量级之间。如果绝缘子表面被指纹、焊剂、水汽等污染，则表面电阻会大大降低，漏电流就会增大。

在没有防护环的情况下，电流引线与外壳之间只隔着一层陶瓷绝缘体，引线与外壳间的电压差就是高压电源电压V。设陶瓷的绝缘电阻为R_b，流过R_b的漏电流应为$I_b=V/R_b$，I_b流入外壳地。根据电荷守恒，从电源流出的电流应该等于流入电源的电流。因此，流入电源的电流也是I_b，I_b由R_F流出。所以，漏电流引起的本底电压为$U_b=R_F I_b$。

当在陶瓷绝缘子中间增加一导体保护环，并把保护环与高压电源的负极连接起来时，陶瓷被分割成两部分，如图3.3所示。因为保护环接到虚地上，对于理想运放虚地与实地之间的电位差为零，故虚地与外壳地之间的电流为零。引线与保护环绝缘体之间的电位差为V，若流过保护环绝缘体的电流为I_c，则I_c全部流到电源的负端。根据电荷守恒，I_c必然又流回了电源。所以I_c只在电源上循环，没有流过R_F，形不成本底电压。实际上，虚地与外壳地之间会有微小电位差，也会有其他途径，如潮湿空气等，使得有漏电流流入地。但增加防护环会使漏电流大大降低，R_F上的本底电压也就大大降低了。

2. 电路板漏电流

电路板的绝缘电阻由表面绝缘电阻和体绝缘电阻率构成。电路板上都有供电电源为元器件供电，当有粒子入射时运放输出端等焊盘电压也会变化。如运放负输入端附近某焊盘上的电压为V_S，V_S与虚地之间就形成了一个绝缘电阻为R_S的通路，若R_S上的电流为I_S，I_S如同电离电流，流入R_F。利用这个简单模型就可以得到输出端本底电压U_S：

$$U_S=I_S\cdot R_F=\frac{R_F}{R_S}\cdot V_S \tag{3.41}$$

首先，绝缘电路板引起的U_S基本上取决于R_F/R_S，当$R_S\gg R_F$时，I_S很小。假如使用的电源电压为$V_S=+15\ V$，V_S焊盘至虚地的绝缘电阻为$R_S=10\ T\Omega$，那么漏电流$I_S=1.5\ pA$。如果反馈电阻为$R_F=0.1\ T\Omega$，就会在输出端引起$U_S=150\ mV$的本底电压。R_S是印刷电路板绝缘电阻和体绝缘电阻率的函数。如果不够大，或者印刷电路板的表面被焊剂、体油、灰尘或表面水分污染，则表面绝缘电阻就会大大降低。湿气渗入板内还会使体电阻率降低。这样R_S会减小，U_S增大。所以，电路焊好后要用无水酒精进行表面去污清洗，还要采取干燥处理和防潮措施。虽然固定电压引入的本底电压可通过测量本底扣除，但如果是由输入信号变化引起的电压，例如由输出电压U_o引起，就会形成无法扣除的本底电压，成为输出信号误差。

其次，印刷电路板压电效应和静电效应也会引起漏电流。压电效应是由机械压力产生的电子发射，而静电效应是摩擦产生电子，这些电子会引起电子失衡，形成寄生泄漏电流。此类泄漏电流可以通过屏蔽消除。

最后，印刷电路板绝缘体属于电介质，其分子是带正负电荷的偶极子。无电场时，偶极子无序排列，呈电中性；有静电场时，偶极子会发生极化，即分子的正负电荷转向电场方向排列。这种电荷转向过程也会形成微小电流，经反馈电阻形成电压本底。但这种电荷转向过程很缓慢，有时会经过数分钟甚至数小时才能完成，变化快慢取决于电场强度和电解质的性质。当加上放射源测量时，随着测量信号的变化，电路板的静电场也会发生变化，引起偶极子重新排列。

在活度计测量中，常常遇到测量大活度源后，再测量小活度源时本底电压发生变化的情况，有时本底电压很大。这就是偶极子排列引起的。所以，一般活度测量要求先测量小活度源，后测量大活度源，而不是相反的操作；对于其他测量，应当在测量期间不要断电，使此项本底电压稳定后不再变化，可以从本底电压中扣除。

3. 元器件噪声

(1) 运算放大器噪声

偏置电流、失调电流和失调电压是运放的主要噪声来源。运放的偏置电流也称输入偏置电流，它是流入运放两个输入端的电流。理想运放的输入偏置电流为零。实际运放负输入端的输入偏置电流为 I_{B-}，它引起的误差等于 $I_{B-}R_F$。例如 ADA4530－1，典型的 $I_B<1$ fA，最大不超过±20 fA。

输入失调电流是指流入运放两个输入端的电流之差。一般地，I_{B-} 与 I_{B+} 差不多。对静电计运放一般都很小，例如 ADA4530－1 的输入失调电流 I_{OS} 典型<1 fA。

失调电压是指在运放的正、反向输入端之间未加信号时输出端所呈现的电压。I/V 转换器会把输入失调电压不加放大地传到输出端，成为输出电压本底。对静电计型运放，输入失调电压都很低，对输出信号影响不大。例如，ADA4530－1 最大为±50 μV。

(2) 电阻热噪声

影响输出电路的还有其他类型的噪声，如反馈电阻 R_F 的热噪声。热噪声是白噪声，各种频率都有。电阻热噪声具有如下形式：

$$V_{rms}^2=4kTf_nR_F \tag{3.42}$$

式中：k 为玻耳兹曼常数，单位为 J/K；T 为热力学温度，单位为 K；f_n 为噪声带宽，单位为 Hz。

由于在反馈电阻上并联有小电容 C_F，使得带宽如式(3.40)所示，很窄。绝大部分频率的噪声都滤掉了，所以 R_F 的热噪声对输出本底没有多少贡献。

(3) 元器件噪声

在 I/V 电路输出端引起的本底电压概括起来可以表示为

$$V_{n0}=\sqrt{V_{OS}^2+[(I_{IB}^-+I_{OS})R_F]^2+4kTR_Ff_H} \tag{3.43}$$

计算可知，V_{n0} 很小。只有在测量的电离电流非常低时，元器件噪声才不可忽视。

3.4.8 交流本底

交流本底更多的是影响脉冲信号。在电流测量中由于已经进行了滤波，又在采样过程中进行了平均，电压涨落相对较小，所以对直流测量影响不大。这里只作为常见问题进行简单介绍。

1. 自激振荡

稳定性是脉冲运算放大器电路调试中遇到的最棘手的问题。特别是在特高反馈电阻 R_F 的情况下，常常发生自激振荡，引起巨大的振荡输出电压。引起自激振荡一般认为来自以下几方面：负输入端的杂散电容 C_x（包括电离室固有电容、引线的分布电容及印刷电路板的杂散电容）；运放内部的多级直流放大器级间存在的分布电容和输入/输出电阻；运放输出电阻和容性负载电容等。这些 RC 网络会产生附加相移，若相移的结果使电压信号某些频率下的分量接近正反馈，就有可能产生自激振荡[7]。

产生自激振荡主要来自杂散电容 C_x。噪声的高频成分 e_{n0} 由以下几部分组成：

$$e_{n0}^2 = e_n^2\left(1+\frac{f^2}{f_x^2}\right)+(i_n^- R_F)^2+4kTR_F \tag{3.44}$$

式中：e_n 为运放正负输入端差模输入噪声电压在频率 f 下的谱密度；i_n^- 为负输入端输入噪声电流在频率 f 下的谱密度；$4kTR_F$ 为热噪声电压方均值的谱密度；f_x 为杂散电容 C_x 的高截止频率(或带宽)，其中，

$$f_x = \frac{1}{2\pi C_x R_F} \tag{3.45}$$

从上式可以看出，C_x 和 R_F 越大，f_x 越小，e_{n0} 则越大。当 e_n 项的增长占主导作用时，就有可能使电压信号在某些频率下的分量达到自激振荡的临界状态，使反馈系数 β 与开环增益 A 之积 $\beta A \to -1$，使输出的噪声 e_{n0} 有非常大的值。

解决的办法是，降低 R_F，或者在 R_F 上并联反馈电容 C_F，使 I/V 电路的通频带降低，这样可以允许 C_x 有更大的值，不出现自激振荡。如果振荡是因运放内部引起的，就需要更换运放。实际上，图 3.3 中的电路由于并联了反馈电容 C_F，带宽很窄，高截止频率很低，只有几赫兹，所以一般不会发生自激振荡。在电离室长期电流测量中没有观察到过自激振荡现象。

2. 振 铃

对于直流信号，在示波器上可以观察到一串一串的振铃信号混在噪声本底中，一般幅值很小。对于脉冲信号，则表现为上冲与下击。振铃与自激振荡有相同的的原因。运放负输入端的杂散电容和输出端的容性负载是引起振铃的重要因素。对于直流测量，因为带宽很窄，一般振铃幅度很小，所以对测量没有影响。

3. 交流声

对于直流信号，在示波器上有时会观察到 50 Hz 的交流声，有的幅度还很大。交流声并不随放大器的增益变化。这些交流声主要来自外接地线，有时也来自去耦不好的电源电压。一般改善去耦和改进外接地线都可以将交流声消除，或降至可忽略的程度。

3.4.9 电流与误差

由式(3.26)可知，每个 γ 射线产生的电荷量取决于入射粒子的能量 E 和平均电离能 ε_0。高的充气压力对防止高能电子逃逸，减少 E 损失有利；充 ε_0 低的气体，同样可提高电荷生成量，降低统计误差，提高测量精度。这对脉冲测量是十分重要的。

电离室测量误差最主要的来源是本底电流噪声。绝大部分本底电流噪声独立于电离室输出电流信号，不随输出信号变化，对电离室输出电流影响较小，而且可以扣除。但也有少数漏电流与电离电流相关联，难以分开。例如，因信号电压起伏引起的电路板漏电流；因电离电流引起的绝缘子漏电流；以及因运放输入电阻 R_{IN} 不够高，使得电离电流从反馈电阻 R_F 分流，引入电流误差，这些信号误差就无法与电离电流分开。电离室输出电流误差主要来源于统计误差和非独立信号误差，它是影响测量精度的最主要来源。所以，为了提高测量精度，应从提高电荷产生量和降低本底电压两方面下功夫。

3.5 正比计数管

3.5.1 基本结构

正比计数管一般都是圆柱形结构，中心电极采用钨丝、镀金钨丝或镍铬合金丝制成。阴极筒多采用无氧铜、纯铝、304不锈钢等材料。筒外另加一个玻璃绝缘材料做的外罩。当测量低能X、γ射线时，应在管壁上封装低密度材料的薄窗，例如，50 μm左右的有机薄膜，或25～250 μm的铍窗。由于正比计数管可以制成很薄的窗，所以对低能X射线能谱测量比其他的探测器，如闪烁探测器等，有较大优势。所充气体根据需要而定，测量中子时充BF_3或^3He，测量其他射线时则充Ar、Xe、He、CH_4或混合气体。正比计数管的结构如图3.1和图3.2所示。

3.5.2 倍增系数

圆柱形正比计数管电场强度由式(3.27)给出，越靠近丝极，电场强度越强。例如，$a=0.005$ cm，$b=1.5$ cm，$V_0=1\,000$ V时，电场强度随r的变化如表3.3所列。

表3.3 电场强度随半径r的变化

r/cm	0.005	0.01	0.02	0.03	0.05	0.10	0.15	0.20
$E/(\mathrm{V\cdot cm^{-1}})$	3 506 445	1 753 222	876 611	584 408	350 644	175 322	116 882	87 661

从表3.3中可以看到，随着半径r的增大，电场强度迅速减小。设V_P为倍增起始电压，或称阈电压；E_P为起始电场强度，即正比计数管开始倍增的电场强度。随着V_0的增大，V_P和E_P的位置会沿着r向外移动至r_0，倍增区扩大到$a\sim r_0$之间，但V_P和E_P的数值始终没有变化。V_P与V_0的关系为

$$\frac{V_P}{a}=\frac{V_0}{r_0} \tag{3.46}$$

如果$a=0.005$ cm，$b=1.5$ cm，管内充CH_4(甲烷)，压强为100 mmHg(1 mmHg=133.322 Pa)，$V_0=1\,000$ V，$E_P=645\,186$ V/cm，则根据式(3.53)，可以计算出$V_P=262$ V。这时$r_0=0.019\,1$ cm，倍增区域只有$r_0-a=0.014\,1$ cm宽。当在倍增区外有电子时，电子就会沿电场向丝极漂移；当漂移到r_0处时，电子从电场获得的能量刚好达到气体的电离电位。电子只要进入正比区，每次碰撞都会产生离子对，使得离子对呈几何级数倍增。正比计数管输出的总电荷量为

$$\pm Q=M_0\cdot(\pm 2me)=M_0\cdot\frac{\pm\xi(E)\cdot E}{\varepsilon_0}e \tag{3.47}$$

式中：$\xi(E)$为E损失在气体中的份额；ε_0为入射粒子的平均电离能；m为入射粒子产生的离子对数；M_0为正比计数管离子对倍增系数，其中，M_0依赖于正比计数管的结构、充气的性质、充气压及外加电压V_0。在V_0不太高的情况下，M_0为常数，一般在$10^2\sim10^4$之间。M_0有很多计算方法[8-13]，以下只介绍两种有代表性的计算方法。

1. Rose和Korff倍增系数

Rose和Korff首先提出了气体放大机制理论[9]。在假定放大过程中没有离子对复合和

电子吸附，没有空间电荷效应，也没有光子和正离子释放次级电子等的条件下，导出圆柱形正比计数管的气体倍增系数。

若一个电子逆电场 $E(r)$ 方向漂移单位距离产生的离子对数为 s，则当在 r 处有 $N(r)$ 个离子对时，若 $N(r)$ 个电子漂移了 $\mathrm{d}r$ 距离，则离子对数的变化 $\mathrm{d}N(r)$ 为

$$\mathrm{d}N(r) = -N(r)s\,\mathrm{d}r \tag{3.48}$$

式中：负号表示在 r 减小的方向上离子对数在增加。设在倍增始末边界 r_0 和 a 处各有 $N(r_0)$ 和 $N(a)$ 个离子对，利用上式可得 M_0 的计算式，即

$$M_0 = \frac{N(a)}{N(r_0)} = \mathrm{e}^{\int_a^{r_0} s\mathrm{d}r} \tag{3.49}$$

如果电子在两次碰撞中获得的能量在碰撞后用来产生一个离子对，则单位距离上的碰撞次数与 s 在数值上相同。所以 $s=1/\lambda_e=n_0\sigma_e$，其中，$\lambda_e$ 为电子漂移自由程，n_0 为气体的分子密度，σ_e 为电子与气体分子的碰撞截面。

从电力做功看，$s=eE(r)/E_e$，其中，$E(r)$ 为 r 处的电场强度，E_e 为电子在两次碰撞之间获得的能量。当电子的能量小于 40～50 eV 时，碰撞截面 σ_e 与 E_e 成正比，即 $\sigma_e= fE_e$，其中 f 是与气体的性质相关的常数。

我们将碰撞次数与电力做功得到的两 s 相乘再开方，并将式(3.27)中的 $E(r)$ 代入下式，得

$$s = \sqrt{fn_0 \cdot eE(r)} = \sqrt{fn_0 \cdot \frac{eV_0}{\ln(b/a)} \cdot \frac{1}{r}} \tag{3.50}$$

将式(3.50)代入式(3.49)，可以解出倍增系数 M_0 为

$$\begin{aligned} M_0 &= \exp\left[2\sqrt{\frac{f \cdot eV_0}{\ln(b/a)} \cdot n_0} \cdot (\sqrt{r_0} - \sqrt{a})\right] \\ &= \exp\left[2\sqrt{\frac{f \cdot eV_0 \cdot a}{\ln(b/a)} \cdot \frac{p}{kT}} \cdot \left(\sqrt{\frac{V_0}{V_p}} - 1\right)\right] \end{aligned} \tag{3.51}$$

由此可见倍增系数 M_0 依赖于外加电压 V_0、气体压强 p 及计数管的几何参数。随着 V_0 和 p 的增大而增大。在 $M_0=10\sim10^3$ 不太大的情况下，对不同的气体，式(3.51)与实验符合得较好。对单原子和双原子气体分子，在 $M_0<10^2$ 的情况下，与实验也符合得较好；在多原子气体分子中，由于对放大有抑制作用，在 $M_0<10^4$ 的情况下，也符合得较好。

2. Diethorm 倍增系数

1956 年，Diethorm[10] 将 s 与约化场强 $\varepsilon(r)=E(r)/p$ 按线性处理得到气体倍增系数：

$$\ln M_0 = \frac{V_0}{\ln(b/a)} \cdot \frac{\ln 2}{\Delta V} \cdot \ln \frac{V_0}{K \cdot pa \cdot \ln(b/a)} \tag{3.52}$$

式中：ΔV 在本式是电子在两次碰撞间的电位差，单位为 V(而 ΔV 一般是指电子在两次碰撞间从电场获得的能量，单位为 eV)；p 是气体压强，单位为 Pa；a 是丝极半径，单位为 m；K 为开始倍增的最小约化电场强度 $\varepsilon(r_0)$，单位为 V/(m · Pa)。所以 V_P 为

$$V_P = Kpa \cdot \ln(b/a) \tag{3.53}$$

Diethorm 计算式是目前被广泛使用的圆柱形正比计数管的倍增系数计算式，实验标定得到了 K 和 ΔV 在几种常见混合气体中的数值，如表 3.4 所列。

利用表 3.4 中的参数可以计算出倍增系数和倍增起始电压。例如，圆柱形正比计数管的参数为：$a=0.005$ cm，$b=1.5$ cm，$p=100$ mmHg，$V_0=1\ 000$ V，充不同的气体计算结果如下：

充 P10 气体，启动电压为 $V_P=184$ V，倍增系数为 $M_0=6\ 105$；充 P5 气体，$V_P=171$ V，$M_0=18\ 865$；充 90%Xe+10%CH_4 气体，$V_P=138$ V，$M_0=1\ 223$。

表 3.4 正比计数管中常见混合气体的参数

混合气体	$K/(V\cdot m^{-1}\cdot Pa^{-1})$	$\Delta V/eV$
90%Ar+10%CH_4(P10)	48.4	23.6
95%Ar+5%CH_4(P5)	45	21.8
90%Xe+10%CH_4	36.2	33.9
95%Xe+5%CH_4	36.6	31.4
96%He+4%异丁烷(C_4H_{10})	14.8	27.6
100%CH_4(甲烷)	69	36.5
100%C_2H_4(乙烯)	100	29.5
75%Ar+15%Xe+10%CO_2	51	20.2
64.6%Ar+24.7%Xe+10.7%CO_2	60	18.3
69.4%Ar+19.9%Xe+10.7%CO_2	54.5	20.3

3.5.3 脉冲电压

我们知道，电离室的电压脉冲是由初始电离的离子对形成的，而正比计数管的电压脉冲则是由初始离子对倍增后形成的。倍增区集中在丝极附近，因此大量电子很快就漂移到丝极，电子对脉冲贡献很小，大约只占总积分电压的 10%，而 90%是由正离子向筒极漂移形成的。根据正离子积分电压计算式(3.34)和大量离子对生成在倍增区靠近 a 的附近，近似有 $r_0\approx a$，由于 $b\gg a$，近似得到正比计数管的输出电压计算式为

$$U_o(t)=\frac{Q}{2C_i\cdot\ln(b/a)}\cdot\ln\left(1+\frac{b^2}{a^2}\cdot\frac{t}{T^+}\right)\tag{3.54}$$

当 $t=T^+$ 时，脉冲高度上升到最大高度，$U_o(T^+)\approx Q/C_i$。在输出电路时间常数 $R_iC_i\gg T^+$ 的情况下，脉冲电压的宽度不受 R_iC_i 的影响；在 $R_iC_i\leqslant T^+$ 时，脉冲宽度会跟随 R_iC_i 变化。由于正比计数管脉冲的前沿很陡，放大器选择 1 μs 的微积分时间常数就可以得到宽度很窄的输出脉冲，能量分辨率也很好。所以，正比计数器在低能 X、γ 射线探测方面有一定优势。在设计正比计数器时，利用以上计算式，可以初步估算出阈电压、倍增系数及脉冲高度。这对选择设计部件及其他参数具有指导意义。

3.6 盖革计数管

3.6.1 雪崩放电

盖革计数管的结构与正比计数管基本一样，只是盖革计数管所充气体与正比计数管不完

全相同,所加电压要高得多,倍增系数要大得多,可达 10^5 以上。在倍增过程中,不但有电子倍增,还会有光子倍增。由于正比计数管所加电压较低,倍增范围很小,倍增机制单一,电子很快被丝极收集,倍增自行停止。光子倍增没有多大作用,因此倍增只维持有限的次数。当所加电压比正比计数管高出很多时,倍增区范围扩大,倍增次数大增,在倍增过程中有更多气体被激发,退激时发出紫外光子。如果只充惰性气体,这种单原子或双原子分子对紫外光子吸收概率很小,大部分光子打到阴极上,打出光电子。光电子漂移到倍增区,引起雪崩,这就是光致雪崩。

假定电子每次碰撞产生一个电子和一个紫外光子的概率为 γ,则其倍增系数 M 为

$$M=\frac{M_0}{1-\gamma \cdot M_0} \tag{3.55}$$

其中,M_0 由式(3.51)给出,基本上是一个常数,而且较小。当 $\gamma M_0 \ll 1$ 时,$M \approx M_0$,由光子引起的倍增可以忽略。这样粒子入射产生的电荷量与初始离子对成正比,这就是正比计数管的工作状态。当紫外光子增大后,γM_0 逐渐逼近于 1,M 迅速增大,致使电离雪崩和光致雪崩都会产生大量离子对。由于雪崩区靠近丝极,电子很快就到达丝极并被收集;但移动缓慢的离子还未移出雪崩区,大量空间电荷占据着雪崩区,形成正离子鞘,致使雪崩区电场强度迅速降低,雪崩随之停止。当正离子移出雪崩区后,离子鞘消失,电场恢复。再经过几百微秒,正离子才会移动到阴极。当正离子距离阴极约为 10^{-8} cm 时,就会从阴极拉出电子,中和成气体分子。中和后的分子处于激发态,退激时,或将能量直接传给阴极脱出电子,或放出紫外光子,紫外光子又会在阴极上打出光电子。这两种方式产生的电子都会在微秒间漂移到雪崩区,产生新的雪崩。所以,每间隔几百微秒就会发生一次雪崩,周而复始,无法停止下来。

3.6.2 猝灭过程

从上述过程可知,要阻止雪崩循环有两个途径:其一,阻止雪崩产生的紫外光子到达阴极;其二,防止到达阴极的离子再产生电子。

若在气体中混入少量的多原子气体,例如在氩气中混入约 10%的酒精(C_2H_5OH)气体,就可阻止雪崩循环。这是因为酒精分子有密集的振动和转动能带,能够强烈地吸收不同能量的光子。雪崩产生的大量紫外光子在路上容易被酒精分子吸收,到达阴极的紫外光子数量极大地降低,使其不能引起新的雪崩。

又由于酒精分子的电离电位(10.7 eV)低于氩气的电离电位(15.8 eV),当 Ar^+ 与酒精分子碰撞时,就会有酒精分子的电荷转移到 Ar^+ 上,使 Ar^+ 成为中性分子,但仍处在激发态上,氩第一激发态电位为 11.5 eV,退激时放出的光子能量大大降低,只有 15.8−11.5=4.3(eV),很快就会被酒精分子吸收。失去电子的酒精分子成为酒精离子,代替 Ar^+ 继续漂移,最后到达阴极的几乎全是酒精离子。酒精离子在阴极上拉出电子的概率很低,这是因为酒精离子在阴极附近被中和后,也处于激发态上,但退激方式主要是解离,解离的概率远大于发射光子的概率,也远大于拉出电子的概率,使得酒精离子在阴极上产生的电子不足以引起雪崩,因为酒精气体的加入使雪崩得以猝灭。对于用酒精分子做猝灭剂的情况,因为随着每次计数,都会有一些酒精分子被解离,酒精分子不断被消耗,变得越来越少,直到猝灭剂失效,所以,盖革计数管有一定的寿命,一般有机管寿命在 10^8 次计数,而且不能恢复。

除用有机分子作为猝灭剂之外,卤素气体也可以作为猝灭剂。如在氖气中加入 0.5%~

1%的卤素气体溴(Br_2)，就可以制成具有自熄灭的卤素盖革计数管。卤素作猝灭剂时，随着每次计数，也会消耗，但可以部分恢复，此类管的寿命一般为 10^9 次计数。

盖革计数管的电荷是由原电离电子和光致电离电子雪崩形成的。在这种情况下，产生的总电荷已经与原电离脱离了关系，只与雪崩区大小、气体压强、计数管的尺寸等因素有关，总电荷基本上保持恒定。

3.6.3　输出脉冲

盖革计数管的电子电荷在零点几微秒就被收集，而雪崩区留下的正离子鞘经过几百微秒才漂移到筒极，正离子电荷才被筒极收集。以盖革计数管 J613γ 为例，将数字示波器探头直接接在计数管丝极上，由示波器测量数据画出的波形如图 3.5 所示。

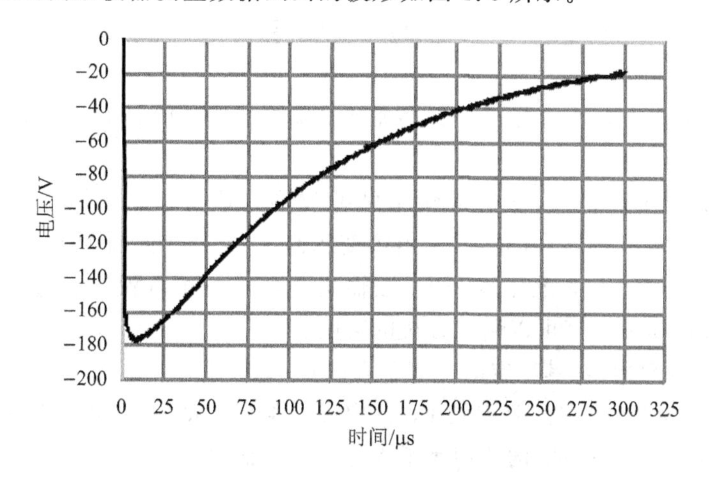

图 3.5　盖革计数管输出波形

J613γ 盖革计数管外径为 $\phi 8.5\times 50$ mm，$a=0.2$ mm，$b=2$ mm，$L=32$ mm，$V_0=-400$ V。示波器探头输入阻抗由(1±0.02)MΩ//(22±3)pF 构成。按示波器 10 个脉冲数据取平均得出：峰值高度为−(178±8) V，前沿至峰顶宽度为(8.7±0.8) μs；峰半高度的全宽度为(105.8±2.4)μs。盖革计数管电容为 0.8 pF，总测量电容量应略大于 22 pF。在 b 与 a 之间的场强为 868.6～8 686 V/cm。总电荷量估计超过 10^{-12} C 数量级。盖革计数管的输出脉冲是非常高的。

3.6.4　输出电路

由上述例子可以看出，盖革计数管输出脉冲幅度非常大，达到一两百伏；脉冲宽度非常宽，在毫秒量级。所以，在设计输出电路时，要考虑对信号衰减和脉冲宽度收窄。为了提高计数率，我们使用了 5 个盖革计数管组成的计数管排。输出电路如图 3.6 所示。

如图 3.6 所示电路的主要特点如下：

① 计数管输出端由电阻 R 和 R_0 构成分压器。调整分压比例，可以调整电压脉冲 U_A 的高度，以满足运放对输入电压的要求。

② 运放 OP－07 接成反向放大器，把输入的负脉冲变成正脉冲。C_2R_2 和 C_1R_1 决定通频带：低截止频率为 $f_L=1/(2\pi C_1R_1)$，高截止频率为 $f_H=1/(2\pi C_2R_2)$。

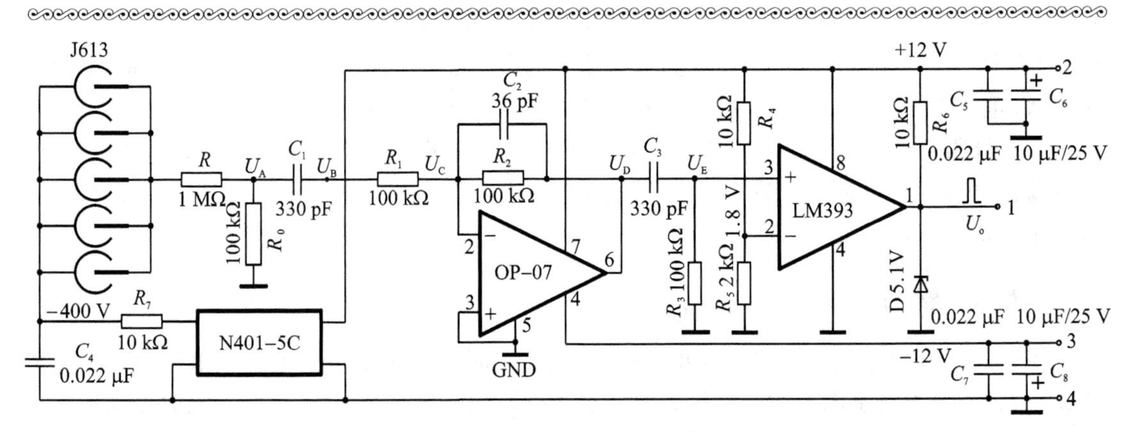

图 3.6 盖革计数管排输出电路

③ 反向放大器增益：低频 $K=-2\pi fR_2C_1$，中频 $K=-(R_2/R_1)$，高频 $K=-1/(2\pi fR_1C_2)$。

④ R_2C_1 和 R_1C_2 分别是微积分时间常数，调整 R_1C_2 和 R_2C_1 可改变脉冲前后沿的宽度。

⑤ LM393 为电压比较器，把运放输出脉冲波形变成方波。当脉冲 U_E 的上升沿超过 LM393 负输入端的电压时，输出电压 U_o 由零变为高电压。在 U_B 下降沿低于比较器 LM393 负输入端的电压后，U_o 由高电压变为零，在输出端形成一个方波。通过调整 U_E 的宽度或 LM393 负输入端电压的高度可以调整方波的宽度。

⑥ 稳压管 D 为限幅器，其稳定电压等于方波 U_o 的高度。

电路只要把 LM393 和稳压管 D 去掉，就构成了线性放大器；也可用于脉冲电离室和正比计数管；这时需要改变 R 和 R_0 的比值来增大计数管的输出电压。

若把 LM393 换成 OP－07 接成同相放大器，就可以增大线性放大倍数；若接成跟随器，则可以改善输出阻抗。以图中的 OP－07 为例，同相放大器增益 K 的形式为

$$K=1+\frac{R_2}{R_1} \tag{3.56}$$

对于如图 3.6 所示的电路，我们用数字示波器测出了 U_A、U_B、U_D 的波形，分别如图 3.7～图 3.9 所示。电路中各波形的测量值如表 3.5 所列。

表 3.5 不同测量点的电路波形测量数据

名　称	幅值/V	前沿/μs	后沿/μs	半高宽/μs	备　注
U_A	-10.24	13.2	224	44.8	
U_B	-8.24	9.2	36.4	23.2	有下击
U_C	-1.08	2.4	25.2	21.2	前沿陡，有下击
U_D	4.88	22.8	20.8	22.4	三角形，有下击
U_E	2.64	22	24	20.4	三角形，有下击
U_o	4.88	1.6	0.8	18	方波

注：示波器探头的阻抗由(1±2%)MΩ//(22±3)pF 构成。前沿：指从波形起始点至峰顶的宽度。后沿：指峰顶至波形开始停止变化的宽度。半高宽：指波形峰顶高度一半处的宽度。起始点测量不是很准。

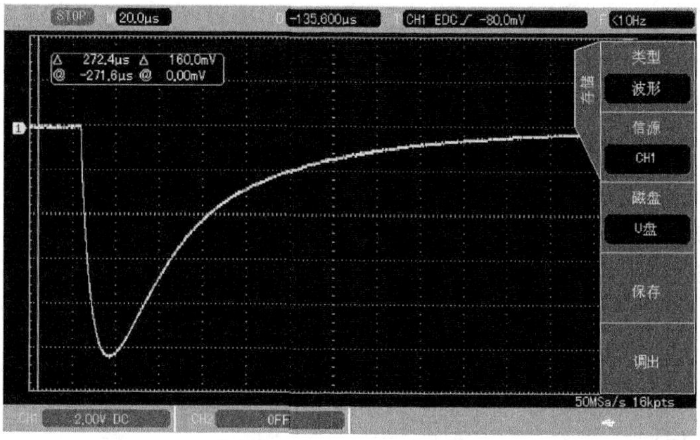

图 3.7 A点示波器波形

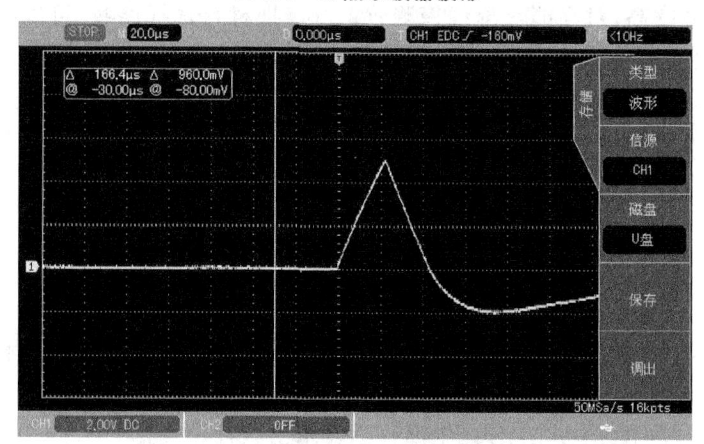

图 3.8 B点示波器波形

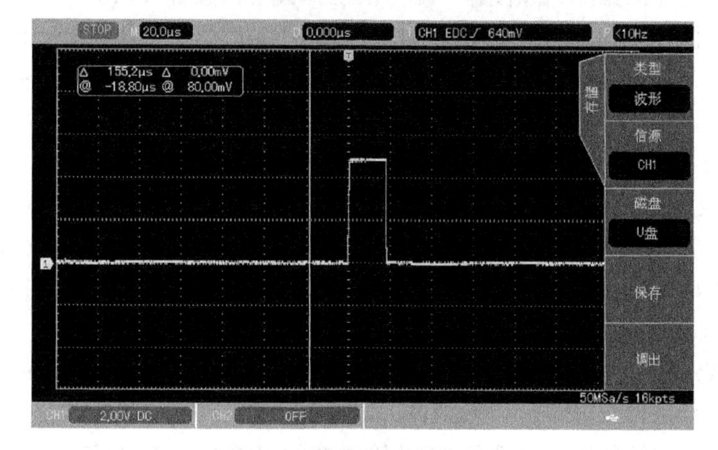

图 3.9 输出端示波器波形

3.6.5 探测效率

计数管的探测效率定义如下：

$$\eta=\frac{m}{n} \tag{3.57}$$

式中：m 为脉冲计数率；n 为进入盖革计数管灵敏体积的粒子数率；η 为一个粒子通过盖革计数管灵敏体积被探测到的概率。

以 γ 射线探测效率为例，因一般计数管的气压较低，γ 射线与气体的作用概率很小，所以盖革计数管对 γ 射线的探测效率主要是由 γ 射线在阴极上产生的电子决定。设 γ 射线与阴极材料的光电、康普顿和电子对效应的作用截面分别是 σ_k、σ_c、σ_e，并用 λ_k、λ_c、λ_e 分别代表3种效应产生的次级电子在阴极材料中的平均射程。在阴极材料的厚度大于平均射程的条件下，盖革计数管 γ 射线探测效率可以近似地用经验公式计算：

$$\eta_\gamma = K \cdot N_0 \cdot (\sigma_k\lambda_k + \sigma_c\lambda_c + 2\sigma_e\lambda_e) \tag{3.58}$$

式中：K 与阴极直径、充气类型和气体密度有关，这些参数确定后，K 是常数；N_0 为阴极材料单位体积中的原子数。根据电子射程近似反比于阴极材料的原子序数 Z，可以得到：光电效应项 $\sigma_k\lambda_k \propto Z^4$，康普顿效应项 $\sigma_c\lambda_c$＝常数，电子对效应项 $\sigma_e\lambda_e \propto Z$。所以高原子序数阴极材料对低能 γ 射线探测效率高，对高能 γ 射线探测效率低。把材料选择厚些，可以提高探测效率；但也不能太厚，略大于次级电子的射程为好。例如，工业上常用的J408γ 盖革计数管，其外壳尺寸为 ϕ23×230 mm，厂家给出的 ^{60}Co 的 γ 射线灵敏度为380 cps/(μR·s^{-1})，据此可推算出 ^{60}Co 的探测效率为 η_γ＝0.98％。所以，盖革计数管的探测效率一般是很低的，也就是1％左右。

参考文献

[1] 张伟军. 化合物或混合物的有效原子序数研究[J]. 核电子学与探测技术，2013，331(1)：120-127.

[2] 徐克遵. 粒子探测技术[M]. 上海：上海科学技术出版社，1981.

[3] 丁洪林. 核辐射探测器[M]. 哈尔滨：哈尔滨工程大学出版社，2010.

[4] 姚宗熙，郑德修，封学民. 物理电子学[M]. 西安：西安交通大学出版社，1991.

[5] Wilkinson D H. Ionisation Chambers and Counters[M]. Cambridgeshire：Cambridge University Press，1950.

[6] 科瓦尔斯基 E. 核电子学[M]. 何殿祖，译. 北京：原子能出版社，1975.

[7] 依日·多斯达尔. 运算放大器[M]. 卢淦，等译. 北京：中国计量出版社，1987.

[8] Hufault J R. 运算放大器应用电路集萃[M]. 陈森锦，译. 北京：中国计量出版社，1989.

[9] Rose M E，Korff S A. An investigation of the proportional counter[J]. Journal of the Franklin Institute，1941，232：382-383.

[10] Diethorn W. A methane proportional counter system for natural radiocarbon Measurement[R]. US. AEC Peport NYO，1956.

[11] 贺三军，等. 正比计数管倍增系数M及第一汤姆逊系数 α 的研究[J]. 科学技术与工程，2014，14(25)：224-227.

[12] 陈国云，等. 圆柱形正比计数管倍增研究[J]. 原子能科学技术，2011，45(11)：1356-1360.

[13] 刘丽艳，等. 圆柱形涂硼正比计数管的性能参数研究[J]. 核电子学与探测技术，2014，34(3)：405-408.

第 4 章　闪烁探测器

4.1　基本结构

闪烁探测器与气体探测器一样是目前应用最广的放射性探测器类型。尤其在γ、X 射线探测领域，闪烁探测器以优异的探测效率和能量分辨率得到了长足的发展。20 世纪 40 年代就已发明了光电倍增管和有机闪烁体萘($C_{10}H_8$)单晶。1948 年铊(Tl)激活的碘化钠(NaI(Tl))晶体出现，并得到了广泛应用。到 20 世纪 70 年代 BGO 锗酸铋($Bi_4Ge_3O_{12}$)问世，90 年代以铈(Ce)激活的过氧正硅酸钆(Gd_2SiO_5(Ce))新的稀土晶体研制成功。接着不同元素的稀土晶体涌现，如近年研发出的溴化镧($LaBr_3$(Ce))晶体，对 ^{137}Cs 的 662 keV 的γ射线能量分辨率达到 2.85%，已接近半导体探测器碲锌镉的 2.4%[1-4]。

除了晶体闪烁探测器之外，还有液体和气体闪烁探测器，其广泛用于科学研究等领域。晶体闪烁探测器的基本结构包括晶体、光导、光电倍增管、管座、外壳及前放板等部分，如图 4.1 所示。

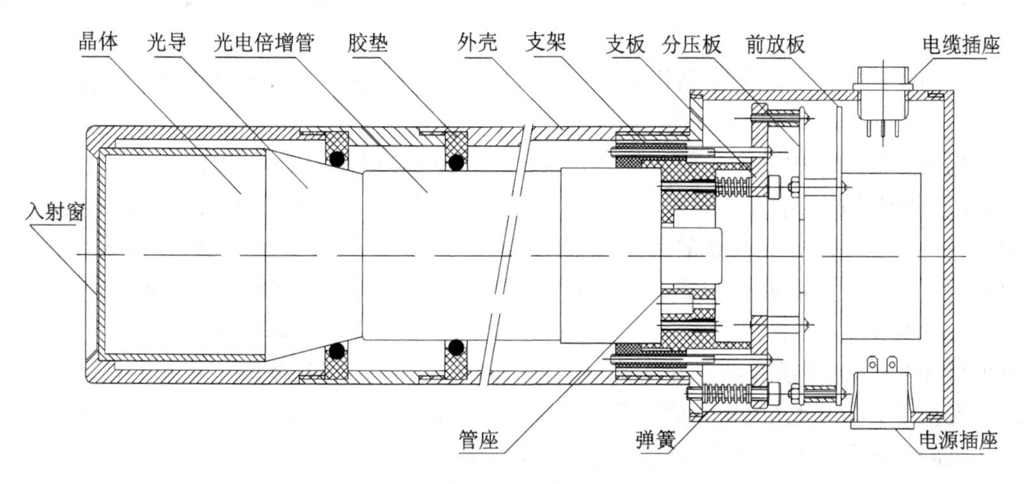

图 4.1　晶体闪烁探测器的基本结构

设计管座时，应让支架和支板把管座夹紧，而支板通过弹簧固定在管壳上，使光电倍增管呈悬空状态。这样当压紧晶体时，通过弹簧形成伸缩间隙，不至于把光电倍增管的玻璃窗压碎。外壳设计一般采用铝或钢材。对于透明玻璃外壳的光电倍增管，外壳要内外煮黑或涮黑漆，防止透光；旁边需要加塑料环和 O 圈软垫固定，防止光导和光电倍增管移动。晶体顶端入射窗设计需考虑探测的射线类型和射线能量，以选择射线损失最小又能屏蔽外界光线透入的材料为宜，一般选用铝或黑纸等材料。

入射粒子将能量损失在晶体里，一部分能量转变成光能，辐射出光子。光子经过光导打到光电倍增管的光阴极上，光阴极将光子转换成光电子，光电子经过光电倍增管中的电场加速，在倍增系统中得到倍增。倍增出的电子流仍与入射粒子的能量成正比。

晶体封装技术要求很高，如 NaI(Tl)晶体容易潮解，要密封在透明玻璃内；四周要加氧化镁(MgO)粉反射层防止荧光丢失；还应加装防震垫。一般厂家会按用户要求封装好后交给用户。

光导只在晶体直径大于光电倍增管阴极有效直径时才使用。光导一端直径与晶体配合，另一端直径与光阴极有效直径配合，以使晶体产生的光子透过光导完全打到光阴极上，实现完全收集。光导一般选用有机玻璃，两个端面抛光成镜面，侧面砂成毛面。为了防止光子从光密介质到光疏介质发生全反射，损失光子，在晶体与光导之间和光导与光电倍增管之间均应涂以折射系数为 $n=1.4\sim1.8$ 的硅脂。对于晶体直径小于或等于光阴极直径的，就没有必要加光导了，直接把闪烁体与光电倍增管加硅脂对接即可。

4.2 闪烁体

1. 闪烁体的分类

闪烁体大致分成三大类：无机闪烁体、有机闪烁体和气体闪烁体。在工业上常用的基本上是无机闪烁体。

(1) 无机闪烁体

无机闪烁体包括 NaI(Tl)、CsI(Tl)等单晶体，主要用于 γ、X 射线的能谱测量和计数测量。因为晶体密度大，发光效率和探测效率高，能量分辨率好，所以无机闪烁体是目前在工业上应用最广的晶体。ZnS(Ag)为多晶粉末，对 γ、β 射线不灵敏，主要用于探测高 γ、β 本底下的重粒子，如 α 粒子等。

无机闪烁体晶格中的电子能态较为复杂，由于晶格的相互干扰，使晶格中外层电子能级加宽，形成一系列的连续能带。最外层为导带，遍布整个晶体，但导带未被电子填满，电子可在导带中自由流动。导带下是很宽的禁带，禁带中没有电子。再往下层是价带，在正常情况下，价带填满电子，电子的运动只可相互调换位置，但不会使电荷重新分配。纯晶体一旦有射线入射，价带中的电子就会被激发到导带，使导带多出一个电子，价带多出一个空穴。电子退激后会发出紫外光子，紫外光子又会很容易地被晶体吸收，不会传到晶体外。紫外光子超出了光阴极的接受范围，不会被光阴极接收。下面以 NaI(Tl)晶体为例来说明无机闪烁体的发光机理。

无机闪烁体是由纯晶体中加入少量的激活剂制成的。在 NaI 中掺入 0.1%～0.5%的 Tl，制成 NaI(Tl)闪烁晶体。加入激活剂后，在激活剂附近出现新能级，分布在禁带中，称为激带，形成一个个孤立的陷阱。一旦有粒子对晶体内原子电离和激发，将价带中电子激发到导带，就会在价带中留下空穴。在热运动的作用下，在导带中的电子会逐渐移向导带的低能处，而价带的空穴会逐渐扩散至价带的高能处。NaI(Tl)电子的退激方式有三种：第一种是电子和空穴跳入激活剂能级的激发态和基态，使激活剂原子处于激发态，退激后发出荧光。这个发荧光的能级寿命非常短，一般低于 10^{-8}s。荧光的能量远小于紫外光，不会被晶体吸收，而易于被光阴极吸收。第二种是导带中的电子被激活剂能级捕获，处于亚稳态，在热运动的作用下，电子可能会跳出陷阱，成为导带中的自由电子，再次与陷阱中的空穴复合，然后发射光子，我们称这种光子为磷光。第三种是激发到导带的电子以热运动的方式回到价带基态，我们称这种过程为猝灭。

NaI(Tl)晶体中荧光是快成分，衰落时间常数 $\tau=0.25\ \mu s$，在电子脉冲中占主导地位；而磷光的寿命较长，一般大于 1 μs，只对脉冲尾巴有贡献；猝灭是有害的。

(2) 有机闪烁体

有机闪烁体主要是芳香族的碳氢化合物，包括蒽、萘、芪闪烁体及塑料闪烁体。液体闪烁体和塑料闪烁体可看作是一个类型，都是由溶剂、溶质和波长转换剂三部分组成，所不同的只是塑料闪烁体的溶剂在常温下为固态。有机闪烁体的特点是发光时间短，时间分辨率好。有机闪烁体密度低，对 γ 射线不灵敏，适合探测 β 射线；因含有大量的氢原子，也适合探测中子。液体有机闪烁体是目前研究的热门课题，主要是在基本粒子探测方面，由于事件稀少，所以闪烁体用量非常大，例如江门中微子实验装置，使用的液体闪烁体为 20 000 t，由溶剂 LAB(线性烷基苯)、发光物质 PPO(2,5 -二苯基恶唑)以及波长位移剂 bis - MSB 等构成。

在有机闪烁体中，分子间的作用力较弱，发光主要是在电子态之间的跃迁。有机闪烁体的发射光谱和吸收光谱的峰值是分开的，所以有机闪烁体对所发射的荧光是透明的；但发射的短波部分与吸收光谱的波长有部分重叠，容易自吸收，所以常加入移波剂减少自吸收。有机闪烁体发光时间很短，一般为 10^{-8} s，例如蒽晶体光子的衰落时间常数为 $\tau=24$ ns。

(3) 气体闪烁体

气体闪烁体主要是氙、氦、氩等气体。由于惰性气体发射光谱多为紫外光，波长短，所以必须加四苯丁二烯等波长转换剂，才能与光电倍增管阴极光谱响应配合。气体闪烁体的特点是上升时间快，能量分辨率好。其应用如气体闪烁正比室等。

2. 闪烁体的参数

(1) 发光效率 C_{ph}

闪烁体的发光效率的定义：闪烁体把射线能量转变为光子能量的百分比，即

$$C_{ph}=\frac{E_{ph}}{E_i}\times 100\% \tag{4.1}$$

式中：E_{ph} 为产生光子的总能量，单位为 MeV；E_i 为入射粒子损失在闪烁体中的能量，单位为 MeV；不同的闪烁体发光效率差别很大，NaI(Tl)晶体约为 10%，有机闪烁体蒽等约为 5%。

(2) 光能产额 Y_{ph}

光能产额的定义：每消耗 1 MeV 入射粒子能量产生的光子数，即

$$Y_{ph}=\frac{N_{ph}}{E_i} \tag{4.2}$$

式中：Y_{ph} 为光能产额，单位为 ph/MeV：N_{ph} 为每个入射粒子在闪烁体中产生的光子总数。Y_{ph} 的倒数即是在闪烁体内产生 1 个光子所需入射粒子的能量。对不同入射粒子产生一个光子需要的能量也不同，例如在 NaI(Tl)晶体中，对带电粒子产生一个光子约需 23 eV，对 γ 射线约需 260 eV。发光效率与产额的关系为

$$Y_{ph}=\frac{C_{ph}}{h\nu} \tag{4.3}$$

式中：$h\nu$ 为闪烁体发射光子的平均能量，单位为 eV，可由表 4.1 中的波长 λ_0 估算出：

$$h\nu=\frac{hc}{\lambda_0}=\frac{1\ 239.84}{\lambda_0} \tag{4.4}$$

式中：ν 为光子的频率；h 为普朗克常数；c 为光速；λ_0 为晶体发射光谱的峰值波长，单位为

nm。对 NaI(Tl)闪烁体发射光子的平均能量约为 $h\nu=3$ eV,其波长为 $\lambda_0=413.3$ nm。

表 4.1 闪烁晶体性能比较

晶体	τ/ns	λ_0/nm	Y_{ph}/(ph·MeV^{-1})	η/%	ρ/(g·cm^{-3})	μ_m/(cm^2·g^{-1})	是否潮解
NaI(Tl)	230	415	38 000	6.5	3.67	0.073 95	是
$RbGd_2Br_7$(Ce)	43	420	56 000	4.1	4.79	0.073 37	是
$LaCl_3$(Ce)	25	352	49 000	3.1	3.85	0.074 86	微
$LaBr_3$(Ce)	35	356,387	61 000	2.85	5.29	0.071 80	微
BGO	300	480	8 200	9.3	7.13	0.094 93	否
GSO	55	430	7 600	8.0	6.74	0.080 04	否
LSO	40	420	23 700	7.9	7.4	0.086 12	否

注:① λ_0 为晶体发射光谱的峰值波长;

② 能量分辨率 η 为 ^{137}Cs γ 射线 662 keV 全能峰分辨率;

③ μ_m 为 ^{137}Cs γ 射线 662 keV 下的值,μ_m 由美国国家标准与技术研究院(NIST)网站查得[5]。

(3) 探测效率

一般闪烁探测器的晶体与 γ 射线源的布置如图 4.2 所示。图中 O 点为源所在的位置,其活度为 A(Bq),强度为 y。源与晶体端面距离为 h_1,圆柱晶体半径为 r,厚度为 h_2。

若单能 γ 射线发射各向同性,令 n(γ/s)为落在晶体端面上的 γ 射线计数率,则 n 正比于以 O 为圆心、R 为半径,在晶体端面截取的球缺面积和球的全面积之比,故有

$$n=\frac{2\pi R(R-h_1)}{4\pi R^2}\cdot A\cdot y=\frac{1}{2}\left(1-\cos\frac{\alpha}{2}\right)\cdot A\cdot y \tag{4.5}$$

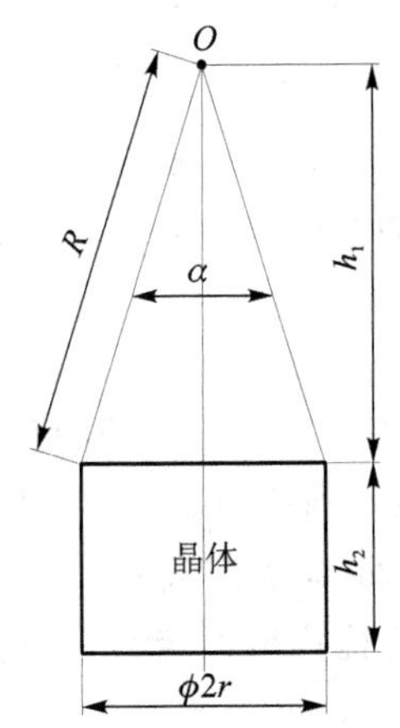

图 4.2 源探测效率计算

本征探测效率的定义:被晶体探测到的 γ 射线计数率 m 与入射到闪烁体端面上的计数率 n 之比。在 $h_1\gg 2r$ 的情况下,可以把 γ 射线近似地看成平行束,这样入射到晶体端面的 γ 射线可以近似地看作与晶体端面成垂直入射,则本征探测效率 f_b 可按下式计算:

$$f_b=\frac{m}{n}=1-e^{-\mu_m\rho h_2} \tag{4.6}$$

源探测效率的定义:被晶体探测到的 γ 射线计数率 m 与放射源发射的 γ 射线计数率 N ($N=Ay$)之比。这样源探测效率 f 可近似地表示为

$$f=\frac{m}{N}=\frac{1}{2}\cdot\left(1-\cos\frac{\alpha}{2}\right)\cdot\left(1-e^{-\mu_m\rho h_2}\right) \tag{4.7}$$

式中:μ_m 为晶体的质量减弱系数,单位为 cm^2/g;ρ 为晶体的密度,单位为 g/cm^3。

从上式可以看出,对于 μ_m 和 ρ 越大的晶体探测器,探测效率越高。

全能峰源探测效率定义:全能峰的计数率与放射源发射的 γ 射线计数率 N 之比。在能谱测量中最常使用的是全能峰源探测效率。

(4) 发光衰减时间

闪烁体中受激电子退激时发射荧光的数量 n_{hp} 按指数衰减，在 t 时刻的发射数量为

$$n(t)=n_{ph}\left(1-e^{-\frac{t}{\tau}}\right) \tag{4.8}$$

式中：τ 为晶体光子衰减时间常数。

对 NaI(Tl)晶体 $\tau=0.25\ \mu s$，蒽晶体 $\tau=24$ ns，液体闪烁体一般为 1～5 ns。τ 是影响闪烁探测器电流脉冲上升时间的主要因素。当 $t=\tau$ 时，晶体发射出的荧光数 n_{hp} 已达到 63.2%；当 $t=2\tau$ 时，发射荧光数 n_{hp} 已达到 86.5%；当 $t=3\tau$ 时，发射荧光数 n_{hp} 已达到 95%。由于荧光发射过程呈指数衰减，使得光电子形成的电流脉冲也随发光衰减过程呈指数变化。再经过光电倍增管倍增过程的影响，电流脉冲的形状更加复杂。一般电子在光电倍增管中的渡越时间在 1 ns 左右，对阳极电流脉冲宽度影响不大，阳极电流脉冲半宽度约为 2τ。实际上，闪烁探测器输出的脉冲形状最主要的影响因素是前置放大器的微积分时间常数。

3. 常用闪烁体

工业上常用和具有应用前景的几种晶体及其主要性能如表 4.1[1-4]所列。

4.3　光电倍增管

4.3.1　结构特点

光电倍增管是把闪烁体产生的光信号转变成电信号并加以放大的真空器件。光电倍增管由光电阴极、电子光学输入系统、倍增系统、阳极等部分构成。

光电倍增管可分为端窗式和侧窗式两大类。其中，端窗式是通过管壳端面接收入射光，其对应的阴极结构形式通常为透射式光阴极；侧窗式对应的阴极结构形式是反射式光阴极。

光电倍增管各部分功能分述如下[6-7]：

1. 光电阴极

光电倍增管光电阴极的作用是把落在光电阴极上的光子流转变成电子流。根据入射光与发射光电子是在光敏层的一侧还是两侧，光电阴极可分为反射式(不透明阴极)和透射式(半透明阴极)两种。光电阴极的类型取决于光电阴极的成分。不同的阴极成分其吸收入射光的峰值波长和阴极光谱灵敏度是不一样的，它的长波阈取决于光电阴极本身，短波阈取决于光窗材料的透射率。光谱响应特性是选择光电倍增管时应予以考虑的重要特性之一。对此，一般的厂家说明书中都有详细介绍。一般情况下，应选择光电倍增管的光谱响应范围与闪烁晶体的荧光光谱范围相匹配。

2. 电子光学输入系统

在光电阴极与第一倍增极之间装有聚焦电极，对快速管装有加速电极，这些构成了电子光学输入系统。聚焦电极将光阴极发射的光电子聚焦到第一倍增电极的有效截面上，加速电极使电子的速度得到加速，以便提高电子倍增额度，减少渡越时间。

3. 电子倍增系统

电子倍增系统是光电倍增管的核心，它由若干个倍增电极(也称打拿极)组成，一般有 9～14 级，少的也有 5～8 级。各个倍增电极间都加有电压，借助倍增电极上的二次电子发射，使

电子递次倍增。级数越多，电子倍增系数越大。每个倍增极的倍增系数 δ 与极间电压有关，一般 $\delta=4$ 左右，总的倍增系数或称增益 M 一般在 $10^6\sim10^8$ 之间。最后，由阳极接收最后一个倍增极来的电子流并输出。对于强光信号，可选级数少的管子，核物理测量中常选用级数较多的管子。

4. 倍增系统结构

常用的倍增系统有 4 种结构形式：直列聚焦式、圆笼聚焦式、盒栅式和百叶窗式。直列聚焦式多用于端窗式光电倍增管，主要特点是时间响应快、线性好、脉冲电流大、单电子幅度分辨率好，这是辐射探测器高计数率和能谱测量常选用的管型；圆笼聚焦式主要用于侧窗式光电倍增管，其特点是结构紧凑、时间响应快、体积小；盒栅式适合端窗式小型光电倍增管，其结构紧凑，均匀性和稳定性好，但线电流小，时间响应慢；百叶窗式适用于端窗式光电倍增管，其特点是倍增极和光电阴极面积大，输出电流大且稳定，磁场影响小，但时间响应较慢，适合直径大于 50 mm 的大面积光电阴极管。

4.3.2 主要参数

光电倍增管的参数是选择光电倍增管的主要依据，基本参数如下[6]：

1. 量子效应

量子效应的定义：光电阴极发射的平均电子数与入射到光电阴极上的光子数之比。量子效应表示阴极材料的阴极灵敏度的优劣。常用的 3 种阴极材料中，Sb－Cs 和 Sb－K－Na－Cs 的量子效应约为 20%，Sb－K－Cs 约为 25%。

2. 辐照灵敏度

辐照灵敏度的定义：光电阴极发射的光电流与入射到光电阴极上的光通量之比，其单位是 mA/W。相对于某一波长而言，辐照灵敏度与量子效应的关系为

$$\text{量子效应}=\frac{1\,240\ S_\lambda}{\lambda_0}(\%)$$

式中：S_λ 为辐照灵敏度，单位为 mA/W；λ_0 为辐射波长，单位为 Å(1 Å$=10^{-10}$ m)。

例如，波长为 4 000 Å，辐照灵敏度为 80.6 mA/W 时，量子效应为 25%。

3. 光谱响应特性

光谱响应特性是指量子效应（或辐照灵敏度）对入射辐射波长的依赖关系。它的长波阈值取决于光电阴极本身，短波阈值取决于光窗材料的透射率。制造厂家只给出一条典型的光谱响应特性曲线，并不对每一只管子都测量。

4. 光照灵敏度

制造厂家普遍使用光照灵敏度表示光电阴极光照灵敏度这一参数，测试时采用色温为 2 856 K 的钨丝灯作为光源，测量光电阴极发射的光电流与入射到光电阴极上的光通量之比作为光照灵敏度，其单位是 A/lm。光照灵敏度并不能完全与辐照灵敏度一致。

5. 蓝光、红光和红外光灵敏度

蓝光、红光和红外光灵敏度的测试方法与光照灵敏度相同，只是分别在光源与光电阴极之间加上不同颜色的滤光片，对蓝光、红光和红外光灵敏度进行测试。这只能帮助我们了解管子光谱响应特性的大致情况。

6. 阳极光照灵敏度

阳极光照灵敏度的定义：阳极上输出的电流与入射到光电阴极上的光通量之比。其单位是A/lm。由于光电倍增管的增益是阳极上的输出信号电流与光电阴极信号电流之比，但测量有一定的困难，我们常常用阳极光照灵敏度与光电阴极光照灵敏度比值计算增益。例如，若阳极光照灵敏度为 500 A/lm，光电阴极光照灵敏度为 50 μA/lm，则可计算出增益 $M=10^7$。

7. 电流增益[7]

光电倍增管的增益 M 与阳极电压的关系可由下式估算：

$$M=f(g\delta)^n \tag{4.9}$$

式中：f 为第一倍增极的收集效率，约为 90%；g 为极间收集效率，约等于 1；n 为倍增电极数目；δ 为倍增极的倍增系数。

δ 与倍增极间电压 V_D 的关系可近似由经验公式给出。对于一般管的常用倍增极材料 Sb－Cs，其 δ 为

$$\delta=0.2{V_D}^{0.7} \tag{4.10}$$

对于快速管，多采用 AgMg 合金作为倍增极材料，其 δ 为

$$\delta=0.025V_D \tag{4.11}$$

光电倍增管增益与所加的总电压 V_s 成高次方关系，调整 V_s 可以调整增益，但高的 V_s 会带来一系列害处。所以应尽量选择高增益的管子，使用偏低的 V_s 是有利的，同时要求 V_s 有很好的稳定度。如果要保证 M 的稳定度为 1%，则必须保证 V_s 达到 0.1%的稳定度。增益 M 在某种程度上还有赖于外部磁场，所以外壳要考虑磁场屏蔽。

8. 暗电流

暗电流的定义：在无光照的工作情况下阳极输出的电流。其中，暗电流随着 V_s 的升高而增大。暗电流的来源包括漏电流、热电子发射、场致发射、气体放电、反馈电流等。当 V_s 较低时，以漏电流为主；当 V_s 较高时，以场致发射和反馈电流为主。光电倍增管最好的工作条件是暗电流以热电子发射为主。

9. 噪　声

噪声是指光电倍增管输出信号的无规则起伏。噪声主要限制光电倍增管最小探测信号。在核辐射测量中表征噪声的参数是噪声能当量。在某一阳极电压下，对 NaI(Tl) 与光电倍增管组合的闪烁探测器进行测量，测出 ^{137}Cs 源 662 keV 光电峰的脉冲幅度 D_r，移去 ^{137}Cs 源和 NaI(Tl)，并在同一阳极电压下，调整甄别阈，当噪声脉冲积分计数为每秒 50 次时，记下甄别阈电压值 D_n。噪声能当量为

$$E_n=\frac{D_n}{D_r}\times 662 \tag{4.12}$$

式中：噪声能当量 E_n 的单位是 keV；D_r 和 D_n 的单位为 eV 或 keV，只要单位相同即可。

10. 能量分辨率

设全能峰的能量为 E，半高度处的全宽度为 ΔE，能量分辨率 FWHM 定义为

$$\text{FWHM}=\frac{\Delta E}{E} \tag{4.13}$$

影响能量分辨率的因素很多，对于晶体来说，产生光子数量的统计偏差是最主要的。对光

电倍增管影响能量分辨率的主要因素是:光阴极收集光子与发射电子的统计偏差、倍增系数的统计偏差以及高压电源的稳定性等。光电倍增管的 FWHM 可近似为[8]

$$\mathrm{FWHM}=2.355\sqrt{\frac{1}{TN_{\mathrm{ph}}}\left[1+\frac{\delta}{\delta_1(\delta-1)}\right]} \tag{4.14}$$

式中:N_{ph} 为闪烁体发射的光子总数;T 为光电阴极的量子效应;TN_{ph} 为被第一倍增电极收集到的平均电子数;δ_1 为第一倍增电极的平均倍增系数;δ 为其余各电极的平均倍增系数。

从上式可以看出,脉冲幅度分辨率主要受 3 个因素影响:晶体发射的光子数、光电阴极的量子效应及第一倍增电极的平均倍增系数。晶体发射的光子数取决于光子产额,高产额晶体可提高能量分辨率;光电阴极的量子效应越高,每个光子产生的光电子越多,能量分辨率就会越好;提高第一倍增电极平均倍增系数的方法就是增大光阴极与第一倍增电极间的电压,增大第一倍增电极间的分压电阻,一般选择电阻是其他极间的 2 倍或更多些。对于快速管,为了提高 δ_1,多采用再增加一加速电极。

厂家提供的能量分辨率通常采用^{137}Cs γ 射线 662 keV 全能峰脉冲分辨率。对 NaI(Tl)晶体探测器,在能量分辨率较好的情况下,可达到 FWHM=6.5%,一般情况也就是 7%左右。

11. 线性电流

光电倍增管的输出电流与光电阴极的光通量呈线性关系。当输出电流随光通量的变化偏离直线不超过 10%时,输出电流都认为是线性电流。在核辐射测量中,无论是能量测量还是计数率测量,都需要光电倍增管工作在线性区域。

12. 上升时间

对于光电倍增管的时间特性,厂家常给出脉冲上升时间。当用具有 δ 函数的光脉冲照射光电阴极时,将在阳极输出的电流脉冲上升至 10%和 90%两点之间的时间间隔作为脉冲上升时间,脉冲上升时间一般在毫微秒级。光电倍增管脉冲上升时间并不等于实际射线阳极电流脉冲上升时间,阳极电流脉冲上升时间主要受荧光衰落时间常数的影响,比光电倍增管脉冲上升时间要长得多。

13. 稳定性

光电倍增管的稳定性是指输入信号幅值恒定时,输出信号幅值随时间的变化。国际电工委员会推荐的测量方法是:在光电倍增管的工作条件下,通电预热 0.5~1 h 后,每隔 1 h 测量一次,连续测量 24 h,用输出信号幅值的最大百分比偏移表示稳定性 W:

$$W=\frac{P_{\max}-P_{\min}}{P_{\max}+P_{\min}}\times 100\% \tag{4.15}$$

式中:$P_{\max}$ 和 $P_{\min}$ 是 24 h 测量信号输出幅值的最大值和最小值。

4.4 分压器

1. 分压器的类型

光电倍增管分压器是由一组串联起来的电阻构成的,电阻分压器为各个电极提供电压。分压器大致可分为三类:高增益分压器、大电流分压器和快速时间分压器。常用的几种分压器类型、适用的管型及特点如表 4.2 所列。

表 4.2 各种分压器、分压电阻的排列

分压器	A	B	C	D	E	F
K - D_1	R	Rk	Rk	Rk	Rk	Rk
D_1 - D_2	R	R	R	R	R	R
⋮	⋮	⋮	⋮	⋮	⋮	⋮
$D_{n-4}-D_{n-3}$	R	R	R	R	R	R
$D_{n-3}-D_{n-2}$	R	R	$R//C_{n-3}$	$R//C_{n-3}$	$R//C_{n-3}$	$1.25R//C_{n-3}$
$D_{n-2}-D_{n-1}$	R	R	$R//C_{n-2}$	$2R//C_{n-2}$	$2R//C_{n-2}$	$1.5R//C_{n-2}$
$D_{n-1}-D_n$	R	$2R$	$2R//C_{n-1}$	$3R//C_{n-1}$	$4R//C_{n-1}$	$1.75R//C_{n-1}$
D_n-A	R	R	$R//C_n$	$R//C_n$	$R//C_n$	$2R//C_n$
类型	均匀分压器	通用分压器	典型分压器	电流分压器	电流分压器	快速分压器
管型	圆笼、直列	各类管型	各类管型	盒栅百叶窗	盒栅百叶窗	快速直列式
特点	很高增益	高增益	高增益	大电流	大电流脉冲	大电流脉冲
用途	直流工作	直流工作	脉冲工作	脉冲工作	配 NaI(Tl)	高计数率

表 4.2 中的 A、B、C、D、E、F 为常用的 6 种分压器类型。极间电阻为一般分配方式，应用时主要应参照生产厂家推荐的方案。一般 Rk＝1～2R，对直列聚焦式管型可选 Rk＝3R。由于最后几级脉冲电流已经很大，当脉冲电流通过时，会使极间电压降低，为了维持极间电压基本稳定，需要在电阻上并联电容，我们常称此电容为储能电容。

引脚排列方式和电极分布各管型并不相同。例如，浜松公司生产的 R1246 光电倍增电极与引脚排列如图 4.3 所示。R1246 属于 14 级直列聚焦式排列，共 20 引脚。图 4.3 中的 20、19、02 等为引脚位置编号，其中 01、09、18 是空引脚，未画出。A 为阳极，K 为光电阴极，G_1 为聚焦电极，D_1～D_{14} 为倍增电极。按照厂家提供的参数，我们选用负高压设计，$V_S=-2\ 000$ V，分压器总电阻为 20R，R＝100 kΩ，储能电容 C_n＝4 700 pF，C_{n1}＝2 200 pF，C_{n2}＝1 000 pF。I_S＝1 mA，阳极平均电流约为 I_a＝0.1 mA。厂家给出的增益为 1.3×10^7。

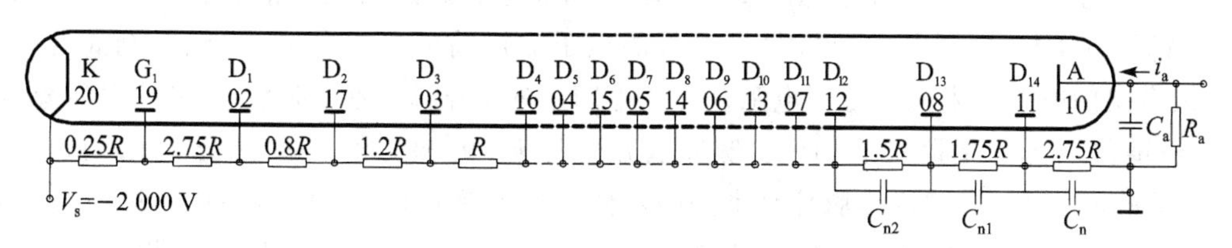

图 4.3 光电倍增管电极与引脚的排列

2. 分压器电源

在图 4.3 中各个倍增极电压由电阻链对电源 V_S 分压给出。分压器电压的极性有两种方式：阴极 K 接负高压和阳极 A 接正高压。前者是常用方式，其优点是阳极接近地电位，可直接与跟随器连接，高频特性好；其缺点是管壳处于低电位，而阴极处于很高的负电位，容易增大管子的暗电流和噪声，影响管子的稳定性。后一种接法的阳极处于高电位，必须加耐高压的隔直电容才可以与输出电路连接，这样会使输出级分布参数增大，影响高频特性。一旦高压电容被击穿，会烧毁前置放大器。为了前置放大器的安全，人们更愿意采用负高压接法。

电源电压 V_S 一般都很高，对快速管电压的使用范围在 1 500～2 500 V 之间，其他管稍低些，一般也在500～1 500 V之间。因为电源电压的稳定性直接影响光电倍增管增益的稳定性，所以对电压有较高的要求。如果增益的稳定性要求为1%，则要求电源电压的稳定性必须达到0.1%。对电源电流大小的要求与用途有关，当测量直流光信号时，为保证管子处于线性工作状态，一般要求电源电流应大于阳极最大输出电流的20倍，当管子的线性度要求达到1%时，电源电流应比阳极输出电流大100倍以上；当测量脉冲信号时，尽管快速管脉冲电流很大，但平均电流并不大，对电源电流的要求有1～2 mA也就可以了。对于能谱测量，因为一般计数率较低，所以对电源电流的要求可以更小些。

3. 分压器电极

分压器电极可细分为前级、中间级和后级。分压器的前级对参数影响最大。前级包括$K-D_1$、D_1-D_2和D_2-D_3。为了提高第一倍增电极光电子收集效率，减少光电子渡越时间，提高信噪比，需要增大电场强度，分压器电阻要适当大些。特别对$K-D_1$带有聚焦极和加速极的管型，分压器电阻更需仔细设计和调试。中间级对各种管型一般都设计成等电阻分压器。后级分压器包括D_{n-3}～A四级。由于后几级电流变大，空间电荷效应增强，影响了电流脉冲幅值的线性。在最后几级需要逐次增大分压电阻，使得电场强度逐次增大，这样就可以延长线性范围，同时需要在电阻上并联储能电容。

4. 分压电阻

各电极的分压电阻的选择原则是流过电阻链的电流I_S要远大于阳极平均电流I_a，实际设计时一般选$I_S \geqslant 10I_a$就可以了。I_S过大耗能大，会使管温升高，带来不利影响。如果电阻链总电阻为R_S，电源电压为V_S，则当光电阴极电流为零时，才有$V_S=I_S R_S$。

对电阻链各个电阻R的要求：阻值精度要高，温度系数要小，电阻的功率应比实际功率至少大1倍。电阻值一般选择$R=100$～300 kΩ即可，对快速管可以选小些。

5. 储能电容

储能电容（或称去耦电容）是并联在最后几级分压电阻上的电容。为了防止高的尖脉冲电流扰乱电极电压，在高脉冲计数电路里需要增加储能电容。因为光电倍增管中的电子流通过电极后都得到了倍增。简单来说，每一电极的电子流比前一极大了$\delta-1$倍。例如，D_n极比D_{n-1}极多出的电子流来自于分压电阻。分压电阻上的电子流减少，使得D_n极的电压降低，随之D_n极增益δ_n也跟着降低。如果尖脉冲电流很大，则D_n极上的δ_n瞬间会严重降低，这就扰乱了正常的增益M，影响输出脉冲高度的稳定性。为了保障D_n电压不降低，可以通过在D_n-A之间的电阻上并联储能电容C_n来实现。D_n极上增加的电子流可以由C_n提供，这样就避免了D_n极电压的降低。其他电极也如此。D_{n-2}电极前面的各个电极因电子流较小，对增益的稳定性影响不大，所以加不加电容也影响不大。

C_n的选取由两方面的因素决定，C_n越大，增益M越稳定；但大的C_n会延长电子流渡越时间，影响计数率。所以，选择C_n应从稳定性和计数率这两方面的因素考虑。

从增益M的稳定度考虑，可按下式近似估算[7-8]：

$$C_n = \frac{1}{\alpha V_n}\int i_a \mathrm{d}t \tag{4.16}$$

式中：C_n为D_n级的储能电容，单位为F；α为对D_n级要求的稳定度，V_n为D_n级的分压器电压，单位为V；i_a(A)为阳极电流。i_a对时间的积分就是每个阳极电流脉冲的电荷量Q_a(C)。

于是上式也可写成：

$$C_n = \frac{Q_a}{\alpha V_n} \tag{4.17}$$

从计数率要求考虑，当平均计数率 N(脉冲/秒)较 $1/R_nC_n$ 高时，脉冲很可能叠加，造成较高的增益偏差，所以电容 C_n 不能选得过大。一般对最大计数率 N_{max} 可以按下式近似地估算[8]：

$$C_n = \frac{1}{N_{max} \cdot R_n} \tag{4.18}$$

式中：R_n 为 D_n 极上的分压电阻，单位为 Ω。

对极间时间常数还要求满足 $R_nC_n \gg \tau$，其中 τ 为晶体光子衰落时间常数。由于 τ 都很小，一般分压电阻设计都能满足这一要求。

从以上分析可知，选择 C_n 应从两方面考虑，既要照顾增益的稳定性，又要考虑增益的偏差。选择 R_nC_n 高些，会使增益 M 的偏差小些，对能谱测量有利。R_nC_n 越高，电容提供电子流的速度会越慢，电子流在电极间的持续时间就会越长，这样对计数率不利。对于能谱测量要求稳定度高些，可适当选择电容大些；对于快计数率测量，可选择电容小些。

例如，当 $Q_a = 1.31 \times 10^{-8}$ C，$V_n = 275$ V，要求稳定度 $\alpha = 1\%$ 时，可计算出 $C_n = 0.0048\ \mu$F；从计数率考虑，当 $R_n = 275$ kΩ，最大计数率 $N_{max} = 10^4$(脉冲/秒)时，算出 $C_n = 0.00036\ \mu$F。

除注意容值之外，还要注意电容的耐压。例如 $V_n = 275$ V，应选择耐压 400 V 的电容器，比 V_n 大 1 倍左右。一般储能电容器可选择聚丙烯膜或聚酯膜电容器，这种电容器绝缘电阻高，损耗小。对于其他各级电容的选择，可按照下式估算：

$$R_nC_n = \delta R_{n-1}C_{n-1} = \delta^2 R_{n-2}C_{n-2} \tag{4.19}$$

4.5　输出信号

光电倍增管阳极输出电流是一个理想的电流源。在图 4.3 的阳极上与分布电容 C_a 并接一个负载电阻 R_a，构成输出阻抗，则阳极电流 i_a 就在 R_aC_a 上形成输出电压信号。R_a 大小的选择与测量有关，测量直流强光信号时 R_a 应选小些。这是因为 R_a 上的脉冲是负值，在尖脉冲通过期间 D_n 与 A 之间的电压差会减小，从而使 D_n 极的增益降低，使得增益 M 随脉冲电流变化，影响输出脉冲的稳定性，R_a 越大，影响也越大，所以 R_a 应尽量选小些。一般输出端需要接放大器，对电压信号放大和整形，用以改善输出阻抗，便于测量；还要根据不同的用途选择不同的放大器通频带，限制噪声，提高信噪比。

1. 脉冲电荷

设阳极接收的电子电荷量为 Q_a，可由下式计算：

$$Q_a = E_i Y_{ph} TMe \tag{4.20}$$

式中：E_i 为入射粒子损失在闪烁体中的能量，单位为 MeV；Y_{ph} 为光能产额，单位为 ph/MeV；T 为光电倍增管量子效应；M 为电流增益；e 为电子电荷。

对 ^{137}Cs 源的 γ 射线，E_i 按 $E_\gamma = 0.662$ MeV，晶体为 NaI(Tl)，$Y_{ph} = 38\,000$ ph/MeV，量子效应 $T = 25\%$，电流增益 $M = 1.3 \times 10^7$，可以求出阳极总接收电荷为 $Q_a = 1.31 \times 10^{-8}$ C。

2. 脉冲电流

设阳极接收的脉冲电流为 $i_a(t)$，其估算式为[8]

$$i_a(t)=\frac{Q_a}{\tau\cdot t_e}\cdot\frac{1}{\sqrt{\pi}}\int_{\infty}^{\infty}e^{-\left(\frac{t-t'}{t_e}\right)^2}\cdot e^{-\frac{t'}{\tau}}\cdot H(t')\mathrm{d}t' \tag{4.21}$$

式中：$H(t)$为海氏阶跃函数，其中，在 $t<0$ 时 $H(t)=0$，$t>0$ 时 $H(t)=1$；τ 为晶体光子衰落时间常数；t_e 为电子在光电倍增管中的平均渡越时间，其中快速管的 t_e 约为 1 ns。总之，光电倍增管输出的脉冲电流是一个快速上升、慢速下降的尖脉冲。

3. 脉冲电压

由于阳极脉冲电流上升很快，约为 1 ns，因此可以把脉冲电流近似地看成 δ 函数。若阳极网络的时间常数为 $\tau_a=R_aC_a$，则当阳极电流流入电容 C_a（包括外加电容和分布电容）时，电压脉冲信号的估算式为[8]

$$U_a(t)=-\frac{Q_a}{C_a}\cdot\frac{\tau_a}{\tau-\tau_a}\left(e^{-\frac{t}{\tau}}-e^{-\frac{t}{\tau_a}}\right)\cdot H(t) \tag{4.22}$$

式中：τ 为晶体光子衰落时间常数；τ_a 为输出电路的积分时间常数，大的 τ_a 会使电压脉冲变宽，也会使计数率降低。在能谱测量中，一般选取 $\tau_a=5\sim10\tau$ 为宜。例如，对于 NaI(Tl) 晶体，$\tau=0.25\ \mu s$，τ_a 选择几微秒就可以了。

上式是由 δ 函数输出导出的，实际上输出电流脉冲要复杂得多。测量发现：τ_a 对输出电压前沿影响较小，对后沿影响较大，τ_a 越大脉冲越高，后沿下降速度越慢。

4. 输出电路

闪烁探测器输出电路可设计成由两级运算放大器组成的电路，如图 4.4 所示。

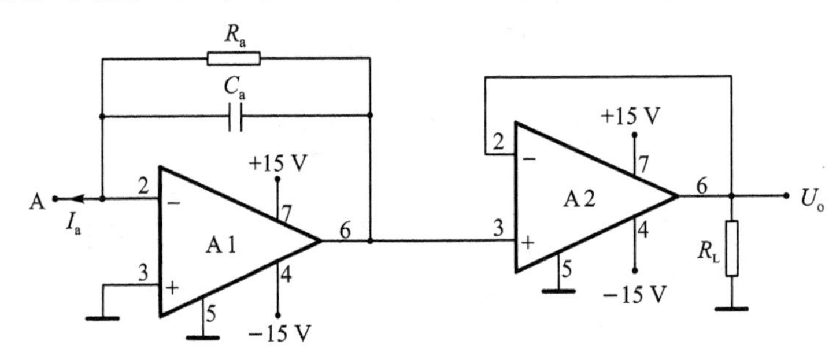

图 4.4 闪烁探测器输出电路

利用 $\phi30\times5$ mm 的 NaI(Tl) 晶体，$\phi53\times187$ mm 的 R1246 光电倍增管，以及如图 4.4 所示的放大器输出电路组装成闪烁探测器。光电倍增管的分压电阻与引脚的排列见图 4.3。输出电路输入端 A 直接与阳极连接；负载电阻 R_a 成为运放 A1 的负反馈电阻；输出电路两级运放均选择 OP-07；A1 为电流-电压转换器，将阳极输出的负脉冲电流转换成正脉冲电压，第二级 A2 为跟随器。该电路有以下特点：

① 对于理想运算放大器，反相输入端与同相输入端的差模电压为零，实际上光电倍增管的阳极直接接到运放的虚地上，在脉冲持续期间不会降低 D_n - A 之间的电压，使得增益 M 不会随输出脉冲电流的变化而变化，输出脉冲高度更稳定。

② R_aC_a 既是输入电路的负载，又是电流-电压的转换系数，输出脉冲为

$$U_o(t)=R_aI_a(t) \tag{4.23}$$

电容 C_a 使电路的通频带高截止频率变为 $f_H=1/(2\pi R_a C_a)$，这样可以滤去脉冲电压的高频噪声，使信号变得平滑。阳极电流 $I_a(t)$ 是一个具有复杂形式的尖脉冲，前沿很陡，与晶体光子衰落时间常数 τ 有关，后沿降落较为缓慢。这样的脉冲电流经过 $R_a C_a$ 转换成脉冲电压后，$R_a C_a$ 成为控制脉冲高度和宽度的主要因素。

③ 为增加脉冲高度，也可以把跟随器设计成同相放大器。

④ 图 4.5 所示是用数字示波器观测到的闪烁探测器输出电压 U_o 的波形图。

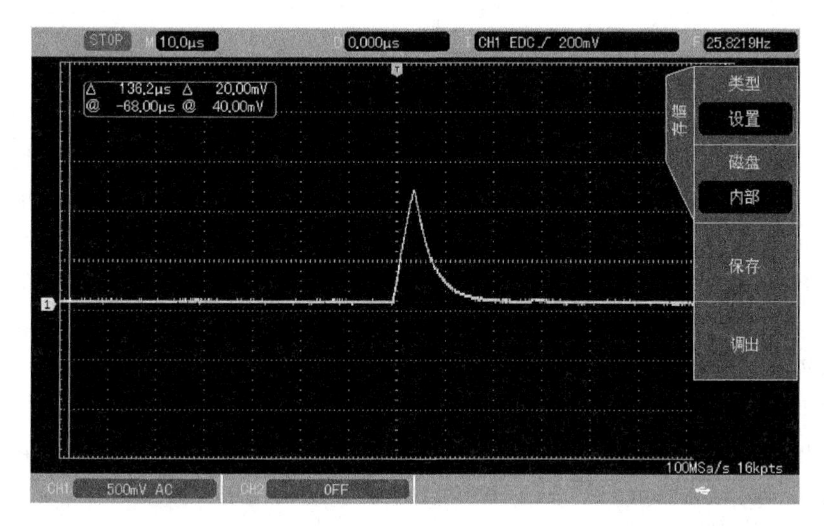

注：经测试，噪声约为 100 mV，脉冲高度为 1.14 V，前沿约为 4.4 μs，半高度处的宽度为 3.1 μs。

图 4.5　闪烁探测器输出电压 O_o 的波形

图 4.5 中使用的 $C_a=36$ pF，$R_a=100$ kΩ。测量发现：改变 $R_a C_a$ 的大小，脉冲 U_o 的前沿变化较小，主要影响后沿；脉冲高度随 R_a 的增大而增大；C_a 的变化对脉冲后沿影响很大，C_a 越大，后沿拖得越长，太小的 C_a 使得后沿变窄，但会出现下击的现象。

参考文献

[1] Melcher C L，et al. Cerium-doped Lutetium Oxyorthosilicate：A Fast，Efficient New Scintillator[J]. IEEE Transactions on Nuclear Science，1992，39(4)：502-505.

[2] Loef E V D V，et al. High-energy-resolution Scintillator Ce^{3+} Activated $LaBr_3$[J]. Applied Physics Letters，2001，79(10)：1573-1575.

[3] Guillot-Noel O，et al. Scintillaton Properties of $BrGd_2Br_7$：Ce Advantages and Limitations[J]. TEEE Transactions on Nuclear Science，1999，46(5)：1274-1284.

[4] 孙汉城. 新一代测井用闪烁探测器——稀土闪烁晶体[J]. 国外测井技术，2003，18(6)：7-8.

[5] XCOM . photon total attenuation coefficients[DB/OL]. [2021-01-08]. https://physics.nist.gov/PhysRefData/Xcom/html/xcom1-t.html.

[6] 李禄华. 光电本增管的选择与使用(Ⅰ)[J]. 物理，1982，11(7)：439-446.

[7] 李禄华. 光电本增管的选择与使用(Ⅱ)[J]. 物理，1982，11(9)：569-576.

[8] 科瓦尔斯基 E. 核电子学[M]. 何殿祖，译. 北京：原子能出版社，1975.

第 5 章　活度计与单片机

5.1　活度计结构

自从 1975 年第十五届国际计量大会给出放射性核素活度的定义以来，放射性活度测量日益受到重视。测量核素的放射性活度有许多种方法，这在专业部门建立绝对或相对测量系统不是问题，但在医药及工业部门还是希望有一种简单实用的活度测量仪器，这就是以井型充气电离室为探测器的放射性活度计[1-3]。活度计用户行业众多，需求各异，为了满足各方面的需要，在设计上必然要求测量核素多、活度量程宽。目前，只有井型充气电离室与单片机的结合才能满足这些需求。

我国在 1988 年就对活度计制定了“以井型充气电离室为探测器的活度计”国家标准 GB 10256—88，并几经修订。活度计的基本结构如图 5.1 所示。其中，井型充气电离室包括 1～7，外壳包括 8～10，电路部分包括高压电源和放大器。

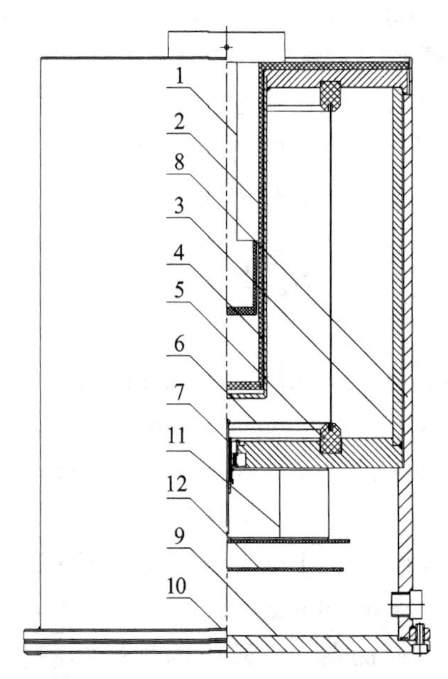

1—有机玻璃样匙；2—有机玻璃井套；3—圆筒；4—测量井壁；5—绝缘支架；6—电极；7—绝缘子及引出线；8—圆形外壳；9—底盖；10—法兰环；11—高压电源；12—放大器

图 5.1　活度计结构

本章中的实验数据和结构等参数，如果没有特殊说明，都是选自 HD-175 型放射性活度计。

5.2　井型充气电离室

5.2.1　结构特点

1. 样匙和井套

井型高压充气电离室是活度计的探测器。测量时将待测样品放入样匙中，再放入井中测量，其几何探测效率接近 4π。因为 γ 射线核素绝大部分都放射 β 射线，β 射线有很强的电离能力，如果进入灵敏区，会干扰探测器对 γ、X 射线的测量，使活度测量产生误差，因此滤去 β 射线很有必要。过滤 β 射线最好的材料是低密度物质，所以样匙和井套均采用有机玻璃制作。有机玻璃的成分是 $C_5H_8O_2$，由轻元素组成，密度为 1.2 g/cm^3。有机玻璃对 γ、X 射线吸收很少，但对 β 射线吸收强烈，并且 β 射线在有机玻璃中产生轫致辐射的截面极小，所以它是滤去 β 射线的极好材料。井套的另一作用是液体源泼洒后，便于清洗，不至于污染井壁。

2. 井壁材料

井壁的材料是决定低能 γ、X 射线探测限的主要因素，也影响探测效率。表 5.1 和表 5.2 所列为不同 γ 射线源在几种材料中的质量减弱系数 μ_m 和透射率 η。透射率定义为

$$\eta = \frac{n}{n_0} = e^{-\mu_m \rho d} \tag{5.1}$$

式中：n_0 为入射到井壁上的 γ 射线数；n 为穿过井壁的 γ 射线数；d 和 ρ 分别为井壁材料的厚度和密度。

表 5.1　几种核素在不同密度材质中的质量减弱系数 μ_m

密度 ρ/($g \cdot cm^{-3}$)	核　素	^{125}I		^{241}Am	^{99m}Tc	^{131}I	^{137}Cs	^{60}Co
	E_γ/keV	27.5	35.5	59.54	140.5	364.5	661.66	1 252.84
1.2	有机玻璃	0.294 1	0.229 2	0.181 9	0.146 4	0.106 6	0.083 2	0.061 33
2.699	铝 Al	1.292	0.660 7	0.246 4	0.135 0	0.095 30	0.074 35	0.054 80
4.5	钛 Ti	0.275 8	0.267 2	0.192 5	0.160 6	0.109 7	0.085 6	0.063 12
7.874	铁 Fe	10.14	4.860	1.136	0.193 5	0.095 41	0.072 48	0.053 16

注：^{60}Co 的 γ 射线能量为平均值。μ_m 单位为 cm^2/g，μm 的值由美国国家标准与技术研究院(NIST)网站查得[4]。

表 5.2　几种核素在不同材质厚度中的 γ 射线透射率 η

核素 d/mm	核　素	^{125}I		^{241}Am	^{99m}Tc	^{131}I	^{137}Cs	^{60}Co
	E_γ/keV	27.5	35.5	59.54	140.5	364.5	661.66	1 252.84
5	有机玻璃	83.82%	87.15%	89.66%	91.59%	93.80%	95.13%	96.39%
2	铝 Al	49.79%	70.00%	87.55%	92.97%	94.99%	96.07%	97.09%
2	钛 Ti	78.02%	78.63%	84.09%	86.54%	90.60%	92.58%	94.48%
2	铁 Fe	1.2E−5%	0.05%	16.71%	73.73%	86.05%	89.21%	91.97%

从表 5.1 和表 5.2 中可以看出，有机玻璃的质量减弱系数对 γ 射线的能量很不敏感，透射

率随 γ 射线能量的变化比较小，很低能量的 γ 射线都能透过；铝和钛也有很好的透射率。井壁材料和厚度决定着活度计 γ 射线能量的测量下限。

铝是非常好的井壁材料，但铝的焊接难度很大，尤其是铝和陶瓷绝缘子的焊接成为一大难题。陶瓷绝缘子是在 800 ℃的氢气炉中把陶瓷与可伐合金焊接在一起。用户使用陶瓷绝缘子时，再将可伐合金与不锈钢等金属焊接在一起，作为电流引出通道。但可伐合金与铝焊接难度非常大，一般单位难以掌握这项技术，所以无法采用铝井壁。

目前市售产品有两种类型的井壁，一种是不锈钢井壁，另一种是铝井壁。钛井壁也有很好的性能，但钛的价格是铝的四五十倍，成本太高。由于不锈钢井壁低能下限太高，对于低能 γ 射线核素，像医学常用的 ^{125}I 难以测量。尽管厂家把井壁加工得薄些，并挖些小坑，但仍无法达到铝井壁的效果，也难以保证井壁的机械结构和探测效率的一致性。这样就无法利用实验数据计算探测效率，只能通过标准源标定出探测效率。对于找不到标准源的核素，测量有一定的困难。所以，这类活度计测量的核素较少。

电离室需要充高压气体，气压越高，输出电流也越大，对探测器灵敏度越有利。但高气压要求井壁厚度要厚，井壁对低能 γ 射线的吸收又会降低探测灵敏度，因此要权衡井壁厚度和充气压力。例如，对厚度为 2 mm 的铝井壁，内径为 ϕ51 mm，井深为 225 mm 时，对充气压进行破坏性试验，结果发现承受的最大压强 $\leqslant$ 1.3 MPa，否则井壁会被压凹陷。所以，如果需要充气压高，就必须增加井壁厚度。

3. 充　气

活度计可充高纯氩气或氙气，氙气对 γ 射线的平均电离能是 21.9 eV，氩气对 γ 射线的平均电离能是 26.2 eV；在相同气压下，氙气的密度是氩气的 3.3 倍，氙气对低能 γ 射线的质量减弱系数比氩气的大很多。例如，对 ^{241}Am 源能量 59.54 keV 的 γ 射线，氙气的质量减弱系数约比氩气的大 18 倍。这意味着氙气比氩气能够产生更多的电子对。所以，采用氙气比用氩气能大大提高测量的灵敏度。但是，氙气每升 200 多元，价格比氩气高很多。

为保证活度计质量的一致性，也就是相同能量的 γ 射线探测效率的一致性，必须每台充相同质量的气体。要做到这一点，就必须考虑充气时气体的温度、气压和密度。理想气体密度、压力和温度的关系由下式决定：

$$\rho=\frac{m}{V}=\frac{M}{R}\cdot\frac{P}{T} \tag{5.2}$$

式中：ρ 为气体的密度，单位为 g/cm^3；V 为充气体积，单位为 cm^3；m 为充入气体的质量，单位为 g；M 为气体的摩尔质量，单位为 g/mol；R 为摩尔气体常数，单位为 erg/(mol·K)；P 为所充气压，单位为 dyn/cm^2；T 为所充气体的热力学温度，单位为 K。

所以，在体积 V 不变的条件下，充入恒定质量 m 的条件是：必须保证气压与温度之比恒定。只要加工精度得到保证，电离室的体积 V 就是固定值；再保证充气时的 P/T 恒定，就可确保各个电离室对相同能量的 γ 射线有相同的探测效率，保证活度计输出信号的一致性。要保证气压与温度之比恒定，一般的压力表和温度计都难以做到，必须采用高精度数字表头才能实现。

5.2.2　示活度随井深变化

当放射源位置由井口向下移动时，离井口越远，显示的活度值会越大，达到极大值后，会越来越小[5]。这主要是因为电离室的几何效率随井深变化引起的。HD－175 型活度计示活度值随井深的变化曲线如图 5.2 所示。由于放射源的活度 A 是确定值，所以称随井深变化的活度为示活度，即为显示活度。

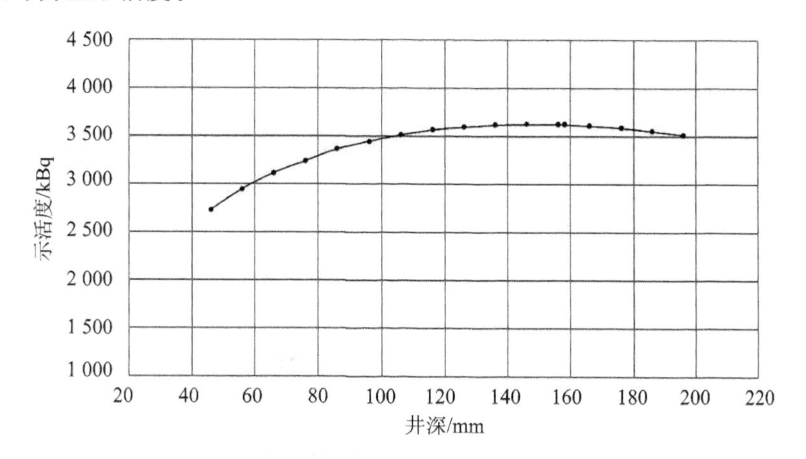

图 5.2　示活度随井深变化

根据探测效率随源的变化，示活度 A_{sh} 与源的标准活度 A 的关系可以表示为

$$A_{sh}=KA \tag{5.3}$$

式中：K 实际上是电离室的相对几何探测效率，它是井深的函数。由于 A_{sh} 与 A 有相同的单位，所以 K 为无量纲参数。

设定放射源处在曲线的顶点，即示活度为最大值时 $K=1$，这时示活度 A_{sh} 等于标准活度 A。此处信号最大，误差最小，也是活度最佳测量位置。

曲线测量采用的是标准源 ^{226}Ra，$A=3\ 627.85$ kBq，^{226}Ra 的活度已达到久期平衡。其子体有许多条 γ 射线，能量分布在 16～2 449 keV 范围内。电离室井壁为 2 mm 铝材，内径为 $\phi51$ mm，井深为 225 mm。测量时由井口向下每隔 10 mm 测一点，连测 5 次取平均。

实际测量发现，距井口 148 mm 处的示活度等于 3 627.85 kBq，也就是 $K=1$，这时的绝对几何效率约为 97%。离 148 mm 两边各 10 mm 的距离，示活度降低了 0.2%；两边各 20 mm，降低了 0.9%；两边各 30 mm，降低了 2%。向上偏移和向下偏移差别不大，向下误差略有增加。所以，将测量样品中心放于 148 mm 处测量，是最佳的测量位置，即使中心沿轴向偏移±20 mm，引入的误差也很小，完全可以忽略。

使用时，样匙的内底处在井深的 158 mm，这样按安瓿瓶装样量的国家标准，样品的中心恰好处在 148 mm 的位置。所以，此位置是活度计的最佳测量位置，所有源都在此测量。

5.2.3　坪曲线

HD－175 型活度计的坪曲线，即输出电压 U(mV)随极间高压 V(V)变化的曲线，如图 5.3 所示。利用测量数据拟合出坪曲线的直线部分，即

$$U=0.04V+3\ 237.2 \tag{5.4}$$

式中：V 的单位为 V；U 的单位为 mV。

从坪曲线中可以算出坪斜为 0.004%，即极间高压 V 每变化 100 V，电离室输出电压 U 约变化 4 mV。工作点选择在 $V=216$ V。若极间电压 V 低于 100 V，则需要更换电池。

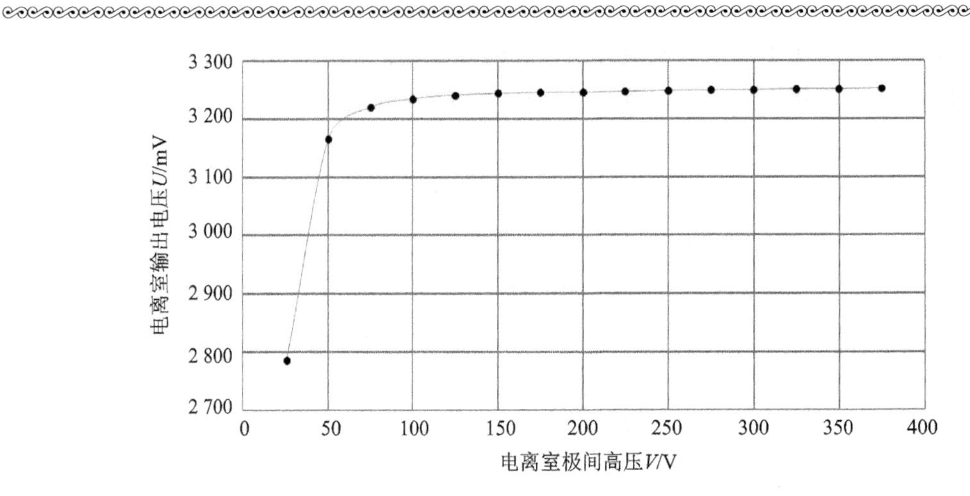

图 5.3 HD－175 型活度计的坪曲线

5.3 电离电流

5.3.1 电离电流计算式

放射性活度计是通过测量核素跃迁过程中产生的 γ、X 射线来推算活度的。先滤去 β 射线，只让 γ、X 射线进入电离室灵敏区，进入灵敏区的 γ、X 射线与气体碰撞产生高能电子，高能电子又产生次级电子，这些电子产生大量离子对，在外电场作用下形成电离电流。由于电离电流正比于入射的 γ、X 射线计数率，从而正比于核素的活度。通过分析电离电流产生的过程，可以导出电离室输出电流与活度的关系式[6-7]。设活度为 A_x 的核素 x 每次衰变放出 m 种 γ 射线，其能量和强度分别为 E_j 和 Y_j，$j=1,2,\cdots,m$。设 Ω 为电离室对放射源张的立体角，$\eta(E_j)$是能量为 E_j 的 γ 射线进入电离室灵敏区并被探测到的计数率与入射到电离室井壁上的计数率之比，也就是电离室的本征探测效率。这里设定 E_j 损失在灵敏区中的份额为 $\xi(E_j)$，核素 x 在活度计中产生的电离电流 I_x 为

$$I_x = e \cdot \frac{\Omega}{4\pi}\sum_{j=1}^{m} A_x Y_j \eta(E_j) \cdot \frac{\xi(E_j)E_j}{\varepsilon_0} \tag{5.5}$$

式中：e 为电子电荷；ε_0 为平均电离能，不同气体的 ε_0 已在表 3.1 中列出。

5.3.2 电流活度比计算式

令 F_X 为电流与活度的比值，我们称 F_x 为核素 x 的电流活度比。利用式(5.5)可得

$$F_x = \frac{I_x}{A_x} = e \cdot \frac{\Omega}{2\pi\varepsilon_0}\sum_{j=1}^{m} Y_j \eta(E_j) \cdot \xi(E_j)E_j \tag{5.6}$$

假设某核素 C，每次衰变只产生一个能量为 E_j 的 γ 射线，即 $m=1, Y_j=1$。我们定义灵敏度(sensitivity)为：在同一台活度计的同一测量位置下，1 Ci 的核素 C 产生的输出电流与 1 Ci 的 ^{60}Co 核素产生的输出电流之比用 $S_C(E_j)$表示。利用式(5.6)可导出灵敏度计算式：

$$S_C(E_j) = \frac{F_C}{F_{Co60}} = \frac{\eta(E_j) \cdot \xi(E_j)E_j}{\eta(E_1)Y_1 \cdot \xi(E_1)E_1 + \eta(E_2)Y_2 \cdot \xi(E_2)E_2} \tag{5.7}$$

上式分母中的^{60}Co 每次衰变发射两个 γ 射线，其能量和强度分别为：$E_1=1.173$ MeV，$Y_1=0.9985$；$E_2=1.332$ MeV，$Y_2=0.9998$。对确定的活度计其分母是一个常数，可以用标准^{60}Co 源测出。若核素 x 由若干个能量 E_j 组成，则只要知道每一个 $S_C(E_j)$随能量 E_j 变化的曲线，利用式(5.7)就可以计算出任何有 m 条 γ 射线的核素 x 的电流活度比 F_x：

$$F_x=F_{\mathrm{Co60}}\sum_{j=1}^{m}S_C(E_j)Y_j \tag{5.8}$$

一旦知道了核素 x 的电流活度比，通过测量核素的输出电压，利用下式就可以计算出核素 x 的活度 A_x：

$$A_x=\frac{I_x}{F_x}=\frac{U_x}{K\cdot F_x} \tag{5.9}$$

式中：U_x 为活度计测量出的核素 x 的输出电压；K 为放大器的电流/电压转换增益。

5.4　灵敏度曲线

5.4.1　理论灵敏度曲线

在窄束条件下，根据活度计的结构和灵敏度的定义，$S_C(E_j)$可由下式计算：

$$S_C(E_j)=\frac{\mathrm{e}^{-\mu(E_j)_{\mathrm{mAl}}\rho_{\mathrm{Al}}d_{\mathrm{Al}}}\cdot\left[1-\mathrm{e}^{-\mu(E_j)_{\mathrm{mAr}}\rho_{\mathrm{Ar}}d_{\mathrm{Ar}}}\right]E_j\cdot\xi(E_j)}{\sum_{i=1}^{2}\mathrm{e}^{-\mu(E_i)_{\mathrm{mAl}}\rho_{\mathrm{Al}}d_{\mathrm{Al}}}\cdot\left[1-\mathrm{e}^{-\mu(E_i)_{\mathrm{mAr}}\rho_{\mathrm{Ar}}d_{\mathrm{Ar}}}\right]Y_iE_i\cdot\xi(E_i)} \tag{5.10}$$

式中：d_{Al} 与 d_{Ar}，$\mu(E_j)_{\mathrm{mAl}}$ 与 $\mu(E_j)_{\mathrm{mAr}}$，ρ_{Al} 与 ρ_{Ar} 分别是铝井壁和电离室内氩气的厚度、质量减弱系数和密度；E_j 与 E_i 分别是核素 C 和^{60}Co 的 γ 射线能量。

分子部分为 1 Ci 核素 C 发射能量为 E_j、强度 $Y_j=1$ 的 γ 射线在氩气中损失的能量份额；同样分母是 1 Ci ^{60}Co 的两个 γ 射线在氩气中损失的能量份额。根据活度计设计参数，$d_{\mathrm{Al}}=0.2$ cm，$d_{\mathrm{Ar}}=4.7$ cm，给定不同的 E_j 值，并查出 $\mu(E_j)_{\mathrm{m\,Al}}$ 与 $\mu(E_j)_{\mathrm{m\,Ar}}$，就可以绘出 $S_C(E_j)$-E_j 理论灵敏度曲线，由于无法找到 $\xi(E_j)$的具体函数形式，绘图时按 $\xi(E_j)=100\%$。结果如图 5.4 所示。

在图 5.4 中，从 $E_j=0$，$S_C(E_j)=0$ 开始，随着 E_j 的增加，$S_C(E_j)$迅速上升，在 $E_j=40$ keV 时，升到最大值，形成尖峰；然后开始下降，在 $S_C(E_j)=100$ keV，降到最低值，然后一路上升。曲线变化规律和形状与实验的结果相似，但二者并不重合。究其原因：第一，这是因为式(5.10)是用窄束 γ 射线计算的。井壁与氩气都属于宽束条件，应乘以 γ 射线积累因子。但积累因子随 γ 射线能量的变化在低能段非常复杂(参看 13.2.3 小节中的 γ 射线积累因子)，所以式中没能加进此项作用，这会带来误差。第二，计算按 γ 射线垂直射入井壁，实际上绝大多数 γ 射线是以不同的角度射入井壁的，因而在井壁和氩气中穿行的距离不是固定值。第三，^{60}Co γ 射线能量很高，只有一小部分损失在氩气中，而分母计算是按全部损失在氩气中，使得分母被扩大了。实际上，核素 C 的 γ 射线在低能区才有 $\xi(E_j)=100\%$，全部损失在氩气中。这就造成 $S_C(E_j)$在低能段比实际值偏小，使峰与谷向低能偏移。随着 E_j 的增大，$\xi(E_j)$逐渐减小，偏移才逐渐减小，直至^{60}Co 能量才达到正常。

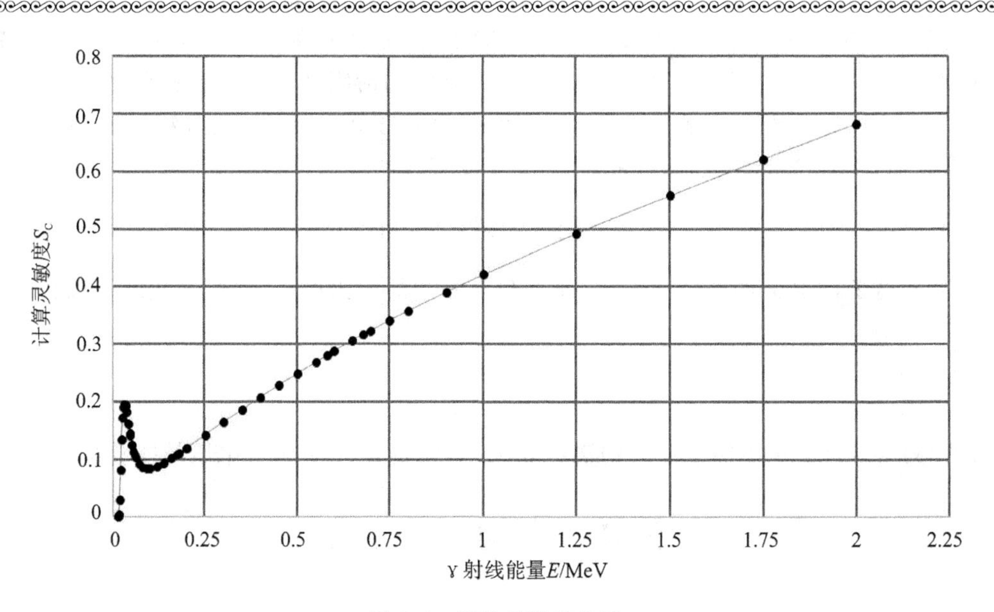

图 5.4 理论灵敏度曲线

5.4.2 灵敏度曲线实验

灵敏度曲线测量需用标准源，标准源的活度是指标准定度条件下的活度。放射性活度计检定规程 JJG 377—2019 规定了标准源的容器、取样量等的定度条件：标准源必须呈溶液状态，光子辐射杂质含量不得大于 0.1%，容器和取样量必须选用表 5.3 中的值。

表 5.3 标准规定的容器、取样量和杂质含量

容器型号	外径/mm	壁厚/mm	取样量/g	核素纯度/%
玻璃安瓿瓶	16.5±0.3	0.6±0.1	3.6±0.2	γ杂质小于 0.1
青霉素瓶	22.5±0.3	1.0±0.1	3.0±0.2	

其他国家也有各自的标准规定，其定度条件大同小异。因标准定度源容器很薄，玻璃密度较小，取样量又少，所以包装材料和样品自身对γ射线吸收很少，活度计测量出的标准定度活度与源的实际活度差别不大。因此，标准定度活度是未做容器和样品吸收校正的活度。使用定度活度，对活度计使用更方便、操作更简单，也便于进行比对。有了统一的标准，就可以保证量值传递快速、统一、准确、可靠。对于非标准源的定度，例如金属外壳放射源，活度计测量出的活度应称为示活度。示活度是未做源壳校正的活度。

2003 年，国防科学技术工业委员会放射性计量一级站，在汪建清教授主持下对 HD-175 型活度计进行了灵敏度曲线测量。使用了当时能找到的 5 个单位的 13 种核素 16 枚标准源，源的γ射线能量范围从 13.8 keV～2.448 MeV，涵盖了众多能量，除^{54}Mn 为单能源之外，都具有两条以上的γ射线能量，有的核素能量分布在不同的能区，也有的各能区都有。利用这些标准源，先测量出每个源的输出电压，根据电流/电压转换增益计算出电流，再根据源的标准活度计算出电流活度比。实验结果如表 5.4 所列。

表 5.4 活度计测量出的标准源电流和电流活度比

标准源 的核素	标准活度值 $A_x/\mu Ci$	输出电流 I_x/pA	电流活度比 $F_x/(pA \cdot \mu Ci^{-1})$	16 枚标准源 状态与来源
^{125}I	31.373	4.870 98	0.155 259	④活度计送检单位标准源
^{241}Am	21.270	1.502 08	0.070 620	①一级站安瓿瓶溶液源
^{57}Co	54.322	5.612 57	0.103 320	⑤日本原子能所安瓿瓶溶液源
^{139}Ce	31.835	7.554 17	0.237 291	⑤日本原子能所安瓿瓶溶液源
^{133}Ba	12.039	4.502 15	0.373 964	①一级站安瓿瓶溶液源
^{54}Mn	10.793	2.569 71	0.238 090	①一级站安瓿瓶溶液源
^{137}Cs	12.544	2.318 48	0.184 828	①一级站安瓿瓶溶液源
^{137}Cs	104.073	18.593 3	0.178 656	⑤日本原子能所安瓿瓶溶液源
^{134}Cs	12.714	5.918 40	0.465 503	②全国比对安瓿瓶溶液源
^{152}Eu	39.132	18.521 3	0.473 303	③英国放化中心标准源
^{22}Na	10.205	6.064 36	0.594 254	①一级站安瓿瓶溶液源
^{60}Co	21.750	13.811 1	0.634 993	①一级站安瓿瓶溶液源
^{60}Co	51.630	32.755 8	0.634 433	⑤日本原子能所安瓿瓶溶液源
^{88}Y	30.789	19.648 9	0.638 179	⑤日本原子能所安瓿瓶溶液源
^{88}Y	12.722	8.266 08	0.649 747	①一级站安瓿瓶溶液源
^{226}Ra	94.170 5	41.324 0	0.438 821	③英国放化中心标准源

5.4.3 实验灵敏度曲线

由于很多核素都具有多条 γ 射线能量，电流活度比的函数形式是多个单能灵敏度函数的叠加，难以解出每个核素的灵敏度函数。有文献采用能量平均和扣除法寻找灵敏度函数[3]，我们是根据实验数据采用反推法寻找。具体做法是：根据计算灵敏度曲线的形状，由低能到高能分段构建函数，利用单能或能线少的核素代入式(5.7)计算出灵敏度，再代入式(5.8)计算出该核素的电流活度比，与实验值比对。根据偏差，修改构造函数参数，再计算，直到偏差满意为止；各段都构建完成后，再计算具有多条能线的核素，根据偏差大小，并参考能量及强度适当修改此能段灵敏度函数的参数，直到满足全部 13 种标准核素的电流活度比为止。最后得到的灵敏度函数 $S_x(E_j)$ 的形式为

$$
\begin{aligned}
&S_x(E_j)=2.92\times10^{-4}(E_j-13)^{2.32}, && 13\ \text{keV}\leqslant E_j<33\ \text{keV}\\
&S_x(E_j)=0.15\mathrm{e}^{-4\times10^{-4}(E_j-44)^2}+0.157, && 33\ \text{keV}\leqslant E_j<176\ \text{keV}\\
&S_x(E_j)=2.39\times10^{-5}(E_j-175)^{1.42}+0.157\,141, && 176\ \text{keV}\leqslant E_j<580\ \text{keV}\\
&S_x(E_j)=1.43\times10^{-2}(E_j-330)^{0.5}+0.051\,537\,3, && 580\ \text{keV}\leqslant E_j<800\ \text{keV}\\
&S_x(E_j)=2.41\times10^{-3}(E_j-500)^{0.72}+0.215\,153, && 800\ \text{keV}\leqslant E_j<2\,000\ \text{keV}
\end{aligned}
\tag{5.11}
$$

由计算式画出的实验灵敏度曲线如图 5.5 所示。

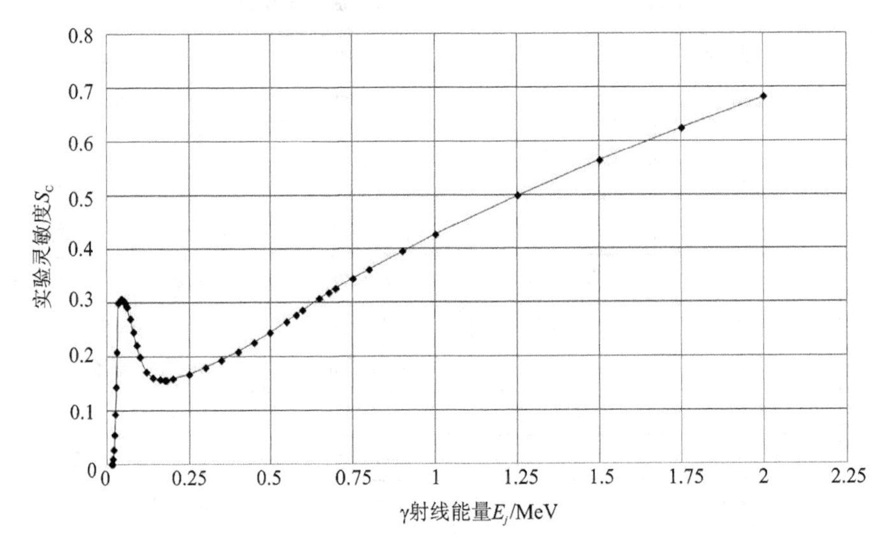

图 5.5 实验灵敏度曲线

图 5.5 中的横坐标为 γ 射线能量 E_j (MeV)；纵坐标是灵敏度 S_C，为无量纲量。在 13 keV 以下灵敏度为零，44 keV 出现峰值，175 keV 具有极小值。在高能处与图 5.4 相重合。

比较图 5.4 和图 5.5 可以看出，两图基本相似，在低能段都有峰和谷，但位置和高度并不重合。到能量大于 0.5 MeV 时，两条曲线基本重合。

只要将已知核素的 E_j 代入式(5.11)，按能量范围计算出各能量的灵敏度 $S_x(E_j)$，再把各能量的灵敏度和强度 Y_j 代入式(5.8)，就可计算出该核素的电流活度比。只要电离室机加工精度和所充气体质量的一致性得到保证，计算出的电流活度比就可以用于任何批次生产的活度计，而且对任何 γ 射线核素都可计算出它的电流活度比。

式(5.11)只适用于 HD-175 型放射性活度计的设计。如果设计参数发生了改变，就应当重新实验以获得公式参数。

5.4.4 电流活度比误差

为了验证拟合出的灵敏度曲线计算式(5.11)是否可靠，利用式(5.8)计算出全部 15 个标准源的电流活度比，再与实验的标准电流活度比进行比对，结果如表 5.5 所列。从表中可以看出，在 15 个标准源中，二者的最大误差为 2.2%(由于^{226}Ra 衰变链非常复杂，众多 γ 射线都是由后代核素发射的，所以没有进行计算)。经过多年应用实践与标准源比对，利用式(5.11)计算出的结果是可靠的。

表 5.5 标准源测量 F_x 与计算 F_x 的比较

标准源的核素	标准活度值 A_x/μCi	输出电流 I_x/pA	实验值 $F_x/(\text{pA}\cdot\mu\text{Ci}^{-1})$	计算值 $F_x/(\text{pA}\cdot\mu\text{Ci}^{-1})$	相对误差/%
^{125}I	31.373	4.870 98	0.155 259	0.155 046 2	−0.14
^{241}Am	21.270	1.502 08	0.070 620	0.070 248 9	−0.53
^{57}Co	54.322	5.612 57	0.103 320	0.103 709 3	0.38

续表 5.5

标准源的核素	标准活度值 $A_x/\mu Ci$	输出电流 I_x/pA	实验值 $F_x/(pA\cdot\mu Ci^{-1})$	计算值 $F_x/(pA\cdot\mu Ci^{-1})$	相对误差/%
^{139}Ce	31.835	7.554 17	0.237 291	0.237 736 4	0.19
^{133}Ba	12.039	4.502 15	0.373 964	0.369 424 1	−1.21
^{54}Mn	10.793	2.569 71	0.238 090	0.236 967 5	−0.47
^{137}Cs	12.544	2.318 48	0.184 828	0.180 855 0	−2.15
^{137}Cs	104.073	18.593 3	0.178 656	0.180 855 0	1.23
^{134}Cs	12.714	5.918 40	0.465 503	0.456 789 2	−1.87
^{152}Eu	39.132	18.521 3	0.473 303	0.476 130 8	0.60
^{22}Na	10.205	6.064 36	0.594 254	0.604 862 4	1.79
^{60}Co	21.750	13.811 1	0.634 993	0.632 757 1	−0.35
^{60}Co	51.630	32.755 8	0.634 433	0.632 757 1	−0.26
^{88}Y	30.789	19.648 9	0.638 179	0.644 807 5	1.04
^{88}Y	12.722	8.266 08	0.649 747	0.644 807 5	−0.76

5.5　前置放大器

5.5.1　放大器电路

电离室输出的电流很小,低至≤0.1 pA。对于如此低的电流无法直接测量,有一种方法是利用电容积分原理测量,直接用 TI 公司的电流数字化集成芯片 DDC112 实现[8]。这里,电离电流是通过电流/电压转换法测量[9-10]。由于活度计必须具备很宽范围的测量能力,满足从 kBq 到数十 GBq 各种活度的测量,将电离电流通过电流/电压转换,再进行换挡就可以实现宽量程测量。电离室放大器原理图如图 5.6 所示。

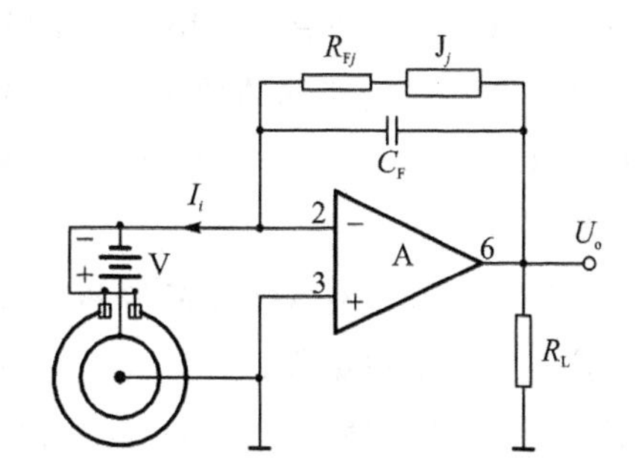

图 5.6　电离室放大器原理

电离室可以等效成一个电流源,其电流即为电离电流 I_i,其内阻即电离室气体的绝缘电阻,绝缘电阻可以认为无限大。图中,A 为运算放大器,J_j 为高绝缘阻抗的舌簧继电器。各挡的增益 K_j 等于反馈电阻 R_{Fj},$j=1,2,\cdots,6$。由计算机发出 ABC 控制信号,经多路转换器控制的继电器开关改换 R_{Fj} 进行换挡。

5.5.2　输出电压

当继电器 J_j 闭合时,I_i 流入第 j 挡反馈电阻 R_{Fj},实现换挡。由于运算放大器正输入端第 3 引脚接地,负输入端第 2 引脚为虚地,即虽然没有接地,但永远与第 3 引脚具有相同的地电位。又因为运放的差模输入电阻具有超高阻值，流入运放的电流几乎为零，所以电流 I_i 全部流入 R_{Fj}，产生压降。输出电压 U_o 等于 R_{Fj} 上的压降。于是有

$$U_o = -I_i \cdot R_{Fj} \tag{5.12}$$

这里规定电流流入运放为正方向。实际上，电离电流是从运放 A 的输出端经 R_{Fj} 流向电离室，所以输出电压 U_o 是正值。关于电流/电压转换电路的特点已在 3.4 节做过详细介绍，这里不再累述。

5.6 单片机系统

活度计的重要部件是单片机系统。这个系统以单片机为中心，在总线上外挂若干功能单元：程序存储器、数据存储器、键盘操作芯片、液晶显示器、模/数转换器、微型打印机、通信接口及输入与控制部件等。这里主要介绍 CPU 系统、键盘接口、液晶显示器及模/数转换器等几个部分。

5.6.1 系统设计

单片机又称单片微控制器，MSC－51 型 8 位机是目前工业系统中应用最广的单片机，许多公司生产它的兼容机。活度计选用的是由华邦公司设计生产的 W78E516BP－40 单片机，其封装为 PLCC44，最高支持 40 MHz 晶振。它是 8051 的兼容机，其指令集与标准 8052 指令集完全兼容。

W78E516BP－40 内部包括 64 KB 的主 ROM 和用于存储装载程序的 4 KB 的辅助 ROM；外部接线包括：5 个 I/O 口，其中，P0、P1、P2、P3 为 4 个 8 位双向可位寻址的 I/O 口，P4 只有 4 位；另外还有一个串口及 4 根独立的控制线及电源线。

这些 P 口各有不同的功能：P0 口提供 8 位数据/地址总线；P2 口提供高 8 位地址线；P1 口提供片选、读/写、时钟等专用线；P3 和 P4 口可每位独立操作，提供中断、定时/计数器及控制等线。

外围设备都由有 8 个中断源和 2 级中断能力的中断系统支持；内置 FLASH EPROM，允许程序存储器电可编程，电可读取。一旦代码确认后，用户可保护其安全性。它支持两种节能模式：空闲模式和掉电模式，两者都由软件选择。空闲模式中处理器时钟被关闭，但依然允许外设操作；掉电模式中晶振停止，保持最小功耗。外部时钟可在任何时间任何状态下停止，而对处理器没有任何影响。活度计只使用了部分功能，很多功能没有使用。

活度计单片机应用系统设计采用总线方式，地址总线是利用 P0 口通过锁存器 74LS373 提供低 8 位地址，它可寻址 FLASH AT29C256、SRAM 6116、AD1674 及液晶接口电路；P2 口提供高 8 位地址。P0 和 P2 口也可提供控制信号输出。

数据总线是利用 P0 口的 I/O 特点与 FLASH AT29C256、SRAM 6116、AD1674、液晶接口电路、DS12C887 实时时钟芯片以及微型打印机接口传递和获取数据；控制信号由 P1、P3 提供片选信号；引脚 33 提供 ALE 锁存信号。单片机系统实际应用的原理图请参见附图 3.1。

单片机与存储器总线基本结构及连线方式如图 5.7 所示。

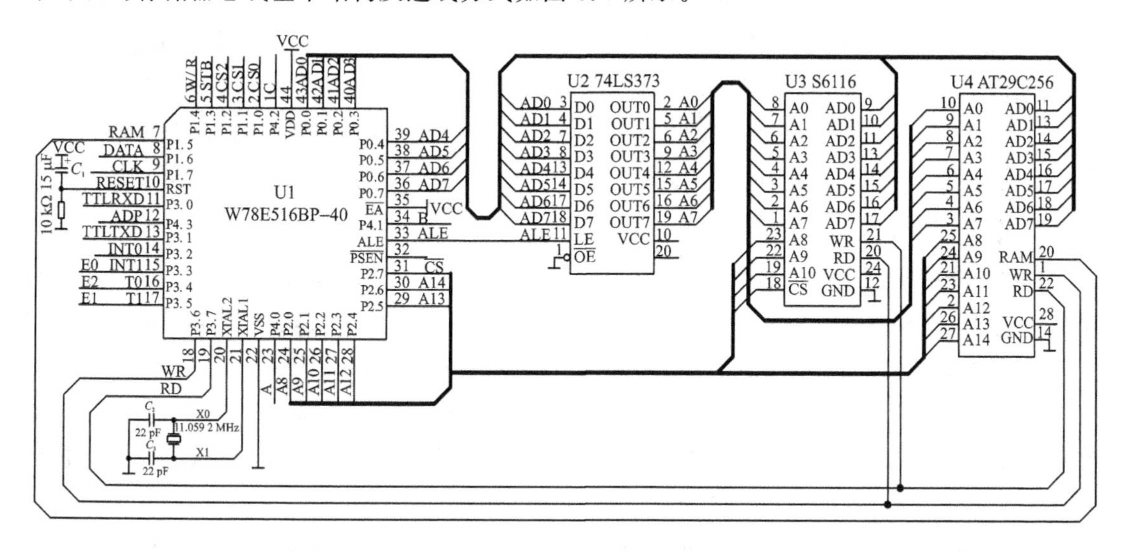

图 5.7　单片机与存储器接线

程序存储器和数据存储器的工作方式、信号代码及相应的引脚号如表 5.6 和表 5.7 所列。

表 5.6　程序存储器 AT29C256 的工作方式、控制信号与引脚号

工作方式	地址译码片选	读片选信号	写信号	地　址	数　据
	RAM($\overline{\text{CE}}$)(20)	RD($\overline{\text{OE}}$)(22)	WR($\overline{\text{WE}}$)(1)	A0～A14	AD0～AD7
读	V_{IL}	V_{IL}	V_{IH}	稳定	输出
编程	V_{IL}	V_{IH}	V_{IL}	稳定	输入
5 V 整片擦除	V_{IL}	V_{IH}	V_{IL}	稳定	
写暂停禁止	V_{IH}	×	×	×	高阻
写禁止	×	×	V_{IH}		
写禁止	×	V_{IL}	×		
输出禁止	×	V_{IH}	×	×	高阻
高电压整片擦除	V_{IL}	V_{H}	V_{IL}		高阻

注：×表示 V_{IL} 或 V_{IH} 均可；空白处表示此操作不涉及地址或数据线。

表 5.7　数据存储器 RAM6116 的工作方式、控制信号与引脚号

工作方式	地址译码片选	读允许信号	写允许信号	地　址	数　据
	$\overline{\text{CS}}$($\overline{\text{CE}}$)(18)	RD($\overline{\text{OE}}$)(20)	WR($\overline{\text{WE}}$)(21)	A0～A10	AD0～AD7
读	V_{IL}	V_{IL}	V_{IH}	稳定	输出
写	V_{IL}	×	V_{IL}	稳定	输入
低功耗维持	V_{IH}	×	×	×	高阻

注：×表示 V_{IL} 或 V_{IH} 均可。

在使用中，存储器的操作比较简单，因为存储器的存储单元都对应着一个二进制地址码，

要想把某项内容在某地址中存取，第一步先把该地址送上地址/数据总线，经过锁存器74LS373锁存，输出到地址总线。例如读出时，地址总线A7～A0的地址信号送到地址译码器的行、列地址译码器，经过译码后，选中存储单元(8个存储位)，再由控制信号$\overline{CE}$(RAM)、$\overline{OE}$(RD)、$\overline{WE}$(WR)构成的读出逻辑($\overline{CE}$=0、$\overline{OE}$=0、$\overline{WE}$=1)打开8个三态门，被选中单元的内容经I/O电路和三态门送到地址/数据总线AD7～AD0输出。写入时也是经过如此的过程。

1. 程序存储器

应用程序存储器选用闪速存储器FLSH AT29C256(256 KB)，这是一种可由用户多次编程写入的程序存储器。它不需要紫外线擦除，编程与擦除完全用电实现。数据不易丢失，可保存10年。编程/擦除速度快，4 KB编程只需数秒，擦除只需10 ms。

AT29C256将总存储单元划分成512个存储阵列，也称为512个扇区。每个扇区有64 B。数据占用一个扇区；编程可占多个扇区，每次编程1个扇区。编程仅需3条LOAD写保护数据命令。只有读数据操作不必事先进行“写保护数据”。

AT29C256的编程是整页操作方式，装入数据和装入程序是分别进行的。即使修改一个数据，也需要整页重装。

2. 数据存储器

静态随机数据存储器选用Intel公司生产的SRAM芯片6116(2 KB)，芯片容量为2 K×8 bit，有2 048个存储单元，需11根地址线，其中7根用于行地址译码输入，4根用于列地址译码输入，每条列线控制8位，这样就形成了128×128=16 384个存储体。其控制线有3条：片选$\overline{CE}$、读允许$\overline{OE}$和写允许$\overline{WE}$。

5.6.2 键盘接口

键盘接口控制采用HD7279A芯片，接口线路如图5.8所示。HD7279A的引脚功能和操作如表5.8所列。HD7279A是专用编码键盘接口芯片，当按下某键时，芯片能自动给出相应键的编码信息，并可自动消除抖动，可以免除部分编程工作。HD7279A最显著的优点是与单片机接口连接极简单，只需5根连接线：片选输入端$\overline{CS}$、同步时钟输入端CLK、数据输入/输出端DATA、按键有效输出端$\overline{KEY}$以及复位端$\overline{RESET}$。在使用时，我们只用前4根连接线。因HD7279A不需要复位，所以将28引脚接到电源上。引脚10～17八根线为按键的行线端口，DIG0～DIG7八根线为列线端口，构成64个键。活度计使用4根列线构成32个键；另外加一个单片机强制复位键，通过手动强制CPU复位。

HD7279A的引脚SA～SG和DIG0～DIG7分别是64位键盘行和列的端口，用于对键的监视、译码和键名识别。在8×8的键盘阵列中每个键的键码都用十六进制码，范围为00H～3FH，可由读键盘指令读出。HD7279A与W78E516B由4根线连接，采用串行方式通信，由DATA端送出，由CLK时钟信号同步。

键扫描过程：首先时钟振荡器输出时钟信号，发给HD7279A的4位计数器进行计数，其中低2位经过译码后作为行扫描，高2位译码后作为列扫描。若没有按键闭合，则计数器周而复始地计数，反复扫描。一旦检测到有键闭合，就发出一个脉冲让时钟振荡器停振，计数器随即停止计数。单片机通过读取计数器的计数值来获取闭合键所在的行列位置，然后从ROM

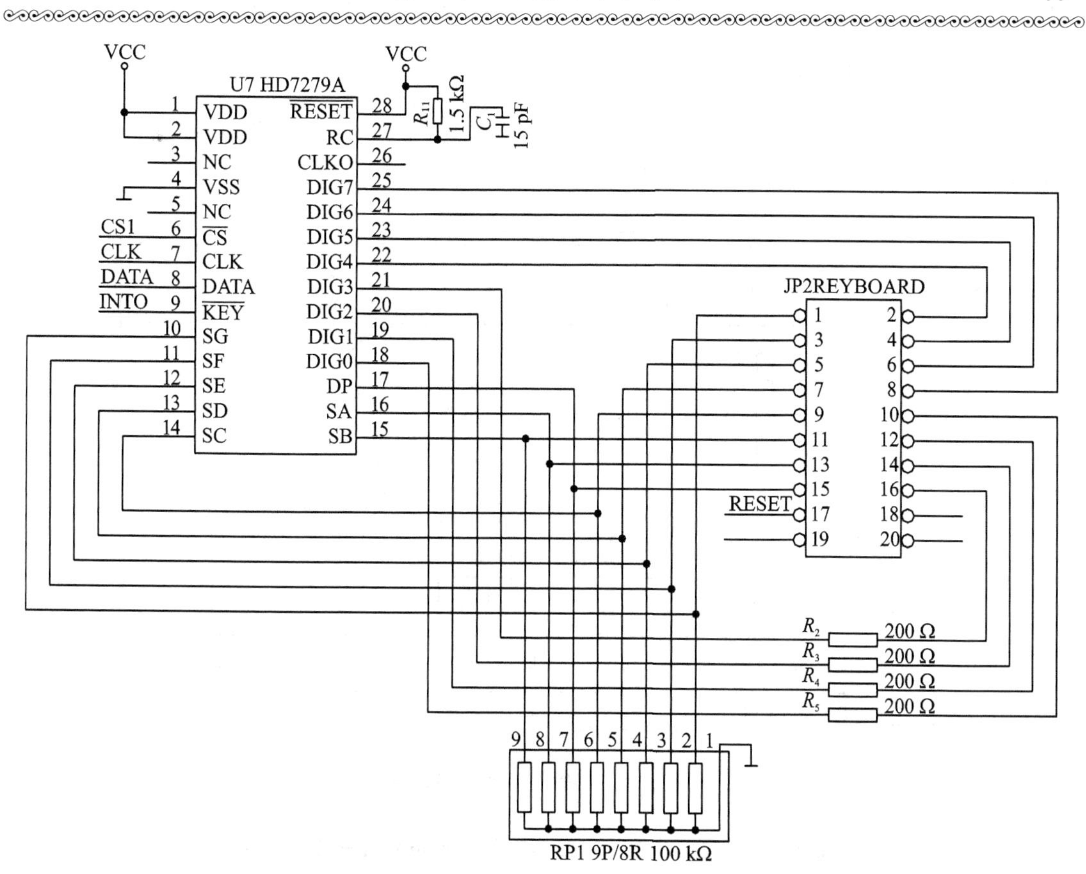

图 5.8　键盘接口连接线路

中查表,得到按键读数。若有两个键同时按下,则先扫描到的一个键作为有效键处理。

表 5.8　HD7279A 的引脚功能和操作

引脚号	引脚名称	功能描述
1,2	VDD	正电源
3,5	NC	无连接,必须悬空
4	VSS	接地
6	$\overline{CS}$	片选输入端。此引脚为低电平时,可以向器件发送指令及读取键盘数据
7	CLK	同步时钟输入端。向器件发送数据及读取键盘数据时,电平上升沿表示有效
8	DATA	串行数据输入/输出端。当接受指令时为输入端,当读取键盘数据时,指令最后一个时钟的下降沿变为输出端
9	$\overline{KEY}$	按键有效输出端。平时为高电平,当检测到有效按键时此脚变为低电平
10～16	SG～SA	数码管段 g～a 驱动输出
17	DP	小数点驱动输出
18～25	DIG0～DIG7	数字 0～7 驱动输出
26	CLKO	振荡器输出端
27	RC	RC 振荡器连接端
28	$\overline{RESET}$	复位端

5.6.3 液晶显示器

液晶显示器 HY19264B 是 192×64 点图形点阵，其引脚及内部逻辑如图 5.9 所示。液晶显示器 HY19264B 的引脚、电平信号及其功能如表 5.9 所列。

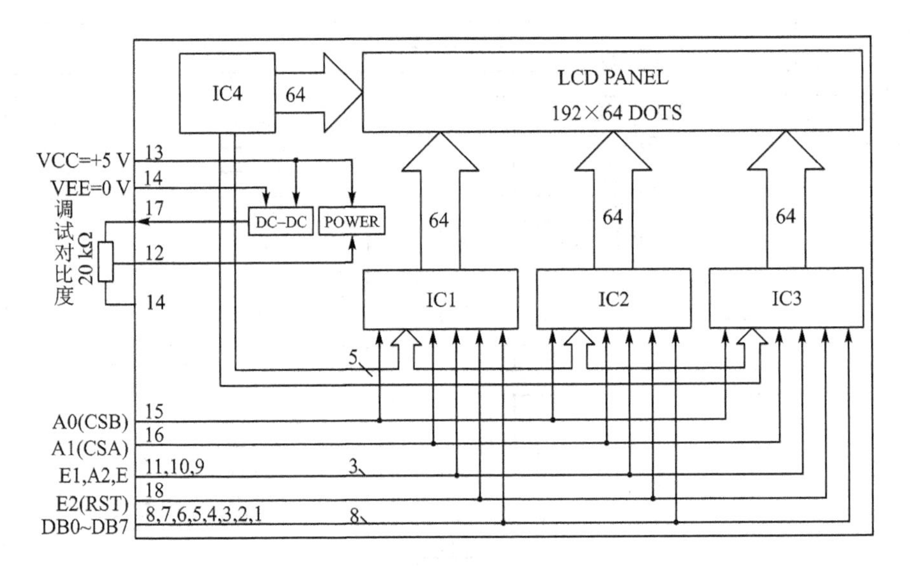

图 5.9 液晶显示器内部逻辑

表 5.9 液晶显示器 HY19264B 的引脚、电平信号及其功能

引脚号	引脚名称	电　平	引脚功能描述
1～8	DB7～DB0	H/L	8 位数据线
9	E	H/L	锁存信号：R/W＝L，E＝H→L 下降沿所存 DB7～DB0；读/写数据：R/W＝H，E＝H，RAM 读至 DB7～DB0
10	A2(R/W)	H/L	R/W＝H，E＝H，RAM 读至 DB7～DB0；R/W＝L，E＝H→L，E 下降沿数据被写到 IR 或 DR
11	E1(RS)	H/L	RS＝H，表示 DB7～DB0 为显示数据；RS＝L，表示 DB7～DB0 为显示指令
12	VO	－6 V	LCD 屏操作电压，调节 VO 变换对比度
13	VCC	＋5 V	电源
14	VEE	0 V	逻辑地
15	A0(CSB)		CSA＝0，CSB＝0，选通左侧 1/3 屏幕；CSA＝0，CSB＝1，选通中间 1/3 屏幕；CSA＝1，CSB＝0，选通右侧 1/3 屏幕
16	A1(CSA)		
17	V_{OUT}	－10 V	负电压输出，液晶显示器驱动电压
18	E2(RST)	L→H	复位控制信号，RST＝0 有效

图 5.9 中，IC1、IC2、IC3 为列驱动器，IC4 为行驱动器。驱动器中含有以下器件：指令寄存器(IR)：用于寄存指令码，与数据寄存器寄存的数据相对应；数据寄存器(DR)：用于寄存数据，与指令寄存器寄存的指令相对应；忙标志 BF：提供内部工作状态；显示控制触发器 DFF：用于

模块显示“开”与“关”的控制；XY 地址计数器：为 9 位计数器，高 3 位为 X 计数器，低 6 位为 Y 计数器，作为 DDRAM 的地址指针；显示数据 RAM(DDRAM)：储存显示数据。

5.6.4 模/数转换器

活度计输出的微电流必须经过电流/电压转换，变成能够观测的电压信号，再经过模/数变换或 V/F 变换，变成数字量，才能进行计算机计算。

我们采用的是模/数转换。将电流/电压转换的电压通过电缆送入单片机，直接接到放大器 LF411 的正相输入端，经过放大再接入 AD1674 的引脚 13。随时等待模/数转换。一旦有键盘操作，例如，按“^{137}Cs”键，意味着对该核素进行活度测量。这时 CPU 执行此指令，开始对电压信号进行模/数转换。

模/数转换器选用 ADI 公司生产的 AD1674，它是 12 位带并行微机接口的逐次逼近型模/数转换芯片。其引脚与内部结构功能框图如图 5.10 所示。转换过程的控制逻辑真值组合如表 5.10 所列。

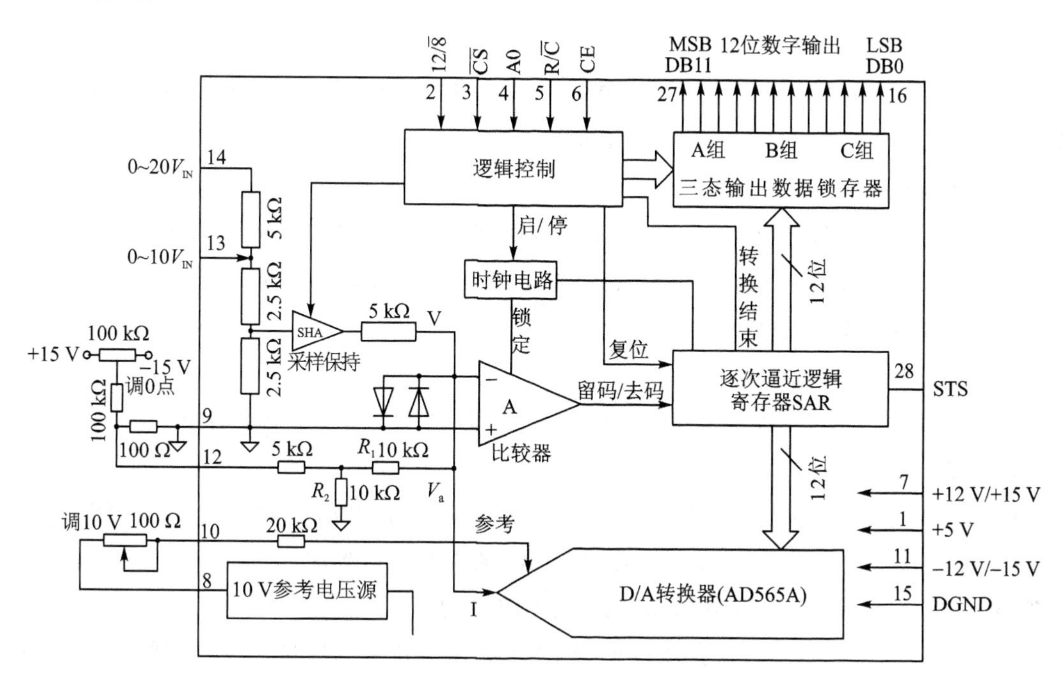

图 5.10 模/数转换器引脚与内部结构功能框图

表 5.10 AD1674 控制逻辑真值组合表

CE(6 引脚)	CS0($\overline{CS}$)(3 引脚)	A1(R/$\overline{C}$)(5 引脚)	A0(4 引脚)	工作状态
0	×	×	×	禁止
×	×	×	×	禁止
1	1	0	0	启动 12 位转换
1	0	1	0	高 8 位并行输出有效
1	0	1	1	低 4 位加上高 4 位为 0 并行输出有效

注：表中括号内符号：表示同一引脚有不同的引脚名称和引脚号，例如在 AD1674 说明书中使用 R/$\overline{C}$，而在附表 4.1 中使用 A1，但都是输入到引脚 5 的信号。在其他图表中也采用此种方法表示。CE 是由 WR 和 RD 经 74LS00 与非门形成的。

从图5.10中可以看出，采样保持SHA和D/A转换器输出信号都接在比较器的负输入端，而正输入端接地。实际上SHA输出的是正电流，而D/A转换器输出的是负电流，使电流在20 kΩ电阻R_1+R_2上转变成电压$V+V_a$相叠加。逐次逼近型模/数转换器转换原理很简单：开始先给D/A转换器输入数字1，经过12位D/A转换器转换成模拟电压信号$V_a=-2.4414$ mV。将V_a+V输入比较器A的负输入端。如果电压差$V+V_a>0$，则比较器A翻转，留码；继续给D/A转换器输入数字2，D/A转换器转换输出的电压为$V_a=-2.4414\text{ mV}\times 2$。如果电压差仍为$V+V_a>0$，则继续增加输入数字，直到两电压差$V+V_a<0$，比较器A不再翻转，去码。在D/A转换器输入的数字量减去1就等于输入信号V转换出来的数字量。通过逻辑控制单元控制三态输出数据锁存器的输出，完成一个数据转换。从转换过程可以看出，转换数字的误差为0或1，即模拟信号的误差在0～2.4414 mV之间。

5.6.5 转换过程

(1) 启动工作状态

CPU通过P3.7发出RD=0信号，通过7400与非门，使输出信号CE=1；同时向P0.1发出$\overline{\text{CS}}=0$选通信号，使AD1674处在工作准备状态。

(2) 开始转换

CPU经P0口地址/数据总线送出12位转换字长控制信号，$AD_0=0$，$AD_1=0$，经锁存器74LS373锁存，将A0=0，A1=0送入AD1674的引脚4和引脚5，开始12位转换。转换开始后，引脚28呈现高电平STS=1。

(3) 中断申请

转换完成后AD1674将STS=1置成STS=0，向CPU的P3.3口申请中断，取数。

(4) 高8位取数

CPU响应中断后，通过P0口送出AD0=0，AD1=1，经锁存器74LS373锁存，将A0=0，A1=1送入AD1674的引脚4和引脚5。AD1674控制单元接到信号，就将高8位数据并行输出到AD1674三态输出数据锁存器锁存，等待CPU读数。

CPU通过P2.7口，给数据存储器6116的引脚18发出片选信号，$\overline{\text{CS}}=0$；通过P3.6口给引脚21发出写指令$\overline{\text{WD}}=0$，并送出写入地址。写入高8位数据。

(5) 低4位取数

同样，CPU通过P0口送数到锁存器74LS373锁存，将A0=1，A1=1送入AD1674的控制单元，接到信号后就将低4位数据加上中间4位补0，其余为三态状态，并行输出到AD1674三态输出数据锁存器锁存，等待CPU读数。

同样，通过P3.6口给引脚21发出写指令$\overline{\text{WD}}=0$，并送出写入地址。写入低4位数据，完成取数过程。

重复上述过程，不断地转换测量电压信号，直到按预先设定的测量时间结束，再进行活度计算。

5.6.6 换挡控制

活度计探测器通过电缆与单片机系统连接。由 CPU 的 P4.0、P4.1、P4.2 提供换挡反码，经 7404 反相后形成三位二进制码 ABC，输出到电流放大器的多路转换器，使 6 个继电器通断。例如，计算机送出 000 三位数码，多路转换器将 0 道接通，控制继电器 J_1 闭合，使得反馈电阻 R_{F1} 接通，其他反馈电阻呈断开状态；同样，计算机送出 001 三位数码，即接通 R_{F2}，其他反馈电阻呈断开状态。这样就可以实现多挡换挡。

相邻的反馈电阻 R_{Fj} 成 10 倍变化，这样输出电压也成 10 倍变化。换挡次序与判断标准定为 $U_o=600$ mV，如果 $U_o<600$ mV，则换下一挡，继续判断，直到出现 $U_o \geq 600$ mV 的挡，开始测量。但到第 5 挡如果仍然是 $U_o<600$ mV，就不再判断，直接用第 6 挡测量。之所以选择 $U_o=600$ mV 换挡，目的是测量时，尽量使信号大些，以减少信号的统计误差。由于共 6 挡换挡，使得测量电压变化 6 个数量级，可测量的活度量程也达到 6 个量级。

5.6.7 其他控制

(1) 时钟校对

单片机系统里还装有新型实时时钟日历芯片 DS12C887，键盘设有“时间”键，用于把时钟校准到标准时间。

(2) 通信接口

单片机系统里设有通信接口芯片 MAX232C，与机箱九针插座相连。只要连接到 PC 232 口，按“通信”键，就可实现单片机与 PC 通信。

(3) 微型打印机

单片机系统里设有打印接口，可以通过 TPμP－A 微型打印机打印输出数据。

5.7 活度测量

5.7.1 本底测量

由于活度计采用直流耦合放大器，存在直流电压本底，而且各挡电压本底大小不完全相同，所以必须测量本底。本底详细分析请参见 3.4.7 小节的相关内容。

预先对活度计各挡进行本底测量。单击“本底”键，单片机开始测量第 1 挡本底，测量 10 s，得到 V_i(mV)，$i=1,2,\cdots,n$，取平均为

$$V_{b1}=\frac{1}{n}\sum_{i=1}^{n}V_i \tag{5.13}$$

等待 10 s，再测第二挡，以此类推，直到测完 6 个挡，得到 V_{b1}、V_{b2}、V_{b3}、V_{b4}、V_{b5}、V_{b6}，存储备用。

5.7.2 核素活度测量法

(1) 核素输入方法

键盘上的快捷键列出了 23 个常用核素，如果测量这 23 个核素中的任何一个，则只要直接

按该核素键，就会立即开始对该核素进行活度测量。

对于未列入快捷键的核素输入方法：先按“核素”键，利用说明书中核素标号表，输入待测核素的标号，就可以使“^X”键成为待测核素了。

(2) 寻挡过程

计算机自动从第 1 挡开始寻挡，采集 n 个 U_i，取平均为

$$\overline{U}_1=\frac{1}{n}\sum_{i=1}^{n}U_i \tag{5.14}$$

(3) 换挡判断

若第 1 挡电压信号 $U_1<600$ mV，则不用此挡测量，改换第 2 挡判断。如果测到第 j 挡，$U_j\geqslant600$ mV，则利用此挡测量。如果一直判断到第 5 挡，仍然是 $U_5<600$ mV，则直接利用第 6 挡测量。

(4) 正式测量

选到测量挡第 j 挡后，连续测量 10 s，按下式计算出活度：

$$A_x=\frac{\overline{U}_j-V_{bj}}{F_x\cdot K_j} \tag{5.15}$$

式中：A_x 为核素 x 的活度；F_x 为核素 x 的电流活度比；K_j 为第 j 挡的增益。

测量完成后，显示出核素名称及活度值，也可以将其打印出来。

(5) 活度计标定

在活度计长期使用过程中，测量参数可能会有变化，如果不是活度计出现故障，则变化主要来源于增益等的微小变化。所以应用一段时间后，需要送到检定部门检定。1998 年，国家质量技术监督局发布了放射性活度计检定规程 JJG 377－1998。2019 年，国家市场监督管理总局对该标准进行了修订。JJG 377－2019 规定：活度计检定周期一般不超过 24 个月；经检定合格的活度计发给检定证书，检定不合格的活度计发给检定结果通知书。

根据 JJG 377－2019 规定，用标准溶液（源）连续测量 5 次的平均值，扣除本底后，计算相对固定误差。对于标准级活度计，不确定度不超过 ±3%，即为合格；对于工作级活度计，不确定度不超过 ±5%，即为合格。

在送检前用户可以使用标准源先自行测量，判断是否超差。先用标准源进行活度测量，并显示出活度值。计算出与标准活度值的误差，如果多次测量均超差，排除各种影响误差的因素后，仍没有改进，就可以认为应当进行标定。

自行标定方法如下：当显示出活度值后，按一下“标定”键，并把源的标准活度值输入，再按“确认”键，计算机将自动修改各挡增益，完成标定。经过多年实践发现，活度计一般都相当稳定，误差变化不大。如果出现没有信号或是活度成倍变化等情况，最主要的原因是活度计出现了漏气或高压电池组耗尽的情况，此时需要送生产工厂维修。

参考文献

[1] 汪建清．4πγ 高气压电离室核素活度测量标准装置[J]．原子能科学技术，1994，28(3)：231.

[2] 褚晨，韩昊晨．γ 辐射核素放射性活度测量标准装置[J]．原子能科学技术，1994，28

(5):444.

[3] Weiss H M. 4πγ Ionization Chamber Measurements[J]. Nucl Instrum Meathods,1973,112:291.

[4] XCOM. Photon total attenuation coefficients[DB/OL]. [2021-01-08]. https://physics.nist.gov/PhysRefData/Xcom/html/xcom1-t.html.

[5] 姜金岭.标准放射性活度测量仪计量特性与控制[J].核标准计量与质量,1991(3):2.

[6] 姚顺和,等.放射性活度计灵敏度曲线测量及应用[J].原子能科学技术,2007(4):480-483.

[7] SUZHKI A,SUZUKIMN, WEIS A M. Analysis of a Radioisotpope Calibrator[J]. Nuclear Medicine Technology,1976(4):193-198.

[8] 蒿书利,等.基于DDC112的电离室电流测量仪设计[J].核电子学与探测技术,2012,32(11):1309-1313.

[9] 依日·多斯达尔.运算放大器[M].卢淦,等译.北京:中国计量出版社,1987.

[10] Hufault J R.运算放大器应用电路集萃[M].陈森锦,译.北京:中国计量出版社,1989.

第6章 核子测沙仪

测量河流中泥沙的含量实际上就是测量一定浑水中干沙的厚度。X射线测厚在板带轧机厚度控制中已得到广泛应用。目前薄钢板可以测到0.1 mm,测量精度达到1 μm。

我国河流中大多含有泥沙,含沙量差别很大,而且输沙量大多数集中在每年6~9月的洪水期。长江上游多年的平均含沙量只有约1.7 kg/m^3,黄河上游的含沙量也较小。经过黄土高原后含沙量大增,下游干流多年的平均含沙量为37 kg/m^3,在洪水期含沙量更高,行沙量时空变化更大。例如,1960—1962年,黄河干流龙门水文站共观测到40次含沙量在300 kg/m^3以上的洪水;在黄河中游一些支流,经常出现含沙量大于1 000 kg/m^3的高含沙量洪水;1958年7月10日,窟野河温家川实测含沙量达到1 700 kg/m^3,这是有记录以来黄河水系观测到的最大含沙量。一般洪水的含沙量大都在300~500 kg/m^3。在非汛期,黄河大部分水文站观测到的含沙量只有几到十几kg/m^3,个别站更小。

每年进入黄河下游的泥沙有16亿吨,约有4亿吨的泥沙淤积在黄河下游近800 km的河道内,使黄河下游河道逐年抬高。长年累月的河床淤积,使黄河下游成为地上悬河。

黄河泥沙的主要成分是铝硅酸盐。除铝硅之外,其他组分的含量大约是$CaO > Fe_2O_3 > MgO > TiO_2 > MnO$,其中小含量元素的排列是$Zn > Cr > Ni > Cu > Pb > Co > Bi > Cd$;有机质物一般占0.4%~0.8%,极少超过1%;pH值为7.5~8.5,呈微碱性,与黄土的pH值7.5~8.6相吻合[1]。

目前,国内外泥沙测量主要有两种方法:直接测定法和间接测定法。其中,直接测定法是野外采样,通过水样处理,求出干沙质量,得出含沙量。对于野外采样,国外在向自动采样系统发展[2]。间接测定法是通过在河水中直接测定某物理量来推算含沙量的方法。这种方法过去已有许多人做过研究,但都不很理想,未形成成熟的在线式实时含沙量测定方法[3-14]。

国内外仍以直接测定法为基本测沙手段。测量过程是:以横式采样器取样→室内沉淀→称重→计算含沙量。这种方法劳动强度大,出数据时间长,采集数据量少,很难适应当前构建“数字黄河”和科技治黄体系的要求。研制准确可靠、使用方便、能够在线实时测量含沙量的仪器成为当务之急。

核子测沙仪也称同位素测沙仪,在20世纪五六十年代就有人做过相关研究,在黄河上也经过多年试验。刘雨人教授在《同位素测沙》一书中对此做了详细介绍[3]。但在含沙量≤10 kg/m^3的范围,测量精度始终不够理想,所以一直没有得到推广。其原因主要有两个:其一,过去使用的探测器基本上是闪烁探测器和计数管,这两种探测器在水环境下测量精度达不到要求;其二,当时计算机和采样技术还没有得到发展。

由于近年来微电流测量技术、单片机和A/D采样技术有了很大的发展,使得新型的以电离室为探测器的核子测沙仪的测量精度和灵敏度都大大提高;同时,又经过十多年的实验研究,终于在黄河上实现了实时泥沙测量,并得到了满意的结果。自2019年开始,核子测沙仪已在黄河多个水文站陆续使用,并按计划逐年推向各水文站。

6.1　河流含沙量

1. 含沙量定义

含沙量经常使用混合含沙量的形式，其定义是干沙的质量除以浑水的体积[15]，即

$$S=\frac{W_s}{V} \tag{6.1}$$

式中：S 是含沙量，单位为 g/cm^3 或 t/m^3，但人们习惯上使用的单位是 kg/m^3；W_s 是浑水中干沙的质量；V 是浑水的体积。

实际上含沙量的物理意义是散布在单位浑水体积中的干沙的质量。干沙的容重(或称密度)用 ρ_s 表示，这里假定干沙没有孔隙，不含水分，干沙的体积是多大，到水里仍是多大。其容重定义为

$$\rho_s=\frac{W_s}{V_s} \tag{6.2}$$

式中：V_s 为干沙排除孔隙率的体积；干沙容重统一采用标准值 $\rho_s=2.65\ g/cm^3$。同样纯水的容重 ρ_w 定义为

$$\rho_w=\frac{W_w}{V_w} \tag{6.3}$$

式中：W_w 是纯水的质量；V_w 是纯水的体积。

纯水或称清水，指的是不含任何杂质的纯净水，在 1 个标准大气压和 3.982 ℃时的密度最大为 $\rho_w=1\ g/cm^3$。浑水的容重 ρ 表示为

$$\rho=\frac{W}{V} \tag{6.4}$$

式中：W 为浑水的质量；V 为浑水的体积。

所谓浑水，是指干沙与纯水的混合水，由下式表示：

$$W=W_w+W_s \tag{6.5}$$

$$V=V_w+V_s \tag{6.6}$$

2. 泥沙孔隙率

泥沙和干沙不同，泥沙是有孔隙的，泥沙的孔隙率 λ 定义为：泥沙的容积 V_λ 与总容积的百分比：

$$\lambda=\frac{V_\lambda}{V_s+V_\lambda}\times 100\% \tag{6.7}$$

泥沙的总容积等于干沙的容积 V_s 和泥沙的容积 V_λ 之和。泥沙的孔隙率对于粗沙 $\lambda=39\%\sim41\%$，中沙 $\lambda=41\%\sim48\%$，细纱 $\lambda=44\%\sim49\%$，夹杂少量粘土的泥沙 $\lambda=50\%\sim54\%$。

3. 含沙量与容重

根据含沙量定义可以导出浑水、纯水、干沙三种容重与含沙量之间的关系式：

$$\rho=\rho_w+\left(1-\frac{\rho_w}{\rho_s}\right)\cdot S \tag{6.8}$$

6.2 测沙原理

6.2.1 浑水质量减弱系数

对于化合物或混合物的质量减弱系数 μ_m 与各个元素的质量减弱系数 μ_{mi} 的关系，在2.5.2小节中已介绍过，由下式表示：

$$\mu_m = w_1\mu_{m1} + w_2\mu_{m2} + \cdots + w_n\mu_{mn} \tag{6.9}$$

式中：w_i 为第 i 种元素或成分的重量与总重量之比值。

质量减弱系数与γ射线的能量关系密切，一般的规律是γ射线能量越高，质量减弱系数变化越小，吸收体的原子序数越大，质量减弱系数也越大。质量减弱系数与密度和物理状态无关，所以，物质的颗粒大小、松散程度不影响质量减弱系数。

对于浑水的质量减弱系数 μ_m 可以由下式给出：

$$\mu_m = \frac{W_w}{W}\cdot\mu_{mw} + \frac{W_s}{W}\cdot\mu_{ms} \tag{6.10}$$

式中：μ_{mw} 和 μ_{ms} 分别为纯水与干沙的质量减弱系数。

将浑水定义中的有关计算式代入上式，整理可得

$$\mu_m\rho = \mu_{mw}\rho_w + \left(\mu_{ms} - \mu_{mw}\frac{\rho_w}{\rho_s}\right)S \tag{6.11}$$

对于γ射线的能量为59.54 keV的^{241}Am源，我们计算出了黄河下游泥沙的质量减弱系数，如表6.1所列。从计算结果可以看出，由于黄河下游的泥沙成分主要是铝、硅、氮、镁等轻元素，所以干沙的质量减弱系数较小。当铁和锰较重元素的占比增加时，干沙的质量减弱系数增长才较快。在黄河下游不同水文站测得的泥沙成分虽然有一定的差别，但质量减弱系数差别不大。只有含铁和锰较多的地区，干沙的质量减弱系数才略有增大。纯水的质量减弱系数 μ_{mw}=0.192 5 cm^2/g，各水文站干沙的平均质量减弱系数 μ_{ms}=0.289 1 cm^2/g。

表6.1 ^{241}Am γ射线源下的黄河干流泥沙的质量减弱系数

氧化物	μ_m/(cm^2·g^{-1})	黄河下游水文站的泥沙悬移质成分百分比含量[16]/%						
		循 化	石嘴山*	龙门**	三门峡	花园口	利 津	平均含量
SiO_2	0.245 2	72.49	62.37	68.77	71.91	66.39	67.87	68.30
Al_2O_3	0.213 1	13.36	14.53	13.48	11.78	17.03	13.24	13.90
Fe_2O_3	0.847 6	4.17	5.30	4.27	3.96	4.65	4.28	4.438
CaO	0.480 5	5.21	9.89	6.93	6.15	8.12	7.29	7.265
MgO	0.207 4	1.71	3.20	2.17	2.00	2.60	2.44	2.353
K_2O	0.458 6	1.81	2.12	1.82	1.78	1.83	1.77	1.855
N_2O	0.171 9	1.71	1.41	1.58	1.72	1.40	1.49	1.552

续表 6.1

氧化物	μ_m/ ($cm^2 \cdot g^{-1}$)	黄河下游水文站的泥沙悬移质成分百分比含量[16]/%						
		循　化	石嘴山*	龙门**	三门峡	花园口	利　津	平均含量
MnO	0.810 5	0.08	0.11	0.08	0.07	0.09	0.09	0.087
TiO_2	0.495 6	0.52	0.64	0.43	0.59	0.60	0.54	0.553
各站 μ_{ms} 均值		0.284 6	0.299 2	0.285 2	0.283 3	0.297 4	0.285 1	0.289 1

注:(1) * 为细沙区,** 为粗沙区;

(2) 泥沙中各氧化物的质量减弱系数均由美国国家标准与技术研究院(NIST)网站查得[17]。

6.2.2 含沙量计算式

1. 窄束计算式

对于窄束 γ 射线,通过浑水后的电压 U 由下式确定:

$$U = U_0 e^{-\mu_m \rho L} \tag{6.12}$$

式中:U_0 为未加浑水之前在空气下测得的电压信号;L 为浑水的平均厚度;μ_m 为浑水的质量减弱系数;ρ 为浑水的密度。

对于窄束 γ 射线,通过纯水后的电压 U_w 由下式确定:

$$U_w = U_0 e^{-\mu_{mw} \rho_w L} \tag{6.13}$$

将式(6.11)和式(6.13)代入式(6.12)得

$$S = K \cdot \ln \frac{U_w}{U} \tag{6.14}$$

式中:K 为常数,由下式确定:

$$K = \frac{1}{L\left(\mu_{ms} - \mu_{mw} \frac{\rho_w}{\rho_s}\right)} \tag{6.15}$$

式(6.14)是窄束 γ 射线测沙的基本计算式,也是含沙量的理论式。从理论上来说,测沙系数 K 只与浑水的平均厚度、纯水和干沙的质量减弱系数以及密度有关。在测沙仪探测器结构不变的情况下,更换电离室只需重测纯水电压 U_w 就可以了,不必重新率定。

2. 宽束计算式

在宽束条件下,浑水和纯水的电压由下式确定:

$$U = U_0 B(L) e^{-\mu_m \rho L} \tag{6.16}$$

$$U_w = U_0 B_w(L) e^{-\mu_{mw} \rho_w L} \tag{6.17}$$

式中:$B(L)$ 和 $B_w(L)$ 分别是浑水和纯水下的积累因子,它们是水体厚度 L 的函数。

将式(6.11)和式(6.17)代入式(6.16)可以导出:

$$S = K \cdot \ln \frac{U_w}{U} + b \tag{6.18}$$

宽束和窄束的含沙量与纯水电压和浑水电压之比的关系均为自然对数线性函数，而且具有相同的斜率 K。只是宽束比窄束多出一项截距：

$$b = K \cdot \ln \frac{B(L)}{B_{w}(L)} \tag{6.19}$$

有关各种介质积累因子的详细知识可参看 13.2.3 小节有关积累因子部分的内容。虽然积累因子有很多种计算方法，但精度都不高[18]。最佳的方法是通过对测沙仪率定，利用率定数据拟合出 $S-U$ 函数，再利用拟合函数计算含沙量。

根据 γ 射线能量越低，质量减弱系数越大，以及水体越厚，γ 射线减弱越强烈的规律，使用低能 γ 射线 ^{241}Am 源和较厚的水体最有利。例如，浑水厚度为 $L=14.4$ cm，利用式(6.15)可以算出 $K=320.82$ kg/m^3；如果 $L=5.3$ cm，则 $K=871.66$ kg/m^3。

6.2.3 测沙仪灵敏限

《中华人民共和国水利部部标准 SL 10—89 水文仪器》定义灵敏限(阈值)："能够引起被测仪器输出量发生可察觉变化的输入量的最小变化值，又称'灵敏限'"。灵敏限也称感量(perceptibility)或称最小可分辨量。测沙仪的灵敏限主要取决于仪器输出电压的统计偏差，其次取决于置信度的选择[19-20]。

电压的统计偏差越小，灵敏限就越小。电压的统计偏差可通过测量纯水的电压得到。国家计量技术规范 JJG 1027—91《测量误差及数据处理》推荐的置信度值是 95%，即纯水电压统计标准偏差的 2 倍。当对纯水电压测量 n 次后，电压的统计偏差 σ 可由贝塞尔计算式给出：

$$\sigma = \sqrt{\frac{1}{n-1} \sum_{i=1}^{n} (U_{wi} - \overline{U}_{w})^2} \tag{6.20}$$

式中：$\overline{U}_{w}$ 为 n 次纯水电压 U_{wi} 的平均值，要求 $n \geqslant 5$。

按 95% 的置信度，即在 2σ 的电压灵敏限下，浑水输出电压 U 应为

$$U = \overline{U}_{w} - 2\sigma \tag{6.21}$$

由电压的灵敏限可以导出含沙量的灵敏限为 $S_{min} = K \ln(\overline{U}_{W}/U)$。例如根据率定数据：使用 ^{241}Am γ 射线源，水体平均厚度为 $L=14.4$ cm，$\overline{U}_{w}=6\ 455$ mV，理论 $K=320.8$ kg/m^3 时，纯水的电压统计偏差为 $\sigma=\pm 2$ mV，$U=6\ 451$ mV，可算出测沙仪灵敏限为 $S_{min}=0.2$ kg/m^3。

6.2.4 最大含沙量

最大含沙量 S_{max} 与水体厚度 L 有关，L 增大会使 S_{max} 降低，但 S_{min} 也会降低。按上述例子，使用 ^{241}Am γ 射线源，水体厚度为 $L=14.4$ cm，$\overline{U}_{w}=6\ 455$ mV，若浑水中最小采样信号限制在 $\geqslant 50$ mV 范围内，代入式(6.14)可以计算出 $S_{max}=1\ 559$ kg/m^3。

总之，就目前的设计和率定看，测沙仪的测量范围为 0.2～1 500 kg/m^3。

6.3　测沙仪设计

6.3.1　探测器设计

1. 探测器选择

过去的同位素测沙多采用闪烁计数器或正比计数器作为探测器[3-9]。计数类探测器输出的是脉冲计数，受脉冲宽度限制。闪烁计数器计数率一般≤10^5/s，正比计数器还要低1~2个数量级。计数类探测器的误差主要来源于计数的统计涨落和漂移，闪烁探测器的长期稳定性一般在1%左右，计数管还要低些；在放射源选择上多采用^{137}Cs源，其γ射线能量为662 keV，在浑水中的质量减弱系数偏小，对含沙量变化不太敏感，对含沙量测量下限偏高，一般＞5 kg/m^3。因此，1974年水利电力部批准此类测沙仪的应用限制在≥15 kg/m^3含沙量的范围。这远远不能满足测沙的要求，所以没有得到推广。

由于低电流测量技术的进步以及电离室工艺技术问题得到了解决，采用电离室测沙后，使得测沙仪的性能大大提高。尤其是铝外壳的使用，使得应用^{241}Am低能γ射线源成为可能。这大大降低了低能γ射线在外壳上的损失率，提高了在浑水中的利用率。电离室的其他优点是：长期稳定性好、量程宽、故障率低、抗恶劣环境好。这些都为水下应用创造了有利条件，也是其成功应用于测沙的重要原因[13-14]。

但铝的耐蚀性差，长期浸在水中会严重腐蚀，为此必须在铝壳外缠绕多层防水黏胶带，避免铝壳与水接触，解决腐蚀问题。

2. 放射源选择

过去同位素测沙尝试过的γ、X射线源有^{137}Cs、^{241}Am、^{238}Pu、^{109}Cd、^{133}Ba等，其主要参数及铝、纯水、干沙、氙气、氩气的质量减弱系数如表6.2所列。

表6.2　常用γ、X射线源主要参数及铝、纯水、干沙、氙气、氩气的质量减弱系数

核素名称	半衰期/a	E_γ/keV(强度/%)	铝μ_{mAl}/($cm^2 \cdot g^{-1}$)	纯水μ_{mW}/($cm^2 \cdot g^{-1}$)	干沙μ_{ms}/($cm^2 \cdot g^{-1}$)	氙气μ_{mXe}/($cm^2 \cdot g^{-1}$)	氩气μ_{mAr}/($cm^2 \cdot g^{-1}$)
^{238}Pu(钚)	87.7	X13.6(10.2)	5.072	1.057	5.629	38.13	12.98
^{109}Cd(镉)	1.265	KX22.2(56.1)	2.382	0.567 5	2.711 0	18.84	6.123
^{241}Am(镅)	432.6	59.54(35.9)	0.246 4	0.192 5	0.289 1	7.722	0.4215
^{133}Ba(钡)	10.551	356.01(62.0)	0.096 17	0.110 7	0.099 27	0.130 5	0.090 53
^{137}Cs(铯)	30.08	661.66(85.1)	0.074 35	0.085 64	0.076 65	0.073 53	0.069 62
^{60}Co(钴)	5.271 4	1 252.84(200)	0.054 80	0.063 13	0.056 08	0.049 56	0.051 29

由于^{238}Pu和^{109}Cd源为X射线源，能量很低，铝的质量减弱系数过大，铝壳对射线损失过多；^{133}Ba、^{137}Cs、^{60}Co源的γ射线能量过高，在浑水中因质量减弱系数很小，对含沙量变化不敏感，使得探测灵敏度很低。比较之后，选择^{241}Am源最有利，在铝壳中γ射线损失较少，在水和

沙中质量减弱系数相对较大，对低含沙量测量有利。^{241}Am 源的另一个突出优点是有很长的寿命，可以长期使用，不用更换放射源；γ 射线能量低，防护很容易，一般 2 cm 的不锈钢板就可以屏蔽掉活度为 3.7 GBq 的 γ 射线，所以源罐容易设计。

3. 探测器设计

测沙仪的设计主要部分是探测器设计。设计经历了几个阶段，最初设计采用立式，电离室轴心竖直，入射端窗朝下，放射源和铅鱼放在电离室下面。设计较为简单，其缺点是窗面积和浑水厚度无法做大，因而低探测限较高；在水中阻力过大，在湍流区摇晃不定，难以稳定。这种设计只适用于静水或缓流区。

图 6.1 所示是 2009 年 5 月在潼关水文站试验船上拍摄的照片。上部竖直圆筒为电离室，底部厚鱼形部分即铅鱼，^{241}Am γ 射线源就密封在铅鱼内的电离室轴线上；薄鱼形为支架，铅鱼与支架之间的缝隙为被测浑水的流经通道。

图 6.1 立式测沙探测器船照

黄河水利委员会水文局测验处在张永平处长指导下，将测沙探测器设计成如图 6.2 所示的卧式。其中包括放射源罐、电离室、仪表罐、铅鱼和支架 5 部分，下面两圆筒是放射源罐和电离室，中间圆罐为仪表罐。

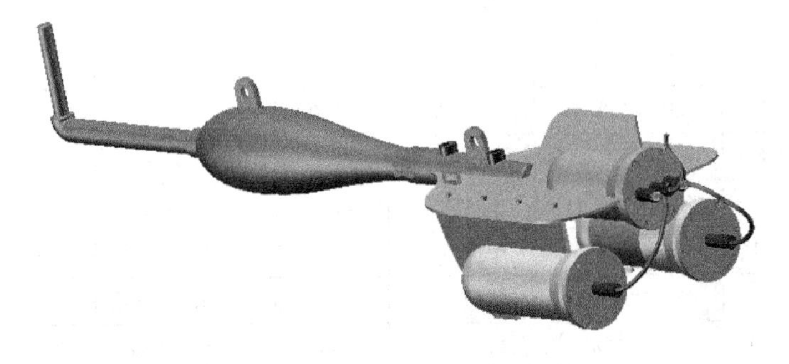

图 6.2 卧式测沙探测器

这种形式即便在流速很急的河流中也能稳定，不会扰乱水流，不会影响水流的速度，也不会扰动含沙量。其中仪表罐装有蓄电池，由水上的太阳能供电系统供电。仪表罐还装有测温电路、单片机及 A/D 转换电路，对测沙测温电压进行处理，将处理信号由电缆送到水面的数据传输系统。

4. 电离室

一般电离室使用的气体有氩气和氙气。在选择^{241}Am 源的情况下，选择充氙气比充氩气可以大大提高输出电流和输出电压的信噪比。充气密度 ρ 由下式确定：

$$\rho=\frac{M}{R}\cdot\frac{P}{T} \tag{6.22}$$

式中：M 是气体原子的摩尔质量；R 为摩尔气体常数；P 为压强；T 为热力学温度。

5. 输出电流估算

按照图 6.2 的设计，使用活度 3.7 GBq 的^{241}Am 源，在充一定压力的氙气下，根据电离室的结构，可以用下式估算纯水下电离室的输出电流：

$$I_0=\frac{b_{\mathrm{Xe}}h_{\mathrm{Xe}}}{4\pi R^2}\cdot\frac{zeY\xi(E_\gamma)E_\gamma A}{\varepsilon_{\mathrm{Xe}}}\cdot \mathrm{e}^{-\mu_{\mathrm{mAl}}\rho_{\mathrm{Al}}L_{\mathrm{Al}}}\cdot \mathrm{e}^{-\mu_{\mathrm{mw}}\rho_{\mathrm{w}}L_{\mathrm{w}}}\cdot(1-\mathrm{e}^{-\mu_{\mathrm{mXe}}\rho_{\mathrm{Xe}}L_{\mathrm{Xe}}}) \tag{6.23}$$

式中：b_{Xe} 和 h_{Xe} 分别为电离室氙气的平均厚度与高度；R 为放射源心至电离室轴心的距离；e 为电子电荷；Y、E_γ、A 分别为^{241}Am 源 γ 射线的发射强度、能量和活度；$\xi(E_\gamma)$为 E_γ 损失在气体中的份额；$\varepsilon_{\mathrm{Xe}}$ 为氙气的平均电离能；ρ_{Al}、ρ_{w}、ρ_{Xe} 分别为铝外壳、纯水和氙气的密度；L_{Al}、L_{w}、L_{Xe} 分别为铝外壳、纯水和氙气的平均厚度。

根据图 6.2 的设计，按 $\xi(E_\gamma)=77.4\%$可以估计出纯水中电离室的输出电流与实测值 470 nA 相当。在浑水条件下，随着含沙量的增加，输出电流会越来越小。所以，电离室的实际输出电流范围为 3～470 pA，相应的含沙量为 1 700～0 kg/m^3。

6. 铅鱼和支架

铅鱼可以确保在河水中探测器沿水流方向放置，使浑水在源罐与电离室之间流过，含沙量不受阻挡，不被扰动。源罐和电离室轴心间距越大，被测水体厚度越厚，测沙仪的感量就会越小；但探测器体积会增大，要求的放射源的活度也会增大。从多方面考虑，选择源罐轴心和电离室轴心的间距为 25 cm，浑水最小厚度达到 14.4 cm。

6.3.2 防护设计

作为仪器使用的放射源，都是低活度Ⅳ类源，“国家环境保护总局公告 2005 年第 62 号”介绍：“Ⅳ类放射源为低危险源。基本不会对人造成永久性损伤，但对长时间、近距离接触这些放射源的人可能造成可恢复的临时性损伤”。同样是Ⅳ类源，^{241}Am 的 γ 射线能量又比^{137}Cs 的低 11 倍，在相同的条件下，^{241}Am 源比^{137}Cs 源产生的吸收剂量低 23.4 倍。按照国家“电离辐射防护与辐射源安全基本标准”规定，工作人员允许剂量折合成每日剂量为 0.2 mSv，这相当于吸 2 包烟支气管受到的 α 剂量，或拍 2 张 X 光胸片受到的剂量。使用低剂量螺旋 CT 做 1 次肺癌筛查受到的剂量约为 1.5 mSv，目前做 1 次 CT 扫描的剂量在 5～15 mSv。所以，每日的允许剂量限制 0.2 mSv 是很低的。

那么在测沙仪附近工作受到的剂量又如何呢？测沙仪使用的源活度为 3.7 GBq，在无任何屏蔽物的情况下，距源 1 m 处连续工作 16.4 h，受到的剂量才达到 0.2 mSv。而实际上，测沙仪的源是装在源罐里，γ 射线出射口装有移动铅屏开关，当探测器离开水面后，射线失去水的阻挡，测沙电压会迅速升高，计算机判断电压 $U>9$ V 时，立即关闭铅屏，使射线不能透出；当探测器放入水中后，因水的阻挡输出电压迅速降到 9 V 以下，计算机迅速打开铅屏使 γ 射线输出，探测器呈使用状态。这样就不用近距离操作了。如需要近距离操作，则放射源总处于关闭状态，使操作人员接触不到辐射，从心理上可获得安全感。所以，测沙仪的防护设计完全可以保障接触测沙仪人员的绝对安全。

6.4 测沙仪率定

6.4.1 配沙率定法

为了确定含沙量与输出电压之间的函数关系，弥补理论函数关系的不足，需要对含沙量进行率定。为此，我们设计了浑水搅拌器。浑水搅拌器由实验箱和管道排污泵组成。排污泵管道内径为 8 cm，流量为 40 m^3/h，水流速度约为 22 cm/s。为了避免排污泵的转动使浑水升温，引起水的密度变化，在排污泵管道外装有套管，在套管与管道之间通入自来水降温，确保水温恒定。经过多次实验和改进，测沙仪放入浑水中测量时，基本上达到了泥沙不结块、不分层、不沉淀，也不产生气泡，做到浑水各处的密度基本均匀。

实验用自来水作为纯水。开启排污泵，让水流流动起来，倒入干沙进行实验。其中，干沙由黄河水利科学研究院李黎工程师采集于黄河小浪底水库，经过晾晒制成。

1. 含沙量配置

实验中，每次应加干沙的质量 W_s(kg) 由下式给出：

$$W_s=\frac{\rho_s\cdot S_s}{\rho_w(1\,000\cdot\rho_s-S_s)}\cdot W_w=\frac{225.25\,S_s}{2\,650-S_s} \tag{6.24}$$

式中：S_s 为每次应配置的含沙量，单位为 kg/m^3；W_w 为搅拌器中加入的纯水质量，$W_W=85$ kg，纯水的密度按 $\rho_w=1\ g/cm^3$。干沙的密度采用标准密度 $\rho_s=2.65\ g/cm^3$。将每次应配置的含沙量 S_s 代入式(6.24)计算出每次应加干沙的质量 W_s。

2. 测量结果

利用上述含沙量配置方法，依次计算出 $S_s(kg/m^3)$ 下应加的干沙质量 W_s(kg)，并计算出每次应增干沙量 Δ_s(kg) 值，用天平称出，称量精度到克。倒入搅拌器，搅均，连续测量出 5 个电压值并取平均。实验使用的测沙仪为立式，放射源 ^{241}Am 的活度为 1.11 GBq。浑水厚度 $L=5.3$ cm。率定结果如表 6.3[14] 所列。

表 6.3 含沙量率定实验数据和拟合式计算结果

配置沙量 $S_s/(kg \cdot m^{-3})$	实测电压 U/mV	拟合沙量 $S_N/(kg \cdot m^{-3})$	相对误差 $(S_N-S_s) \cdot S_s^{-1}/\%$	配置沙量 $S_s/(kg \cdot m^{-3})$	实测电压 U/mV	拟合沙量 $S_N/(kg \cdot m^{-3})$	相对误差 $(S_N-S_s) \cdot S_s^{-1}/\%$
0	2 028.8	1.498	—	60	1 908.6	59.556	−0.7
1	2 026.3	2.670	167	65	1 898.4	64.649	−0.5
2	2 025.3	3.140	57	70	1 889.1	69.318	−1.0
3	2 023.4	4.032	34.4	75	1 878.4	74.717	−0.4
4	2 020.5	5.395	34.9	80	1 870.1	78.927	−1.3
5	2 019.0	6.101	22.0	85	1 860.8	83.666	−1.6
6	2 017.5	6.808	13.5	90	1 851.0	88.686	−1.5
7	2 015.1	7.939	13.4	95	1 841.3	93.680	−1.4
9	2 009.2	10.726	19.2	100	1 831.0	99.012 8	−1.0
10	2 008.7	10.963	9.6	110	1 811.0	109.453	−0.5
12	2 004.3	13.048	8.7	120	1 792.4	119.267	−0.6
14	2 000.4	14.899	6.4	130	1 774.4	128.862	−0.9
16	1 996.0	16.992	6.2	140	1 755.3	139.150	−0.6
18	1 993.1	18.374	2.1	150	1 737.3	148.948	−0.7
20	1 988.7	20.475	2.4	160	1 718.2	159.457	−0.3
22	1 983.8	22.820	3.8	180	1 683.1	179.077	−0.5
24	1 979.9	24.691	2.9	200	1 647.9	199.169	−0.4
26	1 976.5	26.325	1.2	240	1 579.1	239.708	−0.1
28	1 972.6	28.202	0.7	280	1 516.1	278.411	−0.6
30	1 968.2	30.325	1.1	320	1 451.1	320.066	−0.0
32	1 964.3	32.211	0.7	350	1 407.2	349.268	−0.2
34	1 959.4	34.585	1.7	400	1 335.4	399.052	−0.2
36	1 957.0	35.750	−0.7	450	1 266.0	449.784	−0.0
38	1 951.6	38.377	1.0	500	1 201.1	499.809	−0.0
40	1 948.2	40.034	0.9	550	1 137.6	551.443	0.3
45	1 938.4	44.828	−0.4	600	1 079.0	601.716	0.3
50	1 926.7	50.583	1.2	650	1 023.3	652.100	0.3
55	1 919.4	54.192	−1.5	689.4	983.3	690.004	0.1

利用表中配置出的含沙量 S_s 与实测电压 U 拟合出的计算式为

$$S_N = 950.61 \cdot \ln \frac{2\,028.8}{U} + 1.38 \tag{6.25}$$

式中：S_N 为拟合含沙量，单位为 kg/m³。

从实验数据看，≤5 kg/m³ 含沙量相对误差较大，主要是由浑水厚度 $L=5.3$ cm 太小，γ 射线被干沙衰减的太少造成的；高含沙量误差趋小。

利用式(6.15)计算出的理论值 $K=871.66$ kg/m³，理论含沙量计算式为

$$S_L = 871.66 \cdot \ln \frac{2\,028.8}{U} \tag{6.26}$$

从实验率定式和理论式可以看出，理论式计算出的 K 值比率定 K 值约低 8.3%。这是由于窄束计算没有考虑 γ 射线在水中的散射。实验率定式与宽束计算式(6.19)相符合。

6.4.2 采样置换率定法

置换法是目前河流测沙的常规方法。通过人工采样，送入实验室测量含沙量。置换法不直接称出沙的质量，而是通过测定浑水体积和质量，用计算的方法求出含沙量。此方法设备简单，功效高，更适合大含沙量的测量。黄河各水文站基本上采用此法测沙。

采样置换法率定含沙量，是将测沙仪探测器置于泥沙率定设备的水槽中，通过搅拌器叶轮使水槽中的浑水流动，在测沙仪测量的浑水流经路径上，利用虹吸管采集出水样，置于比重瓶中，通过比重瓶测量出浑水的体积，并用天平称量浑水的质量，然后计算出含沙量。对于小含沙量，则通过对采集的浑水进行沉淀、浓缩，再测定浑水的体积和质量，以提高测量精度。以下率定流程是由黄河水利委员会水文局牛长喜工程师设计的。

1. 沙样采集

实验用泥沙采集于黄河河床悬移质落淤的泥沙，泥沙的颗粒较细。实验用的纯水是直接采集河道的清水，放在大桶内，静置 12 h，再汲取出沉淀后的清水作为纯水。

实验时，将采集的泥沙浸泡，搅拌均匀，按含沙量大小投入率定槽。待搅拌器叶轮推动浑水流动起来后，浑水流过探测器，测出电压信号，同时由吸管虹吸出浑水水样。每次采集 4 个浑水沙样，时间相隔约 20 s。

2. 沙样处理

每次采集的 4 个沙样装入水桶静置。按置换法的流程，对于含沙量≤20 kg/m^3 的沙样，沉淀 24 h 后，先测量温度，然后称出质量，再计算出含沙量；对于含沙量>20 kg · m^3 的沙样，则直接用 250 mL 及 500 mL 比重瓶装样，在现场进行即时处理，并计算出含沙量。

3. 拟合函数

由于测沙仪在高含沙量范围内误差很小，所以率定的重点集中在低含沙量范围。实验的含沙量范围为 0.35～261 kg/m^3。测沙仪采用如图 6.2 所示的卧式，放射源^{241}Am 的活度为 1.85 GBq。浑水最小厚度 L=14.4 cm。率定结果如表 6.4 所列。

表 6.4 采样置换法率定结果

平均电压 U/mV	配置含沙量 S_s/(kg · m^{-3})	拟合方法 1 S_N/(kg · m^{-3})	相对误差 $(S_N-S_s)\cdot S_s^{-1}$/%	拟合方法 2 S_N/(kg · m^{-3})	相对误差 $(S_N-S_s)\cdot S_s^{-1}$/%
6 457.00	0.0	−0.515	—	0.077	—
6 454.272	0.34	−0.372	−209	0.214	−37.0
6 450.989	0.54	−0.199	−137	0.379	−29.8
6 443.418	0.83	0.200	−75.9	0.750	−9.64
6 441.665	1.01	0.293	−71.0	0.848	−16.0
6 436.776	1.22	0.551	−54.8	1.095	−10.2

续表 6.4

平均电压 U/mV	配置含沙量 S_s/(kg·m^{-3})	拟合方法 1 S_N/(kg·m^{-3})	相对误差 $(S_N-S_s)\cdot S_s^{-1}$/%	拟合方法 2 S_N/(kg·m^{-3})	相对误差 $(S_N-S_s)\cdot S_s^{-1}$/%
6 429.628	1.51	0.929	−38.5	1.455	−3.64
6 421.547	1.82	1.356	−25.5	1.864	2.42
6 417.443	1.98	1.574	−20.5	2.071	4.60
6 407.051	2.5	2.125	−15.0	2.598	3.92
6 400.440	2.98	2.476	−16.9	2.933	−1.58
6 377.552	4.08	3.693	−9.48	4.098	0.44
6 355.298	5.03	4.882	−2.94	5.234	4.06
6 251.656	10.3	10.471	1.66	10.590	2.82
6 150.552	15.7	16.014	2.00	15.911	1.34
6 049.722	21.0	21.633	3.01	21.320	1.52
5 967.509	25.7	26.285	2.28	25.807	0.42
5 877.982	31.1	31.423	1.04	30.775	−1.04
5 797.628	35.8	36.103	0.85	35.308	−1.37
5 720.542	40.2	40.653	1.13	39.725	−1.18
5 539.432	50.2	51.580	2.75	50.377	0.35
5 281.672	66.2	67.788	2.40	66.245	0.07
4 743.544	102	104.318	2.27	102.432	0.42
4 092.808	152	154.479	1.63	153.028	0.68
3 595.158	200	198.552	−0.72	198.349	−0.82
3 011.864	261	258.732	−0.87	261.543	0.21

① 表中第 1、2 列是测量的含沙量的平均电压和配置含沙量。

② 第 3、4 列是利用拟合函数计算出的含沙量与配置含沙量的误差，此时拟合函数如下：

$$S_N = 339.95 \cdot \ln\frac{6\,457}{U} - 0.515\,3 \tag{6.27}$$

③ 第 5、6 列是利用拟合函数计算出的含沙量与配置含沙量的误差，此时拟合函数如下：

$$S_N = 24.101 \cdot \left(\ln\frac{6\,457}{U}\right)^2 + 324.48 \cdot \ln\frac{6\,457}{U} + 0.076\,6 \tag{6.28}$$

从以上两种拟合式看，式(6.28)误差小些。所以，误差大小与率定拟合式的选择有关。如果测量时要求误差小些，则尽量选择好的拟合函数；但好的拟合函数计算要复杂些，占用的计算机时间也会多些。计算式一定将 U_w/U 选作变量，这样可以降低温度效应误差。

④ 图 6.3 所示是利用式(6.27)绘出的 S_N-U 曲线。

⑤ 国家标准 GB/T 15966—2017《水文仪器基本参数及通用技术条件》对现场测沙仪做了如下规定：

测量误差应满足下列要求：

第一，建立率定工作模型时，含沙量随机误差不大于 5%，系统误差不大于 1%；

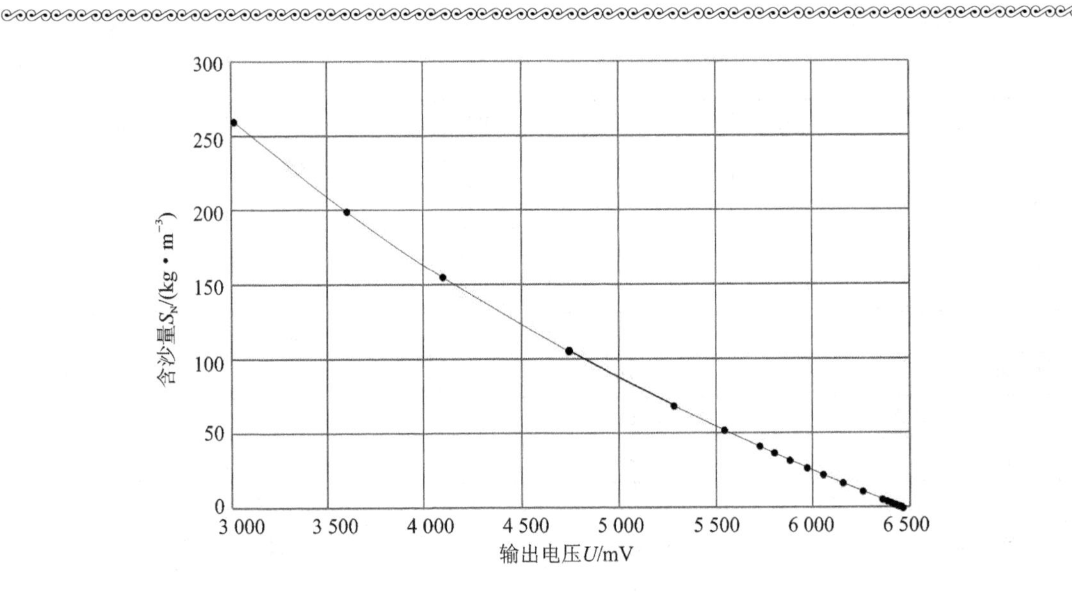

图 6.3 含沙量随输出电压的变化

第二,野外应用验证时,含沙量随机误差不大于10%,系统误差不大于3%。

从式(6.28)的计算结果得出:当测沙仪含沙量>1.22 kg/m^3 时,率定误差不大于10%。

6.4.3 误差计算法

目前,国内外水文仪器的发展趋势是向多功能、远距离方向发展,即将各种水文测量数据利用无线网传递到中心站或水文基地的机房,进行集中处理,然后将各种水文资料传递给有关用户。含沙量测量编程有两种方法:一种方法是只管采集测沙电压 U 和水温电压 V,并将采集的信号发送至中心站,再计算含沙量;另一种方法是直接在探测器上计算含沙量,并显示在仪器显示屏上,再通过无线网传递到用户。前者适合于将探测器安装在河流中测量,后者适合于独立测量仪器。

利用式(6.28)计算出含沙量后,如果需要计算含沙量偏差 σ_s,可通过下式计算:

$$\sigma_s = \pm\sqrt{\frac{\sum_{i=1}^{n}(\bar{S}-S_i)^2}{n-1}} \tag{6.29}$$

式中:$\bar{S}$ 为每小时(或每段时间)的含沙量平均值;S_i 为每次测量的含沙量;n 为每小时(或每段时间)的测量次数。

6.5 温度影响

6.5.1 电阻温度系数

由于清水电压 U_w 只能在水槽中测量,而 U 是在河中测量,所以二者测量的温度可能不同。因为电压信号是经过放大器线性转换的信号,其增益是温度的函数,用不同温度下的 U_w 和 U 代入式(6.28)计算含沙量会带来误差,所以应当把 U_w 的测量温度校正到与 U 相同温度后再计算含沙量,才能消除温度带来的误差。

电离室放大器增益就是式(3.38)中的高电阻 R_F。电阻与温度的关系由温度系数表示。一般电阻出厂时给出了温度系数 TCR:

$$\mathrm{TCR}=\frac{R-R_0}{T-T_0}\cdot\frac{1}{R_0} \tag{6.30}$$

式中:R_0 和 R 分别为 $T_0=20$ ℃和 $T=125$ ℃时的电阻值。

TCR 的意义是:单位温度变化引起电阻的相对变化率。TCR 只说明在最大和最小温度范围电阻的相对变化率,并不能给出每个温度下的确切值。超高电阻 R_F 不同于普通电阻,它是钌系电阻。其制作方法是:把导电材料如 RuO_2、$Bi_2Ru_2O_7$、$Pb_2Ru_2O_{6.5}$ 等与硅铅铝玻璃或硼硅铅锌锆玻璃等按一定比例配制成浆料,通过尼龙丝网套印刷在氧化铝陶瓷基片上,经 850 ℃高温烧制而成。钌系金属氧化物呈正温度系数,而玻璃成负温度系数。二者配比不同,电阻值和温度系数也不同。一般情况下,钌系电阻与温度的函数关系呈 U 形抛物线变化,并且有一个最低顶点值。顶点的位置与浆料的比例等因素有关,对于超高电阻很难准确控制顶点的位置[21-23],所以超高电阻阻值随温度的变化并不是一种趋势。若顶点在 0 ℃附近,则阻值在 0~30 ℃范围内随温度的升高而升高;若顶点在 30 ℃处,则阻值在 0~30 ℃范围内随温度的升高而降低;若顶点在 0~30 ℃之间,则阻值随温度先降低而后升高。

影响输出电压的另一因素是放大器电路板的绝缘电阻(参见 3.4 节),所以电离室输出电压与温度具有复杂的函数关系,这种关系只能通过实验测量。

6.5.2　电压随温度的变化

我们测量了多台电离室输出电压随温度的变化。实验是在型号为 LT160R5 的高低温恒温水箱中进行的。箱内装满清水,LT160R5 由制冷和加热装置控制温度,温度解析度为 0.1 ℃,波动度为±0.05 ℃。测量时,一般从起始温度>0 ℃开始,每设定一个温度,先稳定半小时再开始测量;测量完后,再升第二个温度,再稳定半小时,然后开始测量。重复上述测量过程,直到测量到 30 ℃。对于每个设定温度,每次测 1 min,连续测量 5 次,取平均得到电压信号 U_w。某台测沙仪的测量结果如图 6.4 所示。

由多台电离室测量结果看,U_w 随水温 T 的变化各不相同,大多数呈现出电压信号随温度的升高而降低,低温变较化大,到 10 ℃以后变化趋缓,但也有的到 20 ℃后开始升高,更个别的从低温就一路升高。对电离室输出电压随温度的变化,涉及的因素很多,所以实验只是初步的。利用图 6.4 中的 U_w-T 实验曲线数据拟合出的 U_w-T 的函数为

$$U_w=0.107T^2-12.924T+6\,561.1 \tag{6.31}$$

6.5.3　测温电路

电离室的输出电路在其他章中已做过介绍,这里只介绍测温电路。常用的测温元件为铂热电阻 Pt100。单独使用一个 Pt100,采用二线制连接,虽然简单,但由于存在引线电阻,精度不高,只适用于测量精度较低的场合。所以,我们采用两支 Pt100 组成直流电桥,并把电桥输出的电压信号进行放大,其电路如图 6.5 所示。

用两个 Pt100(阻值为 R_t)和两个精密电阻 R 组成电桥的 4 个臂,电路的输出电压为

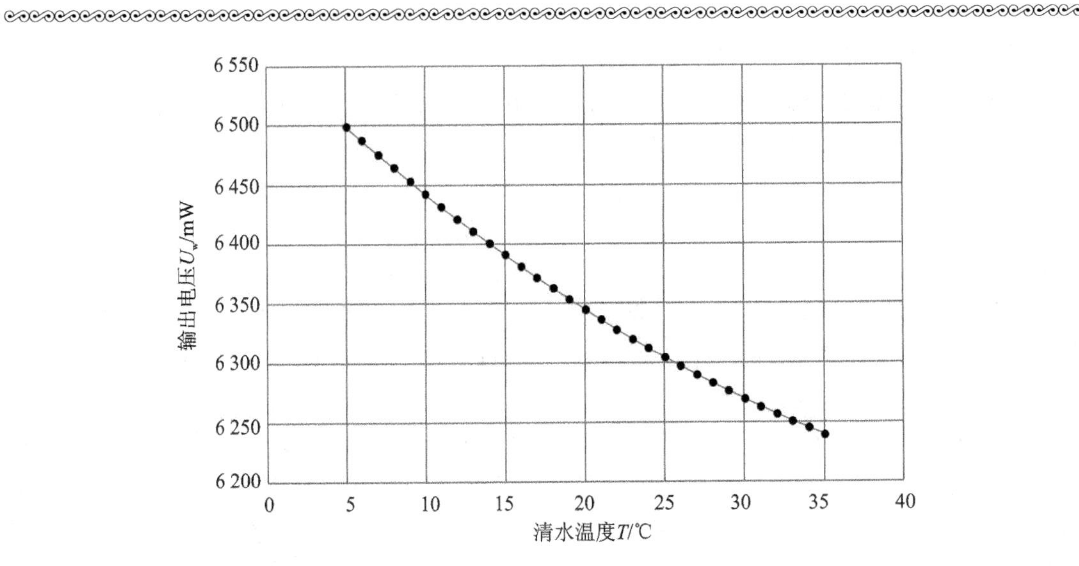

图 6.4 清水电压随温度的变化

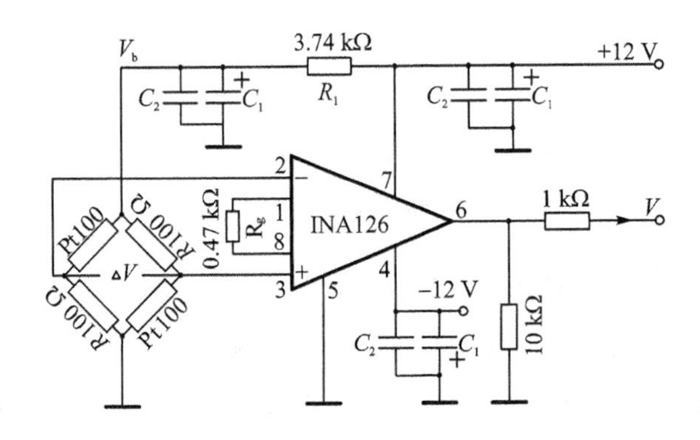

图 6.5 测温电路

$$V = K \cdot \Delta V = K \cdot \frac{R^2 - R_t^2}{(R + R_t)^2} \cdot V_b = K \cdot \frac{R - R_t}{R + R_t} \cdot V_b \tag{6.32}$$

图 6.5 中，$R_g = 0.47\ \mathrm{k\Omega}$，INA126 放大器的增益 K 为

$$K = -\left(5 + \frac{80\ \mathrm{k\Omega}}{R_g}\right) = -175.2 \tag{6.33}$$

V_b 为供桥电压，由电阻 R_1 和电桥电阻对 12 V 电压分压，可得

$$V_b = \frac{12 \cdot (R + R_t)/2}{R_1 + (R + R_t)/2} \tag{6.34}$$

根据厂家提供的 Pt100 在 0～45 ℃中的分度表，可拟合出 R_t 与温度 T 的关系式为

$$R_t = 0.388T + 100.019 \tag{6.35}$$

当选择精密电阻为 $R = 100\ \Omega$，误差为 $\pm 0.1\%$，温度系数为 $\pm 5 \times 10^{-6}/℃$时，在温度为 0～30 ℃之间的河水中，认为随温度的变化可以忽略。利用以上各式计算出水温与输出电压的近似式为

$$V = 106.14T + 5.20 \tag{6.36}$$

式中：V 为输出电压，单位为 mV；T 为水温，单位为℃。

由于 12 V 电源电压及 R_1 电阻的实际值与计算值会有微小差异，使得式(6.36)的计算值与实测值略有出入。

6.5.4 温度校正

U_w 校正的方法是：将在河水温度中测量出的温度电压 V 代入式(6.36)计算出河水的温度 T，再代入式(6.31)校正出河水温度下的纯水电压 U_w，再代入式(6.28)计算出含沙量，实现对纯水 U_w 的温度校正。由于校正环节过多，电压随温度变化的测量精度较差，使得式(6.31)得出的结果质量并不高。由于河水温度变化很缓慢，目前还是采用在大致与河水温度差不多的清水温度下测量 U_w，并经常重新测量 U_w，这样效果会更好。

一种降低温度影响的方法是利用电容积分原理，采用 TI 公司的电流数字化集成芯片 DDC112 测量弱电流[24]，有可能解决高阻 R_F 随温度变化对测量的影响。

6.6 测沙仪的应用

6.6.1 泥沙的脉动

含沙量是一个泛指名词，它可以是瞬时值，也可以是一段时间的平均值，所以采样时间可以选长些，也可以选短些，总之给出的含沙量都是某段时间的平均值。

河流断面含沙量的分布规律是：在横向越靠近岸边越小，越接近河中间越大；在纵向是水面略大，中间最小，河底部最大。即使在上游来沙稳定的情况下，某一点的含沙量随着时间也在不断变化，我们称这种变化为含沙量的脉动。实际上，河流中某点的含沙量是一统计变量，含沙量的脉动就是其统计误差。脉动范围与各点的平均时间长短有关，平均时间越长，脉动范围就越小。图 6.6 所示为引自赵志贡等人编著的《水文测验学》的资料[25]。

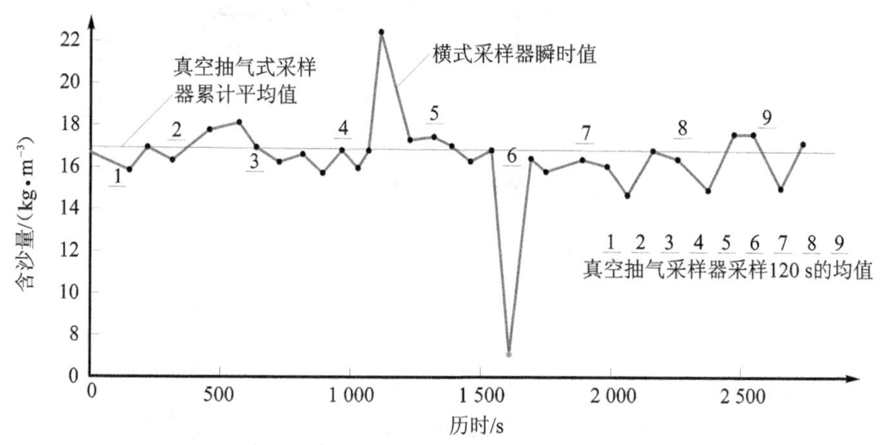

注：· 为采样点；数字 1 2 等采样点为真空抽气式采样器采集 120 s 的平均值，其他为横式采样器(瞬时采样)采样点；直线是采样点的总平均值。

图 6.6 上诠水文站测得的含沙量脉动

从图 6.6 中可看出，用横式采样器(瞬时采样)和真空抽气式采样器在 50 min 内含沙量的脉动情况。由于横式和真空抽气式两种采样方法都是由人工操作，采样时间间隔长，所以采集数据量少。对于更深入的含沙量脉动研究还需采集更多的数据。

核子测沙仪是连续在线式实时测沙仪，其稳定性好，灵敏度高，在 0.2～1 500 kg/m^3 范围内使用，均能给出满意的结果，用于研究含沙量的脉动就方便多了。目前的测量是将探测器固定在河流中，每 6 min 将电压信号做一次平均，计算含沙量，以此为基础，再计算更长时间的平均含沙量。图 6.7～图 6.9 所示为核子测沙仪在黄河上测量的结果，所有测量数据均由黄河水利委员会水文局宋长春工程师提供。

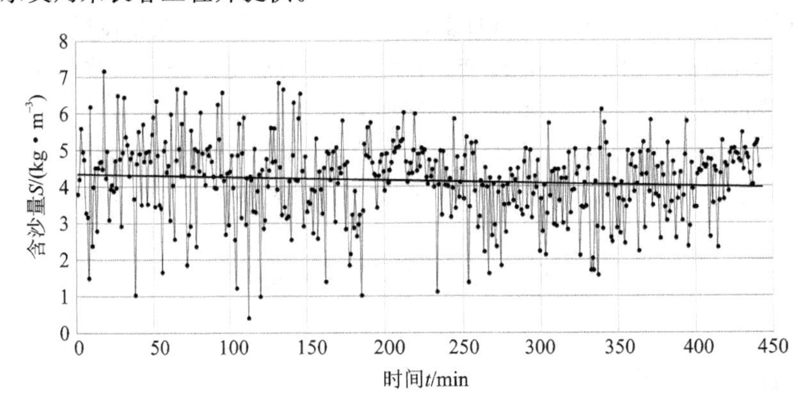

图 6.7 潼关水文站含沙量的脉动

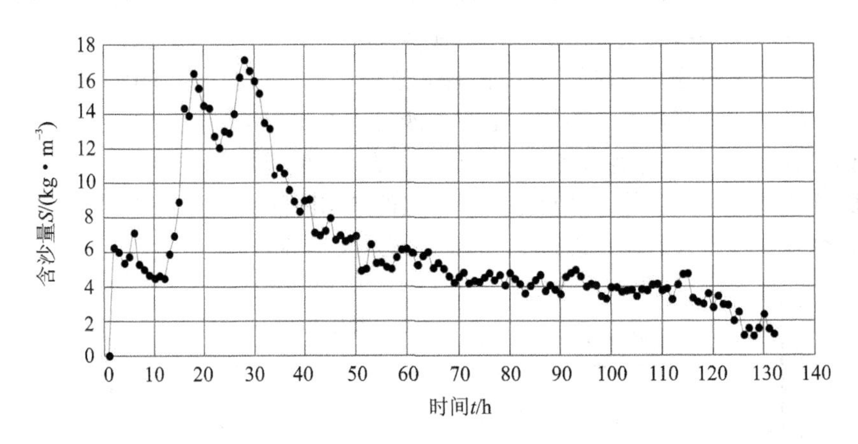

图 6.8 潼关水文站含沙量的变化

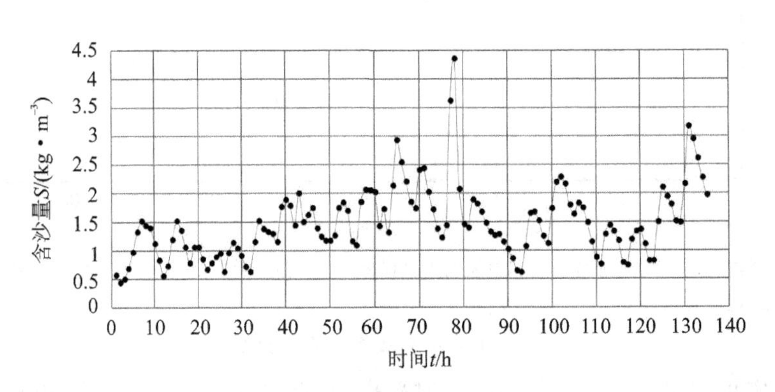

图 6.9 仁和水文站含沙量的变化

图6.7所示为潼关水文站于2018年3月20日10:06至22日6:06由核子测沙仪测量的数据。

每个点为6 min的平均值。连续测量44 h,共441个点,含沙量均值为4.153 kg/m³。含沙量脉动范围为0.4～7.17 kg/m³。因为是在含沙量峰值40 h之后开始测量,所以平均值仍然在略微下降,其平均直线44 h降低了0.8%。

6.6.2 在线测沙

图6.8所示为2018年3月17日12:00至22日24:00潼关水文站利用核子测沙仪测得的含沙量数据。图6.8节选了132 h连续测量结果,每个点是1 h时的含沙量平均值,含沙量的两个峰值是上游流域降雨形成的。含沙量的变化与水位的变化是一致的,先出现含沙量峰值,经过10多个小时水位才出现峰值。

图6.9所示为黄河上游兰州以西的仁和水文站由核子测沙仪在2017年6月20日0:06至7月14日8:06共540 h的测量数据。

图6.9中每个点是4 h含沙量的平均值。经过22.5 d的连续测量,尽管在雨季,含沙量也只有1～2 kg/m³,比黄河下游小很多。

参考文献

[1] 王兆印,王文龙,田世民. 黄河流域泥沙矿物成分与分布规律[J]. 泥沙研究,2007(5):1-8.
[2] 曹捍,陈希媛. 国内外水文测验发展现状及趋势[J]. 治黄科技情报,1990(2):16-21.
[3] 刘雨人. 同位素测沙[M]. 北京:水利电力出版社,1992.
[4] 鲁智,等. 放射性同位素低含沙量计[J]. 人民黄河,1980,2(2):45-50.
[5] 鲁智. FT-1型核子低含沙量计的野外试验[J]. 人民黄河,1982,4(3):52-56.
[6] 刘雨人,等. X射线正比管含沙量计的研究[J]. 水文,1989(1):9-13.
[7] 吴永进. NKY-94型γ射线测沙仪的研究和应用[J]. 水利水运科学研究,1996(2):183-188.
[8] 龙毓骞,熊贵枢. 黄河泥沙测验[J]. 人民黄河,1981,3(1):18-22.
[9] 龙毓骞,熊贵枢. 泥沙测验研究的现状及展望[J]. 人民黄河,1984,6(4):48-54.
[10] 方彦军,张红梅,程瑛. 含沙量测量的新进展[J]. 武汉水利电力大学学报,1999(3):56-58.
[11] 薛元忠,何青,王元叶. OBS浊度计测量泥沙浓度的方法与实践研究[J]. 泥沙研究,2004(4):43-48.
[12] 高佩玲,等. 坡面侵蚀中径流含沙量测量方法研究与展望[J]. 泥沙研究,2004(5):28-33.
[13] 李景修,刘雨人. 高精度含沙量核子测量仪:第六届全国泥沙基本理论研究学术讨论会论文集[C]. 郑州:黄河水利出版社,2005.
[14] 李景修,等. 核子测沙仪试验研究[J]. 人民黄河,2008,30(6):30-32.
[15] 钱宁,万兆惠. 泥沙运动力学[M]. 北京:科学出版社,2003.
[16] 景可,陈永宗,李风新. 黄河泥沙与环境[M]. 北京:科学出版社,1993.
[17] XCOM. Photon total attenuation coefficients[DB/OL]. [2021-01-08]. https://phys-

ics. nist. gov/PhysRefData/Xcom/html/xcom1-t. html.

[18] 吴和喜，等. 基于等比级数公式的积累因子拟合[J]. 原子能科学技术，2010，44(6)：654-659.

[19]中华人民共和国国家计量技术规范. JJG 1027—91 测量误差及数据处理[S]. 北京：中国出版社，1992.

[20] 熊正隆. 关于测量用核仪器误差的确定[J]. 核标准计量与质量，2002(4)：7-22.

[21] 张汉昭. 几种电位器用溅金属玻璃釉电阻浆料制作方法简介[J]. 电子元件与材料，1991，10(2)：42-45.

[22] 赵有洲. 2002. 电阻温度系数测量技术[J]. 混合微电子技术，2002，13(3)：35-37，58.

[23] 张晓民，等. 钌系厚膜电阻器电阻温度系数及变化规律[J]. 有色金属，2002，54(增刊)：91-93.

[24] 蒿书利，等. 基于 DDC112 的电离室电流测量仪设计[J]. 核电子学与探测技术，2012，32(11)：1309-1313.

[25] 赵志贡，荣晓明，菅浩然，等. 水文测验学[M]. 郑州：黄河水利出版社，2014.

第7章 微机核子皮带秤

微机核子皮带秤(简称"核子秤")是安装在皮带输送机上的连续计量装置。20世纪60年代我国已有连续计量的电子皮带秤;20世纪70年代国外出现了核子皮带秤产品,从1984年开始,有一些国外产品销售到我国钢铁等行业。其代表产品是美国凯瑞(Kay-Ray)公司的6000型和6000X型产品,美国拉姆斯(Ramsey)公司的WS系列产品,英国艾弗里(Avory)公司生产的9800型,以及德国波索尔德(Berthold)公司生产的LB-330型等产品。据统计,在1975—1985年的10年间,这些公司已在世界上销售了8 000多台[1-2]。

我国研发核子秤始于1985年。1988年,清华大学首先研发成功了HCS型核子皮带秤,并通过了成果鉴定;1989年,高能物理研究所应用部研制出了核子秤电离室;1993年,北京市通想高技术开发公司推出了WHC型微机核子秤。此后如雨后春笋,出现了几十家研制和销售单位,并迅速占领了国内市场。

由于核子秤不与皮带接触,不受皮带震动、物料温度等的影响;传感器完全密封,适应环境能力极强,几乎能在任何高湿、高污染环境下使用;又由于核子秤结构简单,安装方便,故障率极低,同时价格又大大低于国外产品,深受中小煤矿、钢铁厂、水泥厂等行业的青睐,故广泛用于煤炭、矿石、水泥熟料、生料配料以及甜菜丝、烟丝等物料的输送计量。使用的输送设备已不限于皮带输送机,现已扩大到刮板输送机、链板输送机、链斗输送机、绞刀输送机、溜槽、溜管等设备。图7.1所示为安装在邯郸市峰峰镇水泥厂的核子秤,核子秤体安装在立窑出料口的链板机上,计量立窑出料口卸下的水泥熟料。刚出窑的熟料温度很高,其他计量秤是无法在这么高的温度下计量的。

图7.1 立窑出口链板机核子秤

核子秤现已成为广大中小厂矿企业内部管理的重要工具。有的单位已经连续使用了30多年,至今仍在使用。从1985—2005年的20年间,核子秤的生产和销售为旺盛期。随着我国生产结构的大调整，大量高污染的中小厂矿关停并转，以及环保部门对放射源的审批趋紧，核子秤的销量迅速下降，大部分核子秤的生产企业倒闭或转型，只有少数有核技术实力的企业通过转型升级开发新产品坚持了下来。

7.1 核子秤设计

7.1.1 基本结构

安装在皮带输送机上的核子秤秤体，其基本结构如图7.2所示。

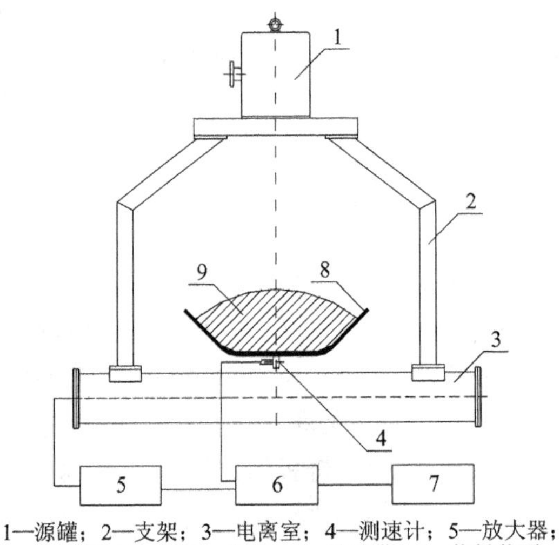

图7.2 核子秤秤体结构

放射源罐安装在支架顶端。源罐侧面装有开关，开关旋转到关的位置，放射源藏在铅屏蔽层内，使γ射线无法射出。当旋转到开的位置时，放射源裸露在源罐下方的梯形开口处，γ射线沿着梯形开口呈梯形射出。γ射线照射宽度：在皮带运动方向上略宽于电离室的宽度，在垂直皮带运方向上的宽度略宽于物料。当γ射线经过物料后，被物料吸收一部分，透过物料的射线，进入电离室，形成电离电流，经过放大器放大并转换成电压，再送入A/D转换器，数字化后，送入微机处理。A/D转换器还采集输送带的速度信号，一并送入微机计算，累计重量；也有的产品采用电压-频率(V/F)变换方法，通过计数累计重量。

7.1.2 称重原理

在皮带上连续累计重量的原理很简单，因为只要知道皮带机上物料的截面积S、物料的密度ρ和皮带的速度v，皮带上的料流量Q就可以算出来，即

$$Q=Sv\rho \tag{7.1}$$

式中：Q为单位时间通过的物料重量。

皮带输送机上的累计物料重量W为

$$W = \sum_{i=1}^{n} Q_i \tag{7.2}$$

严格来说，γ 射线在物质中的衰减规律就是 2.5.1 节中的 γ 射线束减弱规律。单能窄束（平行束）γ 射线通过厚度为 d 的物质薄层，进入电离室输出的电压为

$$U = U_o e^{-\mu_m \rho d} \tag{7.3}$$

式中：U_o 为没有物料时电离室输出的电压；U 为有物料时输出的电压；μ_m 为物料的质量减弱系数，它与物料的成分和放射源 γ 射线的能量有关，当物料的成分和放射源确定时，μ_m 为常数；ρ 为物料密度，也是常数。

通过式(7.3)就可以得到物料的厚度 d。如果物料的宽度 B 是固定不变的，那么就可以知道物料的平均截面积 $S=Bd$。

通过 n 次采样取平均，可以计算出单位时间物料通过秤体的平均重量，即平均流量为

$$\overline{Q} = K \cdot \frac{1}{n} \sum_{i=1}^{n} \ln \frac{U_o}{U_i} \tag{7.4}$$

式中：K 为称重系数，由下式确定：

$$K = \frac{Bv}{\mu_m} \tag{7.5}$$

对单位时间平均流量进行累加，就得到长时间的累计重量 W：

$$W = \sum_{t} \overline{Q}_t \tag{7.6}$$

以上各式是核子秤称重的基本关系式。

7.1.3 皮重测量

由于式(7.4)中的 U_o 无法与信号 U 同时测量，故应预先测量。测量方法是让输送带空转，并连续采集电离室输出的电压信号 U_{oi}，一般空转 3～5 周，计算平均值：

$$U_o = \frac{1}{n} \sum_{i=1}^{n} U_{oi} \tag{7.7}$$

其中，U_o 相当于皮重，将 U_o 代入式(7.4)就可以标秤了。由于式(7.3)只满足窄束条件，实际称重时是在宽束条件下，所以应通过标秤求出式(7.4)中的 K 值。只要 K 值知道了，就可以通过式(7.4)累计重量。

7.1.4 标　定

我们知道常用的皮带输送机是槽形输送机。皮带呈槽形，物料的横截面 S 的形状是中间厚两边薄，其宽度 B 不固定，随物料流量的大小变化，因此没有办法精确知道截面积 S。但对同一条皮带输送机，在使用的过程中料流量的变化范围不会很大，长时间的平均值应该是一个常数。基于这个假设，再加上皮带速度 v 和 μ_m 均为常数，所以式(7.5)中 K 的长时间平均值也应是一个常数，并且可以通过秤的标定得到。

标定方法：预先给核子秤输入一个称重系数 K_0，并用磅秤称量出一定重量的物料 W，按照使用时的输料条件，下料到皮带输送机上。当物料通过秤体时，核子秤计量出这些物料的重量 W_0。这样可以计算出实际的平均称重系数 K 值：

$$K = K_0 \cdot \frac{W}{W_0} \tag{7.8}$$

将 K 输入微机，代替 K_0，就可以使用了。标秤时也可让皮带机载料运行，待运行平稳，核子秤开始采样的同时记下物料位置；待采样一段时间后停止采样时，再记下位置，同时显示重量 W_0。再用磅秤称量出此测量段的物料重量 W，代入式(7.8)计算 K 值。这样采集的物料更接近实际使用时物料的形状和截面积，标定的系统误差会小些。

7.1.5 电离室

核子秤电离室的特点是体积大，充气压高。一般采用 $\phi 159 \times 5$ mm 的不锈钢管，车成壁厚2.5 mm 制成。其长度 L 与皮带输送机皮带宽度相配合，如 $L = 500$ mm，650 mm，800 mm，1 000 mm 等。一般充氩气，气压可高达 2～3 MPa。放射源大都采用活度 3.7 GBq 的 ^{137}Cs γ 源。电离室输出电流为 0.01～10 nA。

7.1.6 放射源选择

工业测量中主要使用 3 种源，即 ^{241}Am、^{137}Cs 和 ^{60}Co，3 种源的参数如表 7.1 所列。由于 ^{60}Co 半衰期比较短，γ 射线能量高，源罐体积大，所以在核子秤中很少使用。使用最多的是 ^{137}Cs 源，其半衰期长，对很多物料穿透力合适，电离室的电压信号大。

表 7.1 放射源的主要参数

核素名称	半衰期/a	γ 能量/keV(强度/%)	活度范围/mCi	源外壳尺寸/mm
^{137}Cs	30.08	661.657(85.1)	10～200	$\phi 8 \times 9$
^{60}Co	5.27	1 173.23(99.85) 1 332.49(99.986)	10～100	$\phi 5 \times 7$
^{241}Am	432.6	59.54(35.9)	10～300	$\phi 10 \times 5$

对低密度物料，如烟草等，多采用 ^{241}Am 源，其半衰期长，γ 射线能量低，质量衰减系数大，测量精度高。

7.2 称重精度分析

带式输送机根据一级部推荐的 TD75 设计，分槽形和平形托辊两种类型。皮带宽度规定了 500 mm、650 mm、800 mm、1 000 mm、1 200 mm 和 1 400 mm 六种。槽形托辊的皮带呈槽形，载料量大，不易遗撒，是应用最多的输送机。平形托辊皮带呈平形。

影响核子秤称重精度的因素很多，例如物料在皮带上的宽度 B 和厚度 d 都不是固定的，随着料流量的大小而变化；式(7.3)在窄束条件下才精确成立，核子秤的 γ 射线呈扇形发射，物料都很厚，都不能满足窄束条件，这些必然引起称重误差。归结起来核子秤误差来源有以下几方面：

7.2.1 标定误差

核子秤影响最大的误差是标定误差。标定误差主要来源于两方面：一方面是标秤时物料在皮带上的堆放形状与使用过程不完全一致；另一方面是标秤使用的物料量不够大，其宽度和厚度的平均值不足以代表实际使用情况下的宽度和厚度。这两方面都会带来标定误差。

堆放形状误差可以用计量砖块来说明。使用平形托辊输送机输送砖块，标定时将砖块平放在输送带上。若长边垂直于皮带运动方向摆放，物料宽度为 $B=24$ cm，厚度为 $d=5.3$ cm，则根据式(7.5)标出 $K=K_1$；如果将砖块的长边沿皮带运动方向摆放，物料宽度为 $B=11.5$ cm，厚度仍为 $d=5.3$ cm，则标出 $K=K_2$。由于 v 和 μ_m 没有改变，根据式(7.5)得到两种摆放方法的 K 值的比值为：$K_1/K_2=24/11.5=2.09$。由于堆放形状不同，标出的 K 值竟相差2.09倍，这就是标定时堆放形状误差的来源。所以，标秤时物料的堆放形式应尽量与使用时的形式一致，才能减少标定误差。

标秤时料流量应尽量与实际使用时一致，这样其宽度和厚度的平均值更能接近实际使用情况下的宽度和厚度，以减少标定误差。实践中发现：标定误差是引起核子秤称重的最主要误差，也是最主要的系统误差。

7.2.2 料流量变化误差

输送带上的物料流量变化也会引起误差。因为料流量变化不但影响物料的宽度，还会影响物料的厚度。放射源开口的设计呈等宽度梯形，在物料上的照射范围是固定不变的，在皮带纵向照射为一恒定窄条，而横向基本上与物料宽度相当。但物料的宽度并不固定，随料流量的大小变化。当料流量很大时，物料宽度会超出γ射线照射范围，有一部分物料是γ射线照射不到的；如果料流量很小时，物料宽度又会低于γ射线照射范围，使得一部分γ射线没有穿过物料。前者γ射线会被物料衰减得多些，透过物料的γ射线少些，输出信号会偏小，称出的重量比实际重量偏大，形成正误差；后者γ射线被物料衰减得少些，透过物料的γ射线多些，称出的重量比实际重量偏小，形成负误差。如果物料在输送过程中宽度的变化始终围绕着射线宽度变化，这样累积称重误差会有部分相互抵消，总的称重累积误差会有所降低。

如果输料时，物料的宽度始终大于射线宽度，则累积误差为正值，称出的重量会大于实际重量；而如果物料的宽度始终小于射线宽度，则累积误差为负值，称出的重量会小于实际重量。所以，设计核子秤时，选择γ射线的辐射宽度应尽量与使用时物料的平均宽度一致，才可以减小因料流量变化引起的累积误差。这种系统误差应在设备安装时加以考虑。

7.2.3 厚度测量误差

厚度测量基于式(7.3)，此式严格成立的条件是γ射线为平行束以及物料厚度为薄层。由于放射源为点源，构不成平行束，物料也不是薄层，所以会带来误差。实际上，通过标定得到 K 值，会消除平行束和薄层带来的误差。

通过多年的现场观察发现，皮带输送机输送的物料料流量较为稳定，料流量变化较小，累计称重精度可达到0.5%。一般情况下，核子秤的累计称重精度也就是1%～2%或更大些。所以，核子秤适合用于内部管理，不适合做单位之间的结算秤。

参考文献

[1] 郾生才.新型非接触式在线计量装置——核子秤[J].有色矿山，1993(3)：47-51.
[2] 方原柏.核子皮带秤的计量精度及其分析[J].自动化仪表，1994(9)：12-15.

第8章　γ射线料位计

γ射线料位计是用于料位、物位监视和为自动控制提供控制信号的核子仪器。尤其在料仓装卸料过程中，如果不知道料面位置，卸料时有可能把料仓卸空，装料时有可能使仓满溢出。装有γ射线料位计的料仓能够监视料仓的料面位置，当料面达到某一位置时给装料机提供控制信号，开始装料；当料面达到另一位置时则让装料机停止装料，以达到自动管理料仓装卸料的目的。

由于γ射线料位计装在仓外并不接触物料，对物料没有影响，也不受物料形态、温度、压力、酸碱度、有毒有害物质及环境的影响，所以广泛应用于各类仓储的装料或卸料控制，成为水泥、采矿、冶金、煤炭、炼焦、石油、化工及粮食等行业仓储必备的设备。

8.1　料位计设计

8.1.1　基本结构

料位计的基本结构包括放射源、探测器和仪表三部分。一般使用^{137}Cs放射源，对于料仓直径和物料密度大，或仓壁过厚的，可使用^{60}Co源。探测器一般选择盖革计数管或闪烁计数器。将放射源罐和探测器安装在料仓的两边，探测器输出信号用电缆连接到控制室的料位计仪表箱上。图8.1所示为料位计安装在料仓上的剖面图。

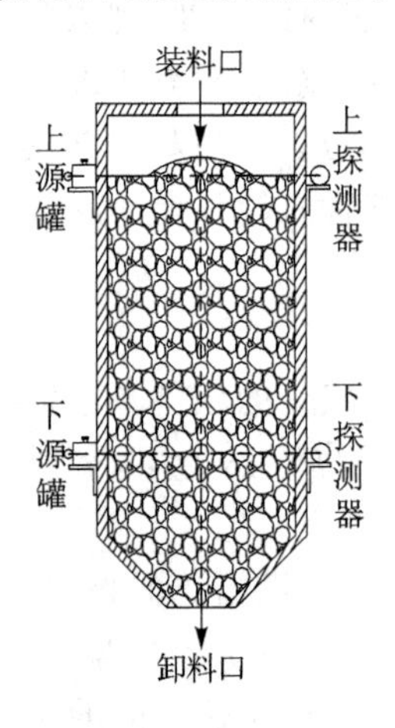

图8.1　料位计安装在料仓上的剖面图

8.1.2　料位控制原理

为了保障料仓能够连续工作，既不断料，又不溢仓，就需要安装料面探测装置。最好的办法就是在料仓的上下两处各安装一套γ射线料位计，它能够探测出到达料位计位置的料面，料面一旦通过此位置，传感器计数就会发生剧烈变化。当料空时计数率升到最高，料满时计数率降至最低，由此可以判断出料面处在探测位置的下方还是上方。

图 8.1 中，在料仓上下两个位置各安装了一套 γ 射线料位计，当料面下降到下料位计以下时，显示空料，仪表就启动装料输送机装料；当料面上升到上料位计位置以上时，显示满料，仪表立刻给装料机信号，停止装料。这样就保证了不用人监管，料仓内的料面始终保持在上下两个料位计位置之间，料仓既不会料空断料，也不会料满溢仓，达到控制料仓自动装卸料的目的。

8.1.3　控制电路

仪表的控制电路可以采用微机，也可以采用独立电路。图 8.2 所示为控制仪表电路图。

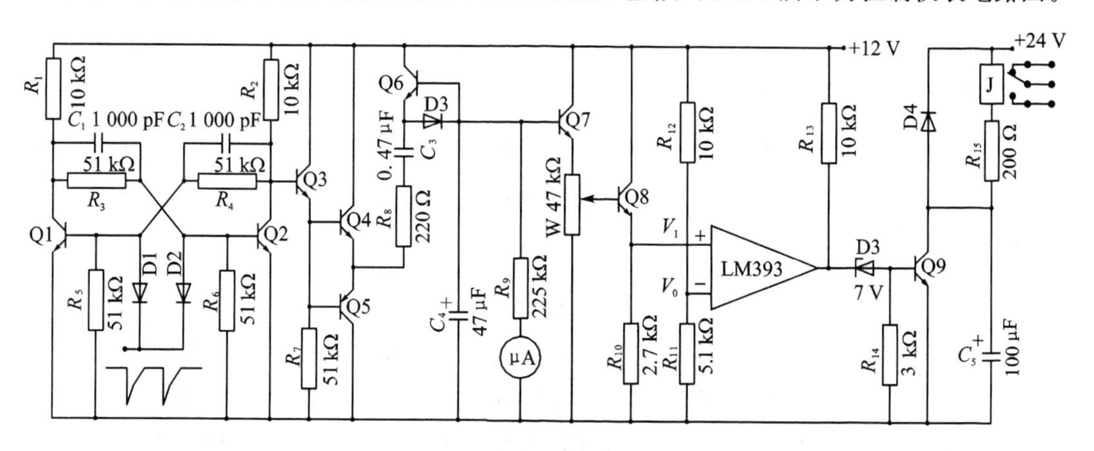

图 8.2　控制仪表电路图

盖革计数管输出的负电压脉冲送入控制仪表电路，经过二极管 D1 或 D2 输入到由 Q1 和 Q2 组成的双稳态电路。每来一个负电压脉冲，双稳态电路就翻转一次，每两个电压脉冲就会在 Q2 集电极上输出一个方波。

方波经跟随器 Q3 的阻抗变换，使高阻抗变为低阻抗输出。Q4 和 Q5 是两个射极跟随器对管组合。使用对管可以起到互补作用：在方波高电位时，Q4 和 Q5 一同工作，使两管的发射极电压升高，给 C_4 充电。对管虽然没有放大电压，但放大了电流。

Q6、D3 和 C_4 构成了一个计数率表，D3 为二极管泵，每来一个方波，给电容 C_4 泵入一次电荷 Q_0，使电荷在电容 C_4 上不断累加；同时 C_4 上的电荷又通过 R_9 和电位器 W 并联的电阻放电，使 C_4 上的电荷不断减少。所以，电容 C_4 上的电荷在一个脉冲周期内是变化的。将 C_4 上的电荷对一个脉冲周期 T 做平均，电荷的平均值为

$$\overline{Q}=\frac{1}{T}\int_0^T Q_0 \mathrm{e}^{-\frac{t}{\tau}}\mathrm{d}t \approx Q_0 \cdot n \cdot \tau \tag{8.1}$$

式中：n 为输入脉冲计数率，$n=1/T$；τ 为放电时间常数，$\tau=RC_4=47\ \mu\mathrm{F}\times 38.9\ \mathrm{k\Omega}=1.8\ \mathrm{s}$。

由于 $\tau\approx T$，在充放电平衡的情况下，电容 C_4 上的电压平均值 V 近似为

$$V=\frac{\overline{Q}}{C_4}=\Delta V \cdot n \cdot \tau \tag{8.2}$$

式中：$\Delta V=Q_0/C_4$，为每个充电脉冲引起 C_4 的电压增量。

显然，计数率表的输出电压正比于输入脉冲的计数率和放电时间常数[1]。通过调整 n 和 τ 可以改变电压 V 的大小。

一旦料空，γ射线阻挡剧烈变化，计数率就会突然增大，使得电压 V 也突然增大。这时 LM393 正输入端电压 V_1 就会高于负输入端电压 V_0。LM393 输出端即刻由低电位转变成高电位，Q9 导通，继电器线圈 J 接通，继电器翻转，原来常开触点闭合，常闭触点打开。同时，微安表头电流也随之增大，指针升到料空的位置。继电器连接到交流接触器上，控制电机启动与停止。用低仪表信号控制大功率电机运行，实现“小马拉大车”。在料满的情况下，计数率很低，V 很小，$V_1 < V_0$，继电器不会动作，微安表头电流也处在低位，指针降到料满的位置。

8.2 放射源的选择

8.2.1 注量率的估算

一个活度为 A(Bq)的放射源，放出的γ射线经料仓壁的阻挡与衰减，到达传感器的强度会大大减弱。其减弱程度可以用γ射线注量率，即单位时间、单位面积上的γ射线数表示。在料仓空仓的情况下，注量率的估算式为

$$S = \frac{AY}{4\pi R^2} \times e^{-\mu_m \rho d} \tag{8.3}$$

式中：S 为γ射线注量率，单位为 $\gamma/(cm^2 \cdot s)$；R 为放射源与传感器之间的距离，单位为 cm；d 为料仓壁(屏蔽层)的总厚度，单位为 cm；Y 是能量为 E_γ 的γ射线分支比，即每次衰变放出能量为 E_γ 的γ射线个数，如 ^{137}Cs 源，起作用的γ射线的能量为 $E_\gamma = 662$ keV，$Y = 0.85$，^{60}Co 源起作用的两个γ射线的平均能量为 $E_\gamma = 1.253$ MeV，$Y = 2.0$；μ_m 为屏蔽体的质量减弱系数，单位为 cm^2/g；ρ 为屏蔽体的密度，单位为 g/cm^3。

由于式(8.3)严格成立的条件是γ射线必须是平行束，屏蔽层必须是薄层，而在料位计中这两点都不具备，所以估算出的注量率值有一定的误差。

在宽束条件下，式(8.3)需乘以积累因子，积累因子不但是γ射线初始能量的函数，还与屏蔽层的厚度及材料的性质有关，计算起来非常复杂[2]。所以，工程上一些常用材料计算出了宽束γ射线半值层，即γ射线减弱到 1/2 时的屏蔽层厚度。利用半值层计算注量率就简单多了(参见 13.2.4 小节的相关内容)，半值层的计算式为

$$S = \frac{AY}{4\pi R^2} \times 2^{-\frac{d}{\Delta_{1/2}}} \tag{8.4}$$

式中：$\Delta_{1/2}$ 为半值层，单位为 cm。

对 ^{137}Cs 和 ^{60}Co 等放射源的半值层，已有表可查[3](参见附表 6.1)。例如某仓壁为钢板，总厚度 $d = 1$ cm，^{137}Cs 放射源至探测器的距离 $R = 250$ cm，源的活度 $A = 3.7$ GBq，铁的质量减弱系数 $\mu_{mFe} = 0.072\ 48\ cm^2/g$，铁的半层值对 ^{137}Cs 源查得 $\Delta_{1/2} = 1.8$ cm。利用这些参数，按式(8.3)可以计算出空料仓时注量率 $S = 2\ 275.1\ \gamma/(cm^2 \cdot s)$，按式(8.4)计算出 $S = 2\ 724.5\gamma/(cm^2 \cdot s)$。计算结果：宽束注量率 S 比窄束约大 1.2 倍。实际上式(8.4)比式(8.3)的计算结果更接近测量值。

根据以上计算出的注量率，若探测器采用盖革计数管 J408γ，其灵敏区面积为 52.9 cm^2，探测效率约为 1%，可以算出空料时 J408γ 的计数率约为 1 441 γ/s。

对盖革计数管做探测器，一般选择空仓时的注量率 $S = 100 \sim 200\ \gamma/(cm^2 \cdot s)$。满料时因

为大量的物料基本上可以把γ射线全部衰减掉,注量率就只剩下本底计数率了。

8.2.2 源活度的选择

由式(8.4)可以估算出放射源的活度:

$$A=\frac{4\pi R^2 S}{Y}\cdot 2^{\frac{d}{\Delta_{1/2}}} \tag{8.5}$$

上述例子中,若空料时注量率选择 $S=150\gamma/(\mathrm{cm}^2\cdot\mathrm{s})$,可估算出^{137}Cs源的活度 $A=0.2$ GBq。如果用^{60}Co源,其活度约为0.08 GBq。

每个计数管在空料时的计数率为n,如下:

$$n=\eta S\phi L \tag{8.6}$$

式中:η为盖革计数管的探测效率,一般约为$\eta=1\%$。

以J408 γ计数管为例,外壳直径$\phi=2.3$ cm,长度$L=23$ cm,对于^{137}Cs或^{60}Co源,$S=150\ \gamma/(\mathrm{cm}^2\cdot\mathrm{s})$,可算出计数管在空料时的计数率约为$n=79\ \gamma/\mathrm{s}$。为了降低源的活度,可以增加计数管的个数。

参考文献

[1] 科瓦尔斯基 E. 核电子学[M]. 何殿祖,译. 北京:原子能出版社,1975.
[2] 李德平,潘自强. 辐射防护手册(第一分册)[M]. 北京:原子能出版社,1987.
[3] 李德平,潘自强. 辐射防护手册(第三分册)[M]. 北京:原子能出版社,1990.

第 9 章　源激发煤灰测量法

9.1　X 射线分析

自 1895 年伦琴发现 X 射线，1948 年弗利德曼（H. Friedm ）和伯克斯（L. S. Birks ）首先研制出商用波长色散 X 射线荧光光谱仪后，X 射线荧光光谱分析技术迅速发展起来，尤其是 20 世纪 90 年代以来，随着计算机技术的飞速发展，X 射线荧光光谱仪和 X 射线荧光分析技术已经形成一大家族。X 射线荧光光谱仪有两种基本类型：一种是用分光晶体色散后测量 X 射线波长的方法，称为波长色散型；另一种是测量 X 射线能谱的方法，称为能量色散型。波长色散型大都用于离线测量[1]。本章只讨论工业上常用的能量色散型对煤灰的分析方法。

9.1.1　基本原理

任何物质都是由化学元素组成的，各元素的原子由带正电的原子核和核外电子组成。实际上，原子核周围的电场对电子构成一个电势能井，电子都束缚在势井特定的能级上，沿着特定的壳层轨道运行。当有射线穿过原子时，如果入射射线的能量达到并超过内壳层电子的能级，原子就会被电离，此能级上的电子获得足够的能量，脱离束缚态，飞出原子势井。而原子在能级上留下空位，这时就会有原子的更外层的电子跃迁补位，并将多余的能量以 X 射线的形式放出。X 射线也称为 X 荧光。关于 X 射线发射已在 2.2.10 小节做了详细介绍。

由于每种元素发射的 X 射线都是特征的，X 射线能量随原子序数的增大而增大，所以可根据 X 射线能量判断元素类型，根据 X 射线发射强度计算元素的含量。这就是 X 荧光分析的理论基础。在测量中选择 X 射线应从能量和强度两方面考虑，一般核素分析常常选择测量 K 系的 K_αX 线或 K_βX 线，对重元素则常选择测量 L 系的 L_αX 线或 L_βX 线。

9.1.2　常用激发源

常用的 X 射线激发源有两大类，一类是 X 射线管，另一类是放射源。X 射线管虽然在元素分析中被广泛应用，但设备很复杂，故这里只讨论源激发测量方法。

低能 γ 射线和 X 射线与元素的作用基本上由光电效应截面决定。光电效应截面随着能量的增加而降低，当等于吸收限时却突然跃增，而超过吸收限后，仍继续下降。所谓吸收限，就是引起光电效应的最低能量。K 层吸收限等于 K 层电子的结合能，L 层吸收限等于 L 层电子的结合能，所以稳定核素发射的 X 射线能量一般都低于 100 keV。最轻的元素是氢，它的 K 吸收限为 13.6 eV；最重的稳定元素是铅，它的 K 吸收限为 88.001 keV。即便是原子序数为 98 的 Cf(锎)，其 K 吸收限也只有 134.683 keV。任何元素发射的 K 层与 L 层的 X 射线能量都低于相应层吸收限的能量。

测量 X 射线使用的激发源基本上都选择低能源。表 9.1 所列为几种常用激发源。

表9.1　常用激发源的核素性能

核素名称	半衰期	射线能量/keV(强度/%)	源活度/MBq	测量元素范围
^{55}Fe(铁)	2.744 a	5.90(25.05)MnK_αX 6.49(3.4)MnK_βX	150～1 200	Si～V,Rb～Ce
^{238}Pu(钚)	87.7 a	13.6(10.2)ULX	50～1 800	Ti～V,La～U
^{241}Am(镅)	432.6 a	26.34(2.27)γ 59.54(35.9)γ 13.9(36)NpLX	150～1 600	Cr～Tm
^{109}Cd(镉)	461.9 d	88.03(3.70)γ 22.16(55.1)Ag$K_{\alpha1}$X 21.99(29.2)Ag$K_{\alpha2}$X 24.90(17.92)AgK_βX 2.98(10.3)AgLX	30～250	Cr～Ru Sm～Np
^{153}Gd(钆)	240.4 d	59.67(2.42)γ 97.43(29.0)γ 103.18(21.1)γ 41.54(62.5)Eu$K_{\alpha1}$X 40.90(34.6)Eu$K_{\alpha2}$X 47.0(24.8)EuK_βX 5.85(22.7)EuLX	30～600	Tm～Fr
^{57}Co(钴)	271.74 d	14.41(9.16)γ 122.06(85.6)γ 136.47(10.68)γ 6.40(33.7)Fe$K_{\alpha1}$X 6.39(17.2)Fe$K_{\alpha2}$X 7.06(6.97)FeK_βX	30～300	Hf～Cf

9.1.3　煤灰知识

煤质量的关键性指标是煤的灰分、水分、挥发分及发热量。煤的化学成分很复杂，可以分为有机成分、水分、灰分等。煤的有机成分主要由碳、氢、氧、氮、硫5种元素组成。煤的发热量是单位质量的煤完全燃烧时放出的热量，主要由有机成分燃烧放出的。实际上，煤中矿物质燃烧时也有热反应，煤的水分会降低煤的发热量。各种元素的理论燃烧热是个常数。

煤的水分可分为3类：表面水分、吸收水分和化合水分。其中，表面水分是煤表面粘的水分；吸收水分是指煤的微孔、缝隙中的水分，吸收水分可达到1%～30%；化合水分即矿物结构中的结晶水。

灰分对煤的加工利用产生负面影响。以高炉为例，焦炭中每增加1%的灰分，产铁量将降低2.5%～3%，炉渣增加2.7%～2.9%，并严重影响铁的质量。煤灰还造成环境污染。所以，灰分是煤的重要指标。灰分可分为内在灰分和外在灰分，内在灰分来源于原生矿物质和次生矿物质，很难用选矿方法去除；外在灰分来源于外来矿源物质，比较容易用洗选方法去除。严格来说，灰分并不是煤的一种固有性质，因为煤中并不含“灰”。灰分是指在(815±10)℃的温度下，将一定量的煤中可燃物完全燃烧留下的残留物，经称重计算得到煤的灰分产率，习惯上称之为灰分($A\%$)。

煤中矿物质是构成灰分的主要成分，但二者又不等同。因为矿物质燃烧后化学组成变为氧化物形态。灰分中主要的固体成分是 SiO_2、Al_2O_3、Fe_2O_3、CaO、MgO、K_2O、Na_2O、TiO_2 等。同一煤矿的灰分差别较小，不同地区煤矿灰分成分差别很大。我国一些煤矿的灰分组成为：SiO_2 占 37.93%～56.33%，Al_2O_3 占 13.6%～33.59%，Fe_2O_3 占 4.73%～16.41%，CaO 占 0.23%～13.98%，MgO 占 0.5%～4.97%，TiO_2 占 0.81%～1.6%，K_2O+Na_2O 占 0.46%～3.34%，SO_3 占 0.45%～11.84%。

任何仪器都无法直接通过煤来测量灰分，只能通过测量煤中的矿物质来推算灰分。因为煤的灰分几乎全部来源于煤的矿物质。灰分产率与矿物质含量的关系有些计算式，最简单的是 Parr 计算式[2]：

$$MM = 1.08A + 0.55S_t \tag{9.1}$$

式中：MM(%)为煤中无机物矿物质含量，即单位质量煤中的无机物矿物质组分与煤的质量之比；A(%)为煤的灰分产率；S_t(%)为煤中全硫含量。

只要测出矿物质的含量，利用该计算式就可以算出灰分产率。灰分在煤中的比例差别很大，在我国商用煤中优质煤只有 5.08%，其灰分低于 8%；有 35.32%的煤其灰分在 8.01%～15.0%之间；有 43.11%的煤其灰分在 15.01%～25.0%之间；有 11.95%的煤其灰分在 25.0%～35.0%之间；有 3.74%的煤其灰分大于 35.01%。

矿物质中的待测元素，按原子序数由小到大排列，依次是 Mg、Al、Si、P、K、Ca、Ti、Fe。其 K_αX 射线能量依次是 1.254 keV、1.487 keV、1.740 keV、2.015 keV、3.314 keV、3.691 keV、4.510 keV 和 6.403 keV[3]。能量越低所产生的 X 射线被煤吸收的概率越大，在煤中穿行的距离越短，被测量到的概率越低。所以，被测到的元素主要是钾、钙、钛、铁等较高原子序数的元素。由于钛和钾在煤中的含量很低，所以真正在煤灰测量中测到的是钙和铁的 X 射线。

9.2 煤灰测量仪

采用源激发 X 射线直接测量煤灰的方法是煤灰测量仪，如图 9.1 所示。使用时双手握住手柄，将尖头直接插在煤堆上，放射源的 γ(或 X)射线从屏蔽体准直孔中射出，与煤灰元素碰撞，激发出 X 射线。由于 X 射线发射是各向同性的，必定有一部分向探测器散射，被探测器测量到。虽然放射源的 γ(或 X)射线是在很大的立体角射出的，但是由于灰分元素发出的 X 射线能量很低，很多被煤吸收，只有小部分被探测到，所以探测效率很低。直接测量方法仪表相对简单，只给出计数率，显示在仪表盘上。

在判断灰分含量上，预先测量出标准煤样计数率与灰分含量的线性函数，存入仪表。使用时，将测量出的计数代入函数中即可确定灰分值。一般此类仪器测量精度较差。

误差来源主要有两方面：第一，受煤的密度影响，如煤堆的密实与松散，γ 和 X 射线在煤中的穿透距离和吸收率都会发生改变，这些都会影响计数率；第二，因为不同原子序数的矿物质对计数率的贡献率差别很大，只测计数率无法反映这些差别带来的误差。此测量方法的优点是方便快捷，但终因误差较大，所以只适合于煤矿的内部管理。

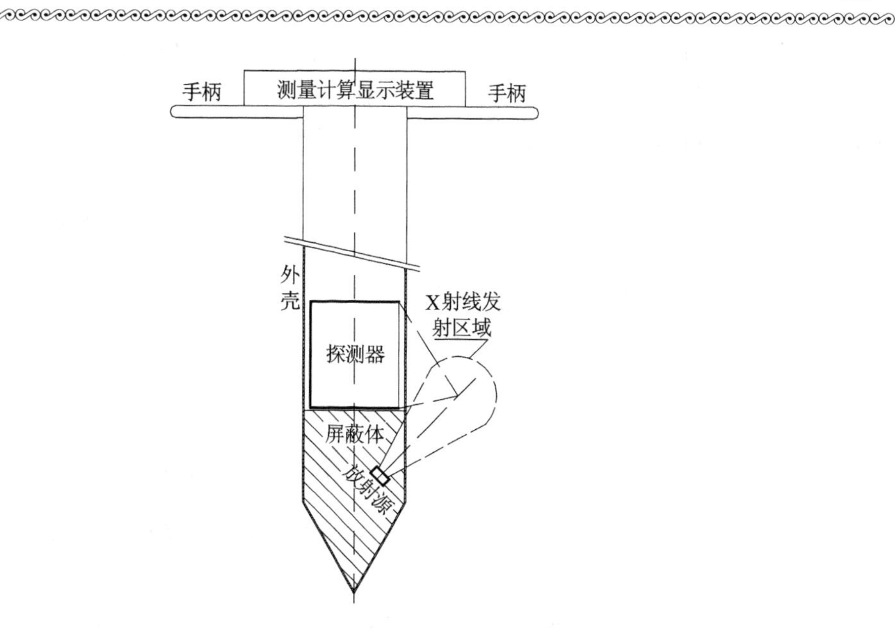

图9.1　煤灰测量仪示意图

9.3　能谱分析法

我们知道，待分析元素被激发出的 X 或 γ 射线都是单能的。当探测器将射线转化成正负离子对后，由于离子对的统计偏差，使得输出的脉冲已不是单一高度，而是成谱分布。多道分析器将接收探测器输出的脉冲按高度排列，就呈现出脉冲高度谱。其谱峰的高度正比于 X 或 γ 射线能量，谱峰的面积正比于元素含量，能谱分析原理就基于此。

能谱分析方法在许多利用 X 或 γ 射线的成分分析中被广泛使用。例如，低能 X 射线分析、瞬发 γ 射线中子活化分析（PGNAA）、缓发中子活化分析（NAA）等。瞬发分析是利用射线照射样品，实时测量激发出的 X 或 γ 射线。使用的激发源可以是 X 射线管、X 和 γ 射线源，也可以是质子、中子等其他粒子。缓发中子活化分析技术基本上都是由中子源或在反应堆里照射，活化成放射性核素，再进行能谱测量。

能谱分析使用的探测器可以是 NaI(Tl)、BGO 等闪烁探测器，也可以是 Ge(Li)、Si(Li)及高纯 Ge 等半导体探测器。Ge 探测器用于测量能量比较高的 γ 射线，它的能量分辨率很高，对 ^{60}Co 的 1.33 MeV γ 射线的分辨率可达到 0.1%；对 662 keV γ 射线的分辨率可达到 0.3%；而 NaI(Tl)最好的也只有 6.5%。Si(Li)探测器主要用于测量 X 和低能 γ 射线，它的能量分辨率也很好，对 ^{55}Fe 的 5.9 keV 的 X 射线达到 2%～3%。由于半导体探测器有很高的能量分辨率和很高的探测效率，所以可同时分析很多种元素。半导体探测器的劣势是必须在液氮下工作，除高纯 Ge 可在常温下保存之外，Ge(Li)和 Si(Li)都必须在液氮下保存。半导体探测器售价很高，如 Ge(Li)能谱仪每套售价 50 万～100 万元。因此，半导体探测器的应用范围受到限制。工业上在线测量多采用 NaI(Tl)等闪烁探测器。

图 9.2 所示为瞬发 X 或 γ 射线能谱分析仪的原理图。缓发 γ 射线能谱分析仪也是如此布置，只是没有放射源部分。图中为避免射线直接射入探测器，放射源需屏蔽。对于 X 射线

分析，因为样品密度对自吸收有影响，所以被测样品需要用压片机压制成样饼，压制时压力保持相同；有些采样量少的样品，还需加入其他非干扰元素再压制成样饼。探测器可以选用鼓型正比计数器或 NaI(Tl)等闪烁计数器，也可以是其他探测器。

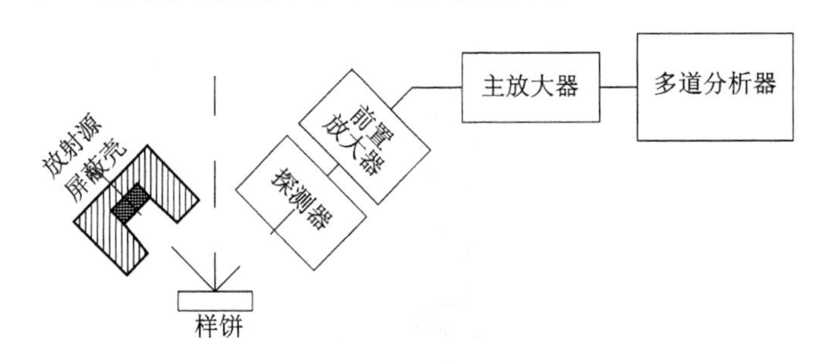

图 9.2 瞬发 X 或 γ 射线能谱分析仪原理图

瞬发 X 或 γ 射线在探测器中形成电脉冲，经过前置放大器和主放大器放大与整形，再送入多道分析器，显示脉冲高度谱。由于脉冲高度正比于射线能量，所以确定能谱中峰的能量应通过已知元素的峰值确定。能谱分析方法的测量精度高，数据处理比较复杂，所以更适合于实验室测量。对于煤灰测量，用能谱分析技术为其他在线测量方法提供煤灰标样是个不错的选择。若要详细了解能谱测量方法，可参考《应用 γ 射线能谱学》一书[4]。

9.4 双源分析法

9.4.1 基本原理

煤中含有轻元素有机组分和重元素的矿物质两大类。有机组分主要由$_{6}C$、$_{1}H$、$_{8}O$、$_{7}N$和$_{16}S$五种元素组成，其中碳含量最多，所以有机成分大体上相当于$_{6}C$，平均原子序数为 $Z=6$。矿物质中的元素主要是$_{11}Na$、$_{12}Mg$、$_{13}Al$、$_{14}Si$、$_{15}P$、$_{19}K$、$_{20}Ca$、$_{22}Ti$、$_{26}Fe$ 等，硅铝占比最大，平均原子序数约为 $Z=12$，相当于 Mg。如果把煤看作由有机组分和无机物矿物质两种混合物的组成，那么煤的质量减弱系数可由这两种混合物的质量减弱系数表示，即

$$\mu_{mc}=\eta_{o}\mu_{mo}+MM\cdot\mu_{ma} \tag{9.2}$$

式中：μ_{mc} 为煤的质量减弱系数；μ_{mo} 为有机组分的质量减弱系数；μ_{ma} 为无机物矿物质组分的质量减弱系数；η_{o} 为单位质量煤中的有机组分与煤的质量之比；MM 为单位质量煤中无机物矿物质质量与煤的质量之比。其中，MM 与 η_{o} 之和应等于 1，即 $\eta_{o}=1-MM$。由于质量减弱系数是 γ 或 X 射线能量的函数，当^{137}Cs 源的 γ 射线穿过厚度 d 和密度 ρ 的煤层时，计数率应当按下式变化：

$$N_{1}=N_{01}e^{-\mu_{mc1}\rho d} \tag{9.3}$$

当选用^{241}Am 源的 γ 射线穿过厚度 d 和密度 ρ 的煤层时，计数率应按下式变化：

$$N_{2}=N_{02}e^{-\mu_{mc2}\rho d} \tag{9.4}$$

式中：N_{01}、N_{02} 分别表示输送带无煤时^{137}Cs 和^{241}Am 的 γ 射线计数率；N_{1}、N_{2} 分别表示穿过煤层后^{137}Cs 和^{241}Am 的 γ 射线计数率；μ_{mc1}、μ_{mc2} 分别表示煤对^{137}Cs 和^{241}Am 的 γ 射线质量减弱系数，二者之比为

$$\frac{\mu_{mc2}}{\mu_{mc1}}=\ln\frac{N_{02}}{N_2}\Big/\ln\frac{N_{01}}{N_1}=B \tag{9.5}$$

式中：B 表示^{241}Am 与^{137}Cs 两个源的质量减弱系数或测量量的比值。将式(9.2)代入式(9.5)，得到 MM 与两种源在两种混合物组分中质量减弱系数的关系式，如下：

$$\mathrm{MM}=\frac{B\mu_{mo1}-\mu_{mo2}}{B(\mu_{mo1}-\mu_{ma1})-(\mu_{mo2}-\mu_{ma2})} \tag{9.6}$$

低能 γ 射线的质量减弱系数随能量的变化很大，随元素质量数的变化也很大。高能 γ 射线质量减弱系数对能量变化和元素质量数变化不敏感。例如，^{137}Cs 源 662 keV 的 γ 射线，对 $Z=6$ 的 C 和 $Z=12$ 的 Mg 来说，质量减弱系数分别为 $\mu_{mo1}=0.076\ 17\ \mathrm{cm^2/g}$ 和 $\mu_{ma1}=0.077\ 09\ \mathrm{cm^2/g}$，两者只相差 1%；而^{241}Am 源 59.54 keV 的 γ 射线，对 C 和 Mg 分别为 $\mu_{mo2}=0.165\ 8\ \mathrm{cm^2/g}$ 和 $\mu_{ma2}=0.228\ 2\ \mathrm{cm^2/g}$，两者相差 37.6%。因此近似有 $\mu_{mo1}\approx\mu_{ma1}$，代入上式可简化为

$$\mathrm{MM}=\frac{\mu_{mo1}}{\mu_{ma2}-\mu_{mo2}}\cdot B-\frac{\mu_{mo2}}{\mu_{ma2}-\mu_{mo2}} \tag{9.7}$$

将式(9.1)代入上式，可得到灰分产率 A：

$$A=\frac{\mu_{mo1}/1.08}{\mu_{ma2}-\mu_{mo2}}\cdot B-\left(\frac{\mu_{mo2}/1.08}{\mu_{ma2}-\mu_{mo2}}+\frac{0.55}{1.08}\cdot S_t\right) \tag{9.8}$$

煤中含硫量很小，我国大型矿务局原煤产量和商品煤中，绝大多数硫含量 $S_t\leqslant 1\%$，所以硫可以忽略，上式可以写为

$$A=k\cdot B+a \tag{9.9}$$

其中，系数 k 和 a 分别为

$$k=\frac{\mu_{mo1}/1.08}{\mu_{ma2}-\mu_{mo2}} \tag{9.10}$$

$$a=-\frac{\mu_{mo2}/1.08}{\mu_{ma2}-\mu_{mo2}} \tag{9.11}$$

从以上推导可以看出，灰分产率 A 与由测量计数得到的 B 呈线性关系。k 和 a 是线性函数式(9.9)的斜率与截距，可算出 $k=1.13$，$a=-2.46$。当煤中有机组分和矿物质化学成分不变或变化很小时，式中的质量减弱系数相对固定，k 和 a 才是此值。

实际上，煤中有机物和矿物质成分并不是一成不变的，不同地区，不同煤矿的化学成分也不完全相同，有些变化还很大，因此 k 和 a 也会变化，这是误差来源之一；另外，式(9.3)和式(9.4)成立的条件是窄束、薄层，实际使用时是在宽束、厚层下测量的，这也会给 k 和 a 带来误差。解决的办法就是通过对若干种煤样事先分析出灰分产率 A，标定出 k 和 a，使用分析出的 k 和 a 进行测量，就会减少测量误差[5-7]。

9.4.2　实时测量

双 γ 射线源测煤灰的方法具有快速、实时测量的特点，很适合安装在皮带输送机上，长期、实时地监测入炉煤灰。测量装置分为两套系统，一套是^{137}Cs 源和探测器，另一套是^{241}Am 源和探测器。安装时放射源在皮带上方，探测器在下方，放射源与探测器竖直放置。两套系统一前一后沿皮带运行方向安装，相距 50 cm 左右，以两源射线互不干扰为宜。两系统与皮带边沿

的安放距离应相同，以确保煤层通过时有相同的厚度。

探测器可以采用电离室，也可以采用 NaI(Tl)等闪烁探测器。因电离室输出的是电压，所以计算机内需要插入 A/D 卡；对于输出计数的闪烁探测器，计算机内需要插入脉冲计数器卡。测量数据通过微机进行计算和管理。

安装前应评估放射源 γ 射线是否能够穿透煤层。对^{137}Cs 源的 γ 射线，即使煤层 1 m 厚，也没有问题，但^{241}Am 源的 γ 射线能量较低，吸收强烈，需要评估。

煤中的矿物质含量占小部分，主要是有机组分。一般来说，绝大多数煤矿的矿物质不会超过 20%。以煤的成分矿物质约占 20%，有机成分约占 80%为例，采用^{241}Am 源的 γ 射线源，其质量减弱系数约为 $\mu_{mc}=0.215\ 72\ cm^2/g$。若探测器与源距离为 R(cm)，煤层厚度为 d_c(cm)，探测器采用 NaI(Tl)晶体，则其计数率 n(γ/s)为：

$$n=\frac{\pi r^2}{4\pi R^2}\cdot f\cdot e^{-\mu_{mc}\rho_c d_c}\cdot A\cdot Y \tag{9.12}$$

式中：r 为圆柱形 NaI(Tl)晶体的半径，单位为 cm；f 为 NaI(Tl)的本征效率；ρ_c 为煤的密度，单位为 g/cm^3；A 为放射源的活度，单位为 Bq；Y 为 γ 射线能量的分支比。

例如，$R=100$ cm，$r=3.81$ cm，$f=100\%$，$\rho_c=1.4\ g/cm^3$，$d_c=30$ cm，$A=3.7\times10^9$ Bq，^{241}Am 源的 γ 射线能量为 59.54 keV 的分支比 $Y=35.9\%$，可算出 $n=56$ γ/s。如果要求计数误差达到 1%，就得每次计到 10^4，相当于 3 min 取一次数；如果 $d=10$ cm，$n=2.35\times10^4$ γ/s，则只需每秒取一次数就可以了。所以，测量的煤层不能太厚，以 10 cm 左右为宜。

输送带煤层厚度取决于皮带宽度，按照“TD75 通用固定式带式输送机”系列，皮带规格有 500 mm、650 mm、800 mm、1 000 mm、1 200 mm 和 1 400 mm，其他规格甚至可达 2 000 mm。所以皮带宽载煤流量大，煤层最大厚度甚至超过 1 m。皮带输送机上的煤层厚度是中间最厚，越向两边越薄。所以，对于宽皮带尽量靠皮带边沿安装，以保障测量的煤层不会过厚。

参考文献

[1] 吉昂，等. X 射线荧光光谱分析仪[M]. 北京：科学出版社，2002.
[2] 陈鹏. 中国煤炭性质、分类和利用[M]. 北京：化学工业出版社，2007.
[3] NuDat2. 8. nuclear level properties[DB/OL]. [2021-01-08]. http://www.nndc.bnl.gov/nudat2.
[4] 克劳塞梅尔 G E. 应用 γ 射线能谱学[M]. 高物，伍实，译. 北京：原子能出版社，1977.
[5] 沃尔夫 M E. 双能 γ 射线在线测灰仪[J]. 李建国，译. 选煤技术，1992(2)：50-52.
[6] 胡祖忠. 浅析 γ 辐射煤灰分仪的测量误差与改进[J]. 湖南冶金，2005，33(5)：33-36.
[7] 马永和，等. 成分对双能 γ 射线穿透法测灰的影响[J]. 核电子学与探测技术，1989，9(6)：324-328.

第 10 章 瞬发 γ 射线分析技术

10.1 瞬发 γ 分析的发展

中子活化分析(Neutron Activation Analysis,NAA)首先是由匈牙利化学家 G. 赫维西和 H. 莱维在 1936 年实现的[1]。他们测量稀土矿样 Y_2O_3 中的镝,用镭铍中子源轰击^{164}Dy,发生^{164}Dy(n,γ)^{165}Dy 反应,热中子俘获截面 2 700 b。最终生成半衰期为 2.334 h 的^{165}Dy。成功测量出 Y_2O_3 矿样中镝的含量为 1 mg/g。随着探测器技术的发展,NAA 技术逐渐得到广泛应用。中国科学院高能物理研究所(前身为中国科学院原子能研究所)放射化学研究室早在 20 世纪五六十年代,在著名放射化学家杨承宗和冯锡璋教授的领导下,就开始了放射化学和 NAA 技术的研究,并培养出了柴之芳院士等一大批放射化学和核分析技术学家。那时还没有先进的能谱测量手段,研究工作主要集中在放射化学同位素分离方法上。我国有了反应堆后,把样品装入木质或纯铝罐中,送入反应堆芯进行照射,取出后,加入一定量的待分析放射性元素的稳定同位素,通过化学方法把被活化了的待测同位素与稳定同位素一起分离出来。用计数管或 NaI(Tl)闪烁探测器和定标器做计数测量,确定元素含量。到了 20 世纪 70 年代,我国引进了先进的 Ge(li)和 Si(Li)探测器等能谱分析仪器和计算机系统,活化分析进入了由同位素分离到仪器分析的时代。经过反应堆照射的样品,不用再做同位素分离,直接制源,在能谱仪上测量 γ 峰面积计算含量。这一转变使得分析精度高,速度快,可以同时分析多种元素;由于反应堆中子注量率大,NAA 技术可以探测出小于 10^{-10} g 的痕量元素。因此,NAA 技术推广应用到地球化学、宇宙科学、环境科学、考古学、生命医学和材料科学等方面,并有许多文章发表。

NAA 技术基本上用来分析长寿命放射性同位素。对于稳定核素、短寿命放射性核素,例如一些轻元素(H、B、N、P 等),就没有办法分析了。近年来,随着反应堆中子束流装置、中子管、核电子学仪器及数据库的发展,瞬发伽马中子活化分析(Prompt Gamma Neutron Activation Analysis,PGNAA)技术应运而生,并不断发展。利用反应堆中子束建立的 PGNAA 装置,已经在高灵敏度元素分析领域中得到广泛应用[2]。

在工业上,钢铁厂、水泥厂、大型铝厂、大型火电厂等都急需在线分析。例如,钢铁厂需要在线分析入炉焦炭含硫量、水分及灰分;水泥厂需要在线分析入窑生料中的 Si、Al、Fe、Ca、O 等元素含量;大型火电厂需要及时了解煤中的水分、灰分、挥发分、发热值、含硫量等指标,以便及时调控锅炉的燃烧,提高效率,控制污染。

最可行的在线测量手段就是 PGNAA 方法。从理论上讲,因各种元素(除氦核之外)都会发生热中子(n,γ)反应,并发射特征的瞬发高能 γ 射线[3]。通过测量特征 γ 射线,就可实现在线元素含量分析;又因中子不带电,容易深入大量物料深处,所以从 20 世纪 80 年代起,先在美国,后在澳大利亚开始研制大块物料的中子在线分析仪器。到 20 世纪 90 年代后期,使用^{252}Cf 中子源的分析装置开始用于工业。热中子(n,γ)反应一般核素都有很大的截面,但是对碳和氧截面却很小，无法用热中子测量。使用快中子(n,nγ)反应的瞬发γ射线可以测量碳和氧，但是^{252}Cf中子的平均能量只有2.13 MeV，低于碳和氧的第一激发态，不能发生非弹性散射，无法测定碳和氧的成分，而且^{252}Cf中子源半衰期短，价格昂贵。因此，14 MeV氘-氚中子管替代^{252}Cf中子源成为PGNAA应用的关键技术。

20世纪末，美国西肯塔基大学研制成功氘-氚中子管与BGO探测器的测煤实验装置，对煤做元素含量分析。其装置是利用提升机将煤送入混合筒进行测量。由于中子管的寿命太短，此装置未能推广应用[4]。

1998年，法国SODERN公司生产的中子管发射率达到5×10^7 n/s，寿命达到4 000 h，他们与德国KRUPP POLYSIUS公司合作，制造出了水泥在线分析装置。

2002年，南京大陆中电公司与法国合作生产出了煤的在线分析装置，该装置安装在皮带输送机上，对发电用煤做在线分析，只是水分还需用微波测水仪做取样分析。此装置每台售价400万元，截至2008年，在国内已销售了30多台。

我国自20世纪70年代就开始了中子管的研制，经过几十年的改进，已有产品面市。

10.2 中子核反应

由于中子不带电，几乎不与核外电子发生作用，只与原子核作用。根据中子与靶核作用结果的不同，一般将中子与原子核的作用分成两大类：散射和吸收。其中，散射又包括弹性散射和非弹性散射，吸收则包含辐射俘获、发射带电粒子及核裂变等多种核反应。

10.2.1 中子散射

1. 弹性散射

弹性散射反应式为(n,n)，反应能为$Q=0$。弹性散射又可细分为势散射和共振弹性散射。势散射是中子未进入靶核内，只到达靶核表面，与靶核力场发生作用的散射；共振弹性散射是中子已进入靶核，形成复合核，然后又把中子放出来，靶核仍处于基态的散射。在弹性散射过程中，中子与靶核间虽然进行了动能交换，但并未改变粒子的类型，也未改变内部的运动状态。散射前后系统的动能和动量是守恒的。所以，弹性散射过程完全可以把中子和靶核看成为弹性球，使用经典力学处理。

弹性散射的特点：在低能部分，弹性散射截面近似为常数，随着中子能量的增加而逐渐降低。当中子能量与靶核的某些量子态接近时，还会出现共振散射，散射截面形成一系列的共振峰。对于一些轻核，低能中子的弹性散射起主要作用。

2. 非弹性散射

非弹性散射反应能$Q<0$，为吸能反应。反应式包括(n,n′)、(n,2n′)、(n,3n′)等。非弹性散射是复合核放射中子的反应。非弹性散射反应是阈能反应，只有中子能量超过靶核激发态时才能发生反应。

(n,n′)反应是快中子能量高于靶核第一激发态时，中子与靶核形成激发态复合核，中子又被释放出来的反应。它与共振弹性散射反应的区别是：共振弹性的复合核没有形成激发态，放出的中子能量没有改变，没有γ射线发射；而(n,n′)反应放出的中子能量已经降低，失掉的能量用于激发复合核，复合核退激时又会发射 γ 射线。所以，有时将非弹性散射也写成(n,n′γ)反应。在(n,n′)反应中，当靶核处在第一激发态上时，发射的 γ 射线往往只有单一特征的 γ 射线。如果中子能量足够高，在发射一个中子后，剩余的能量还能激发出 1 个或更多个中子，就会发生(n,2n′)、(n,3n′)等反应，也会发射多条 γ 射线。发射多中子反应的阈能一般在 6～12 MeV 之间，通过此反应可以得到中子倍增。非弹性散射发射的 γ 射线绝大多数为瞬发，寿命一般为 10^{-12}～10^{-14} s，只有少数同质异能素才有较长的寿命。(n,n′)反应靶核第一激发态的能量随原子序数的增大而逐渐降低。轻核的能量一般都在几 MeV 以上，到中重核降至 100 keV 左右，如 ^{238}U 第一激发态的能量就只有 45 keV。非弹性散射的特点是中子能量在靶核阈值以上才有反应，非弹性散射截面 $\sigma_i \propto E_n{}^{1/2}$，随中子能量的增加而增大。

10.2.2 中子吸收

中子吸收反应是中子被吸收而又不放出中子的反应。吸收反应形式主要为：(n,γ)辐射俘获，(n,α)和(n,p)带电粒子反应，以及(n,f)裂变反应等。吸收反应是放能反应，反应能 $Q>0$。吸收反应的特点是，只在低能中子中才有反应，截面呈 $\sigma_a \propto 1/v$，随中子速度 v 的增加而下降。

1. 带电粒子反应

一般来说，因为带电粒子要穿过库仑势垒，势垒高度近似与原子序数 $Z^{2/3}$ 成正比，核越重势垒高度越高。所以，发射带电粒子的反应在慢中子能区只有为数不多的几个轻核可产生这类反应，如 ^{3}He(n,p)、^{6}Li(n,α)、^{10}B(n,α)等。对于中重核及重核，在中子能量足够高时才会发生这类反应，一般反应截面都不大。

2. 辐射俘获反应

辐射俘获(n,γ)反应是靶核吸收中子形成了激发态复合核，退激到基态时发射 γ 射线的反应。(n,γ)与(n,n′γ)反应的区别是：(n,n′γ)反应能量靠入射中子提供，所以入射中子必须有足够高的能量时才会发生；(n,γ)反应是放能反应，不需要入射中子提供能量。所以，发生(n,γ)反应时，入射中子的能量一般很低。放出的 γ 射线可能有一条，也可能有多条，各条的发射强度也不尽相同。辐射俘获退激后的复合核，有的是稳定核，有的是不稳定核。不稳定核大部分再经过 β 衰变退激，并发射 γ 射线。所以，辐射俘获反应发射的 γ 射线有瞬发的，也有缓发的。瞬发的是复合核退激时发出的，缓发的是复合核衰变后的子核发出的。一般来说，辐射俘获截面大体上都经过中子速度的 $1/v$ 规律区、共振区和平滑区。中子的速度 v 越慢被吸收的概率就越大，发生(n,γ)反应的概率也就越高。所以，热中子(n,γ)反应截面一般较大。几乎所有核素都可与热中子发生俘获反应，只有 ^{4}He 是例外，无(n,γ)反应。有文献列出了 $Z=1$～83(除 ^{4}He 和 $_{61}$Pm 之外)核素的全部瞬发 γ 射线能量、强度及反应截面等参数[5-6]。

中子激发的(n,n)、(n,n′)、(n,γ)、(n,α)等核反应，在同一靶核中相互竞争，都有发生概率。在不同的能量段各有优势，反应截面各有大小。了解各类核反应截面图及数据等资料，可以通过 ENDF 数据库查找[7]。

在工业上的 PGNAA 的应用中，一般首先选择热中子(n,γ)反应，对于绝大多数元素，具有反应截面大、γ 射线产额和探测灵敏度高的优点；对于俘获反应截面很小的核素，如碳和氧等，则可选择快中子(n,n′γ)反应。

10.3 中子源和中子管

10.3.1 中子源

工业上常用的中子源有放射性中子源、裂变中子源和中子管等。放射性中子源获得中子有3种途径:第一种是将α衰变核素如^{241}Am与Be粉混合,发生^{9}Be(α,n)^{12}C反应产生中子。此类中子源广泛应用于石油测井中。一般中子发射率约为4.4×10^{7} n/s,放射源的α衰变活度很高,如^{241}Am的活度可达7.4×10^{11} Bq。第二种是将γ衰变核素如^{24}Na、^{124}Sb等与Be粉混合,发生^{9}Be(γ,n)^{8}Be反应产生中子,其反应阈能为1.67 MeV。^{24}Na的γ射线能量为2.754(99.855) MeV,^{124}Sb的γ射线能量为1.691(47.57) MeV和2.091(5.49)MeV。第三种是由自发裂变核素获得中子。一般重核都有两种反应:α衰变和自发裂变,并各有自己的半衰期。通常自发裂变半衰期比α衰变半衰期长若干个数量级,所以自发裂变强度非常小。只有^{252}Cf的α衰变半衰期为2.645 a,强度为96.91%,自发裂变半衰期为85.5 a,强度为3.09%,所以^{252}Cf是目前唯一能制作高通量小型中子源的放射性核素。^{252}Cf每次裂变平均放出3.52个中子,^{252}Cf中子产额为2.31×10^{12} n/(s·g)。伴随^{252}Cf衰变也有一些γ射线,γ射线的平均能量约为1 MeV,由于中子发射率很高,γ射线吸收剂量率相对很小。根据资料整理出的常用中子源参数列于表10.1[8-11]中,表中$\bar{E}$为中子的平均能量,E_{max}为中子的最大能量。

表10.1 常用中子源的参数

中子源	反应类型	放射性半衰期	中子产额	$\bar{E}$/MeV	E_{max}/MeV	中子能谱	γ照射量率/(mR·h^{-1})(10^{6} n/s距源1 m)
^{24}Na-Be	(γ,n)	14.997 h	3.51 n/(s·MBq)	0.83	0.83	单能	1.5×10^{4}
^{124}Sb-Be	(γ,n)	60.20 d	5.14 n/(s·MBq)	0.029	0.029	单能	5.2×10^{3}
^{210}Po-Be	(α,n)	138.4 d	67.6 n/(s·MBq)	4.2	10.87	连续	0.01~0.04
^{226}Ra-Be	(α,n)	1620 a	405 n/(s·MBq)	4.0	13.08	连续	40~60
^{238}Pu-Be	(α,n)	87.7 a	54.1 n/(s·MBq)	4.5	11.3	连续	0.01~0.5
^{239}Pu-Be	(α,n)	24 110 a	43.2 n/(s·MBq)	4.1	10.74	连续	0.01~1.7
^{241}Am-Be	(α,n)	432.6 a	54.1 n/(s·MBq)	4.5	11.5	连续	0.01~1
^{252}Cf	(f,n)	2.645 a	2.31×10^{6}/(s·μg)	2.13	13.0	连续	0.08

由于^{210}Po-Be半衰期太短,在工业上已不大使用了。^{226}Ra-Be中子源的^{226}Ra的半衰期很长,有九代衰变链,衰变到^{206}Pb才成稳定核素。几乎所有的γ射线都是其子代^{214}Pb、^{214}Bi、^{210}Tl和^{210}Pb发射的。^{226}Ra的子代半衰期都很短,约经过40 d就能达到久期平衡。这时^{226}Ra衰变1次,就有大约2.06个γ发射,平均能量为0.765 MeV,相当于每产生1个中子约发射5 900个γ射线。所以,目前中子测井更多的选择^{238}Pu-Be和^{241}Am-Be,其具有低γ发射率的放射性中子源,而PGNAA元素分析产品中使用的基本上都是中子管。

由于^{252}Cf的半衰期短,价格非常昂贵,每克2 700万美元[12],所以目前^{252}Cf中子源更多的是应用在中子照相或制成小型仪器,用来探测飞机和武器部件的腐蚀、焊点、裂痕及内部湿气等缺陷。另外是医疗方面，如治疗癌症。由于^{252}Cf中子源可以做得很小很细，可以把中子源经过软管送到人体器官肿瘤部位，或者植入人体的肿瘤组织内进行治疗，特别是对子宫癌、口腔癌、直肠癌、食道癌、胃癌、鼻腔癌等有较好的疗效。

10.3.2 中子管

中子管是利用 $T(d,n)^4He$ 和 $D(d,n)^3He$ 两种核反应产生中子的，前者的反应能为 $Q=17.6$ MeV，后者的为 $Q=3.269$ MeV。根据能量和动量守恒，可以计算出出射中子和反应产物的动能。实际上反应后，Q 与入射粒子的动能变成中子和反应产物的动能，并在两者之间分配。中子管的中子能量与入射粒子与出射中子之间的夹角 θ 有关，当 $\theta=0°$时，中子的动能最大。对于 $T(d,n)^4He$ 反应，在入射氘核动能不大的情况下，最大的中子动能为 14.1 MeV；对于 $D(d,n)^3He$ 反应，最大的中子动能要小得多。

目前常用的中子管是 D-T 中子管，其内部由离子源、加速系统、靶及气压调节系统组成，全部密封在玻璃、陶瓷和不锈钢真空管内，成为一支真空管件。离子源是一个稳定的自持放电器件。氘气储存在离子源的储存器中，由气体控制电路和阳极高压共同作用，按使用要求释放氘气，并在离子源电离室中电离成正离子，经 120 kV 的负高压加速，轰击吸附在 Al_2O_3 靶表面上的氚，发生 $T(d,n)^4He$ 反应，产生动能最大为 14.1 MeV 的中子。

中子管最重要的指标是中子发射率和使用寿命。最先进的中子管是使用氢钪化物靶，预计中子发射率可达到 3.4×10^{14} n/s，而且有稳定的束流。束流即可用脉冲调制，也可使用连续波运行，不用时可以关闭，使用寿命超过 4 000 h。

我国早在 20 世纪 70 年代就开始了中子管的研究，西安石油勘探仪器总厂、东北师范大学和孙汉城教授领导的北京深鸣远科技开发中心等单位已经研制成功了系列产品。国内也在使用一些进口产品，例如法国的中子管产品。目前，中子管商品的主要指标如表 10.2 所列[13-15]。

表 10.2 中子管商品的性能

产 地	型 号	中子能量/MeV	中子发射率/$(n\cdot s^{-1})$	使用寿命/h
美国 MF Physics	A-221	14	$>1.0\times10^8$	>500
	A-820	14	$>1.0\times10^9$	>1 000
俄罗斯 ALL-RUSSIA INSTTTUTE OF ASTOMATICS RFMINATOM	ING-013	14	1.6×10^{10}	100
	ING-17	—	5.0×10^8	500
法国 SODERN	GENTE 16GT	14	$>2.0\times10^8$	4 000
德国 EADS 公司	FS-NG1	14	1.6×10^8	>10 000
西安石油勘探仪器总厂	MZ60	14	$>5.0\times10^9$	>100
	MZ30-A	14	$>5.0\times10^8$	>300
东北师范大学	NGW-751	14	$>1.0\times10^8$	400
北京深鸣远科技开发中心	—	14	2×10^8	1 000
			5.0×10^7	4 000

10.4 探测器的选择

在工业上使用 PGNAA 技术进行在线元素分析，对探测器性能的要求主要是探测效率，能量分辨率和适应环境的能力。半导体探测器有非常好的能量分辨率，例如 Ge(Li)探测器对 662 keV γ 射线的分辨率可达到 0.3%，而 NaI(Tl)最好的也只有 6.5%。但 Ge(Li)探测器只能在低温下储存和工作，无法适应现场的工作环境，这就限制了其在线分析的应用。所以，PGNAA 首选的探测器是闪烁晶体探测器，它的功能就是将一个高能 γ 射线转换为荧光，输出一个脉冲。闪烁晶体探测器的探测效率已在 4.2 节中介绍。影响闪烁晶体能量分辨率的因素较多，如发光效率、光子产额以及波长与光电倍增管的配合等。总之，γ 射线产生的光子越多，统计偏差就越小，分辨率也就越好。

在工业上，早期应用的闪烁晶体是 NaI(Tl)。20 世纪 70 年代，BGO($Bi_4Ge_3O_{12}$ 锗酸铋)闪烁晶体出现后，因其密度达到 7.13 g/cm^3，且有很高的探测效率，所以在工业中得到广泛应用。20 世纪 90 年代，稀土闪烁晶体以铈激活的过氧正硅酸钆 Gd_2SiO_5 问世，稀土晶体受到重视。随着高密度、高分辨率、快的荧光衰落时间、高稳定性的晶体不断涌现，例如，2001 年研制成功的 $LaCl_3$(Ce)，对 662 keV γ 射线的分辨率达到 3.1%；接着问世的 $LaBr_3$(Ce)，对 662 keVγ 射线的分辨率达到 2.85%(参见 4.2.3 小节)。这使得 PGNAA 技术在工业中的应用更加广泛。

10.5 PGNAA 设计

10.5.1 中子管慢化设计

对中子管慢化装置的设计首先要考虑提高热中子输出率，降低装置周围的剂量率。对中子管慢化装置设计已有许多人做过相关的研究[15-18]，尤其是黄红等人，用不同的材料对中子管进行蒙特卡罗模拟计算，提出了如图 10.1 所示的优化方案。以下将重点介绍他们的方案。

该装置主要由中子管、中子慢化层、铅反射层、含硼聚乙烯(碳化硼 5%)中子吸收层及 γ 射线铅吸收层组成。中子管外壳为氧化铝陶瓷，体积为 $\phi 3$ cm×30 cm，发射率为 3×10^7 n/s。

慢化选择轻重材料相间组合。对材料的要求，既要考虑慢化充分，又要考虑慢化过程少损失中子。慢化主要是靠弹性与非弹性散射反应。对于 14.1 MeV 的快中子，用非弹性散射截面大和阈能低的重金属材料慢化；对中能以下的中子，则用轻核材料，利用其弹性散射减速能力强的特点慢化。也就是说，快中子被重核慢化到轻核的第一激发态以下，再由轻核继续慢化成热中子。该装置选择铅板和聚乙烯板作慢化剂。慢化层的面积为(60×60)cm^2，分 9 层叠压，5 层聚乙烯板间插入 4 层铅板制作。聚乙烯和铅板厚度均为 1 cm。

高原子序数物质是较好的中子反射材料。中子反射层选用铅，在中子管四周围成高 27 cm、厚 25 cm 的铅层，这样可以使中子向上的出射率提高 1.8 倍。

中子吸收层由含硼聚乙烯构成，碳化硼含量为 5%。硼是最好的中子吸收材料，与热中子发生 $^{10}B(n,\alpha)^7Li$ 核反应，^{10}B 在硼中的丰度是 19.8，反应截面为 3 837 b。中子吸收层由慢化层和反射层将中子管包围起来，形成高 67 cm、长宽各 140 cm 的吸收层，使得侧面和底面中子出射率大大降低，但向上的低能中子出射率达到最大。

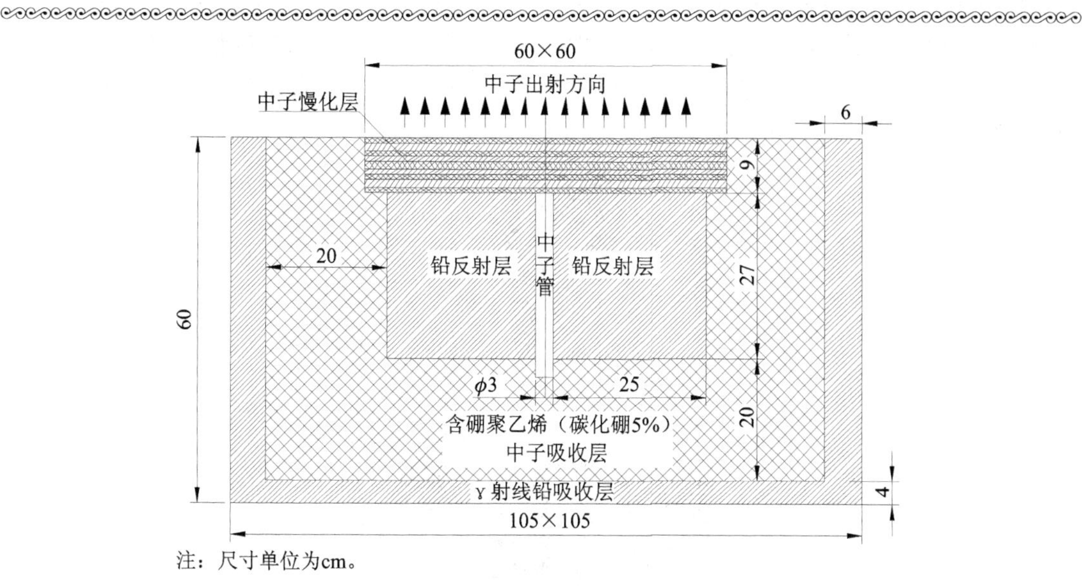

图 10.1 中子管慢化屏蔽装置

在慢化层和吸收层中，中子会与轻元素反应产生高能γ射线。例如，与^{1}H 发生非弹性散射(n,n′γ)反应时，产生$E_{\gamma}=2.23$ MeV 的γ射线；与^{12}C 发生非弹性散射反应时，产生$E_{\gamma}=4.433$ MeV 的γ射线等。为了中子慢化装置外面的防护安全和防止慢化γ射线对被探测器的干扰，必须把这些γ射线屏蔽掉。铅是较好的屏蔽材料，所以在最外层侧面增加了 10 cm 厚、底面8 cm 厚的铅屏蔽层。

中子慢化装置的设计模拟计算结果：低能中子向上的出射率为 4.56×10^{6} n/s，占中子管产额的 27.7%，比单用聚乙烯有显著提高；侧面中子发射率为 4.89×10^{3} n/s，底面中子发射率为 5.43×10^{4} n/s；侧面的γ射线发射率约为 8×10^{2} γ/s，底面的γ射线发射率也很低。γ射线比中子对剂量当量率的贡献小很多。

根据中子管慢化屏蔽装置的总体设计，体积为 105 cm×105 cm×60 cm，可算出质量为 3.24 t，其中铅为 2.85 t，聚乙烯为 0.39 t。此设备太过庞大。

若改成体积为 φ105 cm×60 cm 的圆形设计，则质量为 2.66 t，铅为 2.38 t，聚乙烯为 0.28t，与上述质量相比，重量减小了 18%。这对中子向上的出射率不会有影响。

根据慢化装置侧面和底面的中子发射率，可以算出侧面和底面的中子通量率分别为 1 597 n/(cm^{2}·h)和 23 679 n/(cm^{2}·h)。从相关资料中可查到热中子的最大剂量当量转换系数为 $h_{M}=10.7$ pSv·cm^{2}(参见表 13.5)，则侧面和底面的中子最大剂量当量率分别为 0.02 μSv/h 和 0.25 μSv/h。

依照 GB 11806—2019《放射性物质安全运输规程》8.4.2.3 中的“b)在常规运输条件下，运输工具外表面上任一点的辐射水平应不超过 2 mSv/h”的规定，装置的侧面及底面中子最大剂量当量率为 2 mSv/h 为原来的 1/8 000。如果照运输规定设计，则可以进一步大大缩小装置的体积和质量。

10.5.2 瞬发γ的估算式

1. 测量布置

在 PGNAA 应用中，例如在皮带输煤机上进行在线煤分析时，由于条件的限制，中子管、探测器与待测煤样之间相距较远，使得探测效率大大降低，这对提高分析精度，减少误差十分不利。找出中子管、探测器与样品间的数学关系，对优化布局、提高探测效率是非常重要的。在线 PGNAA 测量布置如图 10.2 所示。

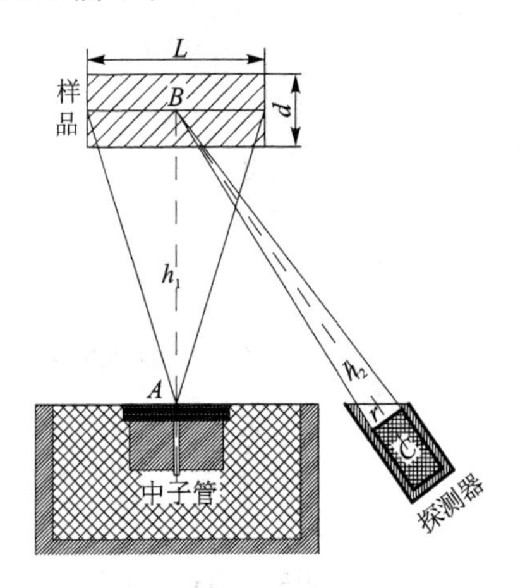

图 10.2 在线 PGNAA 测量布置

假设中子产额没有损失的完全慢化成热中子，并且热中子各向同性地从 A 点向外辐射；样品放在 B 点，与 A 点的距离为 h_1；探测器放在 C 点，晶体表面与 B 点的距离为 h_2。待分析元素为 X，其被分析的同位素用 X_F 表示；反应生成的核素用 X_k 表示，热中子俘获反应式为 $X_F(n,\gamma)X_k$。这里假定反应产生的 γ 射线都是从 B 点各向同性地向外辐射。

2. 中子注量率

设中子管中子发射率为 S_n(n/s)，在忽略中子束被样品衰减的情况下，B 点的热中子注量率 ϕ(n/(cm^2 · s))为

$$\phi = \frac{S_n}{4\pi h_1^2} \tag{10.1}$$

3. 核的产生率

设样品中待分析元素 X 的同位素 X_F 发生(n,γ)反应，在 $h_1 \gg L$ 情况下，X_k 生成率 Q_K(s^{-1})近似为

$$Q_K = \frac{W \cdot \omega_X \cdot \theta_F}{M_F} \cdot N_A \cdot \sigma_F \cdot \phi \tag{10.2}$$

式中：W 为样品的总质量，单位为 g；ω_X 为元素 X 在样品中的含量，单位为%；θ_F 为同位素 X_F 的丰度，单位为%；M_F 为同位素 X_F 的摩尔质量，单位为 g/mol；N_A 为阿伏伽德罗常数，单位为 mol^{-1}；σ_F 为待分析元素的同位素 X_F 热中子辐射俘获截面，单位为 cm^2。

Q_k 的意义是单位时间核素 X_k 的生成个数，由于是瞬发，故也是单位时间衰变个数，其为常数，不随时间变化。

4. 全能峰计数率

如果测量 X_k 发射能量为 E_j 的瞬发 γ 射线，其分支比为 $P(E_j)$，并假定 γ 射线的发射是各向同性，在忽略样品对 γ 射线的吸收，并且 $h_2 \gg 2r$ 的情况下，探测器测到能量为 E_j 的 γ 射线全能峰计数率为 n_j：

$$n_j = Q_k \cdot P(E_j) \cdot \frac{\pi r^2}{4\pi h_2^2} \cdot f_j \tag{10.3}$$

式中：f_j 是能量为 E_j 的全能峰探测效率。

将式(10.1)和式(10.2)代入上式，得

$$n_j = \frac{W\theta_F N_A \sigma_F P(E_j)}{16\pi M_F} \cdot S_n f_j \cdot \left(\frac{r}{h_1 h_2}\right)^2 \cdot \omega_X \tag{10.4}$$

5. 比例系数

由式(10.4)可知，待测元素 X 在样品中的含量 ω_X 与同位素 X_F 全能峰计数率 n_j 成正比，比例系数为

$$C_X = \frac{16\pi M_F}{W\theta_F N_A \sigma_F P(E_j) S_n f_j} \cdot \left(\frac{h_1 h_2}{r}\right)^2 \tag{10.5}$$

$$\omega_X = C_X \cdot n_j \tag{10.6}$$

式(10.5)和式(10.6)是图 10.2 所示布置的理论计算式。利用理论计算式可以评估设计，调整布局。在 PGNAA 工业应用中，为了提高元素含量的测量精度，减少采样时间，往往追求 n_j 的最大化。由式(10.4)可以看到，提高中子源的中子发射率 S_n，扩大测量样品量 W，减少 h_1、h_2 的距离，提高探测器探测效率 f_j，都是增大全能峰计数率 n_j 的方法。

6. 系数标定

在在线测量中大都采用相对测量方法，就是通过实际标定找出系数 C_X。例如，对安装在输煤皮带机上的 PGNAA 测量设备可以通过标定确定 C_X。标定可以消除理论的不足，减少测量误差。标定方法是让实际使用中的皮带机暂停下来，在 PGNAA 测量段，选择有代表性的多个采样点进行采样，送实验室分析煤中元素 X 的含量，如果测量出的含量为 ω_X，那么同时利用 PGNAA 测量设备测量出某条 γ 射线全能峰计数率 n_j，可以计算出系数 C_X：

$$C_X = \frac{\omega_X}{n_j} \tag{10.7}$$

将标定出的比例系数 C_X 代入式(10.6)，让皮带机运行起来，就可以实际测量了。若每测出一个 n_j，就计算一次含量 ω_X，多次测量取平均值。如果计数率太低，则可以延长采样时间，以保障每次采样有足够的统计误差。由于 γ 射线在样品中存在自吸收等问题，标定 C_X 值与理论值会有一定差异。如果需要测量多个元素，就需要标定出多个比例系数 C_{X1}、C_{X2}、C_{X3} 等，供使用。

7. 峰面积计算

在大量物料测量中，存在多种不同能量的 γ 射线一同被探测器记录，测量时需要将待分析 γ 射线形成的脉冲挑选出来的问题，所以必须对 γ 射线谱进行寻峰和计算峰面积。在离线自动测量中，利用自动寻峰和计算峰面积程序，可以提高分析精度，减小低峰漂移误差。如何自动寻峰和计算峰面积请参考文献[19-21]。

在在线实时测量中，采用自动寻峰和计算峰面积程序并不可取，因为这会挤占大量采样时间，降低采样速度。应采用预先标定出待分析 γ 射线谱峰两边谷的位置，利用标定位置，累加两谷位置之间的脉冲数作为峰的面积，同时注意监测峰位置漂移。

8. 注意事项

在轻元素测量中，要特别注意碳氢测量的本底问题。因为快中子慢化材料都是碳氢高含

量材料，在慢化过程中^{12}C和^{1}H将产生大量γ射线。我们必须对探测器做好屏蔽工作，防止这些γ射线直接或间接进入探测器，形成本底，干扰测量，还应测量本底并予以扣除。

10.6 缓发γ的计算式

如果元素X的同位素X_F发生$X_F(n,\gamma)X_k$反应生成的放射性核素X_k为缓发，样品中的X_k不断生成，又不断以衰变常数λ_k衰变。设X_k的核数为$N_k(t)$，其变化率为

$$\frac{dN_k(t)}{dt}=Q_k-\lambda_k\cdot N_k(t) \tag{10.8}$$

式中：Q_k为$N_k(t)$单位时间的生成率，单位为s^{-1}，由式(10.2)给出；$\lambda_k\cdot N_k(t)$为单位时间的衰变率。

式(10.8)是一阶非齐次线性方程。设$t=0$时，样品中存在N_{k0}个放射性核，解得X_k在t时刻的数量为

$$N_k(t)=N_{k0}e^{-\lambda_k t}+\frac{Q_k}{\lambda_k}\left(1-e^{-\lambda_k t}\right) \tag{10.9}$$

放射性核素X_k的活度A_k为

$$A_k(t)=A_{k0}e^{-\lambda_k t}+Q_k\left(1-e^{-\lambda_k t}\right) \tag{10.10}$$

从式(10.10)中可以看出，在$t=0$时样品中的活度为A_{k0}，随着t的增加，原有核素活度不断减少，生成活度不断增加，但越来越慢。经过若干个半衰期，活度才趋于常数$A_k(t)=Q_k$。

如果在$t_0=t_2-t_1$时间内进行测量，得到的缓发γ射线E_j全能峰的计数应为

$$\begin{aligned}n_k&=\int_0^{t_0}f_j\cdot P(E_\gamma)\cdot\left[A_{k0}e^{-\lambda_k t}+Q_k\left(1-e^{-\lambda_k t}\right)\right]dt\\&=f_jP(E_\gamma)\left[Q_kt_0+\frac{A_{k0}-Q_k}{\lambda_k}\left(1-e^{-\lambda_k t_0}\right)\right]\end{aligned} \tag{10.11}$$

式中：n_k为在t_0时间内测量到的计数；f_j是能量为E_j的γ射线全能峰的探测效率。

在$X_F(n,\gamma)X_k$反应中，缓发核素在样品中的γ射线发射率为$A_k\cdot P_k(E_\gamma)$，而瞬发的发射率为$Q_k\cdot P(E_\gamma)$，二者相等，只是缓发的活度随着时间在变化。所以，在成分分析中，如果样品是静止的，选择缓发和瞬发差别不大。但是，在皮带输送机上做在线分析时，待测样品是运动的，缓发放射性生成核$N_k(t)$很快就会脱离测量范围，很多γ射线都不能被测到，所以缓发核素不适合做运动物料的测量。

10.7 PGNAA在线煤分析

本节以煤分析为例介绍PGNAA的在线应用。传统的煤分析方法是取样，然后在实验室进行分析。一般取样代表性较差，对样品还要缩分、制样、分析等，经过4～8 h才能出结果。用迟来的数据操控锅炉会造成很大偏差，所以一些大型火电厂等燃煤锅炉需要及时了解煤中的水分、灰分、挥发分、发热值及含硫量等指标，以便实时调控锅炉燃烧状态，提高效率。煤指标是由煤中的元素形成的，测量出元素含量，就能计算出水分、灰分、挥发分、发热值及含硫量等指标。其中，煤的灰分与元素的关系已在9.1.3小节中给出。煤的挥发分V也可以根据氢

和碳元素值进行估算(无烟煤及含氧量大于 15%者除外)：

$$V = 10.61H - 1.24C + 84.15 \tag{10.12}$$

对于煤的发热量与元素的关系,比较有名的是杜隆(Dulong)公式：

$$Q/2.33 = 14.544C + 62.028(H - O/8) + 4050S \tag{10.13}$$

式中:Q 为发热量,单位为 J/g;C、H、O 和 S 分别为碳、氢、氧、硫的含量,以小数表示。

煤中的矿物质是燃煤的有害成分,是灰分的基本来源。其中矿物质的赋存形态有粘土矿物、碳化物矿物、碳酸盐矿物、硫酸盐矿物、氯化物矿物、硅酸盐矿物等。若要详细了解煤的各类指标与元素的关系,请参看文献[22]。

煤中的元素基本上由 C、H、O、N、S、Si、Al、Fe、Ca、Mg、Ti、K、Na 等构成,表 10.3 列出了这些元素的反应参数。当 PGNAA 在线测量时,根据待分析元素选择相应的俘获反应及反应中的 γ 射线能量进行测量。选择时应尽量从截面和强度两方面考虑。表 10.3 中的数据摘自 IAEA 核数据库[7]。

表 10.3　煤中元素热中子(n,γ)反应瞬发 γ 射线的基本参数

辐射俘获反应	θ/%	$P(E_\gamma)$/%	σ_0/b	E_γ/keV	$\sigma_\gamma^z(E_\gamma)$/b	k_0
$^{1}H(n,\gamma)^{2}H$	99.988	100	0.332 6	2 223.248 4	0.332 6	1.000 0
$^{12}C(n,\gamma)^{13}C$	98.93	35.5	0.003 53	1 261.765	0.001 24	0.000 313
		34.93		3 683.920	0.001 22	0.000 308
		74.76		4 945.301	0.002 61	0.000659
$^{14}N(n,\gamma)^{15}N$	99.632	7.924	0.079 8	1 678.281	0.006 3	0.001 36
		18.49		1 884.821	0.014 70	0.003 18
		4.063		1 999.690	0.003 23	0.000 699
		5.547		2 520.457	0.004 41	0.000 95
		8.940		3 531.981	0.007 1	0.001 54
		14.46		3 677.732	0.011 5	0.002 49
		16.64		4 508.731	0.013 2	0.002 86
		29.70		5 269.159	0.023 6	0.005 11
		21.13		5 297.821	0.016 80	0.003 63
		19.50		5 533.395	0.015 5	0.003 35
		10.57		5 562.057	0.008 4	0.001 82
		18.24		6 322.428	0.014 50	0.003 14
		9.383		7 298.983	0.007 46	0.001 61
		4.151		8 310.161	0.003 30	0.000 714
		14.22		10 829.120	0.011 3	0.002 44
$^{16}O(n,\gamma)^{17}O$	99.757	93.38	0.000 190	870.68	0.000 177	0.000 033 5
		83.36		1 087.75	0.000 158	0.000 029 9
		86.53		2 184.42	0.000 164	0.000 031 1
		18.62		3 272.02	0.000 035 3	0.000 006 7

续表 10.3

辐射俘获反应	θ/%	$P(E_\gamma)$/%	σ_0/b	E_γ/keV	$\sigma_\gamma^z(E_\gamma)$/b	k_0
$^{23}Na(n,\gamma)^{24}Na^m$	100	44.34	0.530	90.992 0	0.235	0.031 0
		90.19		472.202	0.478	0.063 0
		20.38		869.210	0.108 0	0.014 24
		14.34		874.389	0.076 0	0.010 02
		100		1 368.66	0.530	0.069 9
		4.72		1 636.293	0.025 0	0.003 30
		6.43		2 025.139	0.034 1	0.004 50
		4.88		2 208.40	0.025 9	0.003 41
		4.47		2 414.457	0.023 7	0.003 12
		13.19		2 517.81	0.069 9	0.009 21
		12.34		2 752.271	0.065 4	0.008 62
		100		2 754.13	0.530	0.069 9
		11.25		3 587.460	0.059 6	0.007 86
		12.77		3 981.450	0.067 7	0.008 92
		18.87		6 395.478	0.100 0	0.013 2
$^{24}Mg(n,\gamma)^{25}Mg$	78.99	13.84	0.053 6	389.670	0.005 86	0.000 73
		74.18		585.00	0.031 4	0.003 92
		15.66		974.66	0.006 63	0.000 83
		11.172		2 438.54	0.004 73	0.000 590
		56.69		2 828.172	0.024 0	0.002 99
		19.60		3 054.00	0.008 3	0.001 03
		14.64		3 301.41	0.006 20	0.000 77
		9.47		3 413.10	0.004 01	0.000 500
		75.58		3 916.84	0.032 0	0.003 99
$^{25}Mg(n,\gamma)^{26}Mg$	10.00	44.55	0.200	1 129.575	0.008 91	0.001 11
		90.0		1 808.668	0.018 0	0.002 24
		20.9		3 831.480	0.004 18	0.000 521
$^{27}Al(n,\gamma)^{28}Al$	100	34.55	0.231	30.638 0	0.079 8	0.008 96
		3.905		982.951	0.009 02	0.001 013
		4.281		1 622.877	0.009 89	0.001 111
		3.853		2 282.794	0.008 90	0.001 00
		3.494		2 590.193	0.008 07	0.000 906
		77.49		3 033.896	0.017 9	0.002 01
		6.32		3 465.058	0.014 6	0.001 64
		4.33		3 591.189	0.010 00	0.001 123
		6.45		4 133.407	0.014 9	0.001 67
		6.62		4 259.534	0.015 3	0.001 72
		4.71		4 690.676	0.010 90	0.001 22
		5.45		4 733.844	0.012 6	0.001 42
		3.51		7 693.397	0.008 1	0.000 91
		21.34		7 724.027	0.049 3	0.005 54

续表 10.3

辐射俘获反应	θ/%	$P(E_\gamma)$/%	σ_0/b	E_γ/keV	$\sigma_\gamma^z(E_\gamma)$/b	k_0
$^{28}Si(n,\gamma)^{29}Si$	92.23	17.70	0.177	1 273.349	0.028 9	0.003 12
		20.28		2 092.902	0.033 1	0.003 57
		72.90		3 538.966	0.119 0	0.001 284
		68.65		4 933.889	0.112 0	0.012 09
		12.68		6 379.801	0.020 7	0.002 23
		7.66		7 199.199	0.012 5	0.001 35
$^{32}S(n,\gamma)^{33}S$	94.93	66.70	0.548	840.993	0.347	0.032 8
		39.98		2 379.661	0.208	0.019 7
		15.99		2 930.67	0.083 2	0.007 86
		22.50		3 220.588	0.117	0.011 1
		12.49		4 869.61	0.065 0	0.006 14
		59.21		5 420.574	0.308	0.029 1
$^{39}K(n,\gamma)^{40}K$	93.258	70.47	2.1	29.830 0	1.380	0.107 0
		46.11		770.305 0	0.903	0.070 0
		8.17		1 158.887	0.160 0	0.012 4
		7.45		5 380.018	0.146	0.011 3
$^{40}Ca(n,\gamma)^{41}Ca$	96.94	12.66	0.41	519.66	0.050 3	0.003 80
		88.56		1 942.67	0.352	0.026 6
		16.58		2 001.31	0.065 9	0.004 98
		10.29		2 009.84	0.040 9	0.003 09
		17.81		4 418.52	0.070 8	0.005 35
		44.28		6 419.59	0.176	0.013 3
$^{48}Ti(n,\gamma)^{49}Ti$	73.72	31.68	7.88	341.706	1.840	0.116 5
		89.17		1 381.745	5.18	0.328
		10.74		1 585.941	0.624	0.039 5
		33.74		6 418.426	1.96	0.124
		51.13		6 760.084	2.97	0.188
$^{54}Fe(n,\gamma)^{55}Fe$	5.845	56.80	2.25	9 297.68	0.074 7	0.004 05
$^{56}Fe(n,\gamma)^{57}Fe$	91.754	6.276	2.59	14.411	0.149	0.008 09
		4.04		122.077	0.096	0.005 21
		11.486		352.347	0.273	0.014 81
		5.765		691.960	0.137 0	0.007 43
		2.878		1 260.448	0.068 4	0.003 71
		6.44		1 612.786	0.153 0	0.008 30
		7.615		1 725.288	0.181	0.009 82
		4.166		4 218.27	0.099	0.005 37
		9.47		5 920.449	0.225	0.012 2
		9.55		6 018.532	0.227	0.012 3
		5.764		7 278.838	0.137	0.007 43
		27.48		7 631.136	0.653	0.035 4
		23.10		7 645.545 0	0.549	0.029 8

上表中的 θ 为靶核的丰度；$P(E_\gamma)$是每个中子俘获发射能量为 E_γ 的 γ 射线概率(即强度或分支比)；σ_0 是动能约为 0.025 eV(速度约 2 200m/s)的热中子俘获截面；$\sigma_\gamma^Z(E_\gamma)$为元素发射 γ 射线的视同截面，$\sigma_\gamma^Z(E_\gamma)=\theta\cdot P(E_\gamma)\cdot\sigma_0$；$k_0$ 是元素 X 与元素 C 元素的参数比值，由下式给出：

$$k_0=\frac{P(E_{\gamma,X})}{P(E_{\gamma,C})}\cdot\frac{\sigma_{0,X}}{\sigma_{0,C}}\cdot\frac{\theta_X/M_X}{\theta_C/M_C} \tag{10.14}$$

式中：M_X 和 M_C 分别是待分析元素 X 与参考元素 C 的相对原子质量。表 10.3 中的 k_0 使用的参考元素是 H，其参数值为：$P(E_{\gamma,H})=100\%$，$\sigma_{0,H}=0.332\ 6$ b，$\theta_H=99.988\%$，$M_H=1.007\ 94$ g/mol，$E_\gamma=2\ 223.248\ 4$ keV。

k_0 的大小表示瞬发 γ 射线的强弱。在选择测量能量时，既要参考表 10.3 中 k_0 的大小，又要看 γ 射线的能量，虽然低能 γ 射线的 k_0 值很高，但因低能容易自吸收，反而会降低计数率；还要考虑不同元素 γ 射线全能峰相互叠加等问题。有些元素，如氧，其 k_0 比一般核素低两个量级，目前采用 PGNAA 方法测量有一定的困难，所以煤中的水分一般采用微波测量。

煤的 PGNAA 分析技术已经有许多人做过研究[23-28]，技术已经成熟，也有一些产品在应用。随着新型高密度和高 γ 射线分辨率晶体探测器的研制，PGNAA 分析技术在工业部门会有广阔的应用前景。

参考文献

[1] 李德红，苏桐龄. 中子活化分析原理及应用简介[J]. 大学物理，2005(06)：56-58.

[2] 张兰芝，倪邦发，田伟之. 瞬发 γ 射线中子活化分析的现状与发展[J]. 原子能科学技术，2005，39(3)：283-289.

[3] Bird J R，Campbell B L. Prompt nuclear analysis[J]. Atomc energy Rev.，1974，12：275-340.

[4] Belbot M D，et al. Elemental On-Line Coal Analysis Using Pulsed Neutrons Proceeding [C]. SPIE Conference Radiation Systems and Applications，SPIE 3769，2000：168-171.

[5] Lone M A，et al. Prompt Gamma Rays From Thermal-Neutron Capture[J]. Atomic Data and Nuclear Data Tables，1981，26(6)：511-559.

[6] Choi H D，et al. Database of Prompt Gamma Rays from Slow Neutron[C]. IAEA，Vienna，2006.

[7] ENDF/B-VI. Neutron cross sections[DB/OL]. [2021-01-08]. https://www-nds.iaea.org/exfor/endf.htm.

[8] 朱国英，陈红红. 电离辐射防护基础与应用[M]. 上海：上海交通大学出版社，2016.

[9] 李德平，潘自强. 辐射防护手册(第三分册)[M]. 北京：原子能出版社，1987.

[10] 原子力工业. 常用核辐射数据手册[M]. 强亦忠，译. 北京：原子能出版社，1990.

[11] 杨翊方，鲁永杰，王月兴. ^{252}Cf 中子源实验装置的设计及其影响因素[J]. 海军医学杂志，2002，23(3)：207-209.

[12] 米文权. 锎(Cf)——世界上最昂贵的金属[J]. 金属世界，2003(1)：7.

[13] 乔亚华. 中子管的研究进展及应用[J]. 核电子学与探测技术，2008，28(6)：1134-1138.

[14] 曾立恒,李建胜.定时氘氚中子管设计[J].核动力工程,2008,29(5):117-118.
[15] 郤方华,等.175 ℃自成靶中子管的结构设计和指标测试[J].测井技术,2011,35(6):585-588.
[16] 黄红,等.PGNAA系统中D-T中子管的慢化装置优化分析[J].原子核物理评论,2016,33(1):77-81.
[17] 乔亚华,等.以中子管为激发源的中子活化分析系统慢化屏蔽体设计[J].核电子学与探测技术,2010,30(10):1325-1328.
[18] 赵括,等.D-T中子管屏蔽过滤系统设计[J].原子能科学技术,2014,48(增刊):769-773.
[19] 伍怀龙,等.γ能谱解谱技术研究[J].核技术,2005,28(6):430-433.
[20] 李景修.γ谱的自动寻峰方法[J].核技术,1983(3):65-68.
[21] 李景修.γ谱全能峰面积的处理方法[J].核仪器与方法,1983,3(3):64-68.
[22] 陈鹏.中国煤炭性质、分类和利用[M].北京:化学工业出版社,2007.
[23] Wormald M R,Clayton C G. In-situ Analysis of Coal by Measurement of Neutron-Induced Prompt γ-Rays[J]. Int. J. Appl. Radiat. Isot. ,1983,34(1):71-82.
[24] 陈伯显,何景烨,刘健成.中子感生瞬发γ射线煤多元素分析研究[J].核电子学与探测技术,1996,16(1):6-12.
[25] Belbot M D, et al. Elemental On-line Coal analysis Using Pulsed NeutronsProceedings [C]. SPIE Conference on Penetrating Radiation Systemy and Applications,SPIE 3769, 2000:168-177.
[26] 谷德山,等.脉冲中子煤炭工业分析仪实验系统的研制[J].核技术,2004,27(1):73-75.
[27] 景士伟,等.脉冲中子煤质分析仪的研制[J].东北师大学报(自然科学版),2007,39(3):50-54.
[28] 陈常茂,刘锦华.参考中子辐射注量—周围剂量当量换算系数的计算[J].辐射防护,1996,16(2):99-102.

第11章 医用放射性废物活度测量

11.1 医用放射性核素

放射性核素真正与医学结合是在20世纪50年代，在我国开始于1958年。随着放射医药学的发展，使用的放射性核素越来越多，应用范围越来越广。人体组织的化学元素与其放射性同位素具有相同的化学性质，当用放射性同位素代替稳定同位素后，就使得该元素成为可探测量。利用放射性同位素的这个特点，可以检测某些代谢过程的细胞结构及细胞的转移途径。例如，维生素 B_{12} 是一类含钴的复杂有机化合物，将灰链球素菌在含有 ^{57}Co 或 ^{58}Co 的培养基中培养，可以分离出带有放射性 ^{57}Co 或 ^{58}Co 的 B_{12}。给病人口服后，通过测量尿液中的 γ 射线计数，就可以了解 B_{12} 的吸收障碍，诊断是否为恶性贫血[1]。放射性核素在医学上的应用可归结为三方面：显影、治疗和药物作用机理及生物学行为的研究[1-5]。

在显影方面，PET - CT可使用的 β^+ 放射性核素有 ^{11}C、^{13}N、^{15}O、^{18}F 和 ^{68}Ga 等。目前使用最广的 ^{18}F 放射性药物是 ^{18}FDG，通过静脉注射，^{18}FDG 就会集聚于脑、心、肺和肾等脏器。PET - CT通过测量正负电子对湮灭的两个 γ 射线可断层显像；利用两个 γ 射线相背飞到探测器的时间差，还可准确知道 γ 射线的发射点，确定病灶位置和范围，作为手术的依据。这些核素的特点是半衰期短，大多可利用微型回旋加速器在医院生产；^{68}Ga 则利用 $^{68}Ge-^{68}Ga$ 发生器淋洗得到，使用非常方便。

γ 射线照相和SPECT使用的放射性核素很多，主要有 ^{47}Ca、^{67}Ga、^{99m}Tc、^{111}In、^{113m}In、^{123}I、^{131}I、^{186}Re、^{188}Re 和 ^{201}Tl 等核素。有些核素可由 $^{99}Mo-^{99m}Tc$、$^{113}Sn-^{113m}In$ 和 $^{188}W-^{188}Re$ 发生器淋洗得到。目前应用最广的是同质异能态核素 ^{99m}Tc，利用 ^{99m}Tc，核医药学家针对不同的脏器研究出了许多标记化合物，使之聚集在不同的脏器。通过SPECT显像，可以对甲状腺、急性脑梗、肺栓塞、冠状动脉狭窄等许多脏器的疾病做出诊断[1]。

非显像放射性药物可使用的放射性核素有 ^{3}H、^{51}Cr、^{57}Co、^{58}Co、^{59}Fe、^{75}Se 和 ^{125}I 等。例如，^{125}I 是纯X射线放射性核素，利用它标记人血蛋白注射到体内，用计数器取血测量，使用很方便。X射线能量低，易于防护，半衰期相对较长，用来标记化合物有较长的货架期，常用来体外试验或放射性药物的开发研究[1]。^{3}H 是纯 β 核素，β 能量很低，并具有价廉、毒性低、比活度较高和放射自显影良好等优点，所以 ^{3}H 及其标记化合物在生命科学的许多研究中成为重要工具。由 ^{3}H 标记的胸腺嘧啶核苷（^{3}H - TdR）和尿嘧啶核苷（^{3}H - UR）是两种常用的示踪剂。其中，前者有效地结合到DNA中，后者则掺入到RNA中。又如用 ^{3}H 标记的亮氨酸，可以探查分泌性蛋白质在细胞中的合成、运输与分泌途径。由于氚的 β 射线的最大能量只有18.591 keV，在许多情况下必须用液体闪烁计数器取血测量。

可用于治疗的放射性核素有 ^{32}P、^{89}Sr、^{90}Sr、^{90}Y、^{106}Ru、^{131}I、^{153}Sm、^{166}Ho、^{169}Er、^{177}Lu、^{186}Re 和 ^{198}Au 等。如用 ^{131}I 可以治疗甲状腺功能亢进，甲状腺转移癌症；用 ^{32}P 的 β 射线可以治疗真性红细胞增多症、原发性血小板增多症、慢性白血病、乳腺癌转移等症。表11.1列出了一些可

用于医药的放射性核素的基本参数及主要用途。

表 11.1　医用放射性核素的基本参数及主要用途

核　素	半衰期	$E_{\beta\ max}$/keV(强度%)	E_{γ}/keV(强度%)	主要用途[1-5]
^{3}H 氚	12.32 a	18.591(100)		诊断:通过^{3}H示踪剂标记化合物可以诊断出病人体液、血液中的多种疾病
^{14}C 碳	5 700 a	156.475(100)		诊断:用^{14}C标记葡萄糖,通过细菌代谢产生的$^{14}CO_2$检验细菌的存在与数量
^{133}Xe 氙	5.2475 d	346.4(98.5)	80.997 9(36.9)	诊断:对肺通气功能的测定
^{11}C 碳	20.36 min	β^+ 960.4(99.8)	511.0(199.534)	诊断:PET-CT 显像和定位
^{13}N 氮	9.965 min	β^+ 1 198(99.8)	511.0(199.607)	诊断:PET-CT 显像和定位
^{15}O 氧	122.24 s	β^+ 1 732(99.9)	511.0(199.806)	诊断:PET-CT 显像和定位
^{18}F 氟	109.77 min	β^+ 633.5(96.7)	511.0(193.46)	诊断:PET-CT 显像和定位
^{68}Ge 锗	270.95 d		K_{α} 9.2(38.9)	^{68}Ge-^{68}Ga 发生器
^{68}Ga 镓	67.71 min	β^+ 1 899(87.72)	511.0(177.82)	诊断:PET-CT 显像和定位
^{99}Mo 钼	65.924 h	437.2(16.4) 1 215.1(82.2)	739.5(12.2) 777.921(4.31)	^{99}Mo-^{99m}Tc 发生器
^{99m}Tc 锝	6.007 2 h		140.511(89)	诊断:SPECT 扫描显像,^{99m}Tc 有许多标记物,如标记红细胞确定左心室射血,诊断深静脉血栓、血管瘤等
^{113}Sn 锡	115.09 d		391.698(64.97)	^{113}Sn-^{113m}In 发生器
^{113m}In 铟	99.476 min	CE_K 363.8(29)	391.69(64.97)	诊断:SPECT 扫描显像,^{113m}In 标记物可对肾、肿瘤、股骨头缺血等显影
^{47}Ca 钙	4.536 d	694.9(73) 1 992(27)	807.86(5.9) 1 297.09(67)	诊断:SPECT 骨骼显像,早期曾用于对骨骼显影,现在已经被^{99m}Tc 等取代
^{67}Ga 镓	3.261 7 d		93.31(38.81) 184.576(21.41) 300.217(16.64)	诊断:SPECT 显像,标记枸橼酸盐,诊断肿瘤、检查炎性病灶部位、评估结节病程及活性、评估肺纤维化
^{111}In 铟	2.804 7 d		171.28(90.7) 245.35(94.1)	诊断:SPECT 显像,用于标记受体药物和抗体,对多种疾病显像做出诊断
^{123}I 碘	13.223 h		158.97(83.3) 528.96(1.39)	诊断:SPECT 显像,对甲状腺、癫痫定位、帕金森等多种神经疾病进行显像研究
^{131}I 碘	8.025 2 d	247.9(2.08) 333.8(7.23) 606.3(89.6)	364.489(81.5) 636.989(7.16) 722.911(1.77)	诊断:SPECT 显像,对甲状腺功能研究、甲状腺癌转移监测、肾上腺显像; 治疗:甲亢或甲状腺癌
^{201}Tl 铊	3.042 1 d		167.43(10)	诊断:SPECT 显像,检查心肌动脉狭窄等
^{51}Cr 铬	27.704 d		320.084 2(9.91)	诊断:非显像药物,估计红细胞容积等

续表 11.1

核 素	半衰期	$E_{\beta\ max}$/keV(强度%)	E_γ/keV(强度%)	主要用途[1-5]
^{57}Co 钴	271.74 d		122.060 6(85.6) 136.474(10.68)	诊断：非显像药物，维生素 B_{12} 吸收障碍评估及恶性贫血诊断； 校准仪器
^{58}Co 钴	70.86d	β^+ 474.8(14.9)	511.0(29.8) 810.759(99.45)	诊断：非显像药物，维生素 B_{12} 吸收障碍评估及恶性贫血诊断
^{59}Fe 铁	44.495 d	273.6(45.3) 465.9(53.1)	1 099.245(56.5) 1 291.59(43.2)	诊断：非显像药物，标记枸橼酸盐，用于测定铁吸收、血浆清除速率等
^{75}Se 硒	119.78 d		264.66(58.9) 279.54(25.0) 400.66(11.4)	诊断：非显像药物，口服，用全身计数器或 γ 相机计数，对胆汁酸吸收不良进行研究； 作肾上腺显像
^{125}I 碘	59.400 d	CE_L 30.6(10.7) CE_M 34.5(2.13)	K_α27.2(112.7) K_β31.2(23.5) 35.504(6.68)	诊断：非显像药物，标记人血蛋白用于测定血浆和全血的容量；标记血纤维蛋白原用于检测深静脉血栓的形成等症
^{32}P 磷	14.268 d	1 710.66(100)		治疗：白血病，骨转移，红细胞增多症，恶性渗出液，癌症组织间隙治疗
^{89}Sr 锶	50.563 d	1 500.9(99.99)		治疗：用 $^{89}SrCl_2$ 缓解骨髓转移后的疼痛
^{90}Sr 锶	28.79 a	546(100)		治疗：用锶/钇治疗皮肤、前列腺等疾病
^{106}Ru 钌	371.8 d	39.4(100)		治疗：用于贴敷治疗
^{166}Ho 钬	26.824 h	1 774.1(49.9) 1 854.7(48.8)	K_α48.67(8.17) 80.558(6.56)	治疗：用于肝癌治疗，贴敷治疗
^{169}Er 铒	9.392 d	342.9(45) 351.3(55)		治疗：用放射性胶体形式处理骨关节病
^{90}Y 钇	64.00 h	2 280.1(99.99)		治疗：利用放射性胶体注射后治疗癌症
^{177}Lu 镥	6.747 d	385.3(9.0) 498.3(79.4)	112.949 8(6.17) 208.366(10.36)	治疗：镥的胶体放射性标记物注射到肿瘤内，利用 β 射线治疗恶性肿瘤
^{198}Au 金	2.694 1d	961.1(98.99)	411.802(95.6) 1 087.7(0.16)	治疗：用胶体放射性标记物注射到肿瘤内，利用 β 射线治疗子宫颈癌等症
^{153}Sm 钐	46.50 h	634.7(31.3) 704.4(49.4) 807.6(18.4)	69.673(4.73) 103.18(29.25)	治疗：标记 ^{153}Sm－EDTMP 用于缓解骨髓转移后的疼痛，用薄层扫描仪测定； 诊断：可用 103.18 keV 的 γ 射线显像
^{186}Re 铼	3.718 3 d	932.3(21.5) 1 069.5(70.99)	137.16(9.47)	治疗：用 ^{186}Re－HEDP 缓解骨髓转移疼痛； 诊断：其 γ 射线可提供显像
^{188}W 钨	69.78 d	349(99)	290.7(0.402)	^{188}W－^{188}Re 发生器
^{188}Re 铼	17.004 h	1 965.4(26.3) 2 120.4(70)	477.99(1.08) 632.98(1.37)	治疗：用 ^{188}Re－HEDP 缓解癌骨转移疼痛； 诊断：其 γ 射线可提供显像

续表 11.1

核　素	半衰期	$E_{\beta\,max}$/keV(强度%)	E_γ/keV(强度%)	主要用途[1-5]
^{60}Co 钴	5.271 2 a	317.05(99.88) 1 490.29(0.12)	1 173.23(99.85) 1 332.49(99.98)	治疗：用^{60}Co 密封放射源进行远距离放疗
^{133}Ba 钡	10.551 a		80.997 9(32.9) 356.013(62.05) 383.85(8.94)	校准仪器用密封点源
^{192}Ir 铱	73.829 d	253.5(5.6) 533.6(41.42) 669.9(47.98)	295.96(28.71) 308.46(29.7) 316.51(82.9) 468.07(47.8)	治疗：此类密封源为“种子源”，尺寸小，β 射线已被外壳屏蔽掉，采用后装机技术，远距离操作，做近距离间质放疗，中途还可换源
^{241}Am 镅	432.6 a	α 5 486.6(85)	59.540 9(35.9)	骨密度计用源
^{137}Cs 铯	30.08 a	513.97(94.7) 1 175.63(5.3)	661.657(85.1)	治疗：用^{137}Cs 密封放射源近距离放疗；用密封^{137}Cs 点源校准仪器

11.2 放射性废物排放标准

11.2.1 放射性废物

核医学科产生的放射性废液和固体废物主要来源于患者和受检查者的放射性排泄物、放射性药物残留液、放射性器皿及医务人员的放射性洗涤液，还有钼-锝或锡-铟等发生器的废液；固体放射性废物主要是一次性注射器、试管、服药杯、放射性容器、手套等物件。目前，我国医疗废液和固体废物中的主要放射性核素有^{99m}Tc、^{18}F、^{131}I、^{125}I、^{32}P 和^{89}Sr，应用最多的是^{99m}Tc、^{18}F 和^{131}I 三种[6]。

医院一般将放射性废液收集在衰变池中，通过储存衰变，经测量，达到排放标准后才能进行稀释排放到城市污水管道中；固体废物应装废物容器送入贮存室储存，经比活度测量，达到标准后，即可按非放射性废物处理。

医院使用的密封放射源包括治疗源、仪器设备用源及仪器校准等用源，其废弃后应按照环保总局的第 31 号令《放射性同位素与射线装置安全许可管理办法》处理[7]。

核医学科使用的放射性废液或固体废物一般属于低浓度废液或低比活度废物。根据 GB 9133—1995《放射性废物的分类》[8]，放射性废液浓度$\leqslant 4\times10^6$ Bq/L，γ、β 放射性固体废物比活度$\leqslant 4\times10^6$ Bq/kg 的属于低活度浓度废液或低比活度废物。我国已制定了放射性废液和废物排放标准，以下将对这些排放标准及一些计算方法进行简单介绍。

11.2.2 限值与计算

1. 剂量限值 DL

剂量限值 DL：受控实践使个人所受的有效剂量或剂量当量不得超过的值。国家标准 GB 18871—2002 规定[9]：任何工作人员的职业照射水平，连续 5 年的年平均有效剂量限值

DL＝20 mSv；公众关键成员组的成员所受到的平均剂量估计值的年有效剂量限值 DL＝1 mSv。

2. 年摄入量限值 ALI

年摄入量限值 ALI：在一年时间内经食入、吸入或通过皮肤所摄入的某种给定放射性核素的量。ALI 的单位为 Bq/a。

年摄入量限值 $I_{j,\mathrm{L}}$：它是放射性核素 j 由食入和吸入单位摄入量所致的待积有效剂量 e_j 计算出的年摄入量限值。GB 18871—2002 规定：对于职业照射，在一定的假设下，可将 $I_{j,\mathrm{L}}$ 用作 ALI[9]，并规定 $I_{j,\mathrm{L}}$ 由下式计算：

$$I_{j,\mathrm{L}}=\frac{\mathrm{DL}}{e_j} \tag{11.1}$$

式中：$I_{j,\mathrm{L}}$ 的单位为 Bq/a；DL＝0.02 Sv/a；e_j 的单位为 Sv/Bq。

许多放射性核素的 e_j 值已经在 GB 18871—2002 给出的表 B3、表 B6 和表 B7 中列出。

3. 年摄入量最小限值 $\mathrm{ALI_{min}}$

$\mathrm{ALI_{min}}$ 表示职业照射食入和吸入的 ALI 值中年摄入量的较小者。根据式(11.1)，取表 B3 中食入 $e_{j,\mathrm{ing}}$ 和吸入 $e_{j,\mathrm{inh}}$ 两者中的最大值 $e_{j,\max}$ 代入式(11.1)，得

$$\mathrm{ALI_{min}}=\frac{\mathrm{DL}}{e_{j,\max}} \tag{11.2}$$

$\mathrm{ALI_{min}}$ 的计算结果如表 11.2 所列。

表 11.2 医院废水中常用放射性核素排放限值

核素名称	$e_{j,\mathrm{ing}}$/(Sv·Bq^{-1})	$e_{j,\max}$/(Sv·Bq^{-1})	$\mathrm{ALI}_{j,\min}$/(Bq·a^{-1})	A_{BL}/(Bq·kg^{-1})	A_{L}/Bq	C_j/(Bq·L^{-1})
^{3}H 氚	1.8E−11	1.8E−11	1.1E+09	1.0E+9	1.0E+9	2.2E−14
^{11}C 碳	2.4E−11	2.4E−11	8.3E+08			3.0E−14
^{18}F 氟	4.9E−11	9.3E−11	2.2E+08	1.0E+4	1.0E+6	6.1E−14
^{32}P 磷	2.4E−09	3.2E−09	6.2E+06	1.0E+6	1.0E+5	3.0E−12
^{51}Cr 铬	3.7E−11*	3.8E−11	5.3E+08	1.0E+6	1.0E+7	4.6E−14
^{57}Co 钴	1.9E−10*	9.4E−10	2.1E+07	1.0E+5	1.0E+6	2.4E−13
^{58}Co 钴	7.0E−10*	2.0E−09	1.0E+07	1.0E+4	1.0E+6	8.7E−13
^{59}Fe 铁	1.8E−09	3.5E−09	5.7E+06	1.0E+4	1.0E+6	2.2E−12
^{67}Ga 镓	1.9E−10	2.8E−10	7.1E+07			2.4E−13
^{68}Ga 镓	1.0E−10	1.0E−10	2.0E+08			1.25E−13
^{68}Ge 锗	1.3E−09	1.3E−08	1.5E+06			1.6E−12
^{75}Se 硒	4.1E−10*	2.6E−09	7.7E+06	1.0E+5	1.0E+6	5.1E−13
^{89}Sr 锶	2.3E−09*	7.5E−09	2.7E+06	1.0E+6	1.0E+6	2.9E−12
^{90}Sr 锶	2.7E−09*	1.5E−07	1.3E+05	1.0E+5	1.0E+4	3.4E−12
^{90}Y 钇	2.7E−09	2.7E−09	7.4E+06	1.0E+6	1.0E+5	3.4E−12
^{99}Mo 钼	7.4E−10*	1.2E−09	1.7E+07	1.0E+5	1.0E+6	9.2E−13

续表 11.2

核素名称	$e_{j,ing}$/(Sv·Bq^{-1})	$e_{j,max}$/(Sv·Bq^{-1})	$ALI_{j,min}$/(Bq·a^{-1})	A_{BL}/(Bq·kg^{-1})	A_L/Bq	C_j/(Bq·L^{-1})
^{99m}Tc 锝	2.2E−09	2.9E−09	6.9E+06	1.0E+5	1.0E+7	2.7E−12
^{106}Ru 钌	7.0E−09	6.2E−08	3.2E+05	1.0E+5	1.0E+5	8.7E−12
^{111}In 铟	2.9E−10	3.1E−10	6.4E+07	1.0E+5	1.0E+6	3.6E−13
^{113}Sn 锡	7.3E−10	2.5E−09	8.0E+06	1.0E+6	1.0E+7	9.1E−13
^{113m}In 铟	2.8E−11	3.2E−11	6.2E+08	1.0E+5	1.0E+6	3.5E−14
^{123}I 碘	2.1E−10	2.1E−10	9.5E+07	1.0E+5	1.0E+7	2.6E−13
^{125}I 碘	1.5E−08	1.5E−08	1.3E+06	1.0E+6	1.0E+6	1.9E−11
^{131}I 碘	2.2E−08	2.2E−08	9.1E+05	1.0E+5	1.0E+6	2.7E−11
^{153}Sm 钐	7.4E−10	7.4E−10	2.7E+07	1.0E+5	1.0E+6	9.2E−13
^{166}Ho 钬	1.4E−09	1.4E−09	1.4E+07	1.0E+5	1.0E+5	1.7E−12
^{169}Er 铒	3.7E−10	9.8E−10	2.0E+07	1.0E+7	1.0E+7	4.6E−13
^{177}Lu 镥	5.3E−10	1.1E−09	1.8E+07	1.0E+6	1.0E+7	6.6E−13
^{186}Re 铼	1.5E−09	1.5E−09	1.3E+07	1.0E+6	1.0E+6	1.9E−12
^{188}Re 铼	1.5E−09	1.5E−09	1.3E+07	1.0E+5	1.0E+5	1.9E−12
^{188}W 钨	2.1E−09*	2.3E−09	8.7E+06			2.6E−12
^{198}Au 金	1.0E−09	1.0E−09	2.0E+07	1.0E+5	1.0E+6	1.2E−12
^{201}Tl 铊	9.5E−11	9.5E−11	2.1E+08	1.0E+5	1.0E+6	1.2E−13

注：(1)$e_{j,ing}$：工作人员食入单位摄入量所致的待积有效剂量；

(2) *：表示 $e_{j,ing}$ 食入值中的最小值；

(3) $e_{j,max}$：职业人员食入或吸入单位摄入量所致待积有效剂量中的最大值；

(4) $ALI_{j,min}$：职业照射食入和吸入的 ALI 值中年摄入量的较小值；

(5) A_{BL}：摘自 GB 18871—2002 附录 A 规定的放射性核素的豁免活度浓度或比活度；

(6) A_L：摘自 GB 18871—2002 附录 A 规定的豁免活度；

(7) C_j：由式(11.3)计算出的低放射性废液浓度限值；

(8) 对于^{3}H 在式(11.3)中的计算，采用的 $e_{j,ing}$ 是氚化水的值。

4. 低放射性废液浓度限值

低放射性废液浓度限值 C 的计算方法有两种：第一种，由 ALI_{min} 导出；第二种，放射性废水在向环境排放时，必须满足受纳水体周围关键居民组的剂量当量和集体的剂量当量≤可接受值。满足此排放条件的计算式为[10-12]：

$$C_j = \frac{I_{j,ing,L}}{2.2 \times 365} \tag{11.3}$$

式中：C_j 为放射性核素 j 的排放限值，单位为 Bq/L 或 Bq/kg。$I_{j,in,L}$ 为公众成员食入的放射性核素 j 年摄入量限值，单位为 Bq/a；2.2 的单位为 L，是标准人每天摄入水的量。一年按 365 天计算，分母就是标准人每年摄入水的量。按式(11.3)计算的结果如表 11.2 所列。

5. 多种核素免管判断

对于多种放射性核素混合的废液或固体废物是否容许被免管，可由下式判断：

$$\sum_{j}^{n} \frac{C_j}{C_{j,\mathrm{h}}} \leqslant 1 \tag{11.4}$$

式中：C_j 为放射性核素 j 的活度浓度或比活度；$C_{j,\mathrm{h}}$ 为放射性核素 j 的清洁解控水平推荐值或豁免值，n 为核素 j 的种类[13]。

11.2.3 放射性废物管理限值

1. 放射性废液排放限值

根据 GB 18871—2002 规定[9]：

① 每月放射性废水排放的总活度不超过 $10\mathrm{ALI}_{\min}$；

② 每次排放活度不超过 $1\mathrm{ALI}_{\min}$，每次排放后用不少于 3 倍排放量的水进行冲洗。

③ 表 11.2 中列出了根据式(11.2)计算出的 $\mathrm{ALI}_{\min}$ 值。

2. 放射性废物豁免值

① 表 11.2 中的 A_{BL} 和 A_{L} 分别摘自 GB 18871－2002 表 A1 所列放射性核素的豁免活度浓度(或比活度)与豁免活度。此值仅作为申报豁免的基础，是否采用应由审管部门决定。我国卫生部门在 GBZ 133—2009 标准[13]中已批准将 A_{BL} 作为清洁解控水平的取值依据。

② 由式(11.3)计算出的低放射性废液浓度限值 C_j 如表 11.2 所列。在某些放射性核素没有给出 $\mathrm{A_{BL}}$ 的情况下，也可以采用 C_j 作为豁免活度浓度或比活度。

③ 根据 GBZ 133—2009 的规定[13]：未知核素的废物比活度 $A_{\mathrm{BL}} \leqslant 2 \times 10^4$ Bq/kg，或者符合清洁解控数据，或者符合式(11.4)计算的结果，均可作为免管固体废物处理。

④ 当含放射性核素有机闪烁废液活度浓度≥37 Bq/L 时，应按放射性废液处理。

11.3 废水活度的测量

11.3.1 测量设备

一般活度计是为标准液体活度测量设计的，国家计量检定标准 JJG 277—2019 检定规程规定了标准源的容器、取样量等定度条件[14]。一般取样量很少，只有 3.6 g，其测量活度范围为 $3.7 \times 10^5 \sim 3.7 \times 10^{10}$ Bq，所以活度计的设计是按照较大比活度溶液设计的。活度计测量井的容积较小，装样量有限。对 $3.7 \times 10^2 \sim 3.7 \times 10^5$ Bq/L 小活度浓度范围的废水，普通活度计是测量不出来的，所以必须专门设计测量装置。例如，采用闪烁探测器计数方法进行 X、γ 射线测量，然后再将计数率转换成活度。测量设计方案示意图如图 11.1 所示。

γ 射线废水活度浓度测量设备包括：废液测量筒、闪烁探测器、计算机(或定标器)及打印机等。废液测量筒有进水口和出水口，分别连接到衰变池和排水管道上。废液测量筒装满放射性废液为 3 L，超过 3 L 的部分由出水口流走。计算机内需要插入计数卡，用于接收放射性脉冲计数。

此测量方法不适用于 β 射线，因为 β 射线在水中的射程很短，例如 $^{32}\mathrm{P}$ 的 β 射线的最大能量为 1.71 MeV，在水中的射程只有 8.5 mm，基本上被水吸收掉了。β 射线测量可以在取样后用钟罩计数管测量，也可以用液体闪烁计数器测量。

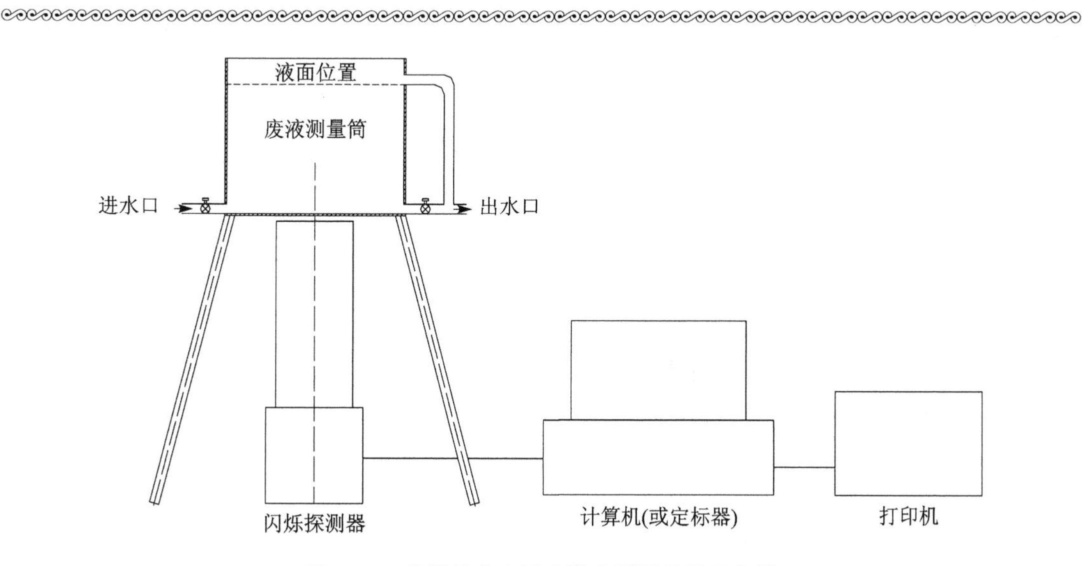

图 11.1　放射性废水活度浓度测量设计示意图

11.3.2　活度标定与测量

1. 活度标定

由于放射性核素的活度与探测器测出的 γ 射线计数率成正比，只要标定出活度与计数率的比例系数，就可以将计数率转化成活度。标定方法是：先在废液测量筒内装入 3 L 清水，测出本底计数率 n_b，存入计算机备用；再将待测核素如 ^{131}I，用注射器汲取标准活度为 $A=3\times 3.7\times 10^5$ Bq 的 ^{131}I 溶液，注入清水中，这样清水中的 ^{131}I 单位体积的活度浓度为 $A_0=3.7\times 10^5$ Bq/L。测量 t s，得到计数 N，于是有

$$A=k\cdot\left(\frac{N}{t}-n_b\right) \tag{11.5}$$

式中：k 为计数与活度转换系数，单位为 Bq/计数率。

这里计算出的活度是 3 L 溶液的活度，需要将测量出的活度转换成活度浓度。设 A_0(Bq/L) 为活度浓度，所以需要将转换系数除以 3，于是活度浓度的计算式为

$$A_0=\frac{k}{3}\cdot\left(\frac{N}{t}-n_b\right) \tag{11.6}$$

2. 活度浓度测量

打开进水阀，注入 3 L 待测放射性废液。测量 t s，得到计数 N，代入式(11.6)计算出废水的放射性活度浓度。再根据表 11.2 中该核素的 ALI_{min}，与一次排放限值或月排放限值进行比较，决定是否排放。

3. 多种核素排放

若医院将多种核素存储于一个衰变池中，则应根据式(11.4)进行判断，再决定是否排放。

11.4　废物比活度的测量

对医院放射性固体废物的比活度测量可以采用如图 11.2 所示的方法。

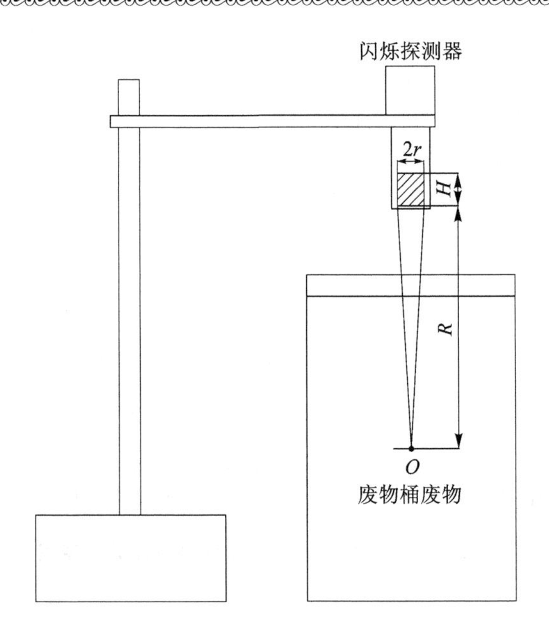

图 11.2　放射性固体废物比活度测量示意图

放射性固体废物装在废物桶中，这里假定废物的放射性核素都集中在废物的重心 O 点上，O 点距闪烁探测器的测量晶体端面的距离为 R，圆柱晶体半径为 r，晶体高度为 H。

设放射性核素已知，发射的 γ 射线有 m 种能量。如果该核素的活度为 A，在 $R\gg 2r$，并且不考虑废物自吸收的情况下，测量到的计数率 n 由下式给出：

$$n=\frac{\pi r^2}{4\pi R^2}\sum_{j=1}^{m}A\cdot y_j\left(1-e^{-\mu_{mj}\rho H}\right) \tag{11.7}$$

式中：y_j 为第 j 种 γ 射线能量的分支比；μ_{mj} 为第 j 种 γ 射线能量下的晶体的质量减弱系数；ρ 为晶体的密度。

在此处测量到的计数率是由放射性废物的总活度发出的。

放射性废物的比活度应为

$$A_B=\frac{n}{W\cdot\left(\frac{r}{2R}\right)^2\cdot\sum_{j=1}^{m}y_j(1-e^{-\mu_{mj}\rho H})} \tag{11.8}$$

式中：A_B 为比活度，单位为 Bq/kg；n 为计数率，单位为 γ/s；W 为放射性废物的质量，单位为 kg；μ_{mj} 为第 j 种 γ 射线能量下的晶体的质量减弱系数，单位为 cm^2/g；ρ 的单位为 g/cm^3；H、R、r 的单位为 cm。

只要测量出固体废物的计数率，根据晶体的参数和图 11.2 中的布置参数，就可以计算出比活度。

根据表 11.2 中的豁免值 A_{BL}，如果 $A_B\leqslant A_{BL}$ 就可以按普通废物处理。

如果属于未知核素，那么，由于 γ 射线能量和分支比都不知道，所以一般情况下都有

$$\sum_{j=1}^{m}y_j\left(1-e^{-\mu_{mj}\rho H}\right)\leqslant 1 \tag{11.9}$$

所以可按下式近似估算比活度：

$$A_B = \frac{n}{W} \cdot \left(\frac{2R}{r}\right)^2 \tag{11.10}$$

只要 $A_B \leqslant 2\times10^4$ Bq/kg，就可以按普通废物处理。

参考文献

[1] Owunwanne A，Patel M，Sadek S. 放射性药物手册[M]. 夏振民，等译. 北京：原子能出版社. 2020.

[2] 蔡善钰. 放射性同位素生产与应用现状及其发展趋势[J]. 同位素，1999，12(1)：49-56.

[3] 陈伟达. 医用放射性同位素的应用现状和发展方向[J]. 大家健康，2015，9(13)：282-283.

[4] 赵先英，等. 医院污水中放射性物质排放状况研究[J]. 西南国防医药，2005，15(1)：29-31.

[5] 高峰，等. 医用同位素生产现状及技术展望[J]. 同位素，2016，29(2)：116-120 .

[6] 耿建华. 北京市核医学 2008 年基本情况调查[J]. 国际放射医学核医学杂志，2010，34(1)：35-37.

[7] 佚名. 国家环境保护总局令第 31 号"放射性同位素与射线装置安全许可管理办法"[Z]. 2006.

[8] 孙东辉，韦葵子，杨沫. 中华人民共和国国家标准 GB 9133—1995"放射性废物的分类"[S]. 北京：中国标准出版社，1995.

[9] 潘自强，等. 中华人民共和国国家标准 GB 18871—2002"电离辐射防护与辐射源安全基本标准"[S]. 北京：中国标准出版社，2002.

[10] 吴锦海，顾乃谷. 中华人民共和国国家职业卫生标准 GB Z133—2009"医用放射性废物的卫生防护管理"[S]. 北京：人民卫生出版社，2009.

[11] 王金山. 放射性废水的排放标准[J]. 原子能科学技术，1986，20(5)：569-572.

[12] 曹凤波，刘晓超. 低放废液排放限值计算方法的探讨[R]. 中国核科学技术进展报告(辐射防护分卷)，2011，V2：194-197.

[13] 程晓波，陈福亮，陈志东. 核医学科放射性废水排放限值的探讨[J]. 环境，2012，S1：139-140.

[14] 张明，等. 中华人民共和国国家计量检定规程. JJG 377 - 2019《放射性活度计国家计量检定规程》[S]. 北京：中国标准出版社，2019.

第12章 误差与数据处理

12.1 误 差

物理量测量就是把物理量与规定的标准量作比较,然后得到被测物理量。被测物理量的结果是不可能绝对准确的,被测物理量值与真值之间总有一些差异,这就是测量误差。误差是评定精度的尺度,误差越小表示精度越高。误差理论可以帮助我们正确分析和处理测量数据,确定最佳被测量值。通过分析误差来源,指导我们改进测量方法和测量仪器,进一步提高测量精度。这里介绍的误差理论,主要依据的是国家计量技术规范 JJG 1027—91《测量误差及数据处理》,也参考了一些其他资料[1-3]。

核物理事件的发生带有偶然性,符合统计规律,其观测误差既具有统计学的特点,也符合一般误差的规律。

12.1.1 误差分类

严格来说,测量误差是指测量值与真值之差;而测量值与平均值之差称为残差,也曾称为偏差。真值是客观存在的,但一般是无法确定的。在统计理论上,当测量次数无限大时,其算术平均值趋向真值,故可用多次测量的算术平均值近似地表示真值。所以,在实际应用中,误差、残差常常并不仔细区分。

测量误差可分为3种:随机误差、系统误差和粗大误差。

(1) 随机误差

随机误差是指在同一量的多次测量过程中,以不可预知的方式变化的测量误差的分量。它引起对同一量的测量列中各次测量结果之间的差异,常用标准差表征。

(2) 系统误差

系统误差是指在同一被测量的多次测量过程中,保持恒定或以可预知方式变化的测量误差的分量。例如,天平标准砝码误差引起的测量误差的分量;温度周期变化引起的测量中温度附加误差。

(3) 粗大误差

粗大误差是指明显超出规定条件下的预期的误差。它是统计的异常值。对于测量结果中带有的粗大误差应按一定规则剔除。

12.1.2 误差表示法

误差表示法有两种:绝对误差和相对误差。

(1) 绝对误差

绝对误差是指测量值与真值之差。绝对误差有正有负,不是绝对值误差。

(2) 相对误差

相对误差是指绝对误差与真值之比值，一般用百分比(%)表示。由于真值无法得到，通常近似地用绝对误差和测量值之比作为相对误差。

由于测量值越大，误差也越大，所以比较大小不同的测量值的精度时，从误差的大小上是看不出来的，而用相对误差做比较就一目了然了。

12.2 有效数字

12.2.1 表示方法

在实验测量和数据计算中，保留几位数字表示测量结果是很重要的。因为测量精度是由测量仪器和测量方法决定的，不会因为保留的位数越多就越准确。正确的数据位数应是除末位为不确定或估计数之外，其余各位均为准确数据。这就是有效数字表示方法。

有效数字的位数叫作有效位数，是指从第一位非零数字算起，至末位估计值为止的位数。如果测量数据只有小数，小数点后面非 0 数字前面的 0 不是有效位数，但后面的 0 应该算有效位数。

例如，用最小分度值为 0.01 mm 的外径百分尺测量圆柱外径：固定套筒刻线的上线是 14 mm，下线超过 0.5 mm，微分筒圆周刻线的 27 与固定套筒中线对齐，则被测尺寸读数应为 14＋0.5＋0.27＝14.77(mm)。测量结果用有效数字表示就是 14.770 mm，有效位数就是 5 位。如果写成 0.014 770 m，则前面两个 0 也都不是有效位数。因为小数点后面非 0 数字前面的 0 与选择的单位有关。

常用的游标卡尺精确刻度有 0.1 mm 和 0.02 mm、0.05 mm 三种。如果用刻度 0.02 mm 的卡尺测量一圆柱零件的外径，其主尺刻度读数是 123 mm，游标上第 11 刻度线与主刻度线对齐，由此得到被测量尺寸为 123＋11×0.02＝123.22(mm)。测量结果的有效数字应表示为 123.220 mm，数据的有效位数为 6 位。

有些数字如 π，它是精确数字，可以有无限多位小数，但实际使用时只选择有效位数参与计算，其余的位数都要舍弃。舍弃的办法应按照国家标准 GB 8107—1987 的规定做修约处理。

12.2.2 数据修约

在数据处理中，有效数字修约办法就是通常说的“四舍五入”法：

① 有效位数确定后，看有效数字末位的数字：大于 5，在有效数字末位＋1，其余都舍去；小于 5，有效数字后面的数字全部舍弃。

② 当有效数字后面的数字等于 5 时，若有效数字末位数字为奇数则在有效数字末位＋1，若为偶数则有效数字后面的数字全部舍弃。

12.2.3 运算规则

(1) 加减运算

低于 10 个数的有效数字加减运算，看有效数字的小数位数，小数位数多的比最少的多保留一位参加运算。计算结果的位数应与最少的那个有效位数相同。

(2) 同数量级位数

若参加运算的有效数字属于同一数量级，则比较各有效数字第一位数的大小，如果大小相差较大，为避免第一位数小的数字相对误差过大，可将该数的有效位数多保留一位参加运算。

(3) 乘除运算

两个有效数字做乘除运算时，有效数字小数位数多的只需比少的多保留一位即可。计算结果的位数应与少的那个有效位数相同。

(4) 开方与乘方

在有效数字做开方与乘方运算时，结果的有效位数应与原来的有效位数相同。

(5) 三角函数

在做三角函数运算时，因三角函数数值的位数随角度误差的减小而增加，当角度误差依次为 10″、1″、0.1″、0.01″时，对应的函数位数应当依次为 5、6、7、8 位。

(6) 对数运算

在做对数运算时，若真数为 n 位有效数字，则对数应取 n 位或($n+1$)位。

(7) 再运算

若运算得出的有效数字继续参与运算，则有效数字后面可暂时多保留一位。

12.3 等精度测量

等精度测量是指在多次重复测量中，若每个测量值都是在相同的条件下测得，即测量人员、仪器、环境等测量条件没有改变，则测量的数据都有相同的测量精度。

12.3.1 算术平均值

在重复测量中，被测量经过多次测量获得测量列 $u_i(i=1,2,3,\cdots,n)$，测量列的算术平均值 $\bar{u}$ 为

$$\bar{u}=\frac{1}{n}\sum_{i=1}^{n}u_i \tag{12.1}$$

如果真值为 u_0，每次测量误差用 $x_i=u_i-u_0$ 表示，其中 $i=1,2,\cdots,n$，那么平均值与真值的关系为

$$\bar{u}=u_0+\frac{1}{n}\sum_{i=1}^{n}x_i \tag{12.2}$$

实际上，$\bar{u}$ 就是测量列结果的希望估计值，还可以认为 $\bar{u}$ 是已经削弱了随机误差，但还带有恒定系统误差的真值。

随机误差服从正态分布，在测量值没有系统误差的情况下，当 $n\to\infty$ 时，$\sum x_i\to 0$，$\bar{u}\to u_0$。由于实际上不可能测量无限多次，也无法找到真值，所以只要测量次数足够多，其算术平均值就是最好的真值的近似值。

12.3.2 标准差

在测量列 $u_i(i=1,2,3,\cdots,n)$中，$x_i=u_i-u_0$ 是测量值与真值之差，称为真差。由真差计

算出的误差用σ表示，称为标准差；而$v_i=u_i-\bar{u}$是测量值与算术平均值之差，称为残余误差，或残差。由残差计算出来的误差用σ_s表示，称为实验标准差。

标准差的定义是假定真值已知，测量值u_i的标准差是真差x_i的方均根值：

$$\sigma=\sqrt{\frac{\sum_{i=1}^{n}x_i^2}{n}} \tag{12.3}$$

式中：x_i是随机变量。σ的物理意义是每一次测量，u_i出现在$u_0-\sigma\sim u_0+\sigma$之间的概率是68.3%。由于$x_i$是测量值与真值的差，实际上真值无法得到，随机误差$x_i$也无法计算，只有测量无限多次时，才能得到$\sigma$，所以$\sigma$只有理论意义，无实际应用意义。

在观测数据为有限次的情况下，用算术平均值$\bar{u}$代替真值u_0来计算残差：$v_i=u_i-\bar{u}$。残差也是随机变量，服从正态分布，实验标准差的计算式就是贝塞尔(Bessel)公式：

$$\sigma_s=\sqrt{\frac{\sum_{i=1}^{n}v_i^2}{n-1}} \tag{12.4}$$

式中：σ_s是σ的估计值。实际上，测量次数n一般比较大，所以σ和σ_s差别很小。

在物理学中广泛采用实验标准差σ_s来表示测量值的精度，一般写成$\bar{u}\pm\sigma_s$。它的物理意义是：每次测量得到一个u_i，u_i出现在$\bar{u}-\sigma_s\sim\bar{u}+\sigma_s$之间的概率是68.3%；在$\pm2\sigma_s$之间的概率是95%；在$\pm3\sigma_s$之间的概率是99.7%，出现在此范围外的概率只有0.3%，即测量1 000次出现在$\pm3\sigma_s$区间的次数是997次，出现在此范围以外的次数只有3次。

可以利用σ_s设置置信度，国家计量技术规范JJG 1027—91《测量误差及数据处理》推荐的置信度是95%。置信度$\pm2\sigma_s$就是测量仪器可以分辨的最小量。

12.3.3　平均值标准差

σ_s是对一个物理量测量的实验标准差，它是每测量一次u_i出现的实验误差，也称为单次测量实验标准差。与单次测量实验标准差σ_s类似，测量u_i得到数列与数列的平均值$\bar{u}$，那么$\bar{u}$的实验标准差$\sigma_{\bar{u}}$是多少呢？

根据后面介绍的误差传递式理论，对式(12.1)的平均值$\bar{u}$做微分，得

$$d\bar{u}=\frac{1}{n}\sum_{i=1}^{n}\frac{\partial\bar{u}}{\partial u_i}\cdot du_i \tag{12.5}$$

测量列$u_i(i=1,2,\cdots,n)$是随机变量，当n足够大时，服从高斯分布。将上式两边平方，结果出现平方项和非平方项两部分。根据高斯分布的对称性，非平方项会正负交叉出现，可以相互抵消，于是就只剩下平方项：

$$d\bar{u}^2=\frac{1}{n^2}\sum_{i=1}^{n}\left(\frac{\partial\bar{u}}{\partial u_i}\right)^2\cdot du_i{}^2 \tag{12.6}$$

由于测量值是等精度的，$du_i=\sigma_s$，偏导数等于1，所以$\bar{u}$的实验标准差为

$$\sigma_{\bar{u}}=\frac{\sigma_s}{\sqrt{n}} \tag{12.7}$$

式中：$\sigma_{\bar{u}}$是实验标准差σ_s的估计值。它的物理意义是：每测一组测量值u_i，其平均值$\bar{u}$出现

在$\bar{u}-\sigma_{\bar{u}}\sim\bar{u}+\sigma_{\bar{u}}$之间的概率是68.3%。与$\sigma_s$作比较可以看出,平均值的误差为单次测量误差的$1/\sqrt{n}$。测量次数$n$越大,平均值的精度越好。但随着测量次数的增加,精度变化会越来越小,因此一般测量次数最多有10次就可以了,更多次数对提高精度的意义不大。

12.4 非等精度测量

在多次重复测量中,如果测量条件发生变化,测量数据的精度也会变化,形成非等精度测量。有时为了对标准砝码、标准源活度等被测量进行校对,会用几种仪器进行测量,然后对测量结果进行比对。不同仪器的测量都是非等精度测量。

一般来说,绝对等精度测量很难保证,但测量条件变动不大,或者把条件改变看作是误差,也可当作等精度测量处理。在实际测量中,按非等精度测量处理的情况很少。

12.4.1 权的概念

在非等精度测量中,有的数据可靠程度高些,误差小些;有的数据可靠程度低些,误差大些,因此,这些数据加在一起平均显然不够合理。我们应使误差小的占的比重大些,误差大的占的比重小些,这样平均值可靠程度才会更高。这里参加平均的数据的"比重"即是"权",权可以有多种选择。

例如,用m种不同的仪器测量同一物理量,每种仪器各自测得一组数据$u_i(i=1,2,\cdots,m)$,并各自求出平均值及其实验标准差,得到m个平均值$\bar{u}_j$和$\sigma_{\bar{u}_j}$,其中$j=1,2,\cdots,m$。可以用$1/\sigma_{\bar{u}_j}^2$做$\bar{u}_j$的权,求出这m种仪器测量的物理量的平均值和它的实验标准差:在核衰变测量中,有的数测的时间长,有的数测的时间短,可用$1/\sqrt{N}$作为测量计数N的权;在对不同射线的能量做平均时,可以选择强度作为权。

12.4.2 加权平均值

在上述例子中,令$\bar{u}_j$的权为q_j,于是有

$$q_j=\frac{1}{\sigma_{\bar{u}_j}^2} \tag{12.8}$$

用m种仪器测得的物理量加权的算术平均值为

$$\bar{u}_q=\frac{\sum_{j=1}^{m}q_j\bar{u}_j}{\sum_{j=1}^{m}q_j} \tag{12.9}$$

12.4.3 加权标准差

不等精度的$\bar{u}_j(j=1,2,\cdots,m)$的标准差不能用等精度的贝塞尔公式计算。只有把残差变为等精度处理后,才能用贝塞尔公式计算。可以证明残差$\bar{v}_j=\bar{u}_j-\bar{u}_q$与它的权的平方根$\sqrt{q_j}$之积是等精度的新变量。利用新变量可计算各不等精度平均值$\bar{u}_j$的标准差:

$$\sigma_{sq}=\frac{\sqrt{\sum_{j=1}^{m}q_j\bar{v}_j^{\,2}}}{\sqrt{(m-1)\cdot\sum_{j=1}^{m}q_j}} \tag{12.10}$$

σ_{sq} 的物理意义是各仪器测出的平均值 $\bar{u}_j$，出现在 $\bar{u}_q-\sigma_{sq}\sim\bar{u}_q+\sigma_{sq}$ 之间的概率是 68.3%，而 $\bar{u}_q$ 的标准差则为

$$\sigma_{\bar{u}_q}=\frac{\sigma_{sp}}{\sqrt{m}} \tag{12.11}$$

12.4.4　测量不确定度

有几个测量不确定度的名词含义容易混淆，只要与误差联系起来，就容易区分了，如下：

(1) 精密度

精密度是指在一定条件下，对一个量做多次测量时，各测量值之间的离散程度。精密度用随机误差表示。测量中随机误差越小，精密度越高。值得注意的是，精密度高不等于偏离真值小，因为有可能系统误差大。例如加工圆柱体时，表面光洁度非常好，精密度很高，但圆柱直径的尺寸较差，同样精确度不高。

(2) 正确度

正确度表示测量中系统误差的大小程度。系统误差越小，正确度越高。

(3) 精确度

精确度也称准确度，是指测量值和真值之间的一致程度。当随机误差和系统误差综合起来都小时，测量值才能更接近真值，精确度才高。通常说的测量精度就是指精确度。

提高精密度的方法是增加测量次数，降低随机误差；提高正确度的方法是选用正确度高的量具和测量仪器，改进标定方法，以降低系统误差。两者都提高了才能提高精确度。

12.5　误差传递

在物理测量中，直接观测量可通过多次测量得到测量误差；对于不能直接观测的量，只要是直接观测量的函数，通过计算也可以得到间接观测量的误差。间接观测量误差由误差传递公式得到。

12.5.1　误差传递公式

设间接测量量为 Z，直接测量量为 $u_1,u_2,\cdots,u_n$，它们的函数关系如下：

$$Z=f(u_1,u_2,\cdots,u_n) \tag{12.12}$$

又可以表示为

$$Z+\Delta Z=f(u_1+\Delta u_1,u_2+\Delta u_2,\cdots,u_n+\Delta u_n) \tag{12.13}$$

将上式右端按泰勒级数展开，取一级近似，得到间接测量量 Z 的误差：

$$\Delta Z=\frac{\partial f}{\partial u_1}\Delta u_1+\frac{\partial f}{\partial u_2}\Delta u_2+\cdots+\frac{\partial f}{\partial u_i}\Delta u_i+\cdots+\frac{\partial f}{\partial u_n}\Delta u_n \tag{12.14}$$

令 E_r 为 ΔZ 的相对误差，可得

$$E_r=\frac{\partial f}{\partial u_1}E_1+\frac{\partial f}{\partial u_2}E_2+\cdots+\frac{\partial f}{\partial u_i}E_i+\cdots+\frac{\partial f}{\partial u_n}E_n \tag{12.15}$$

式中：$E_i=\Delta u_i/\bar{u}_i(i=1,2,\cdots,n)$，它是 Δu_i 的相对误差，其中 $\bar{u}_i$ 是 $u_1,u_2,\cdots,u_n$ 各测量量多次测量的平均值。由于误差 Δu_i 可正可负，计算 E_r 时，E_i 一律取绝对值，所以 E_r 是最大绝对误差，按下式计算：

$$E_r=\frac{\partial f}{\partial u_1}|E_1|+\frac{\partial f}{\partial u_2}|E_2|+\cdots+\frac{\partial f}{\partial u_n}|E_n| \tag{12.16}$$

12.5.2 运算结果误差

通过误差传递公式可以得出以下结论：

(1) 加减法误差

多个直接观测量之和或之差的最大绝对误差(即绝对误差上限)，等于各个直接观测量绝对误差的绝对值之和。

(2) 乘除法误差

多个直接观测量之积或商的最大相对误差(即相对误差上限)，等于各个直接观测量相对误差的绝对值之和。

(3) 方和根误差

$Z=u^m$ 或 $Z=u^{1/m}$，Z 的相对误差分别等于直接观测量 u 的相对误差绝对值的 m 或 $1/m$ 倍。

(4) 对数误差

以 a 为底的 u 的对数 Z 的绝对误差，等于直接观测量 u 的相对误差除以 $\ln a$。

12.6 最小二乘法

测量某量得到一组数据，通过这组数据如何计算出最优或最可信赖的测量量的值呢？被测量量是一组相关联的两个变量，它们又具有函数关系，如何通过对这两个变量的测量来得到最优函数呢？

最小二乘法理论告诉我们，在具有等精度的许多观测中，最优值和最优函数可以通过最小二乘法得到。

12.6.1 最小二乘法原理

对被观测量测得一组数据，如果这组数据的误差相互独立，没有系统误差，并且服从正态分布，那么根据最小二乘法原理可得：被测量的最优值，也就是使得测量数据残差平方和最小的那个数值。证明如下：

设对被测量 u 测得等精度数据列 $u_i(i=1,2,\cdots,n)$，相应的残差为

$$v_i=u_i-\bar{u} \tag{12.17}$$

式中：$\bar{u}$ 为 u_i 的算数平均值。

因 v_i 服从正态分布，v_i 落在 $v_i-\Delta v\sim v_i+\Delta v$ 之间的概率为

$$p_i = \frac{1}{\sqrt{2\pi} \cdot \sigma_s} e^{-\frac{v_i^2}{2\sigma_s^2}} \cdot \Delta v \tag{12.18}$$

根据概率论乘法定理，相互独立的 n 个残差 $v_i(i=1,2,\cdots,n)$ 同时出现的概率 p 应是各个残差概率之积，于是得

$$p = \prod p_i = \left(\frac{1}{\sqrt{2\pi}\sigma_s}\right)^n e^{-\frac{1}{2\sigma_s}\sum_{i=1}^{n} v_i^2} \cdot (\Delta v)^n \tag{12.19}$$

显然，p 的极大值是在负指数最小处，即残差平方和的最小处。令 Q 代表残差平方和：

$$Q = \sum_{i=1}^{n} v_i^2 = \sum_{i=1}^{n} (u_i - \bar{u})^2 \tag{12.20}$$

通过将变量 $\bar{u}$ 对 Q 求一阶导数，并令导数等于零，就可以得到函数的极值：

$$\frac{dQ}{d\bar{u}} = \sum_{i=1}^{n} 2(u_i - \bar{u})(-1) = 0$$

$$\bar{u} = \frac{1}{n}\sum_{i=1}^{n} u_i \tag{12.21}$$

对 Q 二次求导数，此点与零比较，找出极值的大小，于是，

$$\frac{d^2Q}{d\bar{u}^2} = \sum_{i=1}^{n} 2(-1)(-1) = 2n > 0$$

根据极值判断条件：一阶导数为零处为极值，二阶导数大于零，曲线下凹，最低点为极小值。这就证明了算术平均值恰好是在各测量值与其算术平均值的残差平方和为最小处，也就证明了最小二乘法的结论。所以，算术平均值为其最优值或最可信赖值。

12.6.2　函数拟合

在物理实验中，有时会测量相关联的两个量，例如电压 y 随温度 x 的变化，给一个 x，测量出一个 y，x 是给定值，没有误差，y 是测量值，会有误差。如果测量是等精度的，测量出的数据列为 (x_i, y_i)，$i=1,2,\cdots,n$，则如果 y 与 x 的函数形式已知，则只需将数据列代入已知函数，将函数中的未知参数计算出来，就可得到该函数；如果 y 与 x 的函数形式未知，则需设置函数式：

$$y = f(x, a_0, a_1, \cdots, a_m) \tag{12.22}$$

通过数据列计算出未知参数 $a_0, a_1, \cdots, a_m$，得到函数式。首先计算函数残差平方：

$$R = \sum_{i=1}^{n} v_i^2 = \sum_{i=1}^{n} [y_i - f(x_i, a_0, a_1, \cdots, a_m)]^2 \tag{12.23}$$

此式具有多条曲线，但我们要的是最优曲线。根据最小二乘法，R 平方和最小的那条曲线就是我们要找的最优曲线，也就是要找的最优函数形式。

根据求极值的条件，计算 R 的偏导数为零的那条曲线：

$$\frac{\partial R}{\partial a_j} = \frac{\partial}{\partial a_j}\sum_{i=1}^{n} [y_i - f(x_i, a_j)]^2 = 0, \quad j = 0,1,2,,\cdots,m \tag{12.24}$$

若 $m \leqslant n$，将数据列 (x_i, y_i) 代入式(12.24)，就能够解出 $a_0, a_1, \cdots, a_m$，也就得到了最优函数。

在物理测量中，经常遇到的都是线性问题，所以最小二乘法主要用于线性函数。如果这个函数是非线性函数，则式(12.24)计算起来非常麻烦。为便于计算，往往将函数 f 按泰勒级数展成 m 阶多项式再求解，即

$$f(x_i)=\sum_{j=0}^{m}a_jx_i^j,\quad i=1,2,\cdots,n \tag{12.25}$$

将式(12.25)代入式(12.24)，解出 $a_0,a_1,a_2,\cdots,a_m$，就可得

$$y=a_0+a_1x+a_2x^2+\cdots+a_mx^m \tag{12.26}$$

此式是利用实验数据$(x_i,y_i)(i=1,2,\cdots,n)$拟合出的最优函数，即残差平方和最小的那条曲线。

12.7 核衰变的统计性

12.7.1 核衰变事件

不同的放射性核素按各自的半衰期衰变。同一种核素各核之间都是独立的，互不关联，哪个核衰变具有偶然性。假定某放射性核素有 N 个核，在 t 时刻的 Δt 时间内有 ΔN 个核发生了衰变，在 t 时刻衰变率应为 $\Delta N/\Delta t$。N 一般都是非常大的数。如果该核素的半衰期比起测量时间长很多，则测量时间段 N 和 $\Delta N/\Delta t$ 都可看作是确定值，不随时间变化。但是，由于多次测量，测得的计数率并不是一个确定值，而是围绕着平均值上下涨落，或者说围绕着平均值有随机误差。这种随机误差与测量仪器无关，是由核衰变的统计性引起的，并按照一定的规律分布。

多数情况下，这种随机误差服从正态分布（也称高斯分布），但当组成随机误差的许多因素中有一个或几个因素具有突出影响时，随机误差就会偏离正态分布，即产生非正态分布的随机误差。下面将讨论核物理中随机误差的几种分布函数。

12.7.2 二项式分布

二项式分布是偶然事件最基本的分布规律，其他分布都可以由它推导出来。以核衰变为例，如果某放射性核素有 N 个核，在一段时间里有 n 个核发生了衰变，则 n 可能出现的数值是 $0,1,2,\cdots,N$，但各数值出现的概率不同。设 N 个核中有 n 个核发生衰变的概率为 $p(n)$，根据贝努里定理，有

$$p(n)=\frac{N!}{n!\,(N-n)!}p^nq^{N-n} \tag{12.27}$$

式中：p 为有核衰变的概率；q 为没有核衰变的概率，显然，$p+q=1$。其中的排列部分也可以采用组合形式：

$$\frac{N!}{n!\,(N-n)!}=\mathrm{C}_N^n \tag{12.28}$$

所以概率 $p(n)$ 又可写成

$$p(n)=\mathrm{C}_N^n p^n q^{N-n} \tag{12.29}$$

因为二项式展开式有如下形式：

$$(p+q)^N=\sum_{n=0}^{N}C_N^n p^n q^{N-n} \tag{12.30}$$

二项式展开式的第 n 项刚好等于 N 个核发生 n 次衰变的概率 $p(n)$，所以称 $p(n)$ 的分布为二项式分布。二项式分布中的两个独立参量 N 和 n 都是整数。可以证明二项式分布随机变数 n 的平均值及方差分别为

$$\bar{n}=\sum_{n=0}^{N}np(n)=Np \tag{12.31}$$

$$\sigma^2=\sum_{n=0}^{N}(\bar{n}-n)^2p(n)=Npq \tag{12.32}$$

12.7.3 泊松分布

在长半衰期的核素中，核的衰变概率 $p\ll1$。在测量中若有 N 个放射性核素，一般 N 是非常大的数，已衰变的核素 Np 是很小的，即 $Np\ll N$。据此可以对二项式分布式(12.29)中的因子做如下近似：

$$C_N^n\approx\frac{N^n}{n!},\quad q^{N-n}=(1-p)^{N-n}\approx e^{-p(N-n)}\approx e^{-pN}$$

将以上两近似因子代入式(12.29)，可以得到泊松分布：

$$p(n)=\frac{\bar{n}^n}{n!}e^{-\bar{n}} \tag{12.33}$$

泊松分布中的 n 是 N 个核在测量时间段的衰变数。n 是随机变量，其平均值等于 $\bar{n}$，方差 $\sigma^2=\bar{n}(\bar{n}+1)\approx\bar{n}^2$。泊松分布是不对称分布，当 $n<\bar{n}$ 时出现的概率稍大些。测量次数低于 10 次的衰变数(或随机变量的测量误差)的分布近似于泊松分布。随着测量次数的增大，衰变数(或随机变量的测量误差)的分布趋近于高斯分布。

12.7.4 高斯分布

二项式分布和泊松分布都是离散型分布，两个参量都是整数，在 n 很大时计算非常繁杂。在大多数情况下，人们更喜欢使用变量连续变化的高斯分布，它是在 1795 年由高斯找到的。其形式为

$$f(x)=\frac{1}{\sqrt{2\pi}\cdot\sigma}e^{-\frac{(x-\bar{x})^2}{2\sigma^2}} \tag{12.34}$$

式中：$\bar{x}$ 和 σ^2 分别是随机变数 x 的平均值及方差；$f(x)$ 是在 x 处的正态分布密度函数。因此整数 n 的概率 $p(n)$ 与 $f(x)$ 的关系可以近似为

$$p(n)=\int_{n-0.5}^{n+0.5}f(x)\mathrm{d}x\approx f(n) \tag{12.35}$$

在式(12.31)、式(12.33)和式(12.34)中，$\bar{n}$ 或 $\bar{x}$ 是变量 n 或 x 一切可能的取值的平均值，即真值，它只是理论值，实际上无法得到；算数平均值 $\bar{n}'$ 或 $\bar{x}'$ 是变量 n 或 x 观测数据的平均值，是可以测得的，它是理论平均值的一个估计值，所以有误差。在 $\bar{n}'$ 很大时，误差很小。由于在核衰变测量中，计数一般都很大，理论平均值 $\bar{n}$、测量平均值 $\bar{n}'$ 和单次测量值 n 之间差别不大，常常等同看待。标准差和实验标准差也可等同看待，这样可以用 σ_s 表示单次测量值 n 的实验标准差，即

$$\sigma_s = \sqrt{n} \tag{12.36}$$

$$n \pm \sigma_s = n \pm \sqrt{n} = n\left(1 \pm \frac{1}{\sqrt{n}}\right) \tag{12.37}$$

若计数率为 n_0，测量时间为 t，则可以写为

$$n_0 \pm \sigma_{s0} = \frac{n}{t} \pm \frac{\sqrt{n}}{t} = n_0\left(1 \pm \frac{1}{\sqrt{n_0 t}}\right) \tag{12.38}$$

若是重复测量，在 t 时间内测量 k 次，则平均计数为

$$\bar{n} = \frac{1}{k}\sum_{i=1}^{k} n_i \tag{12.39}$$

也可写为

$$\bar{n} \pm \sqrt{\frac{\bar{n}}{k}} = \bar{n}\left(1 \pm \frac{1}{\sqrt{k\bar{n}}}\right) \tag{12.40}$$

12.8 核衰变统计性的应用

12.8.1 计数率校正

放射性粒子的产生是随机的，任何时间都可能发生。当进入探测器，转变成脉冲，并被记录时，为了确切地知道入射粒子数量，就要解决脉冲漏计问题。当两个相邻的粒子时间间隔小到一定程度时，两个粒子的脉冲就会叠加在一起，不能分辨出来，我们称这段时间为仪器的分辨时间，或失效时间。输出方波的盖革计数管就是这种情况。失效时间就是方波的宽度。设平均进入探测器的粒子数率为 n，记录到的计数率为 m，探测器分辨时间为 τ，则单位时间内总失效时间应为 $m\tau$，总灵敏时间为 $1-m\tau$，所以记录到的计数率为

$$n = \frac{m}{1-m\tau} \tag{12.41}$$

从式(12.41)中可以看出，当 $m\tau \geqslant 1$ 时，所有脉冲都连到了一起，已无法测量，式(12.41)失效。只有当 $m\tau < 1$ 时，才可以测量。当 $m\tau \ll 1$ 时，可以近似为 $n \approx m(1+m\tau)$。利用式(12.41)可以校正具有固定分辨时间进入探测器的计数率。

12.8.2 输出电压的涨落

电离室输出的电流脉冲是由每个入射粒子产生的离子对漂移形成的。如图 3.2 所示，探测器输出端一般都接有电容 C_i 和电阻 R_i。设电离室平均计数率为 $\bar{n}$，当 $t=0$ 时开始照射，这时 C_i 上的电荷为 0。若每个脉冲给电容 C_i 的充电量为 q，则在 $t \sim t+\mathrm{d}t$ 时间内 C_i 上的电荷量为 $q\bar{n}\mathrm{d}t$。但充电的同时又会经 R_i 放电，所以，当在 t_0 时刻测量时，电容 C_i 上的累积电荷应为

$$Q(t_0) = \int_0^{t_0} q\bar{n}\mathrm{e}^{-\frac{t}{R_iC_i}}\mathrm{d}t = q\bar{n} \cdot R_iC_i\left(1-\mathrm{e}^{-\frac{t_0}{R_iC_i}}\right) \tag{12.42}$$

由于 n 是随机变量，所以单次测量服从泊松分布。根据 12.7.4 小节的介绍，实验标准差等于单次测量计数 n 的根值，所以在 $t \sim t+\mathrm{d}t$ 时间间隔内的计数为 $\bar{n}\mathrm{d}t$，实验标准差等于

$\sqrt{\bar{n}}\mathrm{d}t$，电荷增量的实验标准差为 $q\sqrt{\bar{n}}\mathrm{d}t$，而在 t 时刻电荷增量的实验标准差为

$$\sigma_{st}=q\sqrt{\bar{n}}\mathrm{d}t\cdot \mathrm{e}^{-\frac{t}{R_iC_i}} \tag{12.43}$$

在 $0\sim t_0$ 时间内，电容 C_i 上总电荷量 $Q(t_0)$ 的实验标准方差为

$$\sigma^2=\int_0^{t_0}q^2\bar{n}\mathrm{e}^{-\frac{2t}{R_iC_i}}\mathrm{d}t=\frac{1}{2}q^2\bar{n}\cdot R_iC_i\left(1-\mathrm{e}^{-\frac{2t_0}{R_iC_i}}\right) \tag{12.44}$$

当 $t_0\gg R_iC_i$ 时，在 t_0 时刻，电容 C_i 上的电荷量和电压都不再变化，成为常数，即

$$Q=q\bar{n}\cdot R_iC_i \tag{12.45}$$

$$V=\frac{Q}{C_i}=q\bar{n}\cdot R_i \tag{12.46}$$

对 Q 做一次观测实验标准方差，

$$\sigma_s^2=\frac{1}{2}q^2\bar{n}R_iC_i \tag{12.47}$$

对 Q 做一次观测相对实验标准差，

$$\frac{\sigma_s}{Q}=\frac{1}{\sqrt{2\bar{n}R_iC_i}} \tag{12.48}$$

从以上计算可以看出，输出端 R_iC_i 电路已经把计数率转变成直流电压；电容上的电压 V 与电荷 Q 不再变化；Q 正比于 $\bar{n}R_iC_i$，V 正比于 $\bar{n}R_i$；越大的 $\bar{n}R_iC_i$ 相对涨落越小；$q\bar{n}$ 与入射粒子的能量和活度成正比；增大放射源的活度或者增大 R_i 阻值都可以增大输出电压。

参考文献

[1] 冯师颜. 误差理论与实验数据处理[M]. 北京：科学出版社，1964.
[2] 梁晋文，陈林才，何贡. 误差理论与数据处理[M]. 北京：中国计量出版社，2001.
[3] 钱钟泰，邹本霞. 我国的 JJG 1027—91“测量误差及数据处理”技术规范及其解说与 1993 年 7 个国际组织的“测量不确定度表示指南”[J]. 中国计量，1997(3)：49-51.

第 13 章　辐射防护

自从 1895 年伦琴发现 X 射线以来，核技术得到广泛应用，各种同位素仪表、辐照应用技术、原子能、核医学诊断和治疗等，都有了很大发展，给人类带来了巨大益处。同时，核辐射对人类的潜在危害也引起了人们的担忧。其实电离辐射是自然环境的一部分，天天伴随着我们的生活，这种天然辐射本底并未造成危害。1982 年，联合国原子辐射效应科学委员会(UNSCEAR)指出，人体受到的天然辐射年平均有效剂量当量约为 2 mSv，这是地球人共同能够接受的。核医学的诊断与治疗也是职业人员和公众受到核辐射最主要的来源，全世界居民医疗受到的年平均有效剂量当量约为 0.4 mSv[1]。

目前辐射医学影像学包括：X 射线计算机断层显像技术(CT)、正电子发射断层显像技术(PET－CT)、单光子发射断层显像技术(SPECT)、γ 射线摄像以及 X 透视等。

CT 显像实际上反映的是人体断层密度与质量减弱系数的分布。医生会根据器官的变化判断病情，计算病灶大小。由于射线多次穿过人体，人体受到辐射，但随着 CT 的不断改进，目前一次 CT 扫描的剂量当量为 5～15 mSv。

SPECT 是由放射性核素，如 ^{99m}Tc、^{123}I、^{111}In 和 ^{201}Tl 等发出的 γ 射线制作计算机断层图像的。先把放射性核素制备成能够富集在器官病灶上的显影剂，通过静脉注射到体内，核素在器官病灶上发射 γ 射线，由探测器接收，再利用 CT 技术制成图像。对于目前应用的核素，70% 是 ^{99m}Tc，半衰期为 6.007 2 h，γ 射线能量为 0.140 511 MeV，在体内停留 2～3 h。一般的 SPECT 一次扫描剂量当量为 0.1～5.2 mSv。

SET－CT 与 SPECT 原理类似，但它使用的放射性核素如 ^{18}F、^{11}C、^{13}N 和 ^{15}O 等都是发射正电子的核素，半衰期更短，可在医院的微型回旋加速器上现生产现使用。目前应用最多的是 ^{18}F，半衰期为 110 min。由 ^{18}F 制成的显影剂也是通过静脉注射的。^{18}F 发射的 β^+ 射线就在显影剂附近俘获电子，湮灭成两个 0.511 MeV 的 γ 射线，向相反方向成直线飞出，被人体两侧的探测器接收。利用两个 γ 射线到达探测器的时间差，就可以确定 γ 射线发出的位置，成为手术定位病灶的依据，同样也能够给出器官的影像，而且 SET－CT 影像的清晰度比 SPECT 高数十倍。目前，一次 SET－CT 的剂量当量为 2～15 mSv。

γ 射线摄像机是利用 γ 射线各向同性发射和标记化合物在某些器官聚集的特点，通过多点摄影，确定 γ 射线发射的位置，为神经节、肿瘤等病灶在手术前和手术中显影定位。现在，γ 射线摄像机趋向于采用分辨率更高的碲化镉(CdTe)或 CdZnTe 探测器，并向小型化、低能化(γ 射线能量的范围为 30～200 keV)和低剂量化的方向发展。

医学界非常重视辐射剂量问题，无论是 X－CT、SPECT、PET－CT、γ 摄像还是 X 透视，医生都会把辐射剂量控制在目前认为的安全标准内。只要每年的检查剂量限定在 20 mSv 以内，就是安全的。对于工业上应用的核仪器，操作人员受到的辐射剂量比起影像检查要小很多，更不会使操作人员受到伤害。我国制定了《电离辐射防护与辐射源安全基本标准》(GB 18871—2002)，只要按照国家辐射防护标准的要求去做，就可以保障人身安全。

本章主要是向读者介绍射线防护的基本知识、辐射防护屏蔽的计算方法，以供读者参考和选用[2-6]。

13.1　辐射防护知识

13.1.1　电离辐射量

1. 活　度

活度表示放射性核素单位时间衰变次数。活度不是单位时间衰变产生的粒子数，二者的关系是某能量的衰变粒子数等于它的分支比（或称辐射强度）与活度的乘积。通常活度用 A 表示。活度的国际标准单位是贝可（Bq），1 Bq=1 次衰变/秒，其是一个非常小的单位；活度的暂时并用单位是居里（Ci），1 Ci=3.7×10^{10} Bq。

2. 注　量

注量是表示电离辐射场中某区域辐射粒子疏密程度的物理量。以前这一物理量通常称为积分通量，但由于积分的含义不确切，国际上改用注量这一名称。设某点 da 面积上垂直穿入的粒子数为 dn，将 da 任意方向上的粒子总数 dN 与 da 之比称为注量。注量的物理意义是某点单位面积上通过的辐射粒子数，用 Φ 表示：

$$\Phi=\frac{\mathrm{d}N}{\mathrm{d}a} \tag{13.1}$$

注量的国际标准单位为 m^{-2}。单位时间通过单位面积的粒子数称为注量率，以 ϕ 表示。注量率的国际标准单位为 $\mathrm{m}^{-2}\cdot\mathrm{s}^{-1}$，但习惯上常用 $\mathrm{cm}^{2}\cdot\mathrm{s}^{-1}$。

例如，一个点源各向同性地发射 γ 射线，其发射率为 $S(\gamma/\mathrm{s})$，在距 r 处的球面上的 γ 射线注量率为 $\phi(\gamma/(\mathrm{cm}^2\cdot\mathrm{s}))$，则有

$$\phi=\frac{S}{4\pi r^2} \tag{13.2}$$

ϕ 就是点源在无屏蔽情况下 γ 射线在 r 处的注量率。如果 γ 射线为单能 $E_\gamma(\mathrm{eV})$，则在 r 处，每平方厘米每秒注入的 γ 射线能量率 $J_\mathrm{E}(\mathrm{eV}/(\mathrm{s}\cdot\mathrm{cm}^2))$ 为

$$J_\mathrm{E}=\frac{S}{4\pi r^2}\cdot E_\gamma \tag{13.3}$$

3. 照射量

照射量表示 X 或 γ 射线在空气中产生电离能力的物理量。1962 年，国际辐射单位和测量委员会（ICRU）定义：X 或 γ 射线在质量为 dm 的空气中释放出来的全部电子（正电子和负电子）完全被空气阻止时，在空气中产生的同一种符号离子的总电荷的绝对值 dQ 除以 dm 即为照射量，用符号 X 表示：

$$X=\frac{\mathrm{d}Q}{\mathrm{d}m} \tag{13.4}$$

照射量的物理意义是 X 或 γ 射线在单位质量的空气中产生的电荷量。照射量的国际标准单位是 C/kg（库仑/千克），暂时并用单位是 R（伦琴）。单位时间的照射量称为照射量率，国际标准单位为 C/(kg·s)，暂时并用单位为 R/s。dQ 中只包括光电效应、康普顿效应和电子对效应产生的电离粒子的电荷，不包括韧致辐射和荧光光子引起的电离粒子的电荷，这一点在

高能情况下是显著的。照射量是在空气中度量 X 或 γ 辐射，同时也可以在其他物质内部某一点确定照射量。

在空气中，对 X 或 γ 辐射的能量在 10 keV～3 MeV 范围内，在满足“电子平衡”条件下，才能按照定义较严格和精确地测量照射量。因为在此能量范围内，次级电子产生的韧致辐射对 dQ 的贡献可以忽略[6]。

1962 年，ICRU（国际放射单位和计量委员会）再次定义照射量的单位 R（伦琴）为：在标准状态（0 ℃，1.01325×10^{5} Pa）下，使 1.293×10^{-6} kg（体积为 1 L）干燥空气电离产生的正负电荷各为 $\frac{1}{3}\times10^{-9}$ C（1 静电单位电量）时，X 或 γ 辐射的照射量即为 1 R。X 或 γ 辐射在空气中产生 1 个离子对平均需要的电离能为 $\varepsilon_0=33.73$ eV[6]，根据电子电荷等近似值为 $e=1.602\times10^{-19}$ C，1 eV$=1.602\times10^{-19}$ J，与 1 R 相当的量大体上是：

单位体积产生正或负电荷量：$1\ \text{R}=\frac{1}{3}\times10^{-9}\,\text{C/L}$；

单位质量产生正或负电荷量：$1\ \text{R}=\frac{1}{3}\times10^{-9}\,\text{C}/(1.293\times10^{-6}\ \text{kg})=2.578\times10^{-4}\,\text{C/kg}$；

产生的离子对总数量：$1\ \text{R}=\frac{1}{3}\times10^{-9}\,\text{C}/(1.602\times10^{-19}\,\text{C})=2.080\times10^{9}$ 离子对；

授予空气的总能量：$1\ \text{R}=2.080\times10^{9}\times33.73\ \text{eV}\times1.602\times10^{-19}\ \text{J/eV}=1.124\times10^{-8}\ \text{J}$；

授予空气单位质量的能量：$1\ \text{R}=1.124\times10^{-8}\,\text{J}/(1.293\times10^{-6}\ \text{kg})=8.693\times10^{-3}\ \text{J/kg}$；

国际标准单位与暂时并用单位的互换关系：1 J/kg$=$115 R。

4. 吸收剂量

吸收剂量表示物质吸收各类电离辐射能量的能力。任何电离辐射，授予质量为 dm 物质的平均能量为 dE，则吸收剂量为 dE 与 dm 之比，用符号 D 表示：

$$D=\frac{\mathrm{d}E}{\mathrm{d}m} \tag{13.5}$$

吸收剂量的国际标准单位为 Gy（戈瑞），任何电离辐射在 1 kg 被照射的物质中吸收的平均能量为 1 J，即 1 Gy，1 Gy$=$1 J/kg；暂时并用单位为 rad（拉德），1 Gy$=$100 rad。

单位时间的吸收剂量称为吸收剂量率，国际标准单位为 Gy/s。

对于 β 射线，由于中微子带走一部分能量，中微子不能被物质吸收，所以吸收的能量不是 β 射线的全部能量；中子不带电，在与物质相互作用时，将能量传给带电粒子和次级光子。通过带电粒子和次级光子再将能量授予物质，产生吸收剂量；X 或 γ 射线在空气里都会产生吸收剂量和照射量，但二者吸收的能量略有差异：吸收剂量 dE 中包括 X 或 γ 射线在空气中损失的全部能量，而照射量不包括韧致辐射和荧光光子产生带电粒子损失的能量。只有在韧致辐射和荧光过程忽略不计的情况下，吸收剂量和照射量才可以根据吸收的能量互相换算：1 Gy$=$115 R，1 rad$=$1.15 R。

5. 比释动能

比释动能定义为不带电电离粒子（指 X、γ 和中子）在质量 dm 的物质中，释放出来的全部带电粒子的初始动能总和 dE_{tr} 与 dm 之比，用符号 K 表示：

$$K=\frac{\mathrm{d}E_{\text{tr}}}{\mathrm{d}m} \tag{13.6}$$

比释动能的单位也用 Gy 和 rad。不带电电离粒子在 1 kg 被照射的物质中，释放出来的全部带电粒子的初始动能总和为 1 Gy，即 1 Gy＝1 J/kg。单位时间的比释动能称为比释动能率，单位为 Gy/s。

6. 带电粒子平衡

大量不带电粒子如 γ 射线与物质作用时，传递给体积元 ΔV 的能量等于它在 ΔV 内产生的次级带电粒子动能总和。这些次级带电粒子有的产生在 ΔV 内，有的产生在 ΔV 外。在内产生的有的会跑出 ΔV 外，在外产生的也会跑入 ΔV 内。当跑入的和跑出的总能量和能谱分布相同时，就称此点存在着带电粒子平衡。

7. 照射量、比释动能和吸收剂量之比较

照射量只适于在空气中的 X 射线或 γ 射线；比释动能适于在各类物质中的 X 射线、γ 射线和中子；吸收剂量适于在各类物质中的 X 射线、γ 射线、中子、β、α 等各类电离辐射。

比释动能是中子或 γ 射线通过与物质的相互作用向次级带电粒子转移能量。能量 E_{tr} 包括光电子、康普顿电子、电子对初始动能，也包括康普顿散射光子再产生的光电子，以及 X 射线和轫致辐射再产生的光电子和康普顿电子的初始动能，甚至包括俄歇电子的初始动能，总之包括全部次级带电粒子的动能。而吸收剂量除了包括那些全部次级带电粒子的动能之外，还包括不能产生次级电子的康普顿散射光子、轫致辐射等辐射的能量，也包括转变为热能的部分。所以，在带电粒子平衡条件下，比释动能的值总是小于吸收剂量的值。只有在轫致辐射等可以忽略不计时，比释动能才接近吸收剂量。虽然二者使用相同的单位名称，但表示的意义不同，不可混淆。

照射量不包括轫致辐射和荧光光子引起的电离粒子的电荷，而比释动能则包括这部分电荷的能量。

8. 剂量当量和当量剂量

人身体吸收 1 Gy 的 γ 射线和吸收 1 Gy 的 α 射线的吸收剂量相同，但生物效应对人身的伤害却相差 20 倍。为了描述这一问题，单纯使用吸收剂量是不够的，于是引入了剂量当量和当量剂量的概念。二者的区别是：剂量当量是以组织或器官中一个点的吸收剂量乘以该点处辐射的品质因数 Q，所以剂量当量是经过辐射品质因数 Q 修正后的吸收剂量；而当量剂量是以组织或器官的平均吸收剂量乘以辐射权重因子 ω_R，所以当量剂量是经过辐射权重因子 ω_R 修正后的器官剂量[7]。

① 剂量当量 H：用于描述辐射场中某一点（也可能是人体）的照射情况，具体数值可以通过实际测量或理论计算获得。剂量当量主要用于辐射防护屏蔽计算和环境放射性水平的检测。1962 年，ICRP（国际辐射防护委员会）在第 10a 报告中给出的计算式为

$$H = DQN \tag{13.7}$$

式中：D 为吸收剂量；Q 为辐射品质因数，其中，Q 与射线种类和射线能量有关，Q 的数值与辐射权重因子 ω_R 的数值相等；N 为修正因子，N 暂定等于 1。

剂量当量 H 的国际标准单位为希沃特（Sv），1 Sv＝1 J/kg；暂时并用单位为雷姆（rem），1 Sv＝100 rem。

② 当量剂量 $H_{T,R}$：是指人或哺乳动物吸收 1 Gy 任何类型电离辐射的剂量时，与生物效应相当的量。它的用途是评价单个器官或组织在多种辐射照射条件下对健康影响的程度，用

于人体组织器官受到辐射照射的风险(如致癌效应)的评价。当量剂量的数值是用平均吸收剂量通过模型球推算出来的,是“不可测量”的量。当量剂量 $H_{T,R}$ 的国际标准单位也是希沃特(Sv),1 Sv=1J/kg;暂时并用单位也是雷姆(rem),1 Sv=100 rem。

1990 年,ICRP - 60 号出版物给出组织或器官 T 内受到辐射 R 的当量剂量计算式:

$$H_{T,R}=D_{T,R}\cdot\omega_R \tag{13.8}$$

式中;$H_{T,R}$ 为辐射 R 在组织或器官 T 中所致的当量剂量;$D_{T,R}$ 为辐射 R 在组织或器官 T 中所致的平均吸收剂量;ω_R 为辐射 R 的权重因数。

ICRP - 103 号出版物对 ω_R 给出了表 13.1 所列的值[6]。

表 13.1　辐射权重因数 ω_R 的取值

辐射类型	辐射权重因数 ω_R
光子	1
电子及介子	1
α 粒子、裂变碎片、重离子	20
中子	按近似计算式(13.9)计算

对中子不同能量的辐射权重因数的近似计算式为

$$\left.\begin{aligned}\omega_R&=2.5+18.2e^{-\frac{(\ln E)^2}{6}},\quad E<1\ \text{MeV}\\ \omega_R&=5.0+17.0e^{-\frac{[\ln(2E)]^2}{6}},\quad 1\ \text{MeV}\leqslant E\leqslant 50\ \text{MeV}\\ \omega_R&=2.5+3.2e^{-\frac{[\ln(0.04E)]^2}{6}},\quad E>50\ \text{MeV}\end{aligned}\right\} \tag{13.9}$$

式中:E 为中子能量,单位为 MeV。

13.1.2　剂量标准

随着人们对辐射认识的深入和对实践活动的总结,剂量标准多次修订。1934 年,国际 X 射线与镭防护委员会(IX RPC)提出,以每天 0.2 R 或每周 1 R(相当于 50 rem/a)作为耐受剂量;1950 年,IX RPC 更名为国际放射防护委员会(ICRP),将耐受剂量更名为最大容许剂量,并下调为每周 0.3 rem(0.345 R);1958 年,ICRP 公布当量剂量限制为 50 mSv/a(相当于每周 1 mSv,每周工作 5 天,每天 8 小时,每天当量剂量限制为 0.2 mSv)。

国家标准 GB 18871—2002《电离辐射防护与辐射源安全基本标准》作了如下规定:

1. 对任何工作人员的剂量限制

① 由审计部门决定的连续 5 年的年平均有效剂量(但不可作任何追溯性平均):20 mSv;

② 任何一年中的有效剂量:50 mSv;

③ 眼晶状体的年当量剂量:150 mSv;

④ 四肢(手和足)或皮肤的年当量剂量:500 mSv。

2. 对 16~18 岁的接受辐照就业的徒工和使用放射源的学生的限值

① 年有效剂量:6 mSv;

② 眼晶状体的年当量剂量:50 mSv;

③ 四肢(手和足)或皮肤的年当量剂量:150 mSv。

3. 对公众的剂量限值

① 年有效剂量:1 mSv;

② 特殊情况下,如果 5 个连续年的年平均剂量不超过 1 mSv,则某一单一年份的有效剂量可提高到 5 mSv;

③ 眼晶状体的年当量剂量:15 mSv;

④ 四肢(手和足)或皮肤的年当量剂量:50 mSv。

13.2 γ射线源防护

13.2.1 空气中辐射量计算

大多数现有 X、γ 射线防护测量仪器是按空气中的照射量 X 和比释动能 K 定度的。在空气中的 X 或 γ 射线点源的照射量、比释动能和吸收剂量的大小,取决于光子的能量、源的形状、源的活度及与源的距离。只要计算出照射量,其他剂量都可以换算出来。

1. 照射量率

X 或 γ 射线点源在空气中无屏蔽的情况下,忽略源和空气对辐射的吸收,对于能量>10 keV 的光子,产生在 r 点的照射量率按下式计算:

$$\dot{X}=\frac{A\Gamma}{r^2} \tag{13.10}$$

式中采用标准单位:照射量率 $\dot{X}$ 的单位为 C/(kg · s),活度 A 的单位为 Bq,距离 r 的单位为 m,照射量常数 Γ 的单位为 $C\cdot m^2/(kg\cdot Bq\cdot s)$;各量也可以采用非标准单位:$\dot{X}$ 的单位为 R/h,A 的单位为 Ci,r 的单位为 m,Γ 的单位为 $R\cdot m^2/(Ci\cdot h)$,因为非标准单位 Γ 的单位为 $R\cdot m^2/(Ci\cdot h)$,所以 r 的单位用 m。Γ 的物理意义是单位活度和单位距离的照射量率。常用放射源的 Γ 常数已在附表 4.1 中列出[4]。

2. 比释动能率

γ 射线点源在空气中无屏蔽时,由能量>10 keV 的光子产生的比释动能率为

$$\dot{K}=\frac{A\Gamma_K}{r^2} \tag{13.11}$$

式中:$\dot{K}$ 为空气中 r 点的比释动能率,单位为 Gy/s;A 为点源的活度,单位为 Bq;r 为点源至测量点的距离,单位为 m;Γ_K 为比释动能常数。

在韧致辐射和荧光过程可以忽略时,空气中的比释动能率可用照射量率计算:

$$\dot{K}=\dot{X}\cdot\frac{\varepsilon_0}{e} \tag{13.12}$$

式中:$\dot{K}$ 的单位为 Gy/s;$\dot{X}$ 的单位为 C/(kg · s);e 为电子电荷;ε_0 为 γ 射线在空气中的平均电离能,$\varepsilon_0/e=33.73$ J/C。

γ 射线能量在 10 keV～3 MeV 内产生的次级电子的韧致辐射和荧光过程一般都可忽略,比释动能与照射量可按 1 Gy=1 J/kg 的关系换算。

3. 吸收剂量率

γ射线点源在空气中无屏蔽，并且在韧致辐射和荧光过程可以忽略的情况下，吸收剂量率与比释动能率近似相等，吸收剂量率也可用照射量率计算：

$$\dot{D}=\dot{X}\cdot\frac{\varepsilon_0}{e} \tag{13.13}$$

式中：$\dot{D}$ 的单位为 Gy/s；$\dot{X}$ 的单位为 C/(kg·s)。其换算关系也是 1 Gy=1 J/kg。

13.2.2 屏蔽体中辐射量计算

X 或 γ 射线点源在有屏蔽的情况下，照射量率应按宽束式计算：

$$\dot{X}_d=\dot{X}B_\gamma e^{-\mu d} \tag{13.14}$$

式中：B_γ 为积累因子，是无量纲量；d 为屏蔽材料的厚度，单位为 cm；μ 为屏蔽材料的线减弱系数，单位为 cm^{-1}。然后再按式(13.12)和式(13.13)换算出比释动能率与吸收剂量率。

μ 的物理意义是 γ 射线在介质中穿行单位距离平均发生相互作用的概率。μ 与 γ 射线在介质中的平均自由程 λ 互为倒数关系；B_γ 是 γ 射线能量 E_γ 和 μd 的函数。如果将厚度 d 用 λ 个数表示，则有

$$N=\frac{d}{\lambda}=\mu d=\mu_m\rho d \tag{13.15}$$

式中：N 为以 λ 个数为单位的屏蔽材料的厚度，单位为 mfp；μ_m 为屏蔽材料的质量减弱系数，单位为 cm^2/g；ρ 为屏蔽材料的密度，单位为 g/cm^3。

13.2.3 γ 射线积累因子

1. 单层屏蔽积累因子

在窄束条件下，最理想的情况是穿过介质到达探测器的 γ 射线只有未经碰撞的初级 γ 射线。虽然有些 γ 射线在介质中发生过碰撞，被散射、吸收，并产生次级带电粒子、X 或 γ 射线，但这些辐射都没有进入探测器，到达探测器的初级 γ 射线的能量没有改变。当满足这些条件时，γ 射线的注量(或照射量、吸收剂量和比释动能)按指数减弱。

而一般宽束条件下，到达探测器的辐射既包括初级 γ 射线，也包括散射 γ 射线和在碰撞过程中产生的次级 X 或 γ 射线(不包括次级带电粒子)。积累因子就是宽束与窄束 γ 射线注量的比例系数。积累因子通行的计算方法就是点核积分法。

点核积分法就是对 γ 射线注量在介质体积中积分点核减弱函数的方法。通过积分点核减弱函数计算出不同几何形状的 γ 射线源在空间某点的辐射注量。点核减弱函数是一个发射率为 1 的 γ 射线点源在空间探测点所产生的辐射注量。我国著名的辐射防护学家李德平等人利用点核积分法计算了若干个几何形状的 γ 射线源，给出了 γ 射线的注量函数式、参数及屏蔽体的积累因子[8]。

目前最权威的数据是美国核学会标准委员会发布的“用于点核计算的 γ 射线新积累因子”参考数据 ANS-6.4.3[9]。其参考数据是在无限大介质模型下的吸收剂量和照射量积累因子。它包括 38 种介质，其中单质 35 种：H、Li、Be、B、C、N、O、Na、Mg、Al、Si、P、S、Cl、Ar、K、Ca、Cr、Mn、Fe、Ni、Cu、Zr、Zb、Mo、Cd、Sn、Ba、La、Gd、Hf、W、Pb、Th、U；1 种化合物：H_2O；

2 种混合物:空气及混凝土。γ 射线的能量范围为 0.015～15 MeV,γ 射线穿行介质深度为 $N=0.5\sim40$ mfp。

也有一些学者采用蒙特卡罗计算法研究积累因子[10-13]。对于有限大小的介质的积累因子,其与许多因素有关。不同 γ 射线能量段、介质的性质、厚度、形状及距放射源的远近,都会影响积累因子。所以,有限大小的介质对 B 的影响是很复杂的。

尽管对 γ 射线与物质的相互作用已经了解很清楚了,但是由于辐射的积累和减弱与 γ 射线能量 E_γ、屏蔽体的原子序数 Z 及 μd 有着非常复杂的关系,理论处理仍然是非常困难的。其不同的计算方法之间存在着较大的误差[10]。γ 射线积累因子的工程计算已有一些表达式,如较简单实用的经验公式泰勒计算式等[6,8]。等比级数公式,即 G-P 公式,对于低 γ 射线能量和低原子序数屏蔽材料有较高的精度。G-P 公式如下:

$$\left.\begin{aligned} &B(E_\gamma,x)=1+(b-1)\cdot(K^x-1)/(K-1),\quad K\neq1\\ &B(E_\gamma,x)=1+(b-1)x,\quad K=1\\ &K(x)=cx^a+d\cdot\frac{\tanh(x/X_k-2)-\tanh(-2)}{1-\tanh(-2)} \end{aligned}\right\}\tag{13.16}$$

式中:x 为屏蔽材料厚度,单位为 mfp,取值范围为 $0\leqslant x\leqslant40$ mfp,水的积累因子误差为 3%[10]。7 种屏蔽材料的 c、d、X_K、b 等因数如附表 5.1 所列。

2. 多层屏蔽积累因子

对于两层屏蔽积累因子,实验证明,由两层厚度适中的轻重材料组成的屏蔽体,当轻材料靠近源,重材料在其后布置时,积累因子近似为总厚度为重材料的积累因子;反之,则近似为两层材料积累因子的乘积[8]。

对于多于两层材料的屏蔽,有一种方法是按平均自由程权重的平均有效原子序数来计算。平均有效原子序数 $\bar{Z}_{\text{eff}}$ 由下式给出:

$$\bar{Z}_{\text{eff}}=\frac{\sum_i Z_{\text{eff}\,i}\cdot\mu_i d_i}{\sum_i \mu_i d_i}\tag{13.17}$$

式中:μ_i 和 d_i 分别为第 i 种化合物或混合物的线减弱系数和厚度;$Z_{\text{eff}\,i}$ 为第 i 种化合物或混合物的有效原子序数。

有效原子序数等于化合物或混合物化学式中的所有原子的核电荷数。计算出平均有效原子序数,再去查相应材料总厚度的积累因子[8]。

13.2.4 层值屏蔽计算法

1. 减弱倍数

根据式(13.14),照射量经过屏蔽后的减弱倍数 k 为

$$k=\frac{\dot{X}}{\dot{X}_d}=\frac{1}{B_\gamma e^{-\mu d}}\tag{13.18}$$

若 $k=2$,即照射量经屏蔽减弱至 1/2,即 $\dot{X}_d$ 降至 $0.5\dot{X}$(或 $k=10$,降 $0.1\dot{X}$),则定义此时屏蔽层厚度 d 为半值层厚度(或 1/10 值层厚度),用 $\Delta_{1/2}$(或用 $\Delta_{1/10}$)表示。

2. 半值层法

为估算简便,设 $B_\gamma=1$。对于半值层,利用式(13.18)可得

$$k = e^{\mu d} = 2 \tag{13.19}$$

解得半值层厚度 d 为

$$d = \Delta_{1/2} = \frac{\ln 2}{\mu} \tag{13.20}$$

若将照射量减弱 k 倍需要 n 个半值层,则有

$$k = e^{\mu d} = 2^n \tag{13.21}$$

解出屏蔽层厚度 d 为

$$d = n \cdot \frac{\ln 2}{\mu} = n \cdot \Delta_{1/2} \tag{13.22}$$

由于一些屏蔽材料的 $\Delta_{1/2}$ 和 $\Delta_{1/10}$ 值(这些值是在宽束条件下得到的)可在附表 6.1 中查到,利用半值层计算屏蔽层厚度就简单多了。例如,对于^{137}Cs 源,使用铁做屏蔽,若使辐射水平降至原来的 1/4,即取 $n=2$,从附表 6.1 中查出铁的半值层厚度为 $\Delta_{1/2}=1.8$ cm,可算出需要铁的厚度为 $d=3.6$ cm;而若按式(13.14)计算,设 $B_\gamma=1$,$\mu_m=0.072\ 48\ cm^2/g$,$\rho=7.874\ g/cm^3$,得出铁的厚度为 $d=2.43$ cm,比半值层法小 32.5%。实际上用半值层法计算的结果更能满足屏蔽要求。

3. 1/10 层值法

同样,$\Delta_{1/10}$ 与屏蔽层厚度 d 的关系可用下式表示:

$$k = 10^n \tag{13.23}$$

$$d = n \cdot \Delta_{1/10} \tag{13.24}$$

对于比释动能率、吸收剂量率和剂量当量率也可以利用 $\Delta_{1/2}$ 和 $\Delta_{1/10}$ 按照上述方法估算。

13.3 β射线源防护

13.3.1 吸收剂量率

β射线的能谱是连续谱,计算很复杂。吸收剂量率计算通常使用经验近似式。如果不考虑源的自吸收,并忽略空气对β射线的吸收,在β射线的最大能量在 0.5~3 MeV 的范围内时,可用经验近似式估算点源β射线在空气中的吸收剂量率[4]:

$$\dot{D} \approx 8 \times 10^{-12} \cdot \frac{A}{r^2} \tag{13.25}$$

式中:$\dot{D}$ 为吸收剂量率,单位为 Gy/h;A 为活度,单位为 Bg;r 为源与测量点的距离,单位为 m。

以^{32}P 为例,如果 $A=3.7\times10^{10}$ Bq,则距源心 $r=1$ m 处的吸收剂量率 $\dot{D}=0.296$ Gy/h。

13.3.2 β射线屏蔽

屏蔽β射线是先用低密度材料降低能量和韧致辐射,再用高密度材料吸收β射线。屏蔽

层厚度 d 一般选择等于β射线在材料中的射程 R 就可以了。关于β射线射程在 2.6.5 小节已介绍过。d 的估算式为[4]

$$d=\frac{E_{\beta\max}}{2\rho} \tag{13.26}$$

式中:d 的单位为 cm;$E_{\beta\max}$ 的单位为 MeV;ρ 为屏蔽材料密度,单位为 g/cm^3。

例如,对 ^{32}P,$E_{\beta\max}=1.709$ MeV,若在铅($\rho=11.34\ g/cm^3$)中完全屏蔽,则需要 $d=0.075$ cm;若在铝($\rho=2.7\ g/cm^3$)中完全屏蔽,则需要 $d=0.32$ cm。β射线屏蔽厚度也可用半层值方法计算。

β射线初始能量转化成轫致辐射的份额 F 约为

$$F=\frac{Z}{30}E_{\beta\max}(\%) \tag{13.27}$$

式中:$E_{\beta\max}$ 的单位为 MeV;Z 为吸收体的原子序数。

例如 ^{32}P 在铅($Z=82$)中转化成轫致辐射的份额为 $F=4.7\%$,在铝($Z=13$)中的为 $F=0.74\%$。

13.4 中子的防护

一些常用的中子源和中子管已在 10.3 节中做过介绍。中子源的剂量精确计算需要用蒙特卡罗等方法,计算是十分复杂的。为了简便地估算剂量,常常使用分出截面法。中子分出截面法是半经验方法,在中子源强度不大、中子能量不高、屏蔽层又不太厚的情况下,与蒙特卡罗等精密计算法有非常相近的结果,相差约在 10%[14-15]。因此,在一般的屏蔽计算中应用此方法既简单又比较精密。下面将主要介绍此方法。

13.4.1 宏观分出截面

在宽束中子减弱计算中,引入中子宏观分出截面的概念。宏观总截面 Σ_T 和宏观分出截面 Σ_R 的区别如下:

$$\Sigma_T=\Sigma_a+\Sigma_i+\Sigma_e \tag{13.28}$$

$$\Sigma_R=\Sigma_a+\Sigma_i+(1-f)\Sigma_e \tag{13.29}$$

屏蔽体的宏观总截面 Σ_T 是宏观吸收截面 Σ_a、宏观非弹性散射截面 Σ_i 和宏观弹性散射截面 Σ_e 之和;而屏蔽体的宏观分出截面 Σ_R 则是扣除了未明显改变方向的中子之后,剩余的宏观截面,因为只有这部分中子才产生剂量。宏观分出截面是单位屏蔽体内每个原子的微观分出截面的总和。式中的 f 是中子在屏蔽体宏观弹性散射中未明显改变方向的那部分中子的份额,其主要由实验测定。由于屏蔽体的微观分出截面依赖于中子能量,而中子源的中子能量不是单能的,而是呈能谱分布,所以中子源对屏蔽体微观分出截面的关系很复杂,很多屏蔽体都没有现成的资料。目前,在屏蔽计算中多采用裂变中子谱与屏蔽体分出截面的关系,用半经验公式进行屏蔽计算[14-20],以下介绍的就是这种计算方法。

1. 单元素宏观分出截面

佐勒(L. K. Zoller)根据实验用裂变中子谱估计单元素屏蔽体平均宏观分出截面,给出经验公式[17]如下:

$$\Sigma_R=0.19\rho\cdot Z^{-0.743},\quad Z\leqslant 8 \tag{13.30}$$

$$\Sigma_R = 0.125\rho \cdot Z^{-0.565}, \quad Z > 8 \tag{13.31}$$

式中：Σ_R 的单位为 cm^{-1}；Z 为屏蔽体元素的原子序数；ρ 为密度，单位为 g/cm^3。

对于单元素屏蔽体宏观分出截面，也可以用微观分出截面计算：

$$\Sigma_R = N\sigma_R = \frac{\rho}{A_r u} \cdot \sigma_R = \frac{0.602}{A_r} \cdot \sigma_R \cdot \rho \tag{13.32}$$

式中：N 为单元素屏蔽体原子(或分子)密度，单位为原子/cm^3；σ_R 为原子的微观分出截面，单位为 cm^2；这里的常数是 0.602 g^{-1}；A_r 为屏蔽体元素的相对原子质量(或相对分子质量)。

对于 $A_r > 12$ 的裂变中子的微观分出截面，已证实的经验公式[14]为

$$\sigma_R = 0.011A_r^{2/3} + 0.56A_r^{1/3} - 0.35 \tag{13.33}$$

式中：σ_R 的单位为靶(b)。

2. 化合物或混合物宏观分出截面

对于化合物或混合物宏观分出截面 Σ_R 已有一些精密计算，并给出了裂变中子能量下的宏观分出截面值。表 13.2 所列为一些常用屏蔽材料裂变中子宏观分出截面[14,19-20]。

表 13.2 常用屏蔽材料裂变中子宏观分出截面

屏蔽材料	分子式	密度 $\rho/(g \cdot cm^{-3})$	宏观分出截面 $\Sigma_R/(cm^{-1})$
水	H_2O	1.0	0.103
重水	D_2O	1.1	0.091 3
石蜡	$C_{30}H_{62}$	0.952	0.118
聚乙烯	$(CH_2)_n$	0.92	0.123
聚乙烯(含硼 5%)	$(CH_2)_n$	0.92	0.130
碳化硼	B_4C	2.32	0.093
碳酸钙 ρ=2.71 g/cm^3	$CaCo_3$	2.71	0.158
石墨 ρ=1.54 g/cm^3	C	1.54	0.078 5
铁	Fe	7.874	0.157 6
含水(10%)普通土		1.0	0.041
普通混凝土		2.39	0.089

对于没有精密计算的化合物或混合物屏蔽体的宏观分出截面 Σ_R 可由下式计算[14]：

$$\Sigma_R = \sum_i \left(\frac{\Sigma_{Ri}}{\rho_i}\right) \cdot w_i \cdot \rho \tag{13.34}$$

式中：Σ_{Ri} 为第 i 种元素的宏观分出截面，单位为 cm^{-1}；ρ_i 为第 i 种元素的密度，单位为 g/cm^3；w_i 为化合物或混合物屏蔽体中第 i 种元素的重量占屏蔽体总重量的比值；ρ 为化合物或混合物的密度，单位为 g/cm^3。

由式(13.32)可知，Σ_{Ri}/ρ_i 只依赖于元素的微观特性，裂变中子谱(Σ_{Ri}/ρ_i)-A_i 双对数坐标曲线是平滑曲线[16]。其中，A_i 是第 i 种元素原子核的质量数(即核子数)。我们用平滑曲线数据拟合出如下函数：

$$Y = 0.162X^2 - 1.142\,6X - 0.231\,2 \tag{13.35}$$

式中：$Y = \lg(\Sigma_{Ri}/\rho_i)$；$X = \lg A_i$。

利用计算式计算出的 Σ_{Ri}/ρ_i 的值如表 13.3 所列。再利用式(13.34)就可计算出任何化合物或混合物的宏观分出截面 Σ_R。

表 13.3 单元素裂变中子宏观分出截面

元　素	原子序数 Z_i	质量数 A_i	$\rho_i/(g\cdot cm^{-3})$	Σ_{Ri}/cm^{-1}	$(\Sigma_{Ri}/\rho_i)/(cm^2\cdot g^{-1})$
H	1	1			0.587 2
He	2	4			0.137 9
Li	3	7	0.534	0.044 3	0.083 0
Be	4	9	1.85	0.123 9	0.067 0
B	5	11	2.35	0.133 6	0.056 8
C	6	12	2.25	0.119 3	0.053 0
N	7	14			0.047 0
O	8	16			0.042 4
F	9	19			0.037 4
Ne	10	20			0.036 0
Na	11	23	0.97	0.031 6	0.032 6
Mg	12	24	1.74	0.055 1	0.031 6
Al	13	27	2.70	0.078 8	0.029 2
Si	14	28	2.33	0.066 4	0.028 5
P	15	31	2.70	0.071 8	0.026 6
S	16	32	2.0	0.052 1	0.026 1
Cl	17	35			0.024 6
Ar	18	40			0.022 6
K	19	39	0.86	0.019 7	0.023 0
Ca	20	40	1.54	0.034 8	0.022 3
Sc	21	45	2.99	0.062 8	0.021 0
Ti	22	48	4.5	0.091 0	0.020 2
V	23	51	5.95	0.116 0	0.019 5
Cr	24	52	7.20	0.138 8	0.019 3
Mn	25	55	7.20	0.134 4	0.018 7
Fe	26	56	7.86	0.145 2	0.018 5
Co	27	59	8.9	0.159 5	0.017 9
Ni	28	58	8.90	0.161 1	0.018 1
Cu	29	63	8.92	0.154 1	0.017 3
Zn	30	64	7.14	0.122 2	0.017 1
Ga	31	69	6.10	0.100 2	0.016 4

续表 13.3

元 素	原子序数 Z_i	质量数 A_i	$\rho_i/(\mathrm{g\cdot cm^{-3}})$	$\Sigma_{Ri}/\mathrm{cm^{-1}}$	$(\Sigma_{Ri}/\rho_i)/(\mathrm{cm^2\cdot g^{-1}})$
Ge	32	74	5.35	0.084 6	0.015 8
As	33	75	5.73	0.090 0	0.015 7
Se	34	80	4.81	0.073 0	0.015 2
Br	35	79	3.12	0.047 6	0.015 3
Kr	36	84			0.014 8
Rb	37	85	1.53	0.022 5	0.014 7
Sr	38	88	2.6	0.037 5	0.014 4
Y	39	89	4.47	0.064 2	0.014 4
Zr	40	90	6.49	0.092 6	0.014 3
Nb	41	93	8.57	0.120 3	0.014 0
Mo	42	98	10.2	0.139 5	0.013 7
Ru	44	102	12.3	0.164 9	0.013 4
Rh	45	103	12.4	0.165 5	0.013 3
Pd	46	106	12.0	0.157 9	0.013 2
Ag	47	107	10.5	0.137 5	0.013 1
Cd	48	114	8.64	0.109 8	0.012 7
In	49	115	7.30	0.092 4	0.012 6
Sn	50	120	7.28	0.090 3	0.012 4
Sb	51	121	6.68	0.082 5	0.012 4
Te	52	130	6.25	0.074 7	0.011 9
I	53	127	4.93	0.059 5	0.012 1
Xe	54	132			0.011 9
Cs	55	133	1.88	0.022 2	0.011 8
Ba	56	138	3.51	0.040 8	0.011 6
La	57	139	6.15	0.071 3	0.011 5
Ce	58	140	6.70	0.077 4	0.011 6
Pr	59	141	6.77	0.078 0	0.011 5
Nd	60	142	6.95	0.079 8	0.011 5
Sm	62	152	7.52	0.083 8	0.011 1
Eu	63	153	5.24	0.058 2	0.011 1
Gd	64	158	7.90	0.086 6	0.011 0
Tb	65	159	8.23	0.089 9	0.010 9
Dy	66	164	8.55	0.092 2	0.010 8

续表 13.3

元　素	原子序数 Z_i	质量数 A_i	$\rho_i/(g \cdot cm^{-3})$	Σ_{Ri}/cm^{-1}	$(\Sigma_{Ri}/\rho_i)/(cm^2 \cdot g^{-1})$
Ho	67	165	8.79	0.094 6	0.010 8
Er	68	166	9.01	0.096 7	0.010 7
Tm	69	169	9.32	0.099 2	0.010 6
Yb	70	174	6.97	0.073 3	0.010 5
Lu	71	175	9.84	0.103 3	0.010 5
Hf	72	180	13.3	0.138 0	0.010 4
Ta	73	181	16.6	0.171 8	0.010 3
W	74	184	19.3	0.198 4	0.010 3
Re	75	185	20.5	0.210 3	0.010 2
Os	76	192	22.5	0.227 3	0.010 1
Ir	77	193	22.42	0.226 0	0.010 1
Pt	78	195	21.4	0.214 9	0.010 0
Au	79	197	19.3	0.193 0	0.010 0
Hg	80	202	13.59	0.134 6	0.010 0
Tl	81	205	11.9	0.117 1	0.009 8
Pb	82	208	11.3	0.110 6	0.009 8
Bi	83	209	9.80	0.095 7	0.009 8
Th	90	232*	11.3	0.106 0	0.009 4
U	92	238*	19.0	0.176 6	0.009 3

注：A_i 为元素丰度最大的元素质量数，带 * 的为放射性核素；ρ_i 为常温下第 i 种元素固体的密度[14]。

13.4.2　中子积累因子

中子屏蔽体积累因子 B_n 是中子向前多次散射引起中子注量率和剂量率增加的份额。其中，B_n 为无量纲量。在中子发射率不太强、屏蔽体厚度不小于 20 cm 的情况下，有文献建议选择应保守些[20-21]，如对水、石蜡、聚乙烯等含氢材料可取 $B_n=5$，铅取 $B_n=3.5$，铁取 $B_n=2.6$。

对于多层屏蔽体的积累因子，可以采用积累因子概率相乘的概念计算。

对于含氢屏蔽体的积累因子，B_n 与屏蔽体厚度 d 和氢的宏观总截面 Σ_{TH} 有关。在计算中氢的宏观总截面 Σ_{TH} 时可用氢在屏蔽体中的宏观分出截面 Σ_{RH} 近似。计算式为[14]

$$B_n = 1 + \Sigma_{TH} \cdot d \approx (\Sigma_{RH}/\rho_H) W_H \cdot \rho \cdot d \tag{13.36}$$

式中：氢的 $\Sigma_{RH}/\rho_H = 0.587\ 2\ cm^2/g$，由表 13.3 查得；$W_H$ 为氢在屏蔽体中的占重比；ρ 为屏蔽体的密度；d 为屏蔽体的厚度，单位为 cm；Σ_{TH} 的单位为 cm^{-1}。

表 13.4 所列为一些常用屏蔽材料中氢的占重比。

表 13.4 一些常用屏蔽材料的含氢量

屏蔽材料	化学组成	含 H 原子数/(原子・cm^{-3})	氢占重比
水	H_2O	6.7×10^{22}	0.111 0
石蜡	$C_{30}H_{62}$	8.15×10^{22}	0.142 6
聚乙烯	$(-CH_2-CH_2-)_n$	8.3×10^{22}	0.142 6
聚氯乙烯	$(-CH_2CHCl-)_n$	4.1×10^{22}	0.048 0
有机玻璃	$(C_4H_8O_2)_n$	5.7×10^{22}	0.090 8
石膏	$CaSO_4\cdot 2H_2O$	3.25×10^{22}	0.023 2
高岭土	$Al_2O_3\cdot 2SiO_2\cdot 2H_2O$	2.42×10^{22}	0.015 5

13.4.3 中子源注量率

若中子源为各向同性点源，在忽略中子在空气中散射和吸收的情况下，中子在空气中的注量率 ϕ(n/(cm^2・s))由下式决定：

$$\phi=\frac{S}{4\pi r^2}=\frac{Y_n A}{4\pi r^2} \tag{13.37}$$

式中：S 为中子发射率，单位为 n/s；Y_n 为中子产额，单位为 n/(s・Bq)；A 为活度，单位为 Bq；r 为源与测量点的距离，单位为 cm。

对于有 m 层材料构成的屏蔽体，其注量率分布服从指数衰减规律，计算式为[14]

$$\phi_d=\phi e^{-\sum_{i=1}^{m}\Sigma_{Ri}d_i}\cdot\prod_{i}^{m}B_{ni} \tag{13.38}$$

式中：ϕ_d 为中子通过屏蔽体后在 r 处的注量率，单位为 n/(cm^2・s)；Σ_{Ri} 为第 i 层屏蔽材料的宏观分出截面，单位为 cm^{-1}；d_i 为厚度，单位为 cm；B_{ni} 为积累因子。

对于含氢材料的积累因子可按式(13.36)计算。

13.4.4 中子周围剂量当量计算

在无载体条件下，实际辐射场某点的辐射注量是可测量的量，有确切的值，但人体组织内辐射场的注量目前还不能直接测量。这需要假设一个有载体的辐射场，它与实际辐射场体积内的注量、角分布以及能量分布具有相同的值。这个假设的有载体的辐射场就是 ICRU 建议的模型球。它是一个密度为 1 g/cm^3、直径为 30 cm、与软组织等效的材料制成的球体。模型球是确定中子注量和剂量当量换算系数的基础。对于强贯穿辐射，深入模型球 10 mm 处的周围中子吸收剂量用 $D^*(10)$表示，剂量当量用 $H^*(10)$表示。$D^*(10)$和 $H^*(10)$与实际辐射场中中子注量 Φ 之间的换算关系为[21-22]：

$$D^*(10)=d^*\Phi \tag{13.39}$$

$$H^*(10)=h^*\Phi \tag{13.40}$$

只要知道了 d^* 和 h^*，$D^*(10)$和 $H^*(10)$就成为可计算量。

周围吸收剂量系数 d^* 可按 Wagner 等人提出的换算函数计算：

$$\lg d^*=\frac{0.488}{1+(-0.0436+0.291x)^2}+\frac{1.94}{1+\exp(7.46-1.37x)} \tag{13.41}$$

式中：d^* 的单位是 $pGy \cdot cm^2$；$x = \lg E_n$，其中 E_n 为中子能量，单位为 eV。

单能中子的周围剂量当量换算系数 h^* 的计算式为

$$h^* = \overline{Q} \cdot d^* \tag{13.42}$$

式中：$\overline{Q}$ 为有效品质因数，其计算式为

$$\overline{Q} = 1 + \frac{4}{1 + 0.02 \ln E_n} + 17e^{-0.24\left[\ln(E_n/0.39)\right]^2} \tag{13.43}$$

式中：E_n 为中子能量，单位为 MeV。

这里的 d^* 和 h^* 只适用于 $0.025\ 3\ eV \leqslant E_n \leqslant 20\ MeV$ 的中子能区。根据式(13.41)～式(13.43)计算出的不同中子能量的 d^* 和 h^*，ICRP 和 ISO 推荐的最大剂量当量系数 h_M 以及 h^*/h_M 的比值如表 13.5 所列[21-22]。一个具有各向同性响应的中子探测器，经过 $H^*(10)$ 刻度后，就可以在任意均匀辐射场中用来测定周围剂量当量。

表 13.5 单能中子周围辐射剂量当量系数

E_n/MeV	$\overline{Q}$	$d^*/(pGy \cdot cm^2)$	$h^*/(pSv \cdot cm^2)$	$h_M/(pSv \cdot cm^2)$	h^*/h_M
2.53×10^{-8}	7.2	2.44	17.5	10.7	1.64
2.00×10^{-3}	5.6	2.31	12.9	9.43	1.37
2.50×10^{-2}	8.1	3.68	29.8	19.3	1.54
1.44×10^{-1}	18.6	8.67	161	77.3	2.08
2.50×10^{-1}	21.3	12.2	259	118	2.19
5.65×10^{-1}	21.5	20.2	533	220	1.97
1.20	17.5	30.9	541	352	1.54
2.50	12.4	43.6	539	406	1.33
2.80	11.6	45.7	530	409	1.30
3.20	10.8	48.1	519	410	1.27
5.00	8.4	56.2	475	408	1.16
14.80	5.5	73.7	406	418	0.97
19.00	5.2	77.0	403	426	0.95

13.4.5 中子源剂量换算

在中子仪表刻度和剂量计算中常遇到中子源注量与比释动能、吸收剂量和剂量当量之间的换算问题。这里只介绍中子源在某点的注量率与剂量率之间的换算关系[4-5]。

对单能中子，若经过式(13.37)计算得到某点中子注量率 $\phi(n/(cm^2 \cdot s))$，则利用以下各式可以计算出比释动能率、最大吸收剂量率和最大剂量当量率，并可以相互换算：

$$\dot{K} = \phi \cdot d_K \tag{13.44}$$

$$\dot{D} = \phi \cdot d_D \tag{13.45}$$

$$\dot{H} = \phi \cdot d_H \tag{13.46}$$

式中：$\dot{K}$(Gy/s)、$\dot{D}$(Gy/s)、$\dot{H}$(Sv/s)分别为比释动能率、最大吸收剂量率和最大剂量当量率。

复杂能谱中子源需要按能量求出换算系数平均值。常用中子源单位注量在组织中的最大比释动能率、最大吸收剂量率和最大剂量当量率的平均换算系数如表 13.6 所列[4]。

表 13.6 常用中子源的平均换算系数

中子源	$\bar{E}$/MeV	$\bar{d}_K$/ (10^{-11}Gy · cm^2 · n^{-1})	$\bar{d}_D$/ (10^{-11}Gy · cm^2 · n^{-1})	$\bar{d}_H$/ (10^{-10}Sv · cm^2 · n^{-1})
钋-硼(Po-B)	2.8	3.30	4.12	3.31
钋-铍(Po-Be)	4.0	2.78	4.77	3.55
镅-铍(Am-Be)	4.3	3.77	4.73	3.49
镭-铍(Ra-Be)	4.5	3.82	4.79	3.52
钚-铍(Pu-Be)	4.1	3.73	4.70	3.52
模拟裂变谱	1.6	2.77	3.68	3.31
锎-252(^{252}Cf)	2.35	3.09	4.09	3.50

由于比释动能和吸收剂量采用相同的单位，所以常常容易混淆，造成误会。例如，某厂生产的中子源罐运抵油田需经油田方验收，验收依据的是 GBZ 142—2002《油(气)田测井用密封型放射源卫生防护标准》，该标准给出了表 13.7 中的中子源罐剂量控制值。中子源罐经油田方用^{241}Am-Be 源测量：距源罐表面 5 cm 处，吸收剂量率是 2.4 mGy/h。根据控制值，油田方认为已经超标，判定源罐不合格，要求退货。源罐生产厂家指出：标准规定的剂量率是空气比释动能率 2 mGy/h，贵方测出的是吸收剂量率 2.4 mGy/h，虽然单位名称相同，但不是一种剂量率，应将吸收剂量率换算为比释动能率再比较。

表 13.7 空气比释动能率控制值表

放射源	活度/ GBq(Ci)	空气比释动能率/(mGy · h^{-1})	
		5 cm	1 m
^{241}Am-Be	>200(5)	2	0.1
	≤200(5)	1	0.05
^{137}Cs	>20(0.5)	2	0.1
	≤20(0.5)	1	0.05

根据式(13.44)和式(13.46)，以及表 13.6 所列的参数，其换算关系为

$$\dot{K} = \frac{d_K}{d_D} \cdot \dot{D} = \frac{3.77}{4.73} \times 2.4 = 1.91(\text{mGy/h}) \tag{13.47}$$

实际比释动能率应是 1.91 mGy/h，所以并未超标。这个例子说明，中子的比释动能率和吸收剂量率单位相同，容易混淆，即便对专业人士也可能造成误会。

13.5 中子源罐设计

13.5.1 源罐结构

中子源罐设计采用含硼 5%的聚乙烯作为屏蔽材料，用 5 mm 厚的不锈钢板制作屏蔽材

料的包壳。源罐呈圆柱形,中子源放入后,再用聚乙烯塞子封堵罐口。中子源罐剂量计算图如图 13.1 所示。

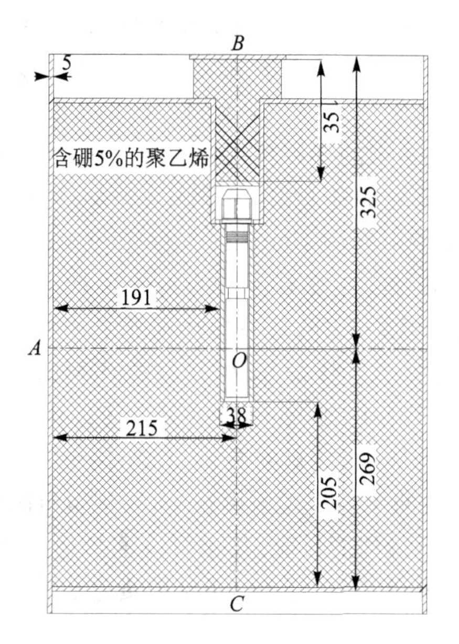

图 13.1 中子源罐剂量计算图

中子从 O 点发出,表面剂量测量点的位置是 A、B、C 等点,各测量点的位置与源的距离如表 13.8 所列。实际上,中子源本身还有不锈钢外壳,上端有 10 多厘米长的源帽,下端有很厚的源底,这些都会降低 B 和 C 点的剂量,在计算时均予以忽略。

表 13.8 屏蔽材料的厚度与测量参数

测量点位置	测量点符号	聚乙烯厚度 d_1/cm	钢壳总厚度 d_2/cm	源与测量点间距 r/cm
源罐侧表面测量点	A	19.1	1.0	21.5
源罐上表面测量点	B	13.5	1.0	32.5
源罐下表面测量点	C	20.5	1.0	26.9
A_1 距表面 5 cm 在 A 点沿线上	A_1	19.1	1.0	26.5
B_1 距表面 5 cm 在 B 点沿线上	B_1	13.5	1.0	37.5
C_1 距表面 5 cm 在 C 点沿线上	C_1	20.5	1.0	31.9
A_2 距表面 1 m 在 A 点沿线上	A_2	19.1	1.0	121.5
A_3 距表面 2 m 在 A 点沿线上	A_3	19.1	1.0	221.5
B_3 距表面 2 m 在 B 点沿线上	B_3	13.5	1.0	232.5
C_3 距表面 2 m 在 C 点沿线上	C_3	20.5	1.0	226.9

13.5.2 γ剂量计算

依据 13.2 节中的 γ 射线屏蔽体中辐射量的计算方法,先计算空气下的照射量率,后计算屏蔽后的照射量率，再换算成比释动能率和剂量当量率。计算使用的参数：聚乙烯和钢密度分别为 0.92 g/cm^3 和 7.874 g/cm^3；镅铍中子源^{241}Am 的 γ 射线能量为 59.54 keV，最大活度 $A=20$ Ci，常数 $\Gamma=0.014\ R\cdot m^2/(Ci\cdot h)$；从 NIST 网站查出[23]：聚乙烯质量减弱系数为 $\mu_m=0.1888\ cm^2/g$，铁的质量减弱系数为 $\mu_{m\,Fe}=1.136\ cm^2/g$。

聚乙烯的 γ 射线积累因子 B_γ 采用 G－P 公式(见式(13.16))计算，因缺乏聚乙烯积累因子参数，故用 60 keV γ 射线在水中的参数替代。因钢很薄，故积累因子按 1 计算。

在计算中考虑到 X 或 γ 辐射的能量在 10 keV～3 MeV 范围内时轫致辐射可以忽略不计，所以吸收剂量率和比释动能率均按 1 Gy/h＝1 J/(kg·h)与照射量率换算；因 γ 射线品质因数 $Q=1$，吸收剂量率与剂量当量率按 1 Gy/h＝1 Sv/h 换算。

除中子源^{241}Am 发出的 γ 射线之外，还有热中子活化产生的 γ 射线。其中，$^1H(n,\gamma)^2H$ 反应截面为 0.332 6 b，生成的 γ 射线能量为 2.223 MeV(100)；$^{12}C(n,\gamma)^{13}C$ 反应截面为 1.93 mb，生成的 γ 射线能量为 1.261 74 MeV(29.53)、3.683 95 MeV(32.1)和 4.945 33 MeV(67.64)。与之竞争的$^{10}B(n,\alpha)^7Li$ 反应截面是 3 837 b，因中子发射率只有 4×10^7 n/s，绝大部分又被^{10}B 吸收，因此活化产生的 γ 射线发射率很小，对剂量贡献可忽略不计。

另外，还可能发生$^{12}C(n,n'\gamma)$阈能反应，其 γ 射线能量为 4.43 MeV。反应截面在中子阈能附近只有约 50 μb[24]，γ 射线发射率更小，对剂量贡献也忽略不计。计算结果如表 13.9 所列。

表 13.9 由聚乙烯和铁屏蔽后的 ^{241}Am－Be 中子源 γ 射线剂量率计算结果

测量点符号	B_γ	$\dot{X}/(mR\cdot h^{-1})$	$\dot{X}_d/(mR\cdot h^{-1})$	$\dot{H}_\gamma/(mSv\cdot h^{-1})$	$\dot{K}_\gamma/(mSv\cdot h^{-1})$
A	23.346	6 057.3	0.668 30	0.005 81	0.005 81
B	14.025	2 650.9	0.464 75	0.004 04	0.004 04
C	26.072	3 869.5	0.373 85	0.003 25	0.003 25
A_1	23.346	3 987.2	0.439 91	0.003 82	0.003 82
B_1	14.025	1 991.1	0.349 07	0.003 03	0.003 03
C_1	26.072	2 751.5	0.265 84	0.002 31	0.002 31
A_2	23.346	189.67	0.020 93	0.000 18	0.000 18
A_3	23.346	57.070	0.006 30	0.000 05	0.000 05
B_3	14.025	51.798	0.009 08	0.000 08	0.000 08
C_3	26.072	54.386	0.005 25	0.000 04	0.000 04

13.5.3 中子剂量计算

中子剂量采用分出截面法计算。从表 13.2 中查出：含硼 5%的聚乙烯的宏观分出截面为 $\Sigma_R=0.130\ cm^{-1}$，铁的为 $\Sigma_{R\,Fe}=0.1576\ cm^{-1}$。

对于聚乙烯中子积累因子 B_{nH}，由含氢屏蔽体式(13.36)计算。由表 13.3 查出 $\Sigma_{R\,H}/\rho_H=0.5872\ cm^2/g$，由表 13.4 查出聚乙烯中 H 的占重比 $W_H=0.1426$，再根据表 13.8 给出的各测量点的聚乙烯的厚度 d_1，代入式(13.36)计算出 B_{nH}；钢壳总厚度为 $d_2=1$ cm，则 $B_{n\,Fe}=2.6$。镅铍中子源的活度 $A=7.4\times10^{11}$ Bq(这是目前在用中子源的最高值)；中子产额 $Y_n=54.1\times10^{-6}$ n/(s·Bq)(中子发射率 $S=4.0\times10^7$ n/s[6])，将以上参数代入式(13.37)和

式(13.38)计算出源罐中子注量率 ϕ 和 ϕ_d。再利用表 13.6 中的平均换算系数计算出中子的比释动能率和剂量当量率,计算结果如表 13.10 所列。

表 13.10 由聚乙烯和铁屏蔽后的^{241}Am - Be 中子源剂量计算结果

测量点符号	B_{nH}	$\phi/(n \cdot cm^{-2} \cdot s^{-1})$	$\phi_d/(n \cdot cm^{-2} \cdot s^{-1})$	$\dot{H}_n/(mSv \cdot h^{-1})$	$\dot{K}_n/(mGy \cdot h^{-1})$
A	1.599 3	6 892.0	2 801.2	0.351 94	0.380 18
B	1.130 4	3 016.1	1 794.4	0.225 45	0.243 54
C	1.716 6	4 402.6	1 601.0	0.201 15	0.217 29
A_1	1.599 3	4 536.6	1 843.9	0.231 66	0.250 25
B_1	1.130 4	2 265.5	1 347.8	0.169 34	0.182 92
C_1	1.716 6	3 130.7	1 138.5	0.143 04	0.154 51
A_2	1.599 3	215.81	87.714	0.011 02	0.011 90
A_3	1.599 3	64.934	26.392	0.003 32	0.003 58
B_3	1.130 4	58.935	35.062	0.004 40	0.004 76
C_3	1.716 6	61.880	22.503	0.002 83	0.003 05

13.5.4 源罐表面剂量

将测量点的中子和 γ 射线的比释动能率与剂量当量率各自相加,得出中子源罐各测量点总的剂量率,如表 13.11 所列。

表 13.11 经过屏蔽后的^{241}Am - Be 源 γ 射线和中子各测量点的剂量率

测量点符号	$\dot{H}_\gamma$/ (mSv·h^{-1})	$\dot{H}_n$/ (mSv·h^{-1})	$\dot{K}_\gamma$/ (mGy·h^{-1})	$\dot{K}_n$/ (mGy·h^{-1})	$\dot{H}_\gamma+\dot{H}_n$/ (mSv·h^{-1})	$\dot{K}_\gamma+\dot{K}_n$/ (mGy·h^{-1})
A	0.005 81	0.351 94	0.005 81	0.380 18	0.357 75	0.385 99
B	0.004 04	0.225 45	0.004 04	0.243 54	0.229 49	0.247 58
C	0.003 25	0.201 15	0.003 25	0.217 29	0.204 4	0.220 54
A_1	0.003 82	0.231 66	0.003 82	0.250 25	0.235 48	0.254 07
B_1	0.003 03	0.169 34	0.003 03	0.182 92	0.172 37	0.185 95
C_1	0.002 31	0.143 04	0.002 31	0.154 51	0.145 35	0.156 82
A_2	0.000 18	0.011 02	0.000 18	0.011 90	0.011 2	0.012 08
A_3	0.000 05	0.003 32	0.000 05	0.003 58	0.003 37	0.003 63
B_3	0.000 08	0.004 40	0.000 08	0.004 76	0.004 48	0.004 84
C_3	0.000 04	0.002 83	0.000 04	0.003 05	0.002 87	0.003 09

13.5.5 设计评价

从以上计算结果可以得出如下结论:

① 在源罐设计中,^{241}Am - Be 中子源的 γ 射线剂量当量率最大只有中子当量剂量率的 1.65%,所以 γ 射线对剂量率的贡献很小,剂量当量率基本上是由中子贡献的。

② 根据 GBZ 142—2002《油(气)田测井用密封型放射源卫生防护标准》规定："装载放射性源活度 $A>5$ Ci 的源罐，距源罐表面 5 cm 处的空气比释动能率 <2 mGy/h，距源罐表面 1 m 处的空气比释动能率 <0.1 mGy/h"。本设计选择目前使用的最大活度为 $A=20$ Ci 的 ^{241}Am－Be 中子源，距源罐表面 5 cm 处的空气比释动能率 <0.3 mGy/h，距源罐表面 1 m 处的空气比释动能率 <0.02 mGy/h，均满足 GBZ 142—2002 企业标准的规定。

③ 按照 GB 11806—2019《放射性物质安全运输规程》8.4.2.3："b)在常规运输条件下，运输工具外表面上任一点的辐射水平应不超过 2 mSv/h，在距离运输工具外表面 2 m 处的辐射水平应不超过 0.1 mSv/h"的规定，本设计计算结果是，源罐表面的辐射水平 <0.4 mSv/h，距源罐表面 2 m 处的辐射水平 <0.005 mSv/h，均满足《放射性物质安全运输规程》的要求。

从以上结果看出，源罐表面剂量率符合要求，设计是成功的。

13.6 X－CT 的基本原理

13.6.1 X－CT 的理论基础

单能窄束(即平行束)γ 射线束穿过厚度为 d 的物质薄层时，其减弱规律为

$$I=I_0 e^{-d\mu_m \rho} \tag{13.48}$$

式中：I_0 为空气下测得的 γ 射线束强度；I 是穿过物质层后的强度，这里的强度可以是计数率、电流或电压；ρ 为物质层的密度；μ_m 为物质层的质量减弱系数。

μ_m 是 γ 射线与物质中的元素发生作用的宏观截面。在高 γ 射线能区，μ_m 正比于光电、康普顿、电子偶三种效应的微观截面；在 X 射线能区就只正比于光电效应微观截面(参见 2.4 节和 2.5 节)。

式(13.48)要求单能、窄束、薄层。因为 μ_m 是 X 射线能量的函数，单能可确保 μ_m 为常数；窄束可确保 X 射线束中无斜射线偏离出 I；薄层可确保 I 中只包含入射 X 射线，没有散射 X 射线。在满足这些条件的前提下，式(13.48)是严格成立的。

如果物质很厚，可以将物质划分成 n 个厚度为 d_1 的薄层进行计算。例如，设第 1 次测量，X 射线束通过第 1 个薄层后的强度为 I_{11}，通过第 2 个薄层后的强度为 I_{12}，……，通过第 n 个薄层后的强度为 I_{1n}。只要 d_1 足够薄，根据式(13.48)，以下各式就严格成立：

$$I_{11}=I_{0,0}e^{-d_1\mu_{m1}\rho_1},I_{12}=I_{11}e^{-d_1\mu_{m2}\rho_2},\cdots,I_{1j}=I_{1(j-1)}e^{-d_1\mu_{mj}\rho_j},\cdots,I_{1n}=I_{1(n-1)}e^{-d_1\mu_{mn}\rho_n}$$

式中：I_{1j} 中的 1 代表测量序号，即第 1 次测量，j 代表层序号；$I_{0,0}$ 是在空气下测量出的 X 射线束强度，其中，下标中第一个 0 表示在空气下测量，第二个 0 表示具有多条 X 射线束时的束序号。

将后面的强度依次代入前面，消掉中间强度，就可得到第 1 次测量的计算式：

$$\ln\frac{I_{0,0}}{I_{1n}}=\sum_{j=1}^{n}d_1\mu_{mj}\rho_j \tag{13.49}$$

如果在第 1 次测量附近将 X 射线束转动，以不同的角度重复上述做 n 次测量，就可得到以各薄层的线减弱系数 $\mu_j=\mu_{mj}\rho_j$ 为变量的 n 个变量的非齐次线性方程组：

$$\ln\frac{I_{0,0}}{I_{in}}=\sum_{j=1}^{n}d_i\mu_j,\quad i=1,2,\cdots,n \tag{13.50}$$

当各次测量的厚度 d_i 已知时，方程组的 n 个变量 μ_j 可根据克莱姆法则求解。

以上测量与计算就是 X－CT 测量与计算的理论基础。

13.6.2 X－CT 的基本布置

X－CT 的最早应用是在 20 世纪 70 年代，经过不断改进，其已由单一 X 射线束和单一探测器发展到多束和多个探测器，扫描方式有平动加旋转、转动加旋转以及其他方式。改进使得 X－CT 的测量时间缩短，辐射剂量降低，图像清晰度提高。如今，X－CT 已发展到第五代。

CT 使用的 X 射线管为球管，将电子能量加速到 E_e＝80～140 keV 轰击钨靶，电子受到钨核电场的滞动，产生大量韧致辐射；同时钨原子还会被电子电离，发生在钨原子内壳层的电离会产生一些特征 X 射线。韧致辐射和特征 X 射线经钨靶的吸收和散射，使得韧致辐射能谱很复杂，能量从 E_e 至零都有。钨的特征 X 射线主要有[17,25]：$K_{\alpha 1}$ 59.310 keV（100％）、$K_{\alpha 2}$ 57.973 keV（54％）、$K_{\beta 1}$ 67.233 keV（33％）和 $K_{\beta 2}$ 69.090 keV（8％），其中括号内的数字是强度。用强度作为权，对特征 X 射线能量加权平均，其平均能量为 60.682 keV。

因为韧致辐射构成很强的本底，影响测量，所以要加适当厚度的钨片作为过滤器，滤掉不需要的本底辐射；同时高能韧致辐射也会与钨原子发生光电效应，将高能韧致辐射转化为钨的特征 X 射线，使过滤后的 X 射线变成平均为 60.682 keV 的单能 X 射线。

单能 X 射线还需要准直，在过滤器后装前准直器，探测器前装后准直器，让前后准直孔的轴线成一条直线。经过滤与准直的 X 射线束成为单能窄束。球管和探测器分别布置在扫描机架两侧。钨靶靶点、过滤器、前后准直器和探测器呈扇形分布，并构成一个可围绕扫描机架轴心转动的整体。X－CT 探测器多采用闪烁探测器或充氙电离室。为了说明 X－CT 是如何测量和计算的，我们设计了一个简单的测量系统，如图 13.2 所示。

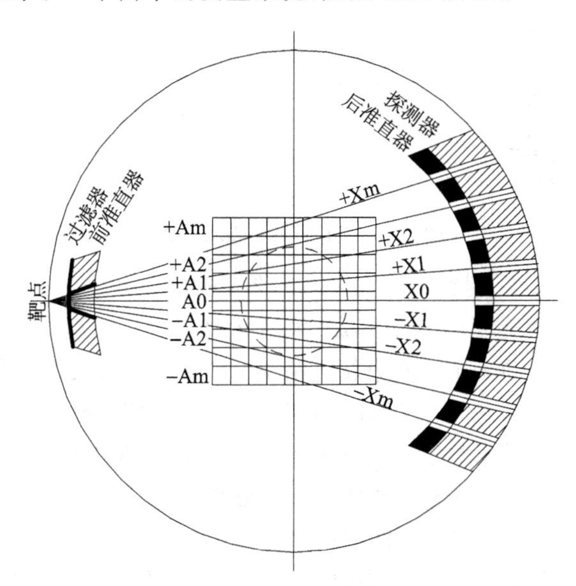

图 13.2 X－CT 测量系统剖面

图 13.2 中将人体横截面处的位置划分成 n 行 n 列个边长为 b 的方格，n 为奇数。坐标原点定在正方形 $nb \times nb$ 的中心，也就是扫描机架的轴心。靶点距轴心的距离为 fnb，f 为比例

系数。将方格垂直于扇面向两面拉伸成立方体，各立方体行代码为 A0，±A1，±A2，…，±Ap，…，±Am；n 条 X 射线束代号用 X0，±X1，±X2，…，±Xp，…，±Xm 表示。X 射线束与 x 轴间的夹角依次是 ϕ_0，$\pm\phi_1$，…，$\pm\phi_p$，…，$\pm\phi_m$。角度计算公式为 $\phi_p=\arcsin(\pm p/fn)$，$p=0,1,2,\cdots,m$，$m=(n-1)/2$。图 13.2 中的实际参数为 $f=1.5$，$n=9$，$b=10$，$m=4$。

每个 X 射线束只测量与自己对应的那一行立方体。例如，X0 束只测量 A0 行，＋X1 束只测量＋A1 行，其他束也如此。开机后 X0 束处在与 x 轴重合的位置，并穿过 A0 行各立方体的中心；将扇面左侧向上旋转 ϕ_1，＋X1 束就与 x 轴平行，并穿过＋A1 行各立方体的中心；将扇面左侧向上旋转 ϕ_2，＋X2 束与 x 轴平行，并穿过＋A2 行各立方体的中心；其他类推。测量时，人体大约就处在图中圆形的位置。

13.6.3 X－CT 的测量与计算

1. 空气中各 X 射线束强度测量

首先在空气下对各条 X 射线束 X0，±X1，±X2，…，±Xm 的强度进行测量，依次测得各条 X 射线束的强度：$I_{0,0}$，$I_{0,\pm1}$，$I_{0,\pm2}$，…，$I_{0,\pm m}$，存入计算机待用。其中，第一个下标 0 表示在空气下测量，第二个下标表示 X 射线束序号。

2. X0 束强度测量与 A0 行各立方体线减弱系数的计算

为了便于说明，将图 13.2 中的 A0 行单独取出，制成图 13.3。图 13.3 中依次标出了 n 个立方体的线减弱系数：$\mu_1=\mu_{m1}\rho_1$，$\mu_2=\mu_{m2}\rho_2$，…，$\mu_n=\mu_{mn}\rho_n$，并标出了 X0 束不同入射方向之间的角度。当 X0 束从 A0 行左上角或左下角入射，从右下角及右上角射出时，两束之间的夹角为 2α，$\alpha=\arctan(1/n)$。将 2α 分成 n 等份，每份的角度为 $\theta=2\alpha/n$。

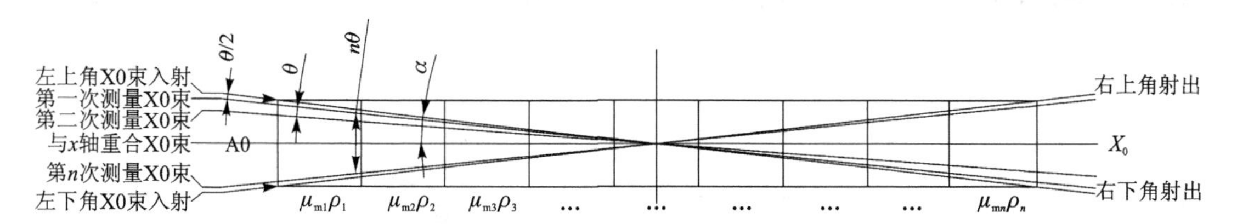

图 13.3 A0 行 X0 束入射位置

在以下测量中 X 射线束强度为 I_{ij}，其中，i 代表测量序号，$i=1,2,\cdots,n$，j 代表 A0 行各立方体序号，由左至右依次为 $j=1,2,\cdots,n$。移入人体后做如下测量：

① 将扇面左侧向上转动 α，使 X0 束转至从 A0 行的左上角入右下角出。

② 将扇面左侧向下转动 $\theta/2$，在此角度下进行第 1 次测量，测得 X0 射线束强度 I_{1n}，得到式(13.49)；再向下转动 θ，第 2 次测出 X0 束的强度 I_{2n}；再向下转 θ，第 3 次测出 X0 束强度 I_{3n}；继续左转测量，直到第 n 次测出 X0 束的 n 个强度：I_{1n}，I_{2n}，…，I_{in}，…，I_{nn}，也就是得到了具有 n 个方程和 n 个变量的非齐次线性方程组(13.50)。

③ 第 1 次测量 X0 束穿过各立方体的厚度为 $d_1=b/\cos(\alpha-\theta/2)$；第 2 次测量厚度为 $d_2=b/\cos(\alpha-3\theta/2)$；继续测量 d 越来越小，至第 $(n+1)/2$ 次达到 $d_{(n+1)/2}=b$ 最小，它是与 x 轴重合的那条测量线。以后测量线的 d 值都与以 x 轴相对称的测量线的 d 值相同。

④ 通过解方程组(13.50)就可以得到 A0 行 n 个立方体的线减弱系数 $\mu_j=\mu_{mj}\rho_j$，$j=1,2,\cdots,n$。由于在医学上人体横截面各个器官的位置是已知的，所以据此可以勾画出人体各器官

的位置。

3. ±Xp 束强度测量与±Ap 行各立方体线减弱系数的计算

在 A0 行测量完后，将扇面左侧向上旋转 $\phi_1+2\alpha-\theta$，使+X1 束到达相当于 A0 行第 1 次测量的位置。依照测量 A0 行的方法和步骤，测量并解出+A1 行 n 个立方体的线减弱系数；同样再将扇面左侧向上旋转 $\phi_2-\phi_1+2\alpha-\theta$，测量并解出+A2 行各立方体的线减弱系数；若将扇面左侧向上旋转 $\phi_p-\phi_{p-1}+2\alpha-\theta$，则可以测出+Ap 行各立方体的线减弱系数；依次类推测到+Am，然后再测量−A1 至−Am。这样就可解出图 13.2 中 n^2 个立方体的线减弱系数，实际上解出的 μ_j 是线减弱系数在立方体内的平均值。

4. 计算机断层扫描图像

在 X 射线能区 $\mu_m \propto Z^4$，Z 为 X 立方体中元素的原子序数。因此，μ_m 对人体组织的元素或成分变化非常敏感。由于线减弱系数 $\mu_j=\mu_{mj}\rho_j$，所以 μ_j 既反映了人体组织的成分变化，又反映了密度变化。如果将图 13.2 中各立方体的线减弱系数排列成矩阵，即

$$|\mu_{kj}|, \quad k,j=1,2,\cdots,n \tag{13.51}$$

上述式中矩阵元素 μ_{kj} 代表的是图 13.2 中第 k 行第 j 列立方体的线减弱系数，单位为 cm^{-1}。在二维数字图像中，μ_{kj} 可作为数字图像的灰度值。尽管线减弱系数反映的是人体组织的成分与密度的变化，但用 μ_{kj} 制作出的数字图像却达不到人眼可识别的分辨率。1969 年英国工程师 Hounsfield 通过将 μ_{kj} 变换成 H_{kj} 的方法，解决了人眼分辨问题。

我们知道在各立方体中密度最轻的是空气，最重的是骨骼，人体的平均密度大体上相当于水。Hounsfield 根据立方体的这些特征对矩阵元素 μ_{kj} 进行了如下变换[26-27]：

$$H_{kj}=\frac{\mu_{kj}-\mu_w}{\mu_w}\times 1\,000, \quad k,j=1,2,\cdots,n \tag{13.52}$$

式中：μ_w 为水的线减弱系数；H_{kj} 为 CT 数，是无量纲量。

利用式(13.52)可以将矩阵元素 μ_{kj} 转换为矩阵元素 H_{kj}。转换后的 CT 数矩阵元素 H_{kj} 就成为图 13.2 中各方格的新像素值。利用 H_{kj} 制作的数字图像分辨率得到了极大提高，达到人眼可识别的程度。用 CT 数做出的图像就是计算机断层扫描图像。

由式(13.52)计算可知：当 $\mu_{kj}=\mu_w$ 时，$H_{kj}=0$；当 $\mu_{kj}>\mu_w$ 时，H_{kj} 为正值；当 $\mu_{kj}<\mu_w$ 时，H_{kj} 为负值。根据 GB Z/T200.5—2014 给出的“人体的元素组成和主要组织器官的元素含量”[28]，以及一些器官组织的密度值，计算出了一些器官的 CT 数，如表 13.12 所列。

表 13.12　在 X 射线能量为 60.682 keV 下计算的 CT 数

器　官	器官内各元素质量占器官总质量的份额 w/%									ρ/(g·cm^{-3})	μ/cm^{-1}	CT 数
	H	C	N	O	Ca	K	Na	Mg	P			
肌肉	10.2	14.3	3.4	71.0		0.2	0.06	0.02	0.16	1.06	0.212 8	46
体脂	11.4	59.8	0.7	27.8			0.01			0.95	0.185 8	−87
脑	10.7	14.5	2.2	71.2		0.23	0.14	0.2		1.04	0.209 3	29
心脏	10.4	13.9	2.9	71.8		0.21	0.11	0.02	0.21	1.057	0.213 2	48
肺	10.3	10.5	3.1	74.9		0.14	0.13	0.01	0.14	1.05	0.211 1	38
全血	10.2	11	3.3	74.5		0.19	0.18		0.04	1.025	0.206 2	14

续表 13.12

器官	器官内各元素质量占器官总质量的份额 w/%									ρ/($g \cdot cm^{-3}$)	μ/cm^{-1}	CT 数
	H	C	N	O	Ca	K	Na	Mg	P			
骨骼	3.5	16	4.2	44.5	11	0.11	0.35	0.14	5.51	1.75	0.389 3	913
空气										0.001 293	2.334×10^{-4}	−999
水										0.993 397	0.203 45	0
元素 μ_m	0.325 4	0.174 7	0.180 9	0.189 6	0.641 2	0.554 0	0.224 2	0.253 6	0.342 8			

注:(1) μ_m 的单位为 cm^2/g,取自参考文献[23];基本元素 H、C、N、O 未分男女;Ca、K、Na、Mg、P 为成年男性数据,摘自参考文献[28];

(2) 空气密度为标准状态下的密度,水的密度按 36.8 ℃下的密度。

(3) 由于此表中的器官密度 ρ 依据的资料不一定准确,仅供参考。

5. 人体器官的断层扫描图像

将人体平移 1 个 b 距离,测量 1 个图像,多次平移,只要使平移覆盖整个器官,就可以制作出许多张计算机断层扫描图像,得到覆盖整个器官在空间均匀分布的 CT 数。将这些 CT 数用计算机重构,就可以得到该器官任意切面上的计算机断层扫描图像。

这就是 X - CT 的基本原理以及测量与计算方法。从以上计算可以看出,X - CT 图像与 X 射线透视图像不同,前者是以测量数据为基础,通过计算得到的二维数字图像,后者是投影像片。

根据上述原理也可以设计其他领域的 CT。例如采用 γ 射线源制成 γ - CT,可用于探查原材料、设备及机加工件内部的缺陷。

参考文献

[1] 刘保昌. 实用医学辐射防护学[M]. 北京:军事医学科学出版社,2004.

[2] 俞斯昶. 量和单位国家标准名词解释[M]. 北京:中国计量出版社,1990.

[3] 质检总局计量司. 我们身边的电离辐射[M]. 北京:中国标准出版社,2006.

[4] 李德平,潘自强. 辐射防护手册(第三分册)[M]. 北京:原子能出版社,1990.

[5] 李士俊. 电离辐射计量学[M]. 北京:原子能出版社,1981.

[6] 朱国英,陈红红. 电离辐射防护基础与应用[M]. 上海:上海交通大学出版社,2016.

[7] 史元明,钱大可. 当量剂量和有效剂量[J]. 辐射防护,1991,11(5):331-336.

[8] 李德平,潘自强. 辐射防护手册(第一分册)[M]. 北京:原子能出版社,1987.

[9] Trubey D K. New gamma-ray buildup factor data for point kernel calculations:ANS-6.4.3 standard reference data[M]. Tennessce:Oak ridge national laboratory,1988.

[10] 吴和喜. 基于等比级数公式的积累因子拟合[J]. 原子能科学技术,2010,44(6):654-659 ,

[11] 赵雷,等. 某轻混凝土 γ 屏蔽积累因子的计算[J]. 原子能科学技术,2012,46(5):627-632.

[12] 赵峰,等. 基于 MCNP 对 γ 辐射积累因子不同影响因素的研究[J]. 核电子学与探测技术,2012,32(5):590-594.

[13] 李华，等. 介质尺寸对水中 γ 射线吸收剂量累积因子的影响[J]. 清华大学学报（自然科学版），2017，57(5)：525-529.

[14] 冷瑞平. 中子剂量的计算及中子源的防护[J]. 原子能科学技术，1978，12(1)：70-80.

[15] IAEA. Engineering Compendium on Radiation Shielding[J]. Vienna，IAEA，1968，1：301.

[16] Randolph M L. 中子流、中子谱和比释动能[M]. 陈长茂，于耀明，译. 北京：原子能出版社，1975.

[17] Zoller L K. Nucleonics. 1964(22)：128.

[18] 冷瑞平，陈常茂. $^{241}Am-Be$ 源和 $^{226}Ra-Be$ 源的中子注量-剂量换算系数[J]. 原子能科学技术，1978，12(1)：93-96.

[19] 李星洪. 辐射防护基础[M]. 北京：原子能出版社，1982.

[20] 清华大学工物系. 辐射防护概论[M]. 北京：清华大学出版社，1997.

[21] 陈常茂，刘锦华，刘迪金. 中子品质因数和剂量当量[J]. 同位素，1995，8(4)：247-252.

[22] 陈常茂，刘锦华. 参考中子辐射注量一周围剂量当量转换系数的计算[J]. 辐射防护，1996，16(2)：99-102.

[23] XCOM. Photon total attenuation coefficients[DB/OL]. [2021-01-08]. https://physics. nist. gov/PhysRefData/Xcom/html/xcom1-t. html.

[24] Gerhard Erdtmann. Neutron Activation Tables[M]. New York：Verlag Chemie，1976.

[25] 刘运祚. 常用放射性核素-衰变纲图[M]. 北京：原子能出版社，1982.

[26] 葛修润，任建喜，蒲毅彬，等. 岩土损伤力学宏细观试验研究[M]. 北京：科学出版社，2004.

[27] Hounsfield G N. Computerized transfers axial scanning (tomography)：part Ⅰ[J]. British，Journal of Radiology，1973，46：1006-1022.

[28] 赵永成，等. 中华人民共和国国家职业卫生标准 GB Z/T200. 5-2014"辐射防护用参考人第 5 部分：人体的元素组成和主要组织器官的元素含量"[S]. 北京：中国质检出版社，2014.

附录 1　常用电磁单位换算表

附表 1.1　常用电磁单位换算表[1-2]

物理量		国际单位制(SI)		非国际单位制		换算系数:α(SI)=β(CGSM)=γ(CGS)=δ(CGSE)			
		实用单位制(MKSA)		高斯单位制(CGS)		CGSM-绝对电磁单位制,CGSE-绝对静电单位制			
名　称	符　号	名　称	符　号	名　称	符　号	α (SI)	β (CGSM)	γ (CGS)	δ (CGSE)
力	F	牛(顿)	N	达因	dyn	1	10^5	10^5	10^5
能量、功	W	焦(耳)	J	尔格	erg	1	10^7	10^7	10^7
功率	P	瓦(特)	W	尔格/秒	erg/s	1	10^7	10^7	10^7
电荷	Q	库(仑)	C			1	10^{-1}	3×10^9	3×10^9
电荷密度	ρ	库(仑)/米^3	C/m^3			1	10^{-7}	3×10^3	3×10^3
电场强度	E	伏(特)/米	V/m			1	10^6	$3^{-1}\times10^{-4}$	$3^{-1}\times10^{-4}$
电流密度	J	安(培)/米^2	A/m^2			1	10^{-5}	3×10^5	3×10^5
电流	I	安(培)	A			1	10^{-1}	3×10^9	3×10^9
电位	V								
电位差、电压	U	伏(特)	V			1	10^8	$3^{-1}\times10^{-2}$	$3^{-1}\times10^{-2}$
电动势	E								
电容	C	法(拉)	F			1	10^{-9}	$3^2\times10^{11}$	$3^2\times10^{11}$
电阻	R	欧(姆)	Ω			1	10^9	$3^{-2}\times10^{-11}$	$3^{-2}\times10^{-11}$
电阻率	ρ	欧(姆)·米	Ω·m			1	10^{11}	$3^{-2}\times10^{-9}$	$3^{-2}\times10^{-9}$
电导	G	西(门子)	S			1	10^{-9}	$3^2\times10^{11}$	$3^2\times10^{11}$
电导率	γ	西(门子)/米	S/m			1	10^{-11}	$3^2\times10^9$	$3^2\times10^9$
电位移	D	库(仑)/米^2	C/m^2			1	$4\pi\times10^{-5}$	$4\pi\times3\times10^5$	$4\pi\times3\times10^5$
电极化强度	P	库(仑)/米^2	C/m^2			1	10^{-5}	3×10^5	3×10^5
电偶极矩	p	库(仑)·米	C·m			1	10	3×10^{11}	3×10^{11}
真空介电常数	ε_0	法(拉)/米	F/m			ε_0	$3^{-2}\times10^{-20}$	1	1
磁通(量)	Φ	韦(伯)	Wb	麦克斯韦	Mx	1	10^8	10^8	$3^{-1}\times10^{-2}$
磁位差	U_m	安(培)	A			1	$4\pi\times10^{-1}$	$4\pi\times10^{-1}$	$4\pi\times3\times10^9$
磁通势	F_m								
磁场强度	H	安(培)/米	A/m	奥斯特	Oe	1	$4\pi\times10^{-3}$	$4\pi\times10^{-3}$	$4\pi\times3\times10^7$
磁感应强度	B	特(斯拉)	T	高斯	G	1	10^4	10^4	$3^{-1}\times10^{-6}$
磁化强度	M	安(培)/米	A/m	高斯	G	1	10^{-3}	10^{-3}	3×10^7
自感、互感	L、M	亨(利)	H	厘米	cm	1	10^9	10^9	$3^{-2}\times10^{-11}$
磁化率	κ					1	$(4\pi)^{-1}$	$(4\pi)^{-1}$	$(4\pi)^{-1}$

续附表 1.1

物理量		国际单位制(SI)		非国际单位制		换算系数:α(SI)=β(CGSM)=γ(CGS)=δ(CGSE)			
		实用单位制(MKSA)		高斯单位制(CGS)		CGSM-绝对电磁单位制,CGSE-绝对静电单位制			
名　称	符　号	名　称	符　号	名　称	符　号	α (SI)	β (CGSM)	γ (CGS)	δ (CGSE)
磁阻	R_m	亨(利)$^{-1}$	H^{-1}		cm^{-1}	1	10^{-9}	10^{-9}	$3^2\times10^{11}$
磁导	Λ	亨(利)	H		cm	1	10^9	10^9	$3^{-2}\times10^{-11}$
真空磁导率	μ_0	亨(利)/米	H/m			μ_0	1	1	$3^{-2}\times10^{-20}$
磁矩	m	安(培)·米^2	A·m^2			1	10^3	10^3	3×10^{13}
电动力常数	c	c 是1绝对电磁单位电流与1绝对静电单位电流之比				1	1	$\approx3\times10^{10}$	1
常数值和特殊单位换算	光速	c	2018 年第 26 届国际计量大会(CGPM)定义真空中光的速度为 c=299 792 458 m/s						
	时间换算	a	1960 年第 11 届国际计量大会批准(1 太阳年)1 a=365.242 198 79 d=31 556 925.9 747 s						
	基本电荷	e	第 26 届国际计量大会(CGPM)定义基本电荷为 e=1.602 176 634×10^{-19}C						
	电子伏	eV	1 eV=1.602 176 634×10^{-19} J						
	(经典)电子半径	r_e	r_e=(2.817 940 92±0.000 000 38)×10^{-15}m[2]						
	电子(静)质量	m_e	m_e=(9.109 389 7±0.000 005 4)×10^{-31} kg[2]						
	质子(静)质量	m_p	m_p=(1.672 623 1±0.000 001 0)×10^{-27}kg[2]						
	中子(静)质量	m_n	m_n=(1.674 928 6±0.000 001 0)×10^{-27}kg[2]						
	原子质量单位	u	^{12}C 原子静质量的 1/12 定为原子质量单位,用 u 表示,u=(1.660 540 2±0.000 001 0)×10^{-27}kg[2]						
	相对原子质量	A_r	原子平均质量 m 与原子质量单位 u 之比 $A_r=m/u$,A_r 旧称原子量,其中,A 表示原子,r 表示相对						
	阿伏伽德罗常数	N_A	第 26 届国际计量大会(CGPM)将阿伏伽德罗常数数值定为 N_A=6.022 140 76×10^{23}mol^{-1}						
	物质的量	n	第 26 届国际计量大会(CGPM)重新定义摩尔(mol):1 摩尔精确包含 6.022 140 76×10^{23} 个基本粒子。摩尔是一个系统的物质的量,是该系统包含的特定基本粒子数量的量度。基本粒子可以是原子、分子、离子、电子以及其他任意粒子或粒子的特定组合						
	摩尔质量	M	1 mol 质量为 $M=m_xN_A$(g/mol),m_x(g)为微粒 x 的质量。例如,1 mol^{12}C 为 12 g						
	摩尔气体常数	R	R=8.314 463 J/(mol·K)=8.314 463×10^7erg/(mol·K)						
	玻耳兹曼常数	k	$k=R/N_A$,第 26 届国际计量大会(CGPM)定义玻耳兹曼常数为 k=1.380 649×10^{-23}J/K						
	普朗克常数	h	第 26 届国际计量大会(CGPM)定义普朗克常数为 h=6.626 070 15×10^{-34}J·s						
	工程大气压	at	1 at=1 kgf/cm^2,1 at=98 066.5 Pa,其中 1 kgf 等于 1 kg 质量受到的重力						
	标准大气压	atm	1 atm=760 mmHg,1 Pa=1 N/m^2=10 dyn/cm^2, 1 atm=101 325 Pa						

注:(1) β、γ、δ 换算系数中的数字 3 都是电动力常数 c 的有效数字 2.997 924 58 的近似值。

(2) 国际单位制(international system of units):1960年第11届国际计量大会(CGPM)决定将实用单位制(MKSA)作为国际单位制,以SI作为国际单位制通用的缩写符号。国际单位制将单位分成三类:基本单位、导出单位和辅助单位。基本单位共有7个:长度单位(m,米)、质量单位(kg,千克)、时间单位(s,秒)、电流单位(A,安(培))、热力学温度单位(K,开(尔文))、物质的量的单位(mol,摩(尔))和发光强度单位(cd,坎(德拉))。基本单位在量纲上是彼此独立的。导出单位都是由基本单位组合起来的:除表中已标出的电磁学SI的导出单位之外,还有频率单位(Hz,赫(兹))、压强单位(Pa,帕(斯卡))、光通量单位(lm,流(明))、光照度单位(lx,勒(克斯))、放射性活度单位(Bq,贝可(勒尔))、照射量单位(C/kg,库(仑)/千克)、吸收剂量单位(Gy,戈(瑞))、剂量当量单位(Sv,希(沃特))等;辅助单位只有两个(现在也归入导出单位):平面角单位(rad,弧度)和立体角单位(sr,球面度);还有无量纲量的SI单位:有相当一批物理量的量纲是“1”。例如:折射率 n、动摩擦因数 μ、线应变 ε、相对原子质量 A_r、质子数 Z、功率量级 L_p 和平面角 ϕ,这类量的SI单位是两个相同的SI单位之比。

我国1977年正式决定采用国际单位制。使用SI单位进行计算很方便,只要把计算式中的各量都使用SI单位,计算结果也就是SI单位。

高斯单位制或称厘米克秒单位制,其是混合单位制:力学量单位用cm-g-s,电学量单位用CGSE单位,磁学量单位用CGSM单位。

在SI单位制中,磁导率 $\mu_0=4\pi\times10^{-7}$ H/m;真空介电常数 $\varepsilon_0=1/(c^2\mu_0)\approx8.854\,2\times10^{-12}$ F/m;电解质介电常数 $\varepsilon=\varepsilon_r\varepsilon_0$,其中 ε_r 为电介质的相对介电常数,它等于cm-g-s单位制中电介质的介电常数,是无量纲量。1954年第十届国际计量大会协议的气体标准状态是:273.15 K(即0 ℃),101.325 kPa(即1 atm)。

2018年第26届国际计量大会(CGPM)通过了关于SI修订的决议:国际单位制的7个基本单位将全部以量子技术和基本物理常数为基础,对国际计量单位制重新定义,量值的实现进入了量子化时代[3]。“未来世界的测量会更精准。新单位制的稳定性和普适性,在任何时间、任何地点、任何所需量级复现单位量值将是未来的一个长期的任务,在这一进程中,同时必将推进精密测量技术和溯源技术的提高,从而带来计量学科的发展”[4]。

参考文献

[1] 饭田修一,等.物理学常用数表[M].张质贤,等译.北京:科学出版社,1978.
[2] 卢希庭. GB 3102.9—1993.原子物理学和核物理学的量和单位[S].北京:中国标准出版社,1993.
[3] 段宇宁,吴金杰.国际单位制的重新定义[J].中国计量,2018(5):12-15.
[4] 马爱文,曲兴华. SI基本单位量子化重新定义及其意义[J].计量学报,2020,41(2):129-133.

附录 2　放射性核素选编

附表 2.1　放射性核素选编

序　号	核　素	半衰期	$E_{\beta\max}$ 或 E_α/keV(强度/%)	E_γ/keV(强度/%)	母核(衰变方式 强度)子核
1	$^{3}_{1}H$ 氚	12.32 a	18.591(100)		$^{3}H(\beta\ 100)^{3}He(w)$
2	$^{7}_{4}Be$ 铍	53.22 d		477.603 5(10.44)	$^{7}Be(\varepsilon\ 100)^{7}Li(w)$
3	$^{10}_{4}Be$ 铍	1.51E+6 a	566.0(100)		$^{10}Be(\beta\ 100)^{10}B(w)$
4	$^{11}_{6}C$ 碳	20.363 min	β^+ 960.4(99.767)	511.0(199.534)	$^{11}C(\beta^+\ 99.766\ 9)^{11}B(w)$
5	$^{13}_{7}N$ 氮	9.965 min	β^+ 1 198.5(99.8)	511.0(199.607)	$^{13}N(\beta^+\ 99.803\ 6)^{13}C(w)$
6	$^{14}_{6}C$ 碳	5 700 a	156.475(100)		$^{14}C(\beta\ 100)^{14}N(w)$
7	$^{15}_{8}O$ 氧	122.24 s	β^+ 1 732.0(99.90)	511.0(199.806)	$^{15}O(\beta^+\ 100)^{15}N(w)$
8	$^{18}_{9}F$ 氟	109.77 min	β^+ 633.5(96.73)	511.0(193.46)	$^{18}F(\beta^+\ 100)^{18}O(w)$
9	$^{22}_{11}Na$ 钠	2.601 8 a	β^+ 545.67(90.33) β^+ 1 820.2(0.056)	511.0(180.76) 1 274.537(99.94)	$^{22}Na(\beta^+\ 100)^{22}Ne(w)$
10	$^{24}_{11}Na$ 钠	14.997 h	1 392.56(99.855)	1 368.63(99.994) 2 754.01(99.855)	$^{24}Na(\beta\ 100)^{24}Mg(w)$
11	$^{26}_{13}Al$ 铝	7.17E+5 a	1 173.42(81.73)	511.0(163.5) 1 129.67(2.5) 1 808.65(99.76)	$^{26}Al(\beta\ 100)^{26}Mg(w)$
12	$^{28}_{12}Mg$ 镁	20.915 h	211.7(4.9) 459(94.8)	30.64(89) 400.6(35.9) 941.7(36.3) 1 342.2(54) 1 372.8(4.7) 1 589.4(4.7)	$^{28}Mg(\beta\ 100)^{28}Al$
13	$^{28}_{13}Al$ 铝	2.245 min	2 863.27(99.99)	1 778.987(100)	$^{28}Al(\beta\ 100)^{28}Si(w)$
14	$^{30}_{15}P$ 磷	2.498 min	β^+ 1 441.12(99.8)	511.0(199.71)	$^{30}P(\varepsilon\ 100)^{30}Si$
15	$^{31}_{14}Si$ 硅	157.36 min	1 491.5(99.944 6)	1 266.2(0.055 4)	$^{31}Si(\beta\ 100)^{31}P(w)$
16	$^{32}_{14}Si$ 硅	153 a	227.2(100)		$^{32}Si(\beta\ 100)^{32}P$
17	$^{32}_{15}P$ 磷	14.268 d	1 710.66(100)		$^{32}P(\beta\ 100)^{32}S(w)$
18	$^{33}_{15}P$ 磷	25.35 d	248.5(100)		$^{33}P(\beta\ 100)^{33}S(w)$
19	$^{34m}_{17}Cl$ 氯	31.99 min	1 311.78(25.6) 2 488.43(28.4)	▲146.36(38.3) 511.0(108.5) 1 176.6(14.09) 2 127.499(42.8) 3 304.031(12.29)	$^{34m}Cl(IT\ 44.6)^{34}Cl$ $^{34m}Cl(\beta^+\ 54.4)^{34}S(w)$
20	$^{34}_{17}Cl$ 氯	1.526 6 s	4 469.64(99.921)	511.0(199.841 6)	$^{34}Cl(\beta^+\ 99.920\ 8)^{34}S(w)$
21	$^{35}_{16}S$ 硫	87.37 d	167.33(100)		$^{35}S(\beta\ 100)^{35}Cl(w)$

续附表 2.1

序　号	核　素	半衰期	$E_{\beta\ max}$ 或 E_{α}/keV(强度/%)	E_{γ}/keV(强度/%)	母核(衰变方式 强度)子核
22	$^{36}_{17}\mathrm{Cl}$ 氯	3.01E+5 a	709.55(98.1)		$^{36}\mathrm{Cl}$(β 98.1)$^{36}\mathrm{Ar}$(w) $^{36}\mathrm{Cl}$(ε 1.9)$^{36}\mathrm{S}$(w)
23	$^{37}_{18}\mathrm{Ar}$ 氩	35.011 d	AU K 2.38(81.3)	$K_{\alpha2}$2.621(2.7) $K_{\alpha1}$2.622(5.5)	$^{37}\mathrm{Ar}$(ε 100)$^{37}\mathrm{Cl}$(w)
24	$^{38}_{16}\mathrm{S}$ 硫	170.3 min	995(83) 1 191(2.44) 2 937(13)	1 745.77(2.44) 1 941.945(83) 2 750.98(1.38)	$^{38}\mathrm{S}$(β 100)$^{38}\mathrm{Cl}$
25	$^{38}_{17}\mathrm{Cl}$ 氯	37.230 min	1 106.3(33.1) 2 748.9(11.3) 4 916.5(55.6)	1 642.43(33.3) 2 167.54(44.4)	$^{38}\mathrm{Cl}$(β 100)$^{38}\mathrm{Ar}$(w)
26	$^{39}_{17}\mathrm{Cl}$ 氯	55.6 min	939(2.24) 1 084(2.55) 1 924(83) 2 175(4.5) 3 442(7.1)	250.333(46.1) 985.861(2.09) 1 091.056(2.42) 1 267.191(53.6) 1 517.498(39.2)	$^{39}\mathrm{Cl}$(β 100)$^{39}\mathrm{Ar}$
27	$^{39}_{18}\mathrm{Ar}$ 氩	269 a	565(100)		$^{39}\mathrm{Ar}$(β 100)$^{39}\mathrm{K}$(w)
28	$^{40}_{19}\mathrm{K}$ 钾	1.25E+9 a	1 311.89(89.27)	1 460.82(10.66)	$^{40}\mathrm{K}$(β 89.28)$^{40}\mathrm{Ca}$(w) $^{40}\mathrm{K}$(ε 10.72)$^{40}\mathrm{Ar}$(w)
29	$^{42}_{19}\mathrm{K}$ 钾	12.355 h	2 000.6(17.64) 3 525.22(81.90)	1 524.6(18.08)	$^{42}\mathrm{K}$(β 100)$^{42}\mathrm{Ca}$(w)
30	$^{43}_{19}\mathrm{K}$ 钾	22.3 h	438.9(2.6) 843.1(90.9) 1 240(4.06) 1 833.4(1.54)	220.632(4.8) 372.76(86.8) 396.986 1(11.85) 593.39(11.26) 617.49(79.2) 1 021.698(1.96)	$^{43}\mathrm{K}$(β 100)$^{43}\mathrm{Ca}$(w)
31	$^{45}_{20}\mathrm{Ca}$ 钙	162.21 d	255.8(99.998)		$^{45}\mathrm{Ca}$(β 100)$^{45}\mathrm{Sc}$(w)
32	$^{46}_{21}\mathrm{Sc}$ 钪	83.79 d	356.9(99.996 4)	889.277(99.984) 1 120.545(99.99)	$^{46}\mathrm{S}$(β 100)$^{46}\mathrm{Ti}$(w)
33	$^{47}_{20}\mathrm{Ca}$ 钙	4.536 d	694.9(73) 1 992(27)	489.23(5.9) 807.86(5.9) 1 297.09(67)	$^{47}\mathrm{Ca}$(β 100)$^{47}\mathrm{Sc}$
34	$^{47}_{21}\mathrm{Sc}$ 钪	3.349 2 d	440.9(68.4) 600.3(31.6)	159.381(68.3)	$^{47}\mathrm{Sc}$(β 100)$^{47}\mathrm{Ti}$(w)
35	$^{48}_{21}\mathrm{Sc}$ 钪	43.67 h	483(10.02) 659(89.98)	175.361(7.48) 983.526(100.1) 1 037.522(97.6) 1 212.88(2.38) 1 312.12(100.1)	$^{48}\mathrm{Sc}$(β 100)$^{48}\mathrm{Ti}$(w)

续附表 2.1

序号	核素	半衰期	$E_{\beta\,max}$ 或 E_α/keV(强度/%)	E_γ/keV(强度/%)	母核(衰变方式 强度)子核
36	$^{48}_{23}V$ 钒	15.973 5 d	β^+ 694.6(49.9)	511.0(99.8) 944.13(7.87) 983.525(99.98) 1 312.106(98.2) 2 240.396(2.333)	$^{48}V(\beta^+$ 49.9, ε 50.1)^{48}Ti(w)
37	$^{50}_{23}V$ 钒	1.4E+17 a	254.6(17)	783.29(17) 1 553.77(83)	^{50}V(β 17)^{50}Cr(w) ^{50}V(ε 83)^{50}Ti(w)
38	$^{51}_{24}Cr$ 铬	27.704 d		320.084 2(9.91)	^{51}Cr(ε 100)^{51}V(w)
39	$^{52m}_{25}Mn$ 锰	21.1 min	2 633.2(96.4)	▲377.738(1.68) 511.0(193.1) 1 434.06(98.2)	^{52m}Mn(IT 1.75)^{52}Mn ^{52m}Mn(ε 98.25)^{52}Cr(w)
40	$^{52}_{26}Fe$ 铁	45.9 s	β^+ 4 474(99.62)	511.0(199.24) 621.7(51) 869.9(93) 929.5(100) 1 416.1(48) 2 037.6(50) 2 285.9(5)	^{52}Fe(ε 100)^{52}Mn
41	$^{52}_{25}Mn$ 锰	5.591 d	β^+ 575.3(29.4)	511.0(58.8) 744.233(90) 848.18(3.32) 935.544(94.5) 1 246.278(4.21) 1 333.649(5.07) 1 434.092(100)	$^{52}Mn(\beta^+$ 29.4, ε 70.6)^{52}Cr(w)
42	$^{54}_{25}Mn$ 锰	312.2 d		834.848(99.976)	^{54}Mn(ε 100)^{54}Cr(w)
43	$^{55}_{27}Co$ 钴	17.53 h	β^+ 1 021.3(25.6) β^+ 1 113.2(4.26) β^+ 1 498.5(46)	91.9(1.16) 411.5(1.07) 511.0(152) 477.2(20.2) 520.0(0.83) 803.7(1.87) 931.1(75) 1 316.6(7.1) 1 370.0(2.9) 1 408.5(16.9) 2 177.6(0.29)	$^{55}Co(\beta^+$ 76, ε 24)^{55}Fe

续附表 2.1

序号	核素	半衰期	$E_{\beta max}$ 或 E_α/keV(强度/%)	E_γ/keV(强度/%)	母核(衰变方式 强度)子核
44	$^{55}_{26}Fe$ 铁	2.744 a		$K_{\alpha2}$5.888(8.2) $K_{\alpha1}$5.899(16.2) $K_{\beta1}$6.49(1.89) $K_{\beta3}$6.49(0.96)	$^{55}Fe(\varepsilon\ 100)^{55}Mn(w)$
45	$^{56}_{25}Mn$ 锰	2.578 9 h	325.73(1.2) 735.7(14.5) 1 038.09(27.5) 2 848.86(56.6)	846.763 8(98.85) 1 810.726(26.9) 2 113.092(14.2) 2 523.06(1.018)	$^{56}Mn(\beta\ 100)^{56}Fe(w)$
46	$^{56}_{28}Ni$ 镍	6.075 d		158.38(98.8) 269.5(36.5) 480.44(36.5) 749.95(49.5) 811.85(86) 1 561.8(14)	$^{56}Ni(\varepsilon\ 100)^{56}Co$
47	$^{56}_{27}Co$ 钴	77.236 d	β^+ 421(1.041) β^+ 1 458.9(18.4)	511.0(39) 846.77(99.939 9) 977.372(1.421) 1 037.843(14.05) 1 175.101(2.252) 1 238.288(66.46) 1 360.212(4.283) 1 771.357(15.41) 2 015.215(3.016) 2 034.791(7.77) 2 598.5(16.97) 3 009.245(1.036) 3 202.029(3.209) 3 253.503(7.923) 3 273.079(1.876)	$^{56}Co(\beta^+\ 19.7,\varepsilon\ 80.3)^{56}Fe(w)$
48	$^{57}_{27}Co$ 钴	271.74 d		14.412 9(9.16) 122.060 65(85.6) 136.473 6(10.68)	$^{57}Co(\varepsilon\ 100)^{57}Fe(w)$
49	$^{58}_{27}Co$ 钴	70.86 d	β^+ 474.8(14.9)	511.0(29.8) 810.759 3(99.45)	$^{58}Co(\beta^+\ 14.9,\varepsilon\ 85.1)^{58}Fe(w)$
50	$^{59}_{26}Fe$ 铁	44.495 d	130.9(1.31) 273.6(45.3) 465.9(53.1)	142.651(1.02) 192.343(3.08) 1 099.245(56.5) 1 291.59(43.2)	$^{59}Fe(\beta\ 100)^{59}Co(w)$

续附表 2.1

序号	核素	半衰期	$E_{\beta\,max}$ 或 E_α/keV(强度/%)	E_γ/keV(强度/%)	母核(衰变方式 强度)子核
51	$^{60}_{26}Fe$ 铁	2.62E+6 a	178(100) CEK 50.89(81.4) CEL 57.67(14.2)	▲58.603(2.1) $K_{\alpha1}$ 6.93(18) $K_{\beta1}$ 7.649(2.16)	$^{60}Fe(\beta\ 99)^{60m}Co(IT\ 100)^{60}Co$ $^{60m}Co(IT\ 100)^{60}Co$
52	$^{60}_{27}Co$ 钴	5.271 242 a	317.05(99.88) 1 490.29(0.12)	1 173.228(99.85) 1 332.49(99.983)	$^{60}Co(\beta\ 100)^{60}Ni(w)$
53	$^{62}_{30}Zn$ 锌	9.193 h	β^+ 597.5(8.2)	40.84(25.5) 243.36(2.52) 246.95(1.9) 260.43(1.35) 394.03(2.24) 507.6(14.8) 511.0(16.4) 548.35(15.3) 596.56(26)	$^{62}Zn(\beta^+\ 8.2,\varepsilon\ 91.8)^{62}Cu$
54	$^{62}_{28}Cu$ 铜	9.67 min	β^+ 2 936.9(97.83)	511.0(195.66)	$^{62}Cu(\beta^+\ 97.83,\varepsilon\ 2.17)^{62}Ni(w)$
55	$^{63}_{28}Ni$ 镍	101.2 a	66.945(100)		$^{63}Ni(\beta\ 100)^{63}Cu(w)$
56	$^{64}_{29}Cu$ 铜	12.701 h	β^+ 653.03(17.6) β^- 579.4(38.5)	511.0(35.2)	$^{64}Cu(\beta^+\ 17.6,\varepsilon\ 43.9)^{64}Ni(w)$ $^{64}Cu(\beta\ 38.5)^{64}Zn(w)$
57	$^{65}_{30}Zn$ 锌	243.93 d	β^+ 330.1(1.421)	511.0(2.842) 1 115.539(50.04)	$^{65}Zn(\beta\ 1.42,\varepsilon\ 98.58)^{65}Cu(w)$
58	$^{66}_{31}Ga$ 镓	9.49 h	β^+ 924(3.7) β^+ 4 153(51)	511.0(114) 833.532 4(5.9) 1 039.22(37) 1 333.112(1.17) 1 919.329(1.99) 2 189.616(5.3) 2 422.525(1.88) 2 751.835(22.7) 3 228.8(1.51) 3 380.85(1.47) 3 491.004(1.09) 4 085.853(1.27) 4 295.187(3.81) 4 806.007(1.86)	$^{66}Ga(\beta^+\ 57,\varepsilon\ 43)^{66}Zn(w)$
59	$^{67}_{29}Cu$ 铜	61.83 h	377.1(57) 468.4(22) 561.7(20)	91.266(7) 93.311(16.1) 184.577(48.7)	$^{67}Cu(\beta\ 100)^{67}Zn(w)$

续附表 2.1

序号	核素	半衰期	$E_{\beta\,max}$ 或 E_{α}/keV(强度/%)	E_{γ}/keV(强度/%)	母核(衰变方式 强度)子核
60	$^{67}_{31}Ga$ 镓	3.261 7 d		91.265(3.11) 93.31(38.81) 184.576(21.41) 208.95(2.46) 300.217(16.64) 393.527(4.56)	$^{67}Ga(\varepsilon\ 100)^{67}Zn(w)$
61	$^{68}_{32}Ge$ 锗	270.95 d		$K_{\alpha2}$ 9.225(13.1) $K_{\alpha1}$ 9.252(25.8) $K_{\beta3}$ 10.26(1.64) $K_{\beta1}$ 10.264(3.2)	$^{68}Ge(\varepsilon\ 100)^{68}Ga$
62	$^{68}_{31}Ga$ 镓	67.71 min	β^{+} 821.7(1.19) β^{+} 1 899.1(87.72)	511.0(177.82) 1 077.34(3.22)	$^{68}Ga(\beta^{+}\ 88.9, \varepsilon\ 11.1)^{68}Zn(w)$
63	$^{69m}_{30}Zn$ 锌	13.756 h		▲438.63(94.85)	$^{69m}Zn(IT\ 99.967)^{69}Zn$ $^{69m}Zn(\beta\ 0.033)^{69}Ga(w)$
64	$^{69}_{30}Zn$ 锌	56.4 min	910.2(99.998 6)		$^{69}Zn(\beta\ 100)^{69}Ga(w)$
65	$^{72}_{31}Ga$ 镓	14.10 h	655.4(15.71) 671.9(22.43) 961.5(28.87) 1 053.6(1.953) 1 482.2(9.18) 1 932.2(3.21) 2 533.2(9.38) 3 163.1(6.8)	600.912(5.822) 629.967(26.13) 786.525(3.34) 810.33(2.087) 834.13(95.45) 894.327(10.136) 970.76(1.103) 1 050.794(6.991) 1 230.931(1.425) 1 260.123(1.169) 1 276.797(1.587) 1 464.054(3.609) 1 596.733(4.39) 1 861.996(5.41) 2 109.361(1.085) 2 201.586(26.87) 2 491.026(7.73) 2 507.718(13.33)	$^{72}Ga(\beta\ 100)^{72}Ge(w)$
66	$^{72}_{33}As$ 砷	26.0 h	β^{+} 1 870(5.82) β^{+} 2 500(64.2) β^{+} 3 334(16.3)	511.0(176) 629.92(8.07) 833.99(81) 1 050.75(1) 1 464(1.13)	$^{72}As(\beta^{+}\ 87.8, \varepsilon\ 12.2)^{72}Ge(w)$

续附表 2.1

序号	核素	半衰期	$E_{\beta\,max}$ 或 E_{α}/keV(强度/%)	E_{γ}/keV(强度/%)	母核(衰变方式 强度)子核
67	$^{73}_{34}$Se 硒	7.15 h	β^{+} 1 290(64.7)	67.07(70) 361.2(97) 511.0(130.8)	^{73}Se (β^{+} 100)^{73}As
68	$^{73}_{33}$As 砷	80.30 d		53.437(10.3)	^{73}As(ε 100)^{73}Ge(w)
69	$^{74}_{33}$As 砷	17.77 d	β^{+} 944.6(26.1) β^{+} 1 540.5(3) β^{-} 718(15.4) β^{-} 1 352.8(19)	511.0(58) 595.83(59) 634.78(15.4)	^{74}As(β^{+} 29,ε 37)^{74}Ge(w) ^{74}As(β 34)^{74}Se(w)
70	$^{75}_{34}$Se 硒	119.78 d		66.051 8(1.111) 96.734(3.449) 121.115 5(17.2) 136.00(58.5) 198.606(1.496) 264.657 6(58.9) 279.542 2(25.02) 303.923 6(1.315) 400.657 2(11.41)	^{75}Se (ε 100)^{75}As(w)
71	$^{76}_{33}$As 砷	26.24 h	306.7(1.03) 532.9(1.69) 1 174.3(1.77) 1 745.8(7.5) 2 403(35.2) 2 962(51)	559.1(45) 563.23(1.2) 657.05(6.2) 1 212.92(1.44) 1 216.08(3.42) 1 228.52(1.22)	^{76}As(β 100)^{76}Se(w)
72	$^{77}_{33}$As 砷	38.79 h	444.0(1.6) 683.0(97)	239.011(1.59)	^{77}As(β 100)^{77}Se(w)
73	$^{77}_{35}$Br 溴	57.04 h	β^{+} 343(0.73)	87.59(1.4) 161.83(1.1) 200.4(1.21) 238.98(23.1) 249.77(2.98) 281.65(2.29) 297.23(4.16) 303.76(1.18) 439.47(1.56) 484.57(1.0) 511.0(1.46) 520.69(22.4) 574.64(1.19) 578.91(2.96) 585.48(1.57) 755.35(1.67) 817.79(2.08)	^{77}Br(β^{+} 0.73,ε 99.27)^{77}Se(w)

续附表 2.1

序　号	核　素	半衰期	$E_{\beta max}$ 或 E_α/keV(强度/%)	E_γ/keV(强度/%)	母核(衰变方式 强度)子核
74	$^{79}_{36}Kr$ 氪	35.04 h	β^+ 604(6.8)	217.07(2.37) 261.29(12.7) 299.53(1.54) 306.47(2.6) 388.97(1.51) 397.54(9.3) 511.0(14) 606.09(8.1) 831.97(1.26)	$^{79}Kr(\beta^+ 7, \varepsilon 93)^{79}Br(w)$
75	$^{80m}_{35}Br$ 溴	4.420 5 h	AU K 10.2(46.9) CE K 23.9(6.05) CE L 35.3(72.3) CE L 47.1(22.8) CE M 48.59(3.8)	$K_{\alpha 2}$ 11.875(23.2) $K_{\alpha 1}$ 11.924(44.9) $K_{\beta 3}$ 13.284(3.15) $K_{\beta 1}$ 13.292(6.1) ▲37.052(39.1)	$^{80m}Br(IT\ 100)^{80}Br$
76	$^{80}_{35}Br$ 溴	17.68 min	β^+ 848.5(2.2) β^- 1 386.4(6.2) β^- 2 003(85)	511.0(4.4) 665.8(1.08) 616.3(6.7)	$^{80}Br((\beta^+ 2.2, \varepsilon 6.1)^{80}Se(w)$ $^{80}Br(\beta\ 91.7)^{80}Kr(w)$
77	$^{81m}_{36}Kr$ 氪	13.1 s		▲109.46(67.66)	$^{81m}Kr(IT\ 99.997\ 5)^{81}Kr$
78	$^{81}_{36}Kr$ 氪	2.29E+5 a		275.99(0.298)	$^{81}Kr(\varepsilon\ 100)^{81}Br(w)$
79	$^{81}_{37}Rb$ 铷	4.572 h	β^+ 580(1.82) β^+ 1 026(25) CE K 176.1(25.8) CE L 188.54(4.4)	190.46(64.9) 446.15(23.5) 456.73(3.06) 510.43(5.4) 511.0(54.4) 537.6(2.26)	$^{81}Rb(\varepsilon\ 100)^{81}Kr$
80	$^{82}_{35}Br$ 溴	35.282 h	264.5(1.387) 444.2(98.5)	221.48(2.26) 554.348(71.1) 606.3(1.226) 619.106(43.5) 698.374(28.3) 776.517(83.4) 827.828(24) 1 007.59(1.276) 1 044.002(28.3) 1 317.473(26.8) 1 474.88(16.6)	$^{82}Br(\beta\ 100)^{82}Kr(w)$
81	$^{84}_{37}Rb$ 铷	32.82 d	β^+ 777(12.6) β^+ 1 664(13.1) β^- 894(3.9)	511.0(51.4) 881.604 1(68.9)	$^{84}Rb(\beta^+ 25.7, \varepsilon 70.4)^{84}Kr(w)$ $^{84}Rb(\beta^- 3.9)^{84}Sr(w)$

续附表 2.1

序　号	核　素	半衰期	$E_{\beta\,max}$ 或 E_{α}/keV(强度/%)	E_{γ}/keV(强度/%)	母核(衰变方式 强度)子核
82	$^{85m}_{36}Kr$ 氪	4.480 h	840.7(78.5) CE K 136(3.19)	▲304.87(14) 151.195(75.2)	^{85m}Kr(IT 21.2)^{85}Kr ^{85m}Kr(β 85)^{85}Rb(w)
83	$^{85}_{36}Kr$ 氪	10.739 a	687(99.563)	513.997(0.434)	^{85}Kr(β 99.997)^{85}Rb(w)
84	$^{85}_{38}Sr$ 锶	64.849 d		514.004 3(96)	^{85}Sr(ε 100)^{85}Rb(w)
85	$^{86}_{37}Rb$ 铷	18.642 d	699.2(8.64) 1 776.2(91.36)	1 077(8.64)	^{86}Rb(β 100)^{86}Sr(w)
86	$^{86}_{40}Zr$ 锆	16.5 h		29.1(21.6) 242.8(95.84) 612(5.8)	^{86}Zr(ε 100)^{86}Y
87	$^{86}_{39}Y$ 钇	14.74 h	β^+ 900(1.1) β^+ 1 033(1.9) β^+ 1 162(1.33) β^+ 1 221(11.9) β^+ 1 545(5.6) β^+ 1 736(1.7) β^+ 1 988(3.6) β^+ 3 141(2.0)	187.87(1.26) 190.8(1.01) 307(3.47) 382.86(3.63) 443.13(16.9) 511.0(64) 515.18(4.89) 580.57(4.78) 608.29(2.01) 627.72(32.6) 644.82(2.2) 645.87(9.2) 703.33(15.4) 709.9(2.62) 740.81(1.36) 767.63(2.4) 777.37(22.4) 826.02(3.3) 833.72(1.5) 835.67(4.4) 955.35(1.04) 1 024.04(3.79) 1 076.63(82.5) 1 153.05(30.5) 1 163.03(1.18) 1 253.11(1.53) 1 349.15(2.95) 1 790.9(1.0) 1 801.7(1.65) 1 854.38(17.2) 1 920.72(20.8) 2 567.97(2.25) 2 610.11(1.24)	^{86}Y(β^+ 31.9,ε 68.1)^{86}Sr(w)

续附表 2.1

序号	核素	半衰期	$E_{\beta max}$ 或 E_{α}/keV(强度/%)	E_{γ}/keV(强度/%)	母核(衰变方式 强度)子核
88	$^{87}_{36}Kr$ 氪	76.3 min	927.6(4.4) 1 333.4(9.4) 1 473.8(5.5) 3 042.8(7.3) 3 485.7(41) 3 888.27(30.5)	402.588(50) 673.83(1.89) 845.44(7.3) 1 175.41(1.11) 1 740.51(2.04) 2 011.88(2.88) 2 554.75(9.2) 2 558.08(4.0)	$^{87}Kr(\beta\ 100)^{87}Rb$
89	$^{87}_{37}Rb$ 铷	4.8E+10 a	282.2(100)		$^{87}Rb(\beta\ 100)^{87}Sr(w)$
90	$^{89}_{40}Zr$ 锆	78.41 h	β^{+} 902(22.74)	$K_{\alpha2}$ 14.883(14.3) $K_{\alpha1}$ 14.958(27.3) 511.0(45.5) 909.15(99.04)	$^{89}Zr(\beta^{+}\ 22.74,\varepsilon\ 77.26)^{89}Y(w)$
91	$^{87m}_{38}Sr$ 锶	2.815 h		▲388.52(82.79)	$^{87m}Sr(IT\ 99.7)^{87}Sr(w)$
92	$^{87}_{39}Y$ 钇	97.8 h	β^{+} 451.2(0.18)	388.527 6(82.2) 484.805(89.8) 511.0(0.36)	$^{87}Y(\beta^{+}\ 0.18,\varepsilon\ 99.82)^{87}Sr(w)$
93	$^{88}_{37}Rb$ 铷	17.773 min	798.4(2.319) 2 578.3(13.59) 3 476.3(4.93) 5 312.4(76.51)	898.03(14.4) 1 836.0(22.81) 2 677.892(2.13)	$^{88}Rb(\beta\ 100)^{88}Sr(w)$
94	$^{88}_{39}Y$ 钇	106.627 d	β^{+} 764.5(0.21)	511.0(0.42) 898.042(93.7) 1 836.063(99.2)	$^{88}Y(\beta^{+}\ 0.21,\varepsilon\ 99.79)^{88}Sr(w)$
95	$^{89}_{37}Rb$ 铷	15.32 min	988(1.65) 1 269(35.7) 1 789(2.38) 1 926(3.3) 2 216(37) 3 465(2) 4 497(18.8)	272.42(1.53) 657.77(10.8) 947.73(10) 1 031.92(63) 1 248.14(46) 1 538.07(2.77) 2 007.5(2.58) 2 195.92(14.5) 2 570.2(10.7) 2 707.26(2.2) 3 509.0(1.25)	$^{89}Rb(\beta\ 100)^{89}Sr$
96	$^{89}_{38}Sr$ 锶	50.563 d	1 500.9(99.99)		$^{89}Sr(\beta\ 100)^{89}Y(w)$
97	$^{89}_{40}Zr$ 锆	78.41 h	β^{+} 902(22.74)	$K_{\alpha2}$ 14.883(14.3) $K_{\alpha1}$ 14.958(27.3) 511.0(45.5) 909.15(99.04)	$^{89}Zr(\beta^{+}\ 22.74,\varepsilon\ 77.26)^{89}Y(w)$

续附表 2.1

序　号	核　素	半衰期	$E_{\beta\,max}$ 或 E_α/keV(强度/%)	E_γ/keV(强度/%)	母核(衰变方式 强度)子核
98	$^{90}_{38}Sr$ 锶	28.79 a	546(100)		$^{90}Sr(\beta\ 100)^{90}Y$
99	$^{90}_{39}Y$ 钇	64.00 h	2 280.1(99.99)		$^{90}Y(\beta\ 100)^{90}Zr(w)$
100	$^{91}_{39}Y$ 钇	58.51 d	1 544.3(99.74)	1 204.8(0.26)	$^{91}Y(\beta\ 100)^{91}Zr(w)$
101	$^{94}_{41}Nb$ 铌	2.03E+4 a	471.5(100)	702.65(99.814) 871.091(99.892)	$^{94}Nb(\beta\ 100)^{94}Mo(w)$
102	$^{95}_{40}Zr$ 锆	64.032 d	366.9(54.46) 399.4(44.34)	724.192(44.27) 756.725(54.38)	$^{95}Zr(\beta\ 100)^{95}Nb$
103	$^{95}_{41}Nb$ 铌	34.991 d	159.8(99.97)	765.803(99.803)	$^{95}Nb(\beta\ 100)^{95}Mo(w)$
104	$^{97}_{40}Zr$ 锆	16.749 h	553.1(4.95) 894.6(1.77) 1 408(3.9) 1 915.7(87.8)	254.17(1.15) 355.4(2.09) 507.64(5.03) 602.37(1.38) 703.76(1.01) 743.36(93.09) 1 021.2(1.01) 1 147.97(2.61) 1 362.68(1.02) 1 750.24(1.09)	$^{97}Zr(\beta\ 100)^{97}Nb$
105	$^{97}_{41}Nb$ 铌	72.1 min	910.4(1.09) 1 276.8(98.39)	657.94(98.23) 1 024.4(1.09)	$^{97}Nb(\beta\ 100)^{97}Mo(w)$
106	$^{97m}_{43}Tc$ 锝	91 d		$K_{\alpha1}$ 17.479(1.45) $K_{\alpha2}$ 18.251(14.4) $K_{\alpha1}$ 18.367(27.3) $K_{\beta3}$ 20.599(2.21) $K_{\beta1}$ 20.619(4.29) ▲96.5(0.32)	$^{97m}Tc(\epsilon\ 3.94)^{97}Mo(w)$ $^{97m}Tc(IT\ 96.06)^{97}Tc(w)$
107	$^{97}_{44}Ru$ 钌	2.83 d		215.7(85.62) 324.49(10.79)	$^{97}Ru(\epsilon\ 100)^{97}Tc(w)$
108	$^{99}_{42}Mo$ 钼	65.924 h	437.2(16.4) 848.7(1.16) 1 215.1(82.2)	40.583 23(1.04) 181.068(6.05) 366.421(1.2) 739.5(12.2) 777.921(4.31)	$^{99}Mo(\beta\ 82.2)^{99m}Tc$ $^{99}Mo(\beta\ 17.8)^{99}Tc(w)$
109	$^{99m}_{43}Tc$ 锝	6.007 2 h		$K_{\alpha2}$ 18.251(2.15) $K_{\alpha1}$ 18.367(4.09) ▲140.511(89)	$^{99m}Tc(IT\ 99.996\ 3)^{99}Tc$ $^{99m}Tc(\beta\ 0.003\ 7)^{99}Ru(w)$
110	$^{99}_{43}Tc$ 锝	2.111E+5 a	297.5(99.998 4)		$^{99}Tc(\beta\ 100)^{99}Ru(w)$

续附表 2.1

序号	核素	半衰期	$E_{\beta\max}$ 或 E_{α}/keV(强度/%)	E_{γ}/keV(强度/%)	母核(衰变方式 强度)子核
111	$^{101}_{43}$Tc 锝	14.2 min	770(1.91) 1 068(6.44) 1 306(90.3)	127.22(2.63) 184.12(1.6) 306.83(89) 531.42(1) 545.05(5.96)	^{101}Tc(β 100)^{101}Ru(w)
112	$^{103}_{44}$Ru 钌	39.247 d	113.3(6.5) 226.6(92)	497.085(91) 610.333(5.76)	^{103}Ru(β 99.8)^{103}Rh(w)
113	$^{103}_{46}$Pd 钯	16.991 d		$K_{\alpha2}$20.074(22.4) $K_{\alpha1}$20.216(42.5) $K_{\beta3}$22.699(3.54) $K_{\beta1}$22.724(6.85) $K_{\beta2}$23.172(1.64)	^{103}Pd(ε 99.9)^{103m}Rh ^{103}Pd(ε 0.1)^{103}Rh(w)
114	$^{103m}_{45}$Rh 铑	56.114 min		$K_{\alpha2}$20.074(2.19) $K_{\alpha1}$20.216(4.1) ▲39.755(0.068)	^{103m}Rh(IT 100)^{103}Rh(w)
115	$^{106}_{44}$Ru 钌	371.8 d	39.4(100)		^{106}Ru(β 100)^{106}Rh
116	$^{106}_{45}$Rh 铑	30.07 s	2 407(10) 3 029(8.1) 3 541(78.6)	511.860 5(20.5) 621.93(9.93) 1 050.41(1.56)	^{106}Rh(β 100)^{106}Pd(w)
117	$^{108m}_{47}$Ag 银	438 a		▲79.131(6.6) 443.937(90.5) 614.276(89.8) 722.907(90.8)	^{108m}Ag(IT 8.7) ^{108}Ag ^{108m}Ag(ε 91.3)^{108}Pd(w)
118	$^{108}_{47}$Ag 银	2.382 min	1 649(95.5)	$K_{\alpha1}$21.177(1) 632.98(1.76) 511.0(0.57)	^{108}Ag(β^- 97.2)^{108}Cd(w) ^{108}Ag(β^+ 0.283)^{108}Pd(w) ^{108}Ag(ε 2.517)^{108}Pd(w)
119	$^{109}_{46}$Pd 钯	13.59h	1 025.3(100)	$K_{\alpha2}$21.99(10.1) $K_{\alpha1}$22.163(19.1) $K_{\beta3}$24.912(1.63) $K_{\beta1}$24.943(3.15) 88.033 6(3.67)	^{109}Pd(β 100)^{109}Ag(w)
120	$^{109}_{48}$Cd 镉	461.9 d	CE K 62.5(44.8) CE L 84.2(44.2) CE M 87.3(9.05) CE N 87.9(1.41)	$K_{\alpha2}$21.99(29.8) $K_{\alpha1}$22.163(56.1) $K_{\beta3}$24.912(4.8) $K_{\beta1}$24.943(9.3) $K_{\beta2}$25.455(2.31) 88.033 6(3.644)	^{109}Cd(ε 100)^{109}Ag(w)

续附表 2.1

序号	核素	半衰期	$E_{\beta\,max}$ 或 E_{α}/keV(强度/%)	E_{γ}/keV(强度/%)	母核(衰变方式 强度)子核
121	$^{110m}_{47}$Ag 银	249.83 d	83.7(68.6) 530.6(31.3)	446.812(3.7) 620.355 3(2.73) 657.76(95.61) 677.621 7(10.7) 687.009 1(6.53) 706.676(16.69) 744.275 5(4.77) 763.942 4(22.6) 818.024 4(7.43) 884.678 1(75) 937.485(35) 1 384.293 1(25.1) 1 475.779 2(4.08) 1 505.028(13.33) 1 562.294(1.22)	^{110m}Ag(IT 1.33)^{110}Ag ^{110m}Ag(β 98.67)^{110}Cd(w)
122	$^{110}_{47}$Ag 银	24.56 s	2 235.4(4.45) 2 892.9(95.18)	657.5(4.5)	^{110}Ag(β 99.7)^{110}Cd(w) ^{110}Ag(ε 0.3)^{110}Pd(w)
123	$^{111}_{47}$Ag 银	7.45 d	694.7(7.1) 1 036.8(92)	245.4(1.24) 342.13(6.7)	^{111}Ag(β 100)^{111}Cd(w)
124	$^{111m}_{48}$Cd 镉	48.54 min	CE K 124.1(42) CE L 146.8(19.8) CE M 150.055(4) CE K 218.68(5.0)	K_{α}23.6(33.5) K_{β}26(6) ▲105.825(29.1) ▲245.395(94)	^{111m}Cd(IT 100)^{111}Cd(w)
125	$^{111}_{49}$In 铟	2.804 7 d		171.28(90.7) 245.35(94.1)	^{111}In(ε 100)^{111}Cd(w)
126	$^{113m}_{48}$Cd 镉	14.1 a	585.7(99.977)		^{113m}Cd(IT 0.023)^{113}Cd(w) ^{113m}Cd(β^- 99.977)^{113}In(w)
127	$^{113}_{51}$Sb 锑	6.67 min	β^+1 076.7(60.3) β^+1 117.5(4.2)	332.41(14.8) 497.96(80.0) 511.0(139)	^{113}Sb(IT 0.1)^{113m}Sn ^{113}Sb(ε 30.4)^{113}Sn ^{113}Sb(β^+ 69.5)^{113}Sn
128	$^{113m}_{50}$Sn 锡	21.4 min	CE K 47.8(51.7) CE L 72.5(37) CE M 76.1(6.7)	$K_{\alpha2}$25.0(12.8) $K_{\alpha1}$25.3(23.6) $K_{\beta1}$28.5(4.13)	^{113m}Sn(IT 91.6)^{113}Sn ^{113m}Sn(ε 8.9)^{113}In(w)
129	$^{113}_{50}$Sn 锡	115.09 d	CE K 363.8(28.8) CE L 387.5(5.60)	255.134(2.11) 391.698(64.97)	^{113}Sn(ε 99.476)^{113m}In ^{113}Sn(ε 0.524)^{113}In
130	$^{113m}_{49}$In 铟	99.476 min	CE K 363.8(28.8) CE L 387.5(5.60)	255.134(2.11) ▲391.69(64.94)	^{113m}In(IT 99.476)^{113}In(w)

续附表 2.1

序号	核素	半衰期	$E_{\beta max}$或E_α/keV(强度/%)	E_γ/keV(强度/%)	母核(衰变方式 强度)子核
131	$^{114m}_{49}In$ 铟	49.51 d		558.43(4.4) 725.24(4.4) ▲190.27(15.56)	^{114m}In(ε 3.25)^{114}Cd(w) ^{114m}In(IT 96.75)^{114}In
132	$^{114}_{49}In$ 铟	71.9 s	1 988.6(99.36)		^{114}In(ε 0.5)^{114}Cd(w) ^{114}In(β 95.5)^{114}Sn(w)
133	$^{115m}_{48}Cd$ 镉	44.56 d	695.9(1.7) 1 629.7(97)	933.838(2) 1 290.585(0.9)	^{115}Cd(β 100)^{115}In(w)
134	$^{115m}_{49}In$ 铟	4.486 h	CE K 308(39.8) CE L 332(8.38) CE M 335.4(1.7)	K_α24.1(27.7) K_β27.3(5.6) ▲336.241(45.9)	^{115m}In((IT 95)^{115}In
135	$^{115}_{49}In$ 铟	4.4E+14 a	497.489(100)		^{115}In((β 100)^{115}Sn(w)
136	$^{116m}_{49}In$ 铟	54.29 min	359(2.82) 640(10.3) 876(32.5) 1 014(54.2)	138.29(3.7) 416.9(27.2) 818.68(12.13) 1 097.28(58.5) 1 293.56(84.8) 1 507.59(9.92) 1 752.5(2.36) 2 112.29(15.09)	^{116m}In((β 100)^{116}Sn(w)
137	$^{117m}_{50}Sn$ 锡	14.00 d		▲156.02(2.113) ▲158.56(86.4)	^{117m}Sn(IT 100)^{117}Sn(w)
138	$^{117}_{51}Sb$ 锑	2.80 h	β^+ 574(1.81)	158.562(85.9) 511.0(3.62)	^{117}Sb(β^+ 1.8,ε 98.2)^{117}Sn(w)
139	$^{119m}_{50}Sn$ 锡	293 d		▲23.875(16.5) $K_{\alpha2}$25.044(7.98) $K_{\alpha1}$25.271(14.8) $K_{\beta3}$28.444(1.34) $K_{\beta1}$28.486(2.58)	^{119m}Sn(IT 100)^{119}Sn(w)
140	$^{119}_{51}Sb$ 锑	38.19 h		23.87(16.5) $K_{\alpha2}$25.044(21) $K_{\alpha1}$25.271(38.9) $K_{\beta3}$28.444(3.53) $K_{\beta1}$28.486(6.8) $K_{\beta2}$29.111(1.86)	^{119}Sb(ε 100)^{119}Sn(w)
141	$^{121m}_{52}Te$ 碲	164.2 d		1 102.149(2.5) ▲212.189(81.5)	^{121m}Te(ε 11.4)^{121}Sb(w) ^{121m}Te(IT 88.6)^{121}Te

续附表 2.1

序号	核素	半衰期	$E_{\beta\,max}$ 或 E_α/keV(强度/%)	E_γ/keV(强度/%)	母核(衰变方式 强度)子核
142	$^{121}_{52}Te$ 碲	19.17 d		470.472(1.41) 507.591(17.7) 573.139(80.4)	$^{121}Te(\varepsilon\ 100)^{121}Sb(w)$
143	$^{122}_{51}Sb$ 锑	2.723 8 d	1 419.6(66.73) 1 983.9(26.07)	564.24(70.67) 692.65(3.85)	$^{122}Sb(\beta^-\ 97.59)^{122}Te(w)$ $^{122}Sb(\varepsilon\ 2.41)^{122}Sn(w)$
144	$^{123m}_{52}Te$ 碲	119.2 d		$K_{\alpha2}$ 27.202(14.5) $K_{\alpha1}$ 27.472(26.8) $K_{\beta3}$ 30.944(2.47) $K_{\beta1}$ 30.995(4.77) $K_{\beta2}$ 31.704(1.38) ▲159(84)	$^{123m}Te(IT\ 100)^{123}Te$
145	$^{123}_{52}Te$ 碲	9.2E+16 a	AU L 3.07(65.4)		$^{123}Te(\varepsilon\ 100)^{123}Sb(w)$
146	$^{123}_{53}I$ 碘	13.223 4 h		158.97(83.3) 528.96(1.39)	$^{123}I(\varepsilon\ 100)^{123}Te$
147	$^{124}_{51}Sb$ 锑	60.20 d	210.6(8.75) 610.6(51.24) 865.0(3.994) 946.4(2.144) 1 578.8(4.88) 1 655.7(2.57) 2 301.6(23.2)	602.726(97.8) 645.852(7.42) 709.34(1.353) 713.776(2.276) 722.782(10.76) 968.195(1.882) 1 045.125(1.833) 1 325.504(1.58) 1 355.2(1.038) 1 368.157(2.624) 1 436.554(1.217) 1 690.971(47.57) 2 090.93(5.49)	$^{124}Sb(\beta\ 100)^{124}Te(w)$
148	$^{124}_{53}I$ 碘	4.176 d	β^+ 1 534.9(11.7) β^+ 2 137.6(10.7)	511.0(45) 602.73(62.9) 722.78(10.36) 1 325.52(1.578) 1 376.09(1.79) 1 509.36(3.25) 1 690.96(11.15)	$^{124}I(\beta^+\ 22.7,\varepsilon\ 77.3)^{124}Te(w)$

续附表 2.1

序　号	核　素	半衰期	$E_{\beta\,max}$ 或 E_{α}/keV(强度/%)	E_{γ}/keV(强度/%)	母核(衰变方式 强度)子核
149	$^{125}_{51}$Sb 锑	2.758 56a	95.3(13.42) 124.5(5.75) 130.6(17.88) 303.3(40.3) 445.6(7.18) 621.9(13.6)	35.489(4.37) 176.314(6.84) 380.452(1.517) 427.874(29.6) 463.365(10.49) 600.597(17.65) 606.713(4.98) 635.95(11.22) 671.441(1.791)	^{125}Sb(β 100)^{125}Te(w)
150	$^{125m}_{52}$Te 碲	57.40 d		$K_{\alpha2}$27.202(34.3) $K_{\alpha1}$27.472(63.3) $K_{\beta3}$30.944(5.84) $K_{\beta1}$30.995(11.3) $K_{\beta2}$31.704(3.25) ▲35.504(7.3) ▲109.276(0.28)	^{125m}Te(IT 100)^{125}Te(w)
151	$^{125}_{53}$I 碘	59.400 d	CE L 30.6(10.7) CE M 34.5(2.13)	$K_{\alpha2}$27.02(39.6) $K_{\alpha1}$27.472(73.1) $K_{\beta3}$30.944(6.74) $K_{\beta1}$30.995(13) $K_{\beta2}$31.704(3.75) 35.492 5(6.68)	^{125}I(ε 100)^{125m}Te(IT 100)^{125}Te(w)
152	$^{126}_{53}$I 碘	12.93 d	β^+ 467(0.198) β^+ 1 133(0.81) β^- 378(3.62)	511.0(2.02) 753.819(4.15) 388.633(35.6)	^{126}I(β^+ 1.01,ε 51.69)^{126}Te(w)
			β^- 869(33.4) β^- 1 258(10.3)	491.243(2.88)	^{126}I(β^- 47.3)^{126}Xe(w)
153	$^{127m}_{52}$Te 碲	106.1 d	733(2.4)	$K_{\alpha2}$27.2(10.04) $K_{\alpha1}$27.47(19.3) $K_{\beta3}$30.94(1.78) $K_{\beta1}$30.995(3.4)	^{127m}Te(β 2.4)^{127}I(w) ^{127m}Te(IT 97.6)^{127}Te
154	$^{127}_{52}$Te 碲	9.35 h	284(1.19) 702(98.79)	417.9(0.99)	^{127}Te(β 100)^{127}I(w)
155	$^{127}_{54}$Xe 氙	36.4 d		57.61(1.24) 145.252(4.31) 172.132(25.4) 202.86(68.7) 374.991(17.3)	^{127}Xe(ε 100)^{127}I(w)

续附表 2.1

序　号	核　素	半衰期	$E_{\beta\,max}$ 或 E_{α}/keV(强度/%)	E_{γ}/keV(强度/%)	母核(衰变方式 强度)子核
156	$^{129m}_{52}$Te 碲	33.6 d	912(3) 1 608(32)	695.88(3)	^{129m}Te(IT 73.3)^{129}Te ^{129m}Te(β 36.7)^{129}I(w)
157	$^{129}_{52}$Te 碲	69.6 min	1 015(9.3) 1 474(89)	27.81(16.3) 459.6(7.7) 487.39(1.42)	^{129}Te(β 100)^{129}I
158	$^{129}_{53}$I 碘	1.57E+7 a	149(100)	39.578(7.51)	^{129}I(β 100)^{129}Xe(w)
159	$^{129m}_{54}$Xe 氙	8.88 d		▲39.578(7.5) ▲196.56(4.59)	^{129m}Xe(IT 100)^{129}Xe(w)
160	$^{129}_{55}$Cs 铯	32.06 h		39.578(2.97) 278.614(1.32) 318.18(2.45) 371.918(30.6) 411.49(22.3) 548.945(3.4)	^{129}Cs(ε 100)^{129}Xe(w)
161	$^{130}_{53}$I 碘	12.36 h	587(46.7) 777(2.14) 1 005(48) 1 141(1.43)	417.932(34.2) 536.066(99) 539.053(1.4) 586.049(1.69) 668.536(96) 686.06(1.07) 739.512(82) 1 157.43(11.3)	^{130}I(β 100)^{130}Xe(w)
162	$^{131}_{53}$I 碘	8.025 2 d	247.9(2.08) 333.8(7.23) 606.3(89.6)	80.185(2.62) 284.305(6.12) 364.489(81.5) 636.989(7.16) 722.911(1.77)	^{131}I(β 100)^{131}Xe(w)
163	$^{131m}_{54}$Xe 氙	11.84 d		▲163.93(1.95)	^{131m}Xe(IT 100)^{131}Xe(w)
164	$^{131}_{56}$Ba 钡	11.50 d		123.804(29.8) 133.617(2.18) 216.088(20.4) 239.621(2.5) 249.435(2.96) 373.256(14.4) 404.039(1.344) 486.507(2.146) 496.321(48) 585.031(1.224) 620.094(1.474) 1 047.601(1.34)	^{131}Ba(ε 100)^{131}Cs

续附表 2.1

序　号	核　素	半衰期	$E_{\beta\,max}$ 或 E_{α}/keV(强度/%)	E_{γ}/keV(强度/%)	母核(衰变方式 强度)子核
165	$^{131}_{55}$Cs 铯	9.689 d	AU L 3.43(79.7) AU K 24.6(9.3)	$K_{\alpha2}$29.461(21.1) $K_{\alpha1}$29.782(38.9) $K_{\beta3}$33.562(3.64) $K_{\beta1}$33.624(7.02) $K_{\beta2}$34.419(2.13)	^{131}Cs(ε 100)^{131}Xe(w)
166	$^{132}_{52}$Te 碲	3.204 d	240.0(100)	49.72(15) 111.76(1.74) 116.3(1.96) 228.16(88)	^{132}Te(β 100)^{132}I
167	$^{132}_{53}$I 碘	2.295 h	741(1.28) 742(13) 911(3.4) 968(8.2) 992(2.73) 997(3.2) 1 156(2.5) 1 186(19) 1 471(9.1) 1 618(12.3) 2 141(19)	262.9(1.28) 505.79(4.93) 522.65(16) 547.2(1.14) 621.2(1.58) 630.19(13.3) 650.5(2.57) 667.714(98.7) 669.8(4.6) 671.4(3.5) 727(2.2) 727.2(3.2) 728.4(1.6) 772.6(75.6) 780(1.18) 809.5(2.6) 812(5.5) 876.6(1.04) 954.55(17.6) 1 136(3.01) 1 143.3(1.35) 1 172.9(1.09) 1 290.8(1.13) 1 295.1(1.88) 1 372.07(2.47) 1 398.57(7.01) 1 442.56(1.4) 1 921.08(1.23) 2 002.2(1.14)	^{132}I(β 100)^{132}Xe(w)

续附表 2.1

序号	核素	半衰期	$E_{\beta\,max}$ 或 E_{α}/keV(强度/%)	E_{γ}/keV(强度/%)	母核(衰变方式 强度)子核
168	$^{132}_{55}$Cs 铯	6.479 d	814.4(1.51)	464.466(1.58) 511.0(0.814) 667.714(97.59)	^{132}Cs(β^- 1.87)^{132}Ba(w) ^{132}Cs(β^+ 0.41,ε 97.7)^{132}Xe(w)
169	$^{133}_{53}$I 碘	20.83 h	371(1.25) 459(3.78) 521(3.15) 882(4.18) 1 013(1.83) 1 227(83.4) 1 524(1.08)	510.5(1.83) 529.9(87) 706.6(1.51) 856.3(1.24) 875.3(4.51) 1 236.4(1.51) 1 298.2(2.35)	^{133}I(β 100)^{133}Xe
170	$^{133m}_{54}$Xe 氙	2.198 d	CE K 45(52.8)	▲233.221(10.12)	^{133m}Xe(β 100)^{133}Xe
171	$^{133}_{54}$Xe 氙	5.247 5 d	266.8(1.4) 346.4(98.5)	80.997 9(36.9)	^{133}Xe(β 100)^{133}Cs(w)
172	$^{133m}_{56}$Ba 钡	38.93 h		▲275.92(17.69)	^{133m}Ba(IT 100)^{133}Ba
173	$^{133}_{56}$Ba 钡	10.551 a		53.162 2(2.14) 79.614 2(2.65) 80.997 9(32.9) 276.398 9(7.16) 302.850 8(18.34) 356.012 9(62.05) 383.848 5(8.94)	^{133}Ba(ε 100)^{133}Cs(w)
174	$^{134}_{52}$Te 碲	41.8 min	407(14) 590(44) 666(42)	79.445(20.9) 180.891(18.3) 201.235(8.9) 210.465(22.7) 277.951(21.2) 435.06(18.9) 460.997(9.7) 464.64(4.7) 565.992(18.6) 636.26(1.68) 665.85(1.18) 712.97(4.7) 742.586(15.3) 767.2(29.5) 844.06(1.2) 925.55(1.48)	^{134}Te(β 100)^{134}I

续附表 2.1

序　号	核　素	半衰期	$E_{\beta\,max}$ 或 E_{α}/keV(强度/%)	E_{γ}/keV(强度/%)	母核(衰变方式 强度)子核
175	$^{134}_{53}$I 碘	52.5 min	800(1.79) 815(1.09) 1 091(1.35) 1 308(30.4) 1 521(6.9) 1 587(16.2) 1 627(4.1) 1 767(6.6) 1 822(11) 1 873(2.24) 1 903(1.6) 2 255(3.3) 2 444(12.6)	135.399(4.3) 235.471(2.13) 405.451(7.37) 433.35(4.15) 458.92(1.31) 488.88(1.45) 514.40(2.24) 540.825(7.66) 595.362(11.1) 621.79(10.6) 627.96(2.22) 677.34(7.9) 730.74(1.83) 766.68(4.15) 847.025(96) 857.29(6.7) 884.09(65.1) 947.86(4.01) 974.67(4.79) 1 040.25(2.3) 1 072.6(14.9) 1 136.16(9.1) 1 455.24(2.3) 1 613.8(4.31) 1 741.49(2.56) 1 806.84(5.55)	^{134}I(β 100)^{134}Xe(w)
176	$^{134m}_{55}$Cs 铯	2.912 h		▲127.502(12.6)	^{134m}Cs(IT 100)^{134}Cs
177	$^{134}_{55}$Cs 铯	2.065 2 a	88.8(27.27) 415.4(2.499) 658.1(70.17)	475.365(1.477) 563.246(8.338) 569.331(15.373) 604.721(97.62) 795.864(85.46) 801.953(8.688) 1 038.6(0.988) 1 167.968(1.79) 1 365.185(3.017)	^{134}Cs(β 99.999 7)^{134}Ba(w)
178	$^{135m}_{54}$Xe 氙	15.29 min	CE K 492(15.34) CE L 521.1(2.9)	K_{α}29.6(11) K_{β}39.5(2.4) ▲526.561(80.4)	^{135m}Xe(IT 99.7)^{135}Xe ^{135m}Xe(β 0.3)^{135}Cs(w)

续附表 2.1

序　号	核　素	半衰期	$E_{\beta\,max}$ 或 E_{α}/keV(强度/%)	E_{γ}/keV(强度/%)	母核(衰变方式 强度)子核
179	$^{135}_{54}$Xe 氙	9.14 h	557(3.11) 915(96)	249.794(90) 608.185(2.9)	^{135}Xe(β 100)^{135}Cs(w)
180	$^{135m}_{56}$Ba 钡	28.7 h		▲268.218(16)	^{135m}Ba(IT 100)^{135}Ba(w)
181	$^{136}_{55}$Cs 铯	13.16 d	174.5(2.04) 341.1(70.3) 408(10.5) 494.3(4.7) 681.6(13)	66.881(4.79) 86.36(5.18) 153.246(5.75) 163.92(3.39) 176.602(10) 273.646(11.1) 340.547(42.2) 818.514(99.704) 1 048.073(80) 1 235.362(20)	^{136}Cs(β 100)^{136}Ba(w)
182	$^{137}_{55}$Cs 铯	30.08 a	513.97(94.7) 1 175.63(5.3)	$K_{\alpha2}$31.817(1.99) $K_{\alpha1}$32.194(3.64) 37.255(0.213) 661.657(85.1)	^{137}Cs(β 100)^{137}Ba(w)
183	$^{138}_{57}$La 镧	1.0E+11 a	263(34.5)	788.742(34.5) 1 435.795(65.5)	^{138}La(β 34.5)^{138}Ce(w) ^{138}La(ε 65.3)^{138}Ba(w)
184	$^{139}_{56}$Ba 钡	82.93 min	2 148.7(29.7) 2 314.6(70)	$K_{\alpha2}$33.034(1.36) $K_{\alpha1}$33.442(2.48) 165.857 5(23.7)	^{139}Ba(β 100)^{139}La(w)
185	$^{139}_{58}$Ce 铈	137.641 d		165.857 5(80)	^{139}Ce(ε 100)^{139}La(w)
186	$^{140}_{57}$La 镧	1.678 55 d	1 240.8(11.05) 1 246.4(5.62) 1 281.3(1.124) 1 298.1(5.52) 1 350.2(43.9) 1 414.3(4.97) 1 678.9(20.2) 2 166(5.9)	328.762(20.3) 432.493(2.9) 487.021(45.5) 751.637(4.33) 815.772(23.28) 867.846(5.5) 919.55(2.66) 925.189(6.9) 1 596.21(95.4) 2 521.4(3.46)	^{140}La(β 100)^{140}Ce(w)
187	$^{141}_{57}$La 镧	3.92 h	1 147(1.63) 2 501(99.12)	1 354.52(1.64)	^{141}La(β 100)^{141}Ce
188	$^{141}_{58}$Ce 铈	32.511 d	435(69.7) 580.4(30.3)	145.443 3(48.4)	^{141}Ce(β 100)^{141}Pr(w)
189	$^{142}_{58}$Ce 铈	33.039 h	740.0(13.4) 1111.3(48.2) 1404.5(35)	57.356(11.7) 293.266(42.8) 350.619(3.23) 490.368(2.16) 664.571(5.69) 720.929(5.39) 880.46(1.031)	^{143}Ce(β 100)^{143}Pr

续附表 2.1

序　号	核　素	半衰期	$E_{\beta\,max}$ 或 E_{α}/keV(强度/%)	E_{γ}/keV(强度/%)	母核(衰变方式 强度)子核
190	$^{142}_{59}Pr$ 镨	19.12 h	586.6(3.7) 2 162.2(96.3)	1 575.6(3.7)	$^{142}Pr(\beta\ 100)^{142}Nd(w)$
191	$^{143}_{59}Pr$ 镨	13.57 d	934.1(100)		$^{143}Pr(\beta\ 100)^{143}Nd(w)$
192	$^{144}_{58}Ce$ 铈	284.91 d	185.2(19.6) 238.6(3.9) 318.7(76.5)	80.12(1.36) 133.515(11.09)	$^{144}Ce(\beta\ 100)^{144}Pr$
193	$^{144}_{59}Pr$ 镨	17.28 min	811.8(1.05) 2 301.0(1.04) 2 997.5(97.9)	696.51(1.342) 1 489.16(0.278) 2 185.662(0.694)	$^{144}Pr(\beta\ 100)^{144}Nd$
194	$^{144}_{60}Nd$ 钕	2.29E+15 a	α 1 830(100)		$^{144}Nd(\alpha\ 100)^{140}Ce(w)$
195	$^{145}_{61}Pm$ 钷	17.7 a	AU 4.23(82.5) CE K 23.63(2.26) CE K 28.83(6.71) AU 30.5(6.8) CE L 60.07(3.28)	$K_{\alpha2}$ 36.847(21.9) $K_{\alpha1}$ 37.361(39.4) $K_{\beta3}$ 42.166(3.88) $K_{\beta1}$ 42.272(7.46) $K_{\beta2}$ 43.335(2.49) 72.4(2.2)	$^{145}Pm(\varepsilon\ 100)^{145}Nd(w)$
196	$^{147}_{60}Nd$ 钕	10.98d	210.1(2.43) 365(15.4) 804.9(80.2)	91.105(28.1) 319.411(2.13) 439.895(1.28) 531.016(13.4)	$^{147}Nd(\beta\ 100)^{147}Pm$
197	$^{147}_{61}Pm$ 钷	2.623 4 a	224.6(99.99)		$^{147}Pm(\beta\ 100)^{147}Sm(w)$
198	$^{147}_{62}Sm$ 钐	1.1E+11 a	α 2 248(100)		$^{147}Sm(\alpha\ 100)^{143}Nd(w)$
199	$^{148}_{62}Sm$ 钐	7E+15 a	α 1 932.3(100)		$^{148}Sm(\alpha\ 100)^{144}Nd$
200	$^{149}_{60}Nd$ 钕	1.728 h	945(1.11) 1 035(19.1) 1 152(21.5) 1 228(1.2) 1 293(3.31) 1 420(17.5) 1 479(24.7) 1 501(1.4) 1 576(6) 1 690(4)	58.883(1.3) 74.32(1.11) 97.001(1.45) 114.314(19.2) 155.873(5.9) 188.64(1.79) 198.928(1.39) 208.147(2.56) 211.309(25.9) 240.22(3.94) 267.693(6) 270.166(10.7) 326.554(4.56) 349.231(1.38) 423.553(7.4) 443.551(1.15) 540.509(6.6) 654.831(8)	$^{149}Nd(\beta\ 100)^{149}Pm$

续附表 2.1

序 号	核 素	半衰期	$E_{\beta\,max}$ 或 E_α/keV(强度/%)	E_γ/keV(强度/%)	母核(衰变方式 强度)子核
201	$^{149}_{61}Pm$ 钷	53.08 h	785(3.4) 1 071(95.9)	285.95(3.1) 859.46(1.09)	$^{149}Pm(\beta\ 100)^{149}Sm$(w)
202	$^{152}_{57}Gd$ 钆	1.1E+14 a	α 2 146.9(100)		$^{152}Gd(\alpha\ 100)^{148}Sm$
203	$^{152}_{63}Eu$ 铕	13.517 a	175.5(1.831) 384.9(2.43) 695.7(13.73) 1 474.6(8.24)	121.781 7(28.53) 244.697 4(7.55) 443.960 6(2.827) 344.278 5(26.59) 411.116 5(2.237) 444(2.82) 778.904 5(12.93) 867.38(4.23) 964.057(14.51) 1 085.837(10.11) 1 112.076(13.67) 1 089.737(1.734) 1 212.948(1.415) 1 299.142(1.633) 1 408.013(20.87)	$^{152}Eu(\beta^-\ 27.92)^{152}Gd$(w) $^{152}Eu(\varepsilon\ 72.08)^{152}Sm$(w)
204	$^{153}_{62}Sm$ 钐	46.50 h	634.7(31.3) 704.4(49.4) 807.6(18.4)	69.673(4.73) 103.180 12(29.25)	$^{153}Sm(\beta\ 100)^{153}Eu$(w)
205	$^{153}_{64}Gd$ 钆	240.4 d	AU 4.69(112) CE K 21.15(10.8) AU 33.7(9.3) CE K 48.9(7.48) CE K 54.66(30.6) CE L 61.6(1.77) CE L 89.38(1.1) CE L 95.13(4.56)	69.673(2.42) 97.431(29) 103.180 12(21.1)	$^{153}Gd(\varepsilon\ 100)^{153}Eu$(w)
206	$^{154}_{63}Eu$ 铕	8.601 a	249.2(28.6) 351.7(1.584) 571.3(36.3) 841(16.8) 972.5(3.5) 1 845.7(10)	123.070 6(40.4) 591.755(4.95) 692.420 5(1.777) 723.301 4(20.06) 756.802 0(4.52) 873.183 4(12.08) 996.29(10.48) 1 004.76(18.01) 1 274.429(34.8) 1 596.48(1.797)	$^{154}Eu(\beta\ 99.982)^{154}Gd$(w)

续附表 2.1

序　号	核　素	半衰期	$E_{\beta\,max}$ 或 E_{α}/keV(强度/%)	E_{γ}/keV(强度/%)	母核(衰变方式 强度)子核
207	$^{155}_{63}Eu$ 铕	4.753 a	147.4(47) 166.2(25) 192.7(9) 252.7(17.6)	60.008 6(1.22) 86.547 9(30.7) 105.308 3(21.2)	$^{155}Eu(\beta\ 100)^{155}Gd(w)$
208	$^{157}_{66}Dy$ 镝	8.14 h	Au K 36(5.6)	K_{α}44.1(64.5) K_{β}50.1(11) 182.424(1.33) 326.336(93)	$^{157}Dy(\varepsilon\ 100)^{157}Tb$
209	$^{158}_{65}Tb$ 铽	180 a	619(1.1) 837(15.5)	99.918(4.3) 79.513(11.8) 110.944(10) 780.183(9.7) 944.189(44.4) 962.126(20.5) 1 107.626(2.17) 1 187.143(1.7)	$^{158}Tb(\beta\ 16.6)^{158}Dy(w)$ $^{158}Tb(\varepsilon\ 83.4)^{158}Gd(w)$
210	$^{159}_{64}Gd$ 钆	18.479 h	912.5(28.8) 970.5(58.6)	58(2.49) 363.543(11.78)	$^{159}Gd(\beta\ 100)^{159}Tb(w)$
211	$^{159}_{66}Dy$ 镝	144.4 d		$K_{\alpha2}$43.744(26.7) $K_{\alpha1}$44.482(47.6) K_{β}50.228(4.89) $K_{\beta1}$50.384(9.5) $K_{\beta2}$51.698(3.15) 58(2.27)	$^{159}Dy(\varepsilon\ 100)^{159}Tb(w)$
212	$^{160}_{65}Tb$ 铽	72.3 d	436.2(4.47) 448.7(1.014) 476.4(9.9) 548.4(3.43) 570.4(45.4) 786.0(6.45) 868.9(27.9)	86.787 7(13.2) 197.034 1(5.18) 215.645 2(4.02) 298.578 3(26.1) 392.514(1.34) 765.28(2.14) 879.378(30.1) 962.311(9.81) 966.166(25.1) 1 002.88(1.038) 1 115.12(1.57) 1 177.954(14.9) 1 199.89(2.38) 1 271.873(7.44) 1 312.14(2.86)	$^{160}Tb(\beta\ 100)^{160}Dy(w)$

续附表 2.1

序号	核素	半衰期	$E_{\beta\,max}$ 或 E_{α}/keV(强度/%)	E_{γ}/keV(强度/%)	母核(衰变方式 强度)子核
213	$^{165}_{66}$Dy 镝	2.334 h	291.5(1.7) 1 191.9(15) 1 286.6(83)	$K_{\alpha2}$46.7(2.82) $K_{\alpha1}$47.547(4.98) $K_{\beta1}$53.877(1.02) 94.7(3.8)	^{165}Dy(β 100)^{165}Ho(w)
214	$^{166}_{66}$Dy 镝	81.6 h	60.8(1.17) 404.3(97) 432.6(5) 486.8(2)	28.227(1.13) $K_{\alpha2}$46.7(14.2) $K_{\alpha1}$47.547(25) $K_{\beta3}$53.695(2.64) $K_{\beta1}$53.877(5.10) $K_{\beta2}$55.293(1.71) 82.47(13.8)	^{166}Dy(β 100)^{166}Ho
215	$^{166}_{67}$Ho 钬	26.824 h	1 774.1(49.9) 1 854.7(48.8)	$K_{\alpha2}$48.221(2.96) $K_{\alpha1}$49.128(5.21) $K_{\beta1}$55.674(1.07) 80.576(6.56)	^{166}Ho(β 100)^{166}Er(w)
216	$^{169}_{68}$Er 铒	9.392 d	342.9(45) 351.3(55)		^{169}Er(β 100)^{169}Tm(w)
217	$^{169}_{70}$Yb 镱	32.018 d		63.120 44(43.62) 93.614 47(2.58) 109.779(17.39) 118.189 4(1.874) 130.522 9(11.38) 177.213 1(22.28) 197.956 8(35.93) 261.077(1.679) 307.735 9(10.05)	^{169}Yb(ε 100)^{169}Tm(w)
218	$^{170}_{69}$Tm 铥	128.6 d	883.7(18.3) 968.0(81.6)	$K_{\alpha1}$52.389(1.69) 84.254 73(2.48)	^{170}Tm(β 99.869)^{170}Yb(w) ^{170}Tm(ε 0.131)^{170}Er(w)
219	$^{171}_{68}$Er 铒	7.516 h	577.7(2.19) 1 065.6(94.4) 1 490.7(2.3)	111.621(20.5) 116.656(2.3) 124.017(9.1) 295.901(28.9) 308.291(64)	^{171}Er(β 100)^{171}Tm
220	$^{171}_{69}$Tm 铥	1.92 a	29.7(2) 96.4(98)		^{171}Tm(β 100)^{171}Yb(w)
221	$^{174}_{72}$Hf 铪	2.0E+15 a	α 2 500(100)		
222	$^{175}_{70}$Yb 镱	4.185 d	73.8(20.4) 356.3(6.7) 470.1(72.9)	113.805(3.87) 282.522(6.13) 396.329(13.2)	^{175}Yb(β 100)^{175}Lu(w)

续附表 2.1

序 号	核 素	半衰期	$E_{\beta\,max}$ 或 E_α/keV(强度/%)	E_γ/keV(强度/%)	母核(衰变方式 强度)子核
223	$^{175}_{72}Hf$ 铪	70 d	AU L 6.02(76) CE K 26.05(10.4) AU K 43.5(5.0) CE L 78.49(1.7) CE K 280.1(8.22)	343.4(84) 433(1.44)	$^{175}Hf(\varepsilon\ 100)^{175}Lu(w)$
224	$^{176}_{71}Lu$ 镥	3.8E+10 a	593.2(99.61)	88.34(14.5) 201.83(78) 306.78(93.6)	$^{176}Lu(\beta\ 100)^{176}Hf(w)$
225	$^{177m}_{71}Lu$ 镥	160.44 d	153.0(78.6)	105.358 9(12.4) 112.949 8(21.9) 128.502 7(15.6) 136.724 5(1.4) 153.284 2(17) 174.398 8(12.7) 177.000 7(3.45) 204.105(13.9) 208.366 2(57.4) 214.434 1(6.6) 228.483 8(37.1) 233.861 5(5.6) 249.674 2(6.16) 281.786 8(14.2) 291.542 9(1.02) 296.458 4(5.1) 299.053 4(1.81) 305.503 3(1.83) 313.725(1.26) 321.315 9(1.28) 327.682 9(18.1) 341.643 2(1.69) 367.4(3.15) 378.503 6(29.9) 385.030 4(3.14) 418.538 8(21.3) 465.841 6(2.36)	$^{177m}Lu(\beta^-\ 78.6)^{177}Hf(w)$
				▲121.621 1(6) ▲147.164(3.53) ▲171.86(4.85) ▲218.103 8(3.3) ▲268.785(3.44) ▲319.021(10.5) ▲367.417(3.18) ▲413.664(17.5)	$^{177m}Lu(IT\ 21.4)^{177}Lu$

续附表 2.1

序 号	核 素	半衰期	$E_{\beta\max}$ 或 E_α/keV(强度/%)	E_γ/keV(强度/%)	母核(衰变方式 强度)子核
226	$^{177}_{71}$Lu 镥	6.747d	385.3(9.0) 498.3(79.4)	112.949 8(6.17) 208.366 2(10.36)	^{177}Lu(β 100)^{177}Hf(w)
227	$^{180}_{73}$Ta 钽	>7E+15 a			
228	$^{181}_{72}$Hf 铪	42.39 d	410.9(7) 414.7(93)	133.021(43.3) 136.26(5.85) 345.93(15.12) 482.18(80.5)	^{181}Hf(β 100)^{181}Ta(w)
229	$^{181}_{74}$W 钨	121.2 d	AU L 6.35(59) AU K 46.2(3.3)	$K_{\alpha2}$ 56.28(18.7) $K_{\alpha1}$ 57.535(32) $K_{\beta3}$ 64.948(3.6) $K_{\beta1}$ 65.222(7.0) $K_{\beta2}$ 66.982(2.4)	^{181}W(ε 100)^{181}Ta(w)
230	$^{182}_{73}$Ta 钽	114.74 d	261.3(29.23) 327(1.3) 440.7(20.1) 483.4(2.37) 525.4(43.2) 593.1(3.2)	$K_{\alpha2}$ 57.981(10.01) $K_{\alpha1}$ 59.318(17.2) $K_{\beta3}$ 66.95(1.96) $K_{\beta1}$ 67.244(3.76) $K_{\beta2}$ 69.067(1.31) 65.722 15(3.01) 67.749 7(42.9) 84.680 24(2.654) 100.105 95(14.2) 113.671 7(1.871) 152.429 91(7.02) 156.386 4(2.671) 179.393 8(3.119) 198.352(1.465) 222.108 5(7.57) 229.320 7(3.644) 264.074(3.612) 1 001.7(2.086) 1 121.29(35.24) 1 189.04(16.49) 1 221.395(27.23) 1 231.004(11.62) 1 257.407(1.509) 1 289.145(1.372)	^{182}Ta(β 100)^{182}W(w)
231	$^{185}_{74}$W 钨	75.1 d	432.5(99.928)		^{185}W(β 100)^{185}Re(w)

续附表 2.1

序号	核素	半衰期	$E_{\beta\,max}$ 或 E_α/keV(强度/%)	E_γ/keV(强度/%)	母核(衰变方式 强度)子核
232	$^{186m}_{75}Re$ 铼	2.0E+5 a	AU L 6.7(125) CE L 27.823(62) CE M 37.4(14.5) CE L 37(52) CE L 46.48(59) CE M 47(37) CE M 56.1(13.5) CE L 86.8(2.77)	▲40.350(5.04) ▲59.009(17.8) ▲99.362(1.07)	^{186m}Re(IT 100)^{186}Re
233	$^{186}_{75}Re$ 铼	3.718 3 d	932.3(21.54) 1 069.5(70.99)	137.157(9.47)	^{186}Re(β 92.53)^{186}Os(w) ^{186}Re(ε 7.47)^{186}W(w)
234	$^{187}_{74}W$ 钨	24.00 h	538.0(5.1) 625.1(66.2) 685.4(4.3) 692.5(5.4) 1 176.7(2.2) 1 310.9(16.9)	72.002(13.55) 134.247(10.36) 479.53(26.6) 551.55(6.14) 618.37(7.57) 625.52(1.314) 685.81(33.2) 772.87(5.02)	^{187}W(β 100)^{187}Re
235	$^{187}_{75}Re$ 铼	4.3E+10 a	2.468(100)		^{187}Re(β 100)^{187}Os(w)
236	$^{188}_{74}W$ 钨	69.78 d	349(99)	290.7(0.402)	^{188}W(β 100)^{188}Re
237	$^{188}_{75}Re$ 铼	17.004h	1 487.4(1.748) 1 965.4(26.3) 2 120.4(70)	155.041(15.61) 477.992(1.081) 632.983(1.374)	^{188}Re(β 100)^{188}Os(w)
238	$^{190}_{78}Pt$ 铂	6.5E+11 a	α 3 175(100)		^{190}Pt(α 100)^{186}Os(w)
239	$^{191}_{76}Os$ 锇	15.4 d	141.4(100)	129.431(26.5)	^{191}Os(β 100)^{191}Ir(w)
240	$^{192}_{77}Ir$ 铱	73.829 d	253.5(5.6) 533.6(41.42) 669.9(47.98)	295.956 5(28.71) 308.455 07(29.7) 316.506 2(82.86) 468.068 8(47.84) 588.581(4.522) 604.411(8.216) 612.462 15(5.34)	^{192}Ir(β 95.24)^{192}Pt(w) ^{192}Ir(ε 4.76)^{192}Os(w)
241	$^{193}_{76}Os$ 锇	29.83 h	584.5(2.33) 681.3(7.74) 961.8(1.5) 1 003(10.6) 1 068.9(17) 1 141.9(59)	73.029(3.1) 138.92(3.82) 280.476(1.23) 321.616(1.245) 387.509(1.226) 460.541(3.88) 557.401(1.308)	^{193}Os(β 100)^{193}Ir(w)

续附表2.1

序 号	核 素	半衰期	$E_{\beta\ max}$ 或 E_{α}/keV(强度/%)	E_{γ}/keV(强度/%)	母核(衰变方式 强度)子核
242	$^{194}_{77}$Ir 铱	19.28h	966.7(1.77) 1 905.4(9.3) 2 233.8(85.4)	293.541(2.5) 328.448(13.1) 645.146(1.18)	^{194}Ir(β 100)^{194}Pt(w)
243	$^{195}_{79}$Au 金	186.01 d		$K_{\alpha2}$ 65.122(27.8) $K_{\alpha1}$ 66.831(47.2) $K_{\beta3}$ 75.368(5.65) $K_{\beta1}$ 75.749(10.9) $K_{\beta2}$ 77.831(3.87) 98.857(11.21)	^{195}Au(ε 100)^{195}Pt(w)
244	$^{197}_{78}$Pt 铂	19.891 5 h	449.6(8.2) 641.4(81) 718.7(11)	$K_{\alpha1}$ 68.806(1.63) 75.35(17) 191.437(3.7)	^{197}Pt(β 100)^{197}Au(w)
245	$^{197m}_{80}$Hg 汞	23.8 h	CE L 119.1(32.6) CE L 150.1(50.2) CE M 161.4(15.5)	K_{α} 69.8(25.3) K_{β} 80.5(6.9) ▲133.98(33.5)	^{197}Hg(IT 91.4)^{197}Hg
246	$^{198}_{79}$Au 金	2.694 1 d	961.1(98.99)	411.802 05(95.6) 1 087.7(0.159)	^{198}Au(β 100)^{198}Hg (w)
247	$^{199}_{79}$Au 金	3.139 d	293.6(72) 452(6.5)	158.4(40) 208.2(8.73)	^{199}Au(β 100)^{199}Hg(w)
248	$^{201}_{81}$Tl 铊	3.042 1 d		135.34(2.565) 167.43(10)	^{201}Tl(ε 100)^{201}Hg(w)
249	$^{203}_{80}$Hg 汞	46.594 d	212.9(100)	279.195 2(81.56)	^{203}Hg(β 100)^{203}Tl(w)
250	$^{203}_{82}$Pb 铅	51.92 h		$K_{\alpha2}$ 70.832(26.4) $K_{\alpha1}$ 72.873(44.2) $K_{\beta3}$ 82.115(5.32) $K_{\beta1}$ 82.574(10.22) $K_{\beta2}$ 84.865(3.73) 279.195 2(80.9) 401.32(3.35)	^{203}Pb(ε 100)^{203}Tl(w)
251	$^{204}_{81}$Tl 铊	3.783 a	763.76(97.08)		^{204}Tl(β 97.08)^{204}Pb(w) ^{204}Tl(ε 2.92)^{204}Hg(w)
252	$^{207}_{83}$Bi 铋	31.55 a		569.698(97.75) 1 063.656(74.5) 1 770.228(6.87)	^{207}Bi(ε 100)^{207}Pb(w)
253	$^{238}_{94}$Pu 钚	87.7 a	α 5 456.3(28.98) α 5 499.03(70.9)	XR 13.6(10.2)	^{238}Pu(α 100)^{234}U SF(1.9E−7)

续附表 2.1

序号	核素	半衰期	$E_{\beta\max}$ 或 E_α/keV(强度/%)	E_γ/keV(强度/%)	母核(衰变方式 强度)子核
254	$^{239}_{93}Np$ 镎	2.356 d	210.7(1.7) 330.9(44) 392.4(7) 437(45) 714.6(2)	61.46(1.3) 116.123(25.34) 209.753(3.363) 228.183(10.73) 277.599(14.51) 315.88(1.6) 334.31(2.056)	$^{239}Np(\beta\ 100)^{239}Pu$ SF(4E−10)
255	$^{239}_{94}Pu$ 钚	24 110 a	α 5 105.5(11.97) α 5 144.3(17.11) α 5 156.59(70.77)	XR 13.6(4.29)	$^{239}Pu(\alpha\ 100)^{235}U$ SF(3.0E−10)
256	$^{244}_{94}Pu$ 钚	8.00E+7 a	α 4 546(19.4) α 4 589(80.5)		$^{244}Pu(\alpha\ 99.88)^{240}U$ SF(0.12)
257	$^{240}_{92}U$ 铀	14.1 h	356(25) 400(75)	13.9(24) 44.10(1.05)	$^{240}U(\beta\ 100)^{240}Np$
258	$^{252}_{98}Cf$ 锎	2.645 a	α 6 075.24(14.5) 6 118.10(81.5)		$^{252}Cf(\alpha\ 96.91)^{248}Cm$ SF(3.09)
259	$^{254}_{98}Cf$ 锎	60.5 d	α 5 791(0.053) α 5 833(0.257)		$^{254}Cf(\alpha\ 0.31)^{248}Cm$ SF(99.69)
260	自然系钍系 $^{232}_{90}Th$ 钍	1.40E+10 a	α 3 947.2(21.7) α 4 012.3(78.2)		$^{232}Th(\alpha\ 100)^{228}Ra$ SF(1.1E−9)
261	$^{228}_{88}Ra$ 镭	5.75 a	12.7(30) 25.6(20) 39.1(40) 39.5(10)	13.52(1.6)	$^{228}Ra(\beta\ 100)^{228}Ac$
262	$^{228}_{89}Ac$ 锕	6.15 h	488(4.19) 491(3) 603(7.6) 966(3.11) 981(5.8) 1 011(5.9) 1 111(3.11) 1 165(29.9) 1 738(11.65) 2 076(7)	99.509(1.26) 129.065(2.42) 209.253(3.98) 270.245(3.46) 328.0(2.95) 338.32(11.27) 409.462(1.92) 463.004(4.4) 674.75(2.1) 755.315(1) 772.291(1.49) 794.947(4.25) 835.71(1.61) 911.204(25.8) 964.766(4.99) 968.971(15.8) 1 588.2(3.22) 1 630.627(1.51)	$^{228}Ac(\beta\ 100)^{228}Th$

续附表 2.1

序号	核素	半衰期	$E_{\beta\,max}$ 或 E_{α}/keV(强度/%)	E_{γ}/keV(强度/%)	母核(衰变方式 强度)子核
263	$^{228}_{90}$Th 钍	1.912 5 a	α 5 340.36(26) α 5 423.15(73.4)	84.373(1.19)	^{228}Th(α 100)^{224}Ra
264	$^{224}_{88}$Ra 镭	3.631 9 d	α 5 448.6(5.06) α 5 685.37(94.9)	13.52(1.6)	^{224}Ra(α 100)^{220}Rn
265	$^{220}_{86}$Rn 氡	55.6 s	α 6 288.1(99.89)	549.73(0.114)	^{220}Rn 又称钍气， ^{220}Rn(α 100)^{216}Po
266	$^{216}_{84}$Po 钋	0.145 s	α 6 778(99.998)		^{216}Po(α 100)^{212}Pb
267	$^{212}_{82}$Pb 铅	10.64 h	331.3(81.3) 569.9(11.9)	238.632(43.6) 300.087(3.3)	^{212}Pb(β 100)^{212}Bi
268	$^{212}_{83}$Bi 铋	60.55 min	β 1 524.8(4.47) β 2 252.1(55.37) α 6 050.8(25.13) α 6 089.88(9.75)	727.33(6.67) 785.37(1.102) 1 620.5(1.47) 39.857(1.06)	^{212}Bi(β 64.06)^{212}Po ^{212}Bi(α 35.94)^{208}Tl
269	$^{208}_{81}$Tl 铊	3.053 min	1 290.6(24.2) 1 523.9(22.2) 1 801.3(49.1)	277.371(6.6) 510.77(22.6) 583.187(85) 763.13(1.79) 860.557(12.5) 2 614.51(99.754)	^{208}Tl(β 100)^{208}Pb(w)
270	$^{212}_{84}$Po 钋	0.299 μs	α 8 784.86(100)		^{212}Po(α 100)^{208}Pb(w)
271	自然系锕系 $^{235}_{92}$U 铀	7.04E+8 a	α 5 215.8(6.01) α 4 322.9(3.52) α 4 364.3(18.92) α 4 395.4(57.73) α 4 414.9(3.09) α 45 020.5(1.28) α 4 556.1(3.82) α 4 597.4(4.77)	$K_{\alpha 2}$ 89.957(3.43) $K_{\alpha 1}$ 93.35(5.54) $K_{\beta 1}$ 105.604(1.31) 109.19(1.66) 143.76(10.96) 163.356(5.08) 185.715(57) 202.12(1.08) 205.316(5.02)	^{235}U(α 100)^{231}Th SF(7.0E−9)
272	$^{231}_{90}$Th 钍	25.52 h	208.1(12.1) 289.3(12) 290.2(40) 307.4(32)	13.3(59) 25.64(14.1) 84.214(6.6) 89.95(1)	^{231}Th(β 100)^{231}Pa
273	$^{231}_{91}$Pa 镤	3.28E+4 a	4 736.0(8.4) 4 951.3(22.8) 5 013.8(25.4) 5 028.4(20) 5 058.6(11)	90.886(1.13) 283.682(1.65) 300.066(2.41) 302.667(2.3) 330.055(1.36)	^{231}Pa(α 100)^{227}Ac

续附表 2.1

序 号	核 素	半衰期	$E_{\beta\max}$ 或 E_α/keV(强度/%)	E_γ/keV(强度/%)	母核(衰变方式 强度)子核
274	$^{227}_{89}$Ac 锕	21.772 a	β 35.5(35) β 44.8(54)		^{227}Ac(α 1.38)^{223}Fr ^{227}Ac(β 98.62)^{227}Th
275	$^{223}_{87}$Fr 钫	22.0 min	914.3(10.1) 1 069.4(15) 1 099.0(70)	50.1(37) 79.651(8.7) 85.431(1.64) 88.471(2.7) 234.75(3)	^{223}Fr(β 100)^{223}Ra
276	$^{227}_{90}$Th 钍	18.68 d	α 5 708.8(8.3) α 5 757(20.4) α 5 977.7(23.5) α 6 038(24.2)	210.62(1.25) 235.96(12.9) 256.23(7.0) 286.09(1.74) 289.59(1.9) 299.98(2.21) 304.50(1.15) 329.85(2.9) 334.37(1.14)	^{227}Th(α 100)^{223}Ra
277	$^{223}_{88}$Ra 镭	11.43 d	α 5 539.80(9) α 5 606.73(25.2) α 5 716(51.6) α 5 747.0(9)	$K_{\alpha2}$ 81(15) $K_{\alpha1}$ 83.8(24.7) 122.319(1.21) 144.235(3.27) 154.208(5.7) 323.871(13.9) 323.871(3.99) 338.282(2.84) 445.033(1.29)	^{223}Ra(α 100)^{219}Rn
278	$^{219}_{86}$Rn 氡	3.96 s	α 6 425.0(7.5) α 6 552.6(12.9) α 6 819.1(79.4)	271.23(10.8) 401.81(6.6)	^{219}Rn(α 100)^{215}Po
279	$^{215}_{84}$Po 钋	1.781 min	α 7 386.1(100)		^{215}Po(α 100)^{211}Pb ^{215}Po(β 2.3E−4)^{215}At
280	$^{211}_{82}$Pb 铅	36.1 min	535(6.28) 962(1.63) 1 367(91.32)	404.853(3.78) 427.088(1.76) 832.01(3.52)	^{211}Pb(β 100)^{211}Bi
281	$^{215}_{85}$At 砹	0.10 min	α 8 026(99.95)		^{215}At(α 100)^{211}Bi
282	$^{211}_{83}$Bi 铋	2.14 min	α 6 278.2(16.19) α 6 622.9(83.54)	351.07(13.02)	^{211}Bi(α 99.72)^{207}Tl ^{211}Bi(β 0.28)^{211}Po
283	$^{207}_{81}$Tl 铊	4.77 min	1 418(99.729)		^{207}Tl(β 100)^{207}Pb(w)
284	$^{211}_{84}$Po 钋	0.516 s	α 7 450.3(98.92)		^{211}Po(α 100)^{207}Pb(w)

续附表 2.1

序 号	核 素	半衰期	$E_{\beta\,max}$ 或 E_α/keV(强度/%)	E_γ/keV(强度/%)	母核(衰变方式 强度)子核
285	自然系铀系 $^{238}_{92}$U 铀	4.468E+9 a	α 4 151(21) α 4 198(79)		^{238}U(α 100)^{234}Th SF(5.4E−4)
286	$^{234}_{90}$Th 钍	24.10 d	106(6.4) 107(14) 199(78)	63.29(3.7) 92.38(2.13) 92.80(2.1)	^{234}Th(β 100)^{234}Pa
287	$^{234}_{91}$Pa 镤	1.159 min	1 224(1) 2 269(97.57)		^{234}Pa(β 99.84)^{234}U
288	$^{234}_{92}$U 铀	2.455E+5 a	α 4 722.4(28.42) α 4 774.6(71.4)		^{234}U(α 100)^{230}Th; SF(1.6E−9)
289	$^{230}_{90}$Th 钍	7.54E+4 a	α 4 620.5(23.4) α 4 687.0(76.3)		^{230}Th(α 100)^{226}Ra
290	$^{226}_{88}$Ra 镭	1 620 a	α 4 601(6.16) α 4 784(93.84)	186.211(3.64)	^{226}Ra(α 100)^{222}Rn
291	$^{222}_{86}$Rn 氡	3.823 5 d	α 5 489.5(99.92)		^{222}Rn(α 100)^{218}Po
292	$^{218}_{84}$Po 钋	3.098 min	α 6 002.4(99.98)		^{218}Po(α 99.98)^{214}Pb ^{218}Po(β 0.02)^{218}At
293	$^{214}_{82}$Pb 铅	26.8 min	180(2.75) 485(1.04) 667(45.9) 724(40.2) 1 019(11)	53.228 4(1.075) 241.995(7.251) 295.222 8(18.42) 351.932 1(35.6) 785.96(1.06)	^{214}Pb(β 100)^{214}Bi
294	$^{218}_{85}$At 砹	1.5 s	α 6 653(6.394) α 6 693(89.91) α 6 756(3.596)		^{218}At(α 99.90)^{214}Bi ^{218}At(β 0.10)^{218}Rn
295	$^{218}_{86}$Rn 氡	35 ms	α 7 129.2(99.87)		^{218}Rn(α 100)^{214}Po
296	$^{214}_{83}$Bi 铋	19.9 min	788(1.244) 822(2.78) 1 066(5.6) 1 151(4.345) 1 253(2.45) 1 259(1.431) 1 275(1.177) 1 380(1.588) 1 423(8.14) 1 505(16.96) 1 540(17.57) 1 727(3.12) 1 892(7.35) 3 270(19.1)	609.32(45.49) 665.447(1.531) 768.36(4.894) 806.18(1.264) 934.056(3.107) 1 120.294(14.92) 1 155.21(1.633) 1 238.122(5.834) 1 280.976(1.434) 1 377.669(3.988) 1 401.515(1.33) 1 407.988(2.394) 1 509.21(2.13) 1 661.274(1.047) 1 729.595(2.878) 1 764.491(15.3) 1 847.429(2.025) 2 118.514(1.16) 2 204.059(4.924) 2 447.7(1.548)	^{214}Bi(β 99.98) ^{214}Po ^{214}Bi(α 0.02) ^{210}Tl

续附表 2.1

序号	核素	半衰期	$E_{\beta\,max}$ 或 E_α/keV(强度/%)	E_γ/keV(强度/%)	母核(衰变方式 强度)子核
297	${}^{214}_{84}Po$ 钋	163.6 μs	α 7 686.8(99.99)		${}^{214}Po$(α 100)${}^{210}Pb$
298	${}^{210}_{81}Tl$ 铊	1.30 min	1 860(24) 2 020(10) 2 413(10) 4 210(30) 4 386(20)	97(4) 296(79) 480(2) 799.6(98.96) 860(6.9) 1 070(12) 1 110(6.9) 1 210(17) 1 316(21) 1 410(4.9) 1 590(2) 2 010(6.9) 2 270(3) 2 360(8) 2 430(9)	${}^{210}Tl$(β 100) ${}^{210}Pb$
299	${}^{210}_{82}Pb$ 铅	22.20 a	17.0(84) 63.5(16)	46.539(4.25)	${}^{210}Pb$(β 100)${}^{210}Bi$
300	${}^{210}_{83}Bi$ 铋	5.012 d	1 162.2(100)		${}^{210}Bi$(β 100)${}^{210}Po$ ${}^{210}Bi$(α 1.32 E−4)${}^{206}Tl$
301	${}^{210}_{84}Po$ 钋	138.376 d	α 5 304.33(100)		${}^{210}Po$(α 100)${}^{206}Pb$(w)
302	${}^{206}_{81}Tl$ 铊	4.202 min	1 532.3(99.885)		${}^{206}Tl$(β 100)${}^{206}Pb$(w)
303	人工系镎系 ${}^{241}_{94}Pu$ 钚	14.329 a	20.78(99.998)		${}^{241}Pu$(β 100)${}^{241}Am$ α(2.5E−3) SF(<2.0E−14)
304	${}^{241}_{95}Am$ 镅	432.6 a	α 5 388(1.66) α 5 442.8(13.1) α 5 486.56(84.8)	13.9(37) 26.344 6(2.27) 59.540 9(35.9) 20.8(1.39) 21.3(1.53)	${}^{241}Am$(α 100)${}^{237}Np$ SF(4E−10)
305	${}^{237}_{93}Np$ 镎	2.14E+6 a	α 4 771.4(23.2) α 4 788.0(47.64)		${}^{237}Np$(α 100)${}^{233}Pa$
306	${}^{233}_{91}Pa$ 镤	26.975 d	154.3(26.7) 171.6(16.2) 229.6(26) 258.2(24) 570.1(8.8)	75.269(1.32) 86.595(1.95) 300.129(6.63) 311.904(38.5) 340.476(4.45) 398.492(1.391) 415.764(1.73)	${}^{233}Pa$(β 100)${}^{233}U$
307	${}^{233}_{92}U$ 铀	1.59E+5 a	α 4 783.5(13.2) α 4 824.2(84.3)		${}^{233}U$(α 100)${}^{229}Th$
308	${}^{229}_{90}Th$ 钍	7 932 a	α 4 814.6(9.3) α 4 845.3(56.2) α 4 901.0(10.2)	$K_{\alpha2}$ 85.4(14.7) $K_{\alpha1}$ 88.5(23.9) $K_{\beta3}$ 99.4(2.93) $K_{\beta1}$ 100.13(5.6) $K_{\beta2}$ 102.5(2.1) 136.99(1.18) 156.409(1.19) 193.52(4.41) 210.853(2.8)	${}^{229}Th$(α 100)${}^{225}Ra$

续附表 2.1

序　号	核　素	半衰期	$E_{\beta\,max}$ 或 E_{α}/keV(强度/%)	E_{γ}/keV(强度/%)	母核(衰变方式 强度)子核
309	$^{225}_{88}$Ra 镭	14.9 d	316(69.5) 356(30.5)	12.7(13.8) 40.0(30)	^{225}Ra(β 100)^{225}Ac
310	$^{225}_{89}$Ac 锕	9.920 d	α 5 792.5(18) α 5 830(50.7)	$K_{\alpha1}$86.1(1.23) 99.8(1.0)	^{225}Ac(α 100)^{221}Fr
311	$^{221}_{87}$Fr 钫	286.1 s	6 126.3(15.1) 6 341.0(83.3)	$K_{\alpha1}$81.5(1.47) 218.0(11.44)	^{221}Fr(α 100)^{217}At
312	$^{217}_{85}$At 砹	32.3 ms	α 7 066.9(99.89)		^{217}At(α 100)^{213}Bi
313	$^{213}_{83}$Bi 铋	45.61 s	983(30.79) 1 423(65.9)	$K_{\alpha2}$76.9(1.08) $K_{\alpha1}$79.3(1.79) 440.45(25.94)	^{213}Bi(β 97.80)^{213}Po ^{213}Bi(α 2.20)^{209}Tl
314	$^{213}_{84}$Po 钋	3.72μs	α 8 376(100)		^{213}Po(α 100)^{209}Pb
315	$^{209}_{81}$Tl 铊	2.162 min	1 827(97)	$K_{\alpha2}$72.8(5.66) $K_{\alpha1}$74.97(9.4) $K_{\beta3}$ 84(1.14) $K_{\beta1}$84.9(2.19) 117.21(76) 465.14(95.4) 1 567.08(99.663)	^{209}Tl(β 100)^{209}Pb
316	$^{209}_{82}$Pb 铅	3.234 h	644.0(100)		^{209}Pb(β 100)^{209}Bi
317	$^{209}_{83}$Bi 铋	2.01E+19 a	α 2 877(1.2) α 3 077.0(98.8)		^{209}Bi(α 100)^{205}Tl(w)

注:(1) 本表共选择了 317 个放射性核素,主要包括常用、有潜在应用价值、文献资料提及的核素,以及 4 个放射性衰变系:钍系、镎系、铀系和锕系的核素。其放射性资料均摘自 NNDC 网站[1]。

(2) 第三列标出的是核素的半衰期,s、min、h、d、a 分别代表秒、分、时、日、年,1.9E+19 a=1.9×10^{19} a。

(3) 第四列能量前面的符号:α、β^+ 等表示此能量为 α、β^+ 的能量,如果前面没有符号则表示为 β 能量;CE、AU、K、L 等分别为内转换电子、俄歇电子在 K、L 等层的能量。α、AU、CE 均为单能;β^- 和 β^+ 能量呈谱分布,标出的是最大能量。能量后面()内的数字是该射线的百分比绝对发射强度,在能量选择上只选出能量和强度较大者。

(4) 第五列为 γ 射线能量,凡是强度≥1%的都选入;X 射线只挑选 K_{α}、K_{β} 能量和强度较大的;()内标出的是百分比绝对发射强度;能量前面有▲的表示该能量为同质异能态(IT)跃迁能量。

(5) 第六列在子核中的(w)表示该核素为稳定核素,半衰期超长的也算作稳定核素。

(6) 放射性核素衰变方式共有 6 种:α 衰变、β^- 衰变、β^+ 衰变、电子俘获(ε 或 EC)、同质异能跃迁(IT)和自发裂变(SF),其后的数字为该方式的分支比或强度,例如^{238}U 中的 SF(5.4E−4),表示^{238}U 自发裂变只占 5.4×10^{-4}%。重核都有自发裂变倾向,但强度都非常低,多数重核的 SF 强度都未标出。只有^{252}Cf 自发裂变强度达到 3.09%,算是非常高的,所以^{252}Cf 是优秀的中子源。

参考文献

[1] NuDat2.8. nuclear level properties[DB/OL]. [2021-01-08]. http://www.nndc.bnl.gov/nudat2.

附录 3　单片机原理图

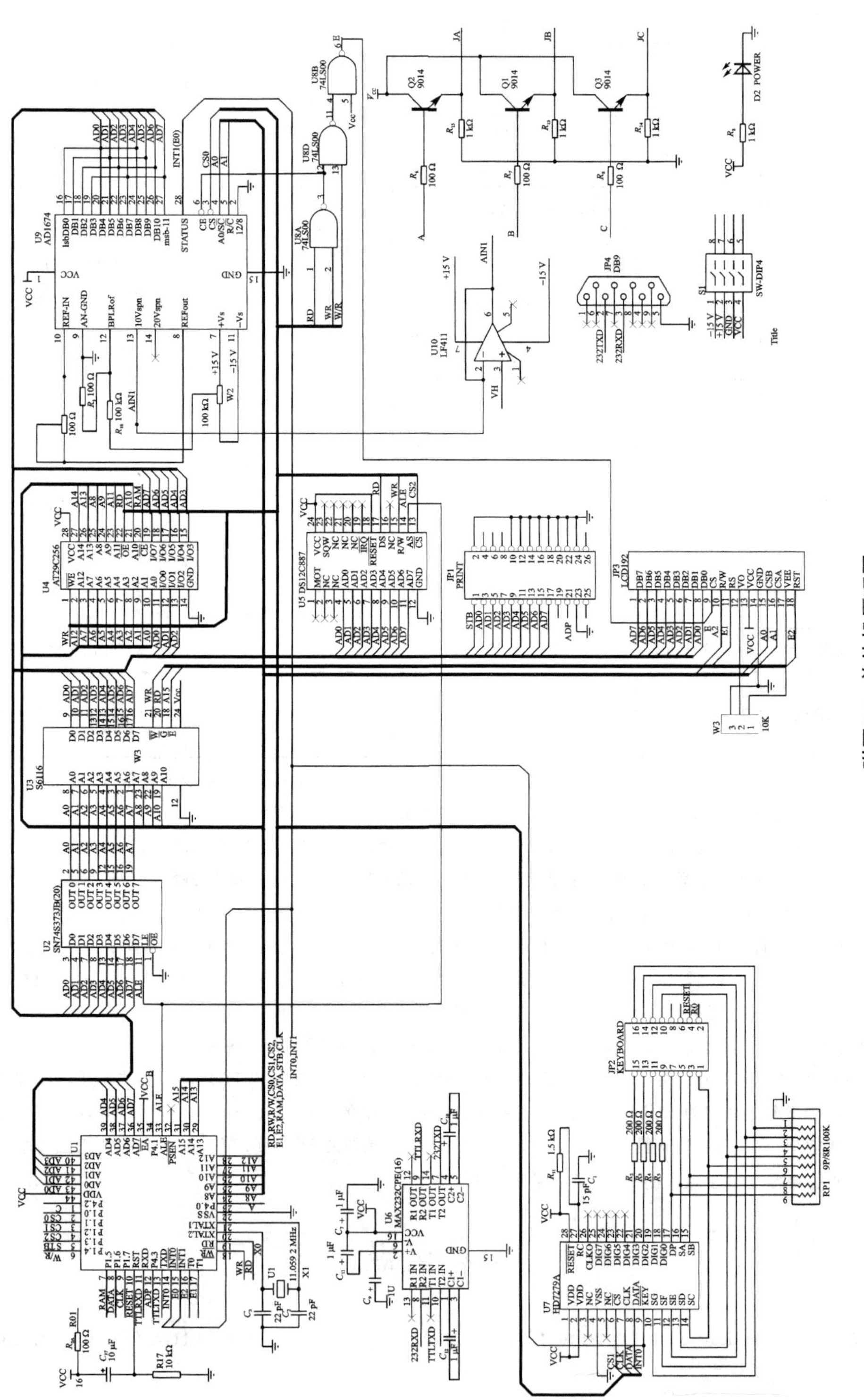

附图3.1　单片机原理图

附录 4　常用放射性核素的 Γ 常数

附表 4.1　常用放射性核素的 Γ 常数[1]

放射性核素	Γ[1)]		放射性核素	Γ[1)]	
	R·m^2/(Ci·h)	[2)]×10^{-19}C·m^2/kg		R·m^2/(Ci·h)	[2)]×10^{-19}C·m^2/kg
^{22}Na	1.217	23.6	^{134}Cs	0.902	17.5
^{24}Na	1.895	36.7	^{137}Cs+^{137m}Ba	0.328	6.35
^{41}Ar+^{41m}K	0.664	12.9	^{133}Ba+^{133m}Cs	0.21	4.07
^{40}K	0.076	1.47	^{140}Ba	0.122	2.36
^{42}K	0.138	2.67	^{141}Ce+^{141}Pr	0.036	0.697
^{51}Cr+^{51m}V	0.018	0.349	^{144}Ce	0.008 2	0.159
^{52}Mn	1.836	35.6	^{152}Eu+^{152m}Sm	0.546	10.6
^{59}Fe	0.637	12.3	^{154}Eu	0.694	13.4
^{58}Co	0.563	10.9	^{170}Tm	0.001 3	0.025 2
^{60}Co	1.32	25.6	^{182}Ta	0.526	10.2
^{65}Zn+^{65m}Cu	0.318	6.16	^{192}Ir	0.472	9.14
^{85}Kr	0.001 3	0.025 2	^{198}Au	0.236	4.57
^{86}Rb	0.050	0.969	^{203}Hg+^{203m}Tl	0.127	2.46
^{85}Sr+^{85m}Rb	0.299	5.79	^{210}Pb	0.002 3	0.044 6
^{91}Y	0.002 5	0.048 4	^{222}Rn	0.000 2	0.003 87
^{95}Zr+^{95m}Nb	0.427	8.27	^{224}Ra	0.005	0.096 9
^{95}Nb	0.443	8.58	^{226}Ra [3)]	0.835[4)]	1.62
^{99}Mo+^{99m}Tc	0.146	2.83	^{228}Th	0.004 3	0.083 3
^{99m}Tc	0.062	1.20	^{230}Th	0.000 3	0.005 81
^{103}Ru+^{103m}Rh	0.251	4.86	^{231}Pa	0.021	0.407
^{110m}Ag+^{110}Ag	1.545	29.9	^{233}U	0.000 08	0.001 55
^{109}Cd	0.001 5	0.029	^{234}U	0.000 1	0.001 9
^{114m}In+^{114m}Cd	0.044 7	0.866	^{235}U	0.080	1.55
^{113}Sn+^{113m}In	0.22	4.26	^{237}Np	0.016	0.31
^{113m}In	0.148	2.87	^{238}Pu	<0.000 1	<0.001 9
^{124}Sb	0.992	19.2	^{239}Pu	<0.000 1	<0.001 9
^{125}Sb	0.245	4.75	^{240}Pu	<0.000 1	<0.001 9
^{125}I+^{125m}Te	0.006 8	0.132	^{241}Am	0.014	0.271
^{125m}Te	0.005 1	0.098 8	^{243}Am	0.023	0.446
^{129}I	0.003 7	0.071 7	^{242}Cm	<0.000 1	<0.001 9
^{131}I+^{131m}Xe	0.218	4.22	^{243}Cm	0.041	0.794
^{131}I	0.218	4.22	^{252}Cf	<0.000 1	<0.001 9

注：(1) 表中数据为近似值，未经初始过滤；

(2) $\Gamma^{1)}$列中内转换产生的 γ 射线和低于 30 keV 的 X 射线均未考虑；

(3) $^{2)}$列内的值是按 1 R·m^2/(h·Ci)=1.937×10^{-18}/C·m^2/kg 的关系换算的(其单位 C·m^2/kg 是 C·m^2/(kg·Bq·s)的简化——作者注)；

(4) $^{3)}$与衰变子体平衡，经 0.5 mmPt 过滤；

(5) $^{4)}$1963 年 ICRU 推荐值为 0.825 R·m^2/(h·g)，1 g^{226}Ra 的活度为 0.988 Ci，故按居里换算时应为 0.835 R·m^2/(Ci·h)。

参考文献

[1] 李德平，潘自强. 辐射防护手册(第三分册)[M]. 北京：原子能出版社，1990.

附录 5　G-P 公式积累因子参数

附表 5.1　G-P 公式积累因子参数[1]

材　料	E_γ/MeV	b	C	a	X_k	d
水	0.040	3.477	1.117	−0.019	11.67	0.002 6
	0.060	4.983	1.730	−0.126	13.64	0.056 1
	0.100	4.663	2.221	−0.186	13.33	0.082 6
	0.300	2.920	2.022	−0.164	14.21	0.065 5
	0.600	2.377	1.679	−0.124	14.23	0.050 3
	1.000	2.103	1.441	−0.089	14.22	0.037 8
	1.500	1.939	1.269	−0.058	14.52	0.024 6
	2.000	1.839	1.173	−0.039	14.07	0.016 1
	5.000	1.554	0.937	0.018	13.55	−0.012 2
	10.00	1.362	0.859	0.042	13.37	−0.024 7
混凝土	0.040	1.455	0.493	0.171	14.53	−0.092 5
	0.060	2.125	0.664	0.118	11.90	−0.061 5
	0.100	2.766	1.069	0.001	12.64	−0.025 1
	0.300	2.522	1.492	−0.082	16.59	0.016 1
	0.600	2.192	1.434	−0.078	17.02	0.019 9
	1.000	1.982	1.332	−0.065	15.38	0.019 3
	1.500	1.848	1.227	−0.047	16.41	0.016 0
	2.000	1.775	1.154	−0.033	14.35	0.010 0
	5.000	1.527	0.951	0.020	9.99	−0.018 4
	10.00	1.334	0.901	0.035	12.56	−0.026 7
空气	0.040	3.477	1.117	−0.019	11.67	0.002 6
	0.060	4.983	1.730	−0.126	13.64	0.056 1
	0.100	4.663	2.221	−0.186	13.33	0.082 6
	0.300	2.920	2.022	−0.164	14.21	0.065 5
	0.600	2.377	1.679	−0.124	14.23	0.050 3
	1.000	2.103	1.441	−0.089	14.22	0.037 8
	1.500	1.939	1.269	−0.058	14.52	0.024 6
	2.000	1.839	1.173	−0.039	14.07	0.016 1
	5.000	1.554	0.939	0.018	13.55	−0.012 2
	10.00	1.362	0.859	0.042	13.37	−0.024 7

续附表 5.1

材　料	E_γ/MeV	b	C	a	X_k	d
氩气	0.040	1.179	0.392	0.216	14.54	−0.122 7
	0.060	1.456	0.508	0.168	14.35	−0.094 2
	0.100	1.950	0.814	0.059	14.51	−0.040 8
	0.300	2.299	1.312	−0.048	9.010	−0.010 5
	0.600	2.088	1.369	−0.066	18.91	0.015 2
	1.000	1.925	1.303	−0.059	16.03	0.016 6
	1.500	1.814	1.211	−0.043	16.27	0.012 5
	2.000	1.749	1.147	−0.030	15.16	0.006 5
	5.000	1.513	0.978	0.015	13.38	−0.021 3
	10.00	1.321	0.919	0.039	13.42	−0.041 4
铝	0.040	1.480	0.503	0.166	14.78	−0.089 3
	0.060	2.189	0.697	0.104	12.90	−0.058 0
	0.100	2.847	1.110	−0.009	12.98	−0.018 7
	0.300	2.546	1.510	−0.085	16.22	0.017 2
	0.600	2.197	1.448	−0.081	17.03	0.022 7
	1.000	1.994	1.336	−0.066	15.85	0.021 5
	1.500	1.855	1.230	−0.048	16.01	0.017 1
	2.000	1.781	1.153	−0.032	15.32	0.009 1
	5.000	1.529	0.957	0.018	10.90	−0.015 7
	10.00	1.334	0.902	0.038	13.03	−0.033 2
铁	0.040	1.058	0.336	0.248	11.65	−0.118 8
	0.060	1.148	0.405	0.208	14.17	−0.114 2
	0.100	1.389	0.557	0.144	14.11	−0.079 1
	0.300	1.973	1.095	−0.009	11.86	−0.018 3
	0.600	1.947	1.247	−0.040	8.200	−0.009 6
	1.000	1.841	1.250	−0.048	19.49	0.014 0
	1.500	1.750	1.197	−0.040	15.90	0.011 0
	2.000	1.712	1.123	−0.021	7.97	−0.005 7
	5.000	1.483	1.009	0.012	13.12	−0.025 8
	10.00	1.297	0.949	0.042	13.97	−0.056 1

续附表 5.1

材　料	E_γ/MeV	b	C	a	X_k	d
铅	0.040	1.007	0.438	0.204	14.26	−0.109 3
	0.060	1.017	0.487	0.180	13.37	−0.103 7
	0.100	2.037	1.432	0.079	18.37	−0.093 5
	0.300	1.122	0.533	0.137	13.69	−0.061 2
	0.600	1.228	0.744	0.064	14.47	−0.018 4
	1.000	1.318	0.860	0.035	16.49	−0.015 4
	1.500	1.375	0.891	0.029	13.29	−0.018 6
	2.000	1.388	0.939	0.024	13.33	−0.026 6
	5.000	1.361	0.956	0.051	13.95	−0.070 9
	10.00	1.448	1.121	0.036	13.98	−0.059 9

参考文献

[1] 吴和喜.基于等比级数公式的积累因子拟合[J].原子能科学技术,2010,44(6):654-659.

附录6　宽束γ射线的半值层和1/10值层厚度

附表6.1　宽束γ射线的半值层和1/10值层厚度[1]

材　料	水	空心砖	混凝土	重混凝土	铁	铅	钨	铀
$\rho/(g \cdot cm^{-3})$	1.0	1.2	2.2	3.2	7.8	11.4	19.1	19.6
E_γ/MeV	$\Delta_{1/2}$/cm							
0.01	1.2	0.09	0.04	0.012	0.004			
0.02	2.3	0.30	0.14	0.05	0.016			
0.05	4.2	1.7	1.0	0.23	0.08	0.011		
0.1	6.8	3.8	2.5	0.70	0.27	0.038	0.014	
0.2	10	6.5	4.4	1.7	0.73	0.135	0.065	0.038
0.5	14	10	6.4	3.1	1.6	0.56	0.32	0.23
^{137}Cs	15	11	6.8	3.5	1.8	0.70	0.45	0.34
1	16	12	7.5	4.2	2.2	1.1	0.78	0.61
^{60}Co	17	14	8.0	4.5	2.4	1.2	0.90	0.72
2	20	15	9.2	5.4	2.7	1.6	1.2	1.0
5	23	19	11	6.7	3.0	1.7	1.3	1.0
10	26	22	13	7.2	3.0	1.7	1.2	0.9
E_γ/MeV	$\Delta_{1/10}$/cm							
0.01	3.8	0.32	0.14	0.04	0.013	0.001 3		
0.02	7.6	1.3	0.65	0.17	0.055	0.006		
0.05	15	6.0	3.5	0.80	0.27	0.038	0.011	
0.1	23	13	9.0	2.4	0.90	0.13	0.045	0.022
0.2	34	22	15	5.7	2.6	0.47	0.22	0.13
0.5	48	35	22	11	5.5	2.0	1.1	0.8
^{137}Cs	52	39	24	12	6.4	2.8	1.8	1.3
1	52	50	26	15	7.6	3.8	2.8	2.2
^{60}Co	60	51	28	16	7.9	4.0	3.1	2.4
2	70	54	33	18	9.4	5.5	4.2	3.3
5	87	66	38	23	10	5.8	4.6	3.5
10	100	78	44	25	11	5.8	4.2	3.0

参考文献

[1] 李德平，潘自强. 辐射防护手册(第三分册)[M]. 北京：原子能出版社，1990.